TRANSFORMAÇÕES
MENTAIS

SUSAN GREENFIELD

PESQUISADORA SÊNIOR NO LINCOLN COLLEGE E NA UNIVERSIDADE DE OXFORD

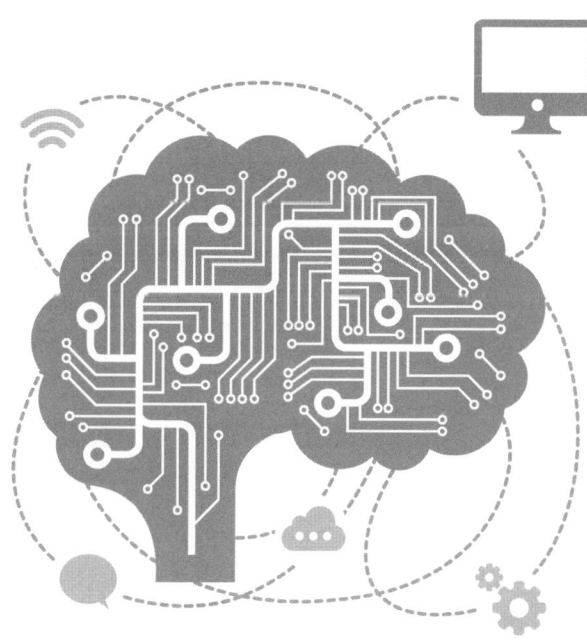

COMO AS TECNOLOGIAS DIGITAIS ESTÃO DEIXANDO MARCAS EM NOSSOS CÉREBROS

TRANSFORMAÇÕES MENTAIS

ALTA BOOKS
EDITORA

Rio de Janeiro, 2021

Transformações Mentais

Copyright © 2021 da Starlin Alta Editora e Consultoria Eireli.
ISBN: 978-65-5520-829-0

Translated from original Mind Change. Copyright © 2015 by Susan Greenfield. ISBN 978-0-8129-9382-0. This translation is published and sold by permission of Random House, an imprint and division of Random House LLC, a Penguin Random House Company, the owner of all rights to publish and sell the same. PORTUGUESE language edition published by Starlin Alta Editora e Consultoria Eireli, Copyright © 2021 by Starlin Alta Editora e Consultoria Eireli.

Todos os direitos estão reservados e protegidos por Lei. Nenhuma parte deste livro, sem autorização prévia por escrito da editora, poderá ser reproduzida ou transmitida. A violação dos Direitos Autorais é crime estabelecido na Lei nº 9.610/98 e com punição de acordo com o artigo 184 do Código Penal.

A editora não se responsabiliza pelo conteúdo da obra, formulada exclusivamente pelo(s) autor(es).

Marcas Registradas: Todos os termos mencionados e reconhecidos como Marca Registrada e/ou Comercial são de responsabilidade de seus proprietários. A editora informa não estar associada a nenhum produto e/ou fornecedor apresentado no livro.

Impresso no Brasil — 1ª Edição, 2021 — Edição revisada conforme o Acordo Ortográfico da Língua Portuguesa de 2009.

Erratas e arquivos de apoio: No site da editora relatamos, com a devida correção, qualquer erro encontrado em nossos livros, bem como disponibilizamos arquivos de apoio se aplicáveis à obra em questão.

Acesse o site www.altabooks.com.br e procure pelo título do livro desejado para ter acesso às erratas, aos arquivos de apoio e/ou a outros conteúdos aplicáveis à obra.

Suporte Técnico: A obra é comercializada na forma em que está, sem direito a suporte técnico ou orientação pessoal/exclusiva ao leitor.

A editora não se responsabiliza pela manutenção, atualização e idioma dos sites referidos pelos autores nesta obra.

Produção Editorial
Editora Alta Books

Gerência Comercial
Daniele Fonseca

Editor de Aquisição
José Rugeri
acquisition@altabooks.com.br

Produtores Editoriais
Illysabelle Trajano
Maria de Lourdes Borges
Thiê Alves

Marketing Editorial
Livia Carvalho
Thiago Brito
marketing@altabooks.com.br

Equipe de Design
Larissa Lima
Marcelli Ferreira
Paulo Gomes

Diretor Editorial
Anderson Vieira

Coordenação Financeira
Solange Souza

Coordenação de Eventos
Viviane Paiva

Produtor da Obra
Thales Silva

Equipe Ass. Editorial
Beatriz de Assis
Brenda Rodrigues
Caroline David
Gabriela Paiva
Henrique Waldez
Mariana Portugal
Raquel Porto

Equipe Comercial
Adriana Baricelli
Daiana Costa
Fillipe Amorim
Kaique Luiz
Victor Hugo Morais

Atuaram na edição desta obra:

Tradução
Rafael Surgek

Copidesque
Bernardo Kallina

Capa
Larissa Lima

Revisão Gramatical
Hellen Suzuki
Thais Pol

Diagramação
Joyce Matos

Ouvidoria: ouvidoria@altabooks.com.br

Editora afiliada à:

Dados Internacionais de Catalogação na Publicação (CIP) de acordo com ISBD

G812t   Greenfield, Susan
           Transformações mentais: como as tecnologias digitais estão deixando marcas em nosso cérebro / Susan Greenfield ; traduzido por Rafael Surgek. - Rio de Janeiro : Alta Books, 2021.
           368 p. : il. ; 16cm x 23cm.

           Inclui índice.
           Tradução de: Mind Change
           ISBN: 9781651552018291O

           1. Cognição. 2. Tecnologia da informação - Aspectos psicológicos. 3. Tecnologia da informação - Aspectos sociais. I. Surgek, Rafael. II. Título.

CDD 155.9
CDU 159.90

2021-4317

Elaborado por Odilio Hilario Moreira Junior - CRB-8/9949

Rua Viúva Cláudio, 291 — Bairro Industrial do Jacaré
CEP: 20.970-031 — Rio de Janeiro (RJ)
Tels.: (21) 3278-8069 / 3278-8419
www.altabooks.com.br — altabooks@altabooks.com.br

Para John — amigo, mentor e colega de trabalho inestimável

POR SUSAN GREENFIELD

2121: A TALE FROM THE NEXT CENTURY

YOU AND ME: THE NEUROSCIENCE OF IDENTITY

ID: THE QUEST FOR MEANING IN THE 21ST CENTURY

TOMORROW'S PEOPLE:
HOW 21ST-CENTURY TECHNOLOGY IS CHANGING THE WAY WE THINK AND FEEL

THE PRIVATE LIFE OF THE BRAIN

BRAIN STORY: UNLOCKING OUR INNER WORLD OF EMOTIONS, MEMORIES, IDEAS, AND DESIRES

O CÉREBRO HUMANO: UMA VISITA GUIADA

JOURNEY TO THE CENTERS OF THE MIND: TOWARD A SCIENCE OF CONSCIOUSNESS

AGRADECIMENTOS

Gostaria de agradecer, mais do que ninguém, à Dra. Olivia Metcalf. Assim que enviei a primeira versão de *Transformações Mentais*, perguntando, hesitante, se teria disponibilidade para me ajudar com as referências, ela se comprometeu imediatamente a "ficar nesse projeto por um longo tempo". Isso foi ótimo, já que o volume de relatórios e de artigos para análise acabou sendo muito maior do que previmos. Não é exagero dizer que Olivia fez o patamar do livro subir totalmente. Por meio das intermináveis iterações via e-mail entre Oxford e Melbourne, ela tem sido mais conscienciosa, construtivamente crítica e entusiasmada do que eu jamais sonharia. No entanto, o livro em si nem mesmo teria sido iniciado se não fosse por Will Murphy, da editora Random House de Nova York, que teve a ideia original e me fez um convite. Sou imensamente grata a ele, à sua colega, Mika Kasuga, e, de forma mais próxima, a Judith Kendra, da Random House do Reino Unido, por toda a ajuda e pelos conselhos minuciosos que me deram nos últimos dois anos. Também gostaria de agradecer ao meu bom amigo, o professor Clive Coen, por revisar a versão final do manuscrito. Por fim, seria impossível escrever qualquer livro sem o apoio incansável e a amizade fantástica de minha agente, Caroline Michel. *Transformações Mentais* é dedicado ao professor John Stein, FRCP (membro honorário da Royal College of Physicians), por me apoiar incondicionalmente, tanto na vida profissional quanto na pessoal, por mais de 35 anos. John é o melhor exemplo possível de mentor: "Alguém que acredita em você mais do que você mesmo."

SOBRE A AUTORA

A Baronesa Susan Greenfield, Comendadora da Ordem do Império Britânico (CBE), FRCP (membro honorário da Royal College of Physicians), tem graduação e pós-graduação pela Universidade de Oxford e PhD pelo Departamento de Farmacologia, em 1977. Posteriormente, obteve especializações como pesquisadora no Departamento de Fisiologia, Anatomia e Genética de Oxford; na Collège de France, Paris; e no Langone Medical Center, da Universidade de Nova York. De 1998 a 2010, atuou como diretora da Royal Institution of Great Britain, cargo que ocupou em conjunto com sua cátedra em Oxford. Atualmente, possui fellowships de pesquisas sênior na Universidade de Oxford, na Lincoln College, e é CEO/CSO de uma empresa de biotecnologia (www.neuro-bio.com) que está desenvolvendo um novo medicamento contra o Alzheimer com base em sua pesquisa sobre os mecanismos cerebrais ligados à neurodegeneração.

Greenfield já recebeu 31 títulos honorários de universidades britânicas e do exterior. Em 2000, foi selecionada como membro honorário do Royal College of Physicians (FRCP). Outros reconhecimentos internacionais de seu trabalho incluem o Golden Plate Award (2003), da Academy of Achievement, Washington; a Ordre National de la Légion d'Honneur (2003), do governo francês; e a medalha da Sociedade Australiana de Pesquisa em Medicina, em 2010. Foi agraciada como Comendadora da Ordem do Império Britânico (CBE) na Millennium New Year Honours

List e, em 2001, recebeu um título vitalício de nobreza (par vitalícia). Em 2004 e 2005, foi Thinker in Residence em Adelaide, Austrália, reportando-se ao primeiro-ministro estadual da Austrália Meridional sobre as aplicações da ciência para a geração de lucros. Foi nomeada reitora da Heriot-Watt University, cargo que ocupou entre 2005 e 2012, e em 2007 foi eleita membro da Royal Society of Edinburgh. Completou recentemente (em novembro de 2014) um período como professora visitante na Faculdade de Medicina da Universidade de Melbourne, na Austrália.

Devido à sua formação original em Estudos Clássicos, Greenfield ocupou a presidência da Classical Association da Inglaterra de 2003 a 2004, e em 2010 tornou-se membro do Science Museum. Participou do Fórum Econômico Mundial em Davos por dez anos. Em 2002, atendendo a um pedido da secretária de Estado para Comércio e Indústria, foi autora de *Set Fair: A report on women in science, engineering, and technology.*[*] Greenfield foi citada em inúmeros jornais e revistas, além de ter sido eleita em 2003 como uma das cem mulheres mais influentes na Grã-Bretanha pelo *Daily Mail* e a Mulher do Ano pela *Observer*, em 2000. Greenfield também foi selecionada como uma das quinhentas pessoas mais influentes da Grã-Bretanha pela *Debrett's*.

www.susangreenfield.com

---

[*] Prontas para Agir: Um relatório sobre mulheres na ciência, engenharia e tecnologia, em tradução livre. Além disso, "SET" é um acrônimo para *Science, Engineering and Technology*. (N. da T.)

SUMÁRIO

	PREFÁCIO	XIII
1	TRANSFORMAÇÕES MENTAIS: UM FENÔMENO GLOBAL	3
2	TEMPOS INÉDITOS	17
3	UM TEMA CONTROVERSO	27
4	UM FENÔMENO MULTIFACETADO	39
5	COMO O CÉREBRO FUNCIONA	51
6	COMO O CÉREBRO MUDA	61
7	COMO O CÉREBRO SE TORNA UMA MENTE	77
8	FORA DE SI	93
9	O *"QUÊ"* DAS REDES SOCIAIS	103

10	REDE SOCIAL E IDENTIDADE	119
11	REDES SOCIAIS E RELACIONAMENTOS	137
12	REDES SOCIAIS E SOCIEDADE	153
13	O *QUÊ* DOS JOGOS ELETRÔNICOS	161
14	JOGOS ELETRÔNICOS E ATENÇÃO	179
15	JOGOS ELETRÔNICOS, VIOLÊNCIA E INCONSEQUÊNCIA	195
16	O *QUÊ* DA NAVEGAÇÃO	213
17	A TELA É A MENSAGEM	227
18	PENSANDO DIFERENTE	247
19	AS TRANSFORMAÇÕES MENTAIS PARA ALÉM DA TELA	263
20	CRIANDO CONEXÕES	275
	NOTAS	289
	LEITURAS COMPLEMENTARES	339
	ÍNDICE	341

PREFÁCIO

Os eventos que levaram à escrita de *Transformações Mentais* têm ocorrido nos últimos cinco anos e, possivelmente, há muito mais tempo — talvez, de forma imperceptível, desde que iniciei minhas pesquisas em neurociência e comecei a perceber o poder e a vulnerabilidade do cérebro humano. Na verdade, meu foco principal ao longo de várias décadas tem sido tentar descobrir os mecanismos neuronais básicos responsáveis pela demência, que é, literalmente, a perda da mente. Entretanto, mesmo antes de vestir um jaleco branco, o que exerce um fascínio absoluto sobre mim era uma questão ainda mais ampla e geral: qual seria a base física da própria mente? Em minha jornada pouco convencional, que teve início nos Estudos Clássicos pela via filosófica e chegou até as pesquisas sobre o cérebro, eu sempre estive interessada nos grandes temas que tratam da existência ou não do livre arbítrio humano, como o cérebro físico pode gerar a experiência subjetiva da consciência e o que torna cada ser humano tão único.

Uma vez no laboratório, alguns aspectos desses problemas tentadores poderiam ser traduzidos em questões específicas que, por sua vez, poderiam ser testadas experimentalmente. Assim, com o passar dos anos, pesquisamos o impacto de um ambiente "enriquecido", estimulante e interativo nos processos cerebrais, bem como a liberação e a ação da dopamina, um mensageiro químico incansável e extremamente versátil, vinculado, por sua vez, às experiências subjetivas de recompensa, prazer e vício. Em um âmbito mais aplicado, investigamos como a Ritalina, medicamento utilizado no tratamento do transtorno de déficit de atenção e hiperatividade (TDAH), poderia funcionar e como os insights da neurociência podem contribuir para melhorar o desempenho em sala de aula. Sempre houve, contudo, um tema subjacente e comum a todas essas diversas áreas de investigação, inclusive à nossa pesquisa sobre doenças neurodegenerativas: os mecanismos cerebrais inéditos — como podem ser inadequadamente ativados na doença e, de forma mais geral, como esses processos neuronais ainda pouco valorizados permitem que cada um de nós se adapte ao nosso próprio ambiente individual, e se torne, portanto, um indivíduo.

Essa maravilhosa *plasticidade* do cérebro humano serviu como uma transição natural para se pensar sobre o futuro e sobre como as gerações futuras podem vir a se adaptar ao cenário muito diferente e altamente tecnológico das próximas décadas. Desta forma, em 2003, eu escrevi *Tomorrow's People* ["Pessoas do Amanhã", em tradução livre], explorando os possíveis tipos de ambiente e de estilos de vida que a tecnologia da informação, a biotecnologia e a nanotecnologia, combinadas, proporcionariam. Por sua vez, esse mundo virtualmente muito distinto do nosso me levou a refletir mais a fundo sobre suas implicações na questão da identidade. Em 2007, essas ideias foram apresentadas na obra *ID: The quest for meaning in the 21st century* ["ID: A busca por um significado no século 21", em tradução livre], que posteriormente inspiraria um romance sobre um futuro distópico (*2121*). Em *ID*, sugeri que, historicamente, três perspectivas amplas surgiram em relação à autoexpressão. *Alguém,* em que uma pessoa define a si mesma por meio do consumismo e implica uma identidade individual sem uma autorrealização efetiva; *qualquer um,* em que uma identidade coletiva produz o resultado oposto, uma plenitude subsumida em uma narrativa impessoal e mais ampla. E, finalmente, *ninguém,* que em geral é o estado alcançado quando há vinho, mulheres e música envolvidos, no qual o senso de si mesmo é abnegado e a pessoa se torna um recipiente passivo das sensações que vão surgindo. Neste livro, afirmei que, quando se vive um momento "sensacional", é porque já não havia "auto"consciência.

Mas será que as tecnologias digitais suprassensacionais do século XXI estariam deslocando o equilíbrio de uma situação eventual e elaborada (beber, praticar esportes, dançar) para uma em que cenários "excessivos" seriam predominantes nos padrões cognitivos? Essas reflexões permeavam o fundo da minha mente quando, em fevereiro de 2009, tive a chance de articulá-las com mais clareza.

Houve um debate na Câmara dos Lordes do Reino Unido a respeito da regulamentação de sites, especialmente no que diz respeito ao bem-estar e à segurança das crianças. Ao se inscrever para ser palestrante em um evento desses, espera-se, por convenção, que seja apresentado um argumento embasado em sua área específica de especialização. Como eu não sabia absolutamente nada sobre legislação e práticas regulatórias, decidi oferecer uma perspectiva sob o prisma da neurociência. O silogismo que usei foi bastante direto e não muito original. Qualquer neurocientista poderia tranquilamente ter dito a mesma coisa: o cérebro humano se adapta ao ambiente, o ambiente está mudando de uma forma sem precedentes e, portanto, o cérebro também pode estar mudando de uma forma sem precedentes.

A reação da mídia impressa e dos meios de radiodifusão a esse argumento aparentemente sem graça e lógico foi desproporcional ao conteúdo. Tive de suportar as inevitáveis deturpações da imprensa — consequência direta de um interesse maior nos lucros do que na verdade: "Baronesa Diz que Computadores Estragam o Cérebro" foi apenas uma das manchetes mais pavorosas. Enquanto isso, os jornalistas que me entrevistaram também me disseram, com aquele regozijo que as pessoas sentem ao dar más notícias, sobre como eu havia sido insultada em alguns setores da blogosfera, e depois me indagaram sobre como me sentia a respeito.

Minha resposta foi (e tem sido): fico feliz em discutir a ciência que move minhas ideias e vou levantar a bandeira branca se for derrotada por fatos concretos. É isso que os cientistas fazem: é assim que publicamos nossos artigos revisados por pares e desenvolvemos teorias. A maioria de nós considera a crítica profissional como a própria trama do processo de pesquisa. No entanto, o mais interessante nisso tudo foi perceber a animosidade pessoalizada e a aparente ferocidade de alguns casos. Se eu tivesse dito que a Terra era plana, duvido que alguém se importaria. Ficou claro que eu estava tocando em um ponto extremamente sensível, o que fez algumas pessoas se sentirem ameaçadas ou, de alguma forma, prejudicadas. Até então, eu não havia percebido como esse tema era importante para nossa sociedade. E, assim, resolvi seguir em frente, lendo mais, pensando mais e discorrendo em uma ampla variedade de fóruns sobre o cérebro do futuro — ou melhor, sobre o futuro do cérebro.

Então, em 5 de dezembro de 2011, a Câmara dos Lordes apresentou outra oportunidade, mais formal, para uma discussão aberta. Tive a chance de introduzir um debate a fim de "perguntar ao governo de Sua Majestade que avaliação foi feita em relação ao impacto das tecnologias digitais na mente". Como você pode imaginar, garantir algum tempo dos parlamentares na histórica câmara vermelha e dourada não é fácil, e fiquei muito feliz por conseguir aquele breve espaço conhecido como "Questão para Breve Debate". Uma série de representantes de diversos setores estava presente, desde o comércio até a educação, passando pela medicina.

Curiosamente, a maioria dos nobres lordes parecia ansiosa para enfatizar os benefícios da tecnologia, e o tom da maioria dos discursantes passou a impressão de que não havia a necessidade de uma preocupação imediata. Resumindo a questão, o então subsecretário de Estado Parlamentar Britânico para Escolas, Lorde Hill, de Oareford, concluiu que "não estava ciente de uma base de evidências ampla referente ao impacto negativo do uso razoável e proporcional das tecnologias", muito embora "assim como qualquer revolução tecnológica pode levar a um grande progresso, também leva a problemas inesperados, aos quais devemos estar sempre alertas".

Uma das desvantagens do formato das Questões para Breve Debate é que, como o próprio nome sugere, o tempo é curto, e, ao contrário de audiências mais longas de outros tipos, o par* que traz o tópico em comento (no caso, eu) não pode oferecer uma réplica aos argumentos

---

* Como é chamado o membro da Câmara dos Lordes. (N. da T.)

proferidos. Se me fosse dada a oportunidade, eu teria questionado o sub-secretário em quatro pontos básicos.

Primeiro, o governo do Reino Unido tem feito muito pouco para promover pesquisas referentes aos efeitos da cultura das telas na mente dos jovens, ou na mente dos membros de qualquer faixa etária. Se tal iniciativa estivesse em andamento, seria crucial saber que tipos de pesquisa seriam realizados, em quais áreas, qual o montante do financiamento desses estudos e por quanto tempo estariam planejando conduzi-los.

Meu segundo argumento seria que, se a tecnologia está de fato sendo utilizada de forma "sensata" (o que é, por si só, um julgamento subjetivo), então, por definição, suas práticas "sensatas" não poderiam ter um impacto significativamente negativo. Na ocasião, tentei enfatizar que as tecnologias não estavam necessariamente sendo utilizadas com moderação; algumas pesquisas apontam que seu uso consome até onze horas por dia. Isso se qualificaria mesmo como "proporcional"?

Terceiro ponto: quando olhamos para os vários aspectos da cibercultura, há, de fato, motivos para preocupação. No entanto, o discurso parlamentar é um bom exemplo de uma estratégia popular não apenas entre políticos e funcionários públicos, mas também para quem quer uma vida fácil: prevaricar até que surjam mais evidências, sem indicar quantas e quais seriam convincentes o suficiente para abrir uma discussão ampla envolvendo gestores públicos, pais, professores e contribuintes em geral. Sendo assim, meu quarto e último ponto seria que os "problemas" não especificados mencionados pelo lorde serão "inesperados" apenas se não os anteciparmos nem os discutirmos.

E exatamente naquele momento, em uma dessas coincidências estranhas que às vezes podem ocorrer na vida, fui procurada pela Random House para escrever este livro. *Transformações Mentais*, portanto, poderia ser visto, de certa forma, como uma resposta a esse membro da câmara; o objetivo principal, no entanto, é atender às necessidades de uma sociedade que deveria estar se preparando melhor para tomar algumas decisões. Para isso, devemos estabelecer uma visão geral mais equilibrada e abrangente em relação à pesquisa científica — uma que não deve ser, de forma alguma, exaustiva, mas que deve abranger as descobertas mais significativas. E é isso que você encontrará neste livro. É importante ressaltar, todavia, que uma omissão deliberada é o campo da pornografia na internet, na qual a controvérsia e o debate obviamente não giram tanto em torno do que é "bom" ou "ruim" nem sobre como isso afeta os tipos de pensamento, mas sim sobre a legislação e a regulamentação, que estão fora do escopo deste livro.

O objetivo principal de *Transformações Mentais* é explorar as diferentes maneiras como as tecnologias digitais podem estar afetando não apenas os padrões de pensamento e outras habilidades cognitivas, mas também o estilo de vida, a cultura e as aspirações pessoais. Dessa forma, para além da cobertura da literatura científica revisada por pares, serão apresentadas discussões sobre os vários bens e serviços que podem revelar um novo tipo de mentalidade, e também comentários e reportagens da mídia popular que atuam como um espelho para a sociedade em que vivemos.

Descobrir e comparar uma gama tão vasta de tipos diversos de material seria, e de fato *é*, algo extremamente desafiador. No entanto, mais uma vez o destino estendeu a mão e, em dezembro de 2012, em uma festa de praia em Melbourne, tive a sorte de conhecer Olivia Metcalf. Olivia havia acabado de terminar um doutorado na Australian National University, em Canberra, estudando videogames, e não estava certa sobre qual caminho desejava seguir. Surpreendentemente, ela estava disponível e disposta a me ajudar a garantir que o manuscrito, à época na primeira versão, abrangesse um vasto conjunto de pesquisas em tecnologias digitais. Durante todo o ano seguinte, a contribuição de Olivia foi inestimável. Seus exames minuciosos e suas críticas realmente elevaram o patamar do que *Transformações Mentais* poderia oferecer: uma perspectiva detalhada em um campo altamente complexo e dinâmico.

Há aproximadamente 35 anos, enquanto eu trabalhava em Paris, um colega me mostrou a primeira página de um jornal que apresentava um homem barbudo com um suéter de gosto duvidoso. "Ele é do movimento verde", zombou, rindo do indivíduo como se fosse um esquisitão. A ideia de um movimento "verde" sem dúvida parecia estranha para mim, assim como a expressão "mudança climática". No entanto, hoje em dia esse conceito interfere significativamente em muitas políticas públicas e influencia o estilo de vida de cada indivíduo. *Transformações Mentais* carrega esse título pois penso que nele existam paralelos com a mudança climática, ainda que atrasados por algumas décadas: ambos são globais, controversos, sem precedentes e multifacetados. Embora os desafios das mudanças climáticas exijam medidas de redução de danos, *Transformações Mentais* poderia abrir caminho para possibilidades mais empolgantes, tendo como objetivo que a sociedade do século XXI venha a realizar o potencial pleno de cada mente humana como nunca antes, contanto que possamos discutir e planejar em que tipo de mundo queremos viver ou, mais especificamente, que tipo de pessoas nós de fato desejamos ser.

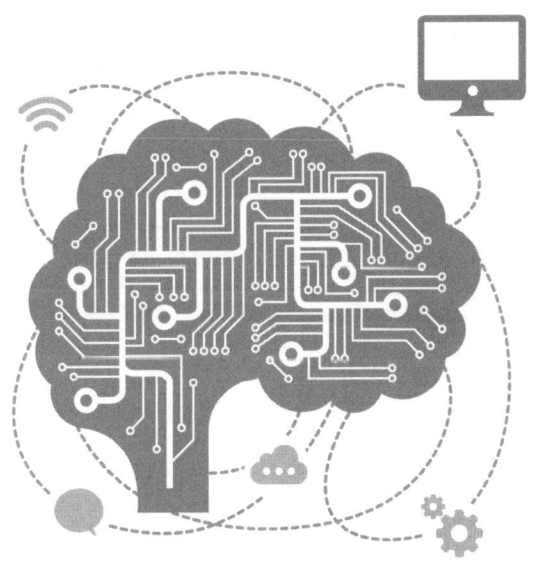

TRANSFORMAÇÕES
MENTAIS

1

TRANSFORMAÇÕES MENTAIS
UM FENÔMENO GLOBAL

Vamos entrar em um mundo que era inimaginável há algumas décadas, que não se compara a nenhum outro na história da humanidade. Um mundo bidimensional, composto apenas de imagens e sons, que fornece informações instantâneas, identidades conectadas e a oportunidade de experiências imediatas tão vívidas e hipnotizantes que podem superar a realidade sombria ao nosso redor. Um mundo repleto de tantos fatos e opiniões que nunca haverá tempo suficiente para analisá-los e compreendê-los, nem mesmo em sua menor fração. Esse mundo virtual pode parecer mais imediato e significativo para um número cada vez maior de habitantes do que a sua contraparte tridimensional, dotada de odores, sabores e toques. Trata-se de um lugar de ansiedades persistentes ou de satisfações triunfantes, que o envolvem conforme você é arrastado para uma consciência coletiva inserida em um redemoinho de redes sociais. É um mundo paralelo, no qual é possível estar em movimento no plano da realidade e, mesmo assim, estar conectado constantemente a um tempo e espaço alternativos. A transformação subsequente dos nossos estilos de vida em um futuro próximo é uma questão vital, talvez até mesmo *a* questão mais importante dos nossos tempos.[1] Por quê? Porque é possível que uma existência diária em torno de smartphones, iPads, notebooks e consoles Xbox esteja mudando radicalmente não apenas a nossa forma cotidiana de viver, mas também nossas identidades e até mesmo nossos pensamentos íntimos, de maneiras nunca antes vistas.[2] Como neurocientista, sou fascinada pelos eventuais efeitos que uma existência cotidiana orientada às telas pode vir a sofrer na maneira pela qual pensamos e sentimos, e quero explorar como o cérebro, esse órgão tão extraordinariamente adaptável, pode estar reagindo, nos dias atuais, a esse novo ambiente, recentemente chamado de "incêndio digital".[3]

No mundo desenvolvido, existe uma chance em cada três de que as crianças vivam até os cem anos.[4] Graças aos avanços da biomedicina, podemos assegurar vidas mais longas e saudáveis; graças à tecnologia, podemos antever uma existência cada vez mais livre do esforço doméstico rotineiro que caracterizou a vida em gerações anteriores. Ao contrário de grande parte da humanidade no passado e de muitos cenários horrendos que ainda ocorrem ao redor do mundo, consideramos isso como uma regra e um direito nosso a não sentir fome, frio, dor ou medo constante de morrer. Portanto, não surpreende que haja muitas pessoas em nossa sociedade convencidas de que estamos indo muito bem, de que essas tecnologias digitais não são um incêndio violento, mas uma lareira acolhedora ligada à essência do nosso estilo de vida atual. Consequentemente, vários argumentos complacentes estão à disposição para contra-atacar quaisquer ressalvas e preocupações que podem ser vistas como exageradas e até mesmo histéricas.

Uma premissa inicial é a de que, certamente, todos têm bom senso suficiente para garantir que não vamos deixar a nova cibercultura sequestrar, em grande escala, o nosso dia a dia. Sem dúvida, somos sensatos e responsáveis o suficiente para autorregular o tempo que passamos online e para assegurar que nossos filhos não fiquem obcecados pela tela. No entanto, o argumento de que somos seres automaticamente racionais se desfaz diante da história: quando o bom senso venceu automaticamente as alternativas fáceis, lucrativas ou prazerosas? Basta observar a persistência de centenas de milhões em todo o mundo que ainda gastam dinheiro com um hábito que causou 100 milhões de mortes no século XX e que, se as tendências atuais continuarem, estima-se que causará até 1 bilhão de mortes neste século: o tabagismo.⁵ Não há muito bom senso operando nesse caso.

Por outro lado, a confiabilidade da natureza humana poderia trabalhar a nosso favor se fosse possível presumir que nossa configuração genética inata faz com que a maioria de nós opte pela conduta correta, a despeito de quaisquer influências corruptoras externas. No entanto, essa ideia, por si só, colide imediatamente com a adaptabilidade superlativa do cérebro humano, que nos permite ocupar mais nichos ecológicos do que qualquer outra espécie do planeta. No início, a internet foi criada como uma forma de contato entre cientistas, e essa invenção acabou gerando fenômenos como o 4chan, uma coleção de fóruns nos quais as pessoas postam imagens e comentários breves, em sua maioria de forma anônima e sem restrições.⁶ Essa forma de autoexpressão é um novo nicho ao qual podemos nos adaptar, com consequências tão extremas quanto o próprio meio. Se o desenvolvimento é a marca registrada de nossa espécie, onde quer que nos encontremos, então as tecnologias digitais poderiam muito bem trazer à tona o que há de pior na natureza humana, ao invés de se revelarem inofensivas.

Outra forma de descartar de imediato as preocupações que os efeitos da tecnologia digital podem trazer é adotar uma postura um tanto solipsista, em que o entusiasta das telas orgulhosamente destaca a própria existência perfeitamente equilibrada, que combina os prazeres e vantagens da cibercultura com a vida em três dimensões. No entanto, há muitos anos os psicólogos vêm nos dizendo que essa introspecção subjetiva é um barômetro nada confiável para analisar estados mentais.⁷ Em todo caso, deveria ser bastante óbvio que, se um único indivíduo pode ser capaz de alcançar uma mescla ideal entre o virtual e o real, isso não significa automaticamente que os demais são capazes de ter o mesmo controle e o mesmo bom senso. E mesmo os indivíduos que pensam ter tudo sob controle, muitas vezes, admitem em um momento de descuido que "é fácil perder muito tempo no Facebook", que são "viciados" no Twitter ou que acham difícil se concentrar por tempo suficiente para ler um artigo inteiro em um jornal. No Reino Unido, o lançamento do *I*, uma versão abreviada do renomado jornal inglês *The Independent*, e a estreia na

BBC do *90 Second News Update* ["Notícias Atuais em 90 Segundos", em tradução livre] são prova das demandas de um grupo cada vez maior de leitores e espectadores — não apenas a geração mais jovem — que têm uma capacidade de atenção reduzida e exigem que as mídias impressas e de radiodifusão correspondam a isso.

Outro argumento pretensamente consolador é a convicção de que a próxima geração vai dar certo, graças aos pais que assumem o controle e intervêm quando necessário. Infelizmente, essa ideia já provou ser um fracasso. Por razões que exploraremos mais adiante, os pais muitas vezes reclamam que não podem controlar o que seus filhos fazem online, e muitos já se desesperam com a incapacidade de afastá-los da tela e trazê-los de volta para um mundo tridimensional.

Marc Prensky, um especialista em tecnologias norte-americano, cunhou o termo "Nativo Digital" para caracterizar um indivíduo pelas suas perspectivas e habilidades, com base na facilidade e na familiaridade automáticas que este possui com as tecnologias digitais.[8] Em contraste, os "Imigrantes Digitais" são aqueles que, de acordo com Prensky, "adotaram muitos aspectos da tecnologia, mas, assim como quem aprende outro idioma em um momento tardio da vida, apresentam um 'sotaque', pois ainda têm um pé no passado". É improvável que uma pessoa que esteja lendo estas palavras não tenha opiniões firmes sobre seu pertencimento a um lado ou a outro dessa divisão, ou sobre essa distinção ser motivo de celebração ou de uma profunda ansiedade. De modo geral, há uma correspondência etária nessa separação, embora o próprio Prensky não tenha apontado seus limites específicos. A data de nascimento do Nativo Digital parece, portanto, um tanto incerta: poderíamos pensar na década de 1960, quando o termo "computador" se difundiu na linguagem comum, ou ainda na década de 1990, quando o e-mail (cujo uso popular nos Estados Unidos se deu por volta de 1993) teria se tornado uma parte praticamente incontornável da vida.

Deve-se fazer uma distinção importante: os Nativos Digitais não conhecem outro modo de vida além da cultura da internet, do notebook e dos dispositivos móveis. Eles podem se libertar das restrições dos costumes locais e da autoridade hierárquica e, enquanto cidadãos autônomos do mundo, personalizar atividades e serviços baseados na tela, conforme vão colaborando e contribuindo para redes sociais globais e outras fontes de informação.

Contudo, um retrato muito mais sombrio do Nativo Digital está sendo pintado por especialistas, como no caso do escritor britânico-americano Andrew Keen:

> O MySpace e o Facebook estão criando uma cultura jovem de narcisismo digital; sites de compartilhamento de conhecimento de código aberto, como a Wikipédia, estão minando a autoridade dos professores nas salas de aula; a geração do YouTube está mais interessada em autoexpressão do que em aprender mais sobre o mundo; a cacofonia de blogs anônimos e conteúdos gerados por usuários está ensurdecendo a juventude de hoje para as vozes dos especialistas bem informados.[9]

Por outro lado, talvez o Nativo Digital não exista de fato. Neil Selwyn, do Institute of Education (IOE) da University College of London, aponta que a geração atual não é diferente das anteriores: os jovens não estão programados para terem cérebros inéditos.[10] Em vez disso, muitos deles utilizam a tecnologia de forma muito mais esporádica, passiva, solitária e, acima de tudo — ao contrário do que o hype da blogosfera e os defensores zelosos da cibercultura podem nos fazer acreditar —, nada espetacular.

Independentemente de a era digital gerar um novo tipo de supercriatura ou apenas humanos comuns mais bem adaptados à vida na tela, basta dizer que, no momento, é provável que os pais sejam Imigrantes Digitais e seus filhos, Nativos Digitais. Enquanto os primeiros ainda estão aprendendo o enorme potencial dessas tecnologias na idade adulta, os últimos não tiveram contato com nada além delas. Essa cisão cultural muitas vezes torna difícil para os pais saberem qual a melhor forma de se lidar com situações que, intuitivamente, percebem como um problema, a exemplo do tempo excessivo gasto em atividades realizadas no computador; enquanto isso, os mais jovens podem se sentir incompreendidos e impacientes diante de pontos de vista que consideram inadequados e obsoletos para a vida atual.

Embora relatórios e pesquisas tenham se concentrado principalmente na próxima geração, as preocupações que desejo destacar aqui não se limitam apenas aos Nativos Digitais — longe disso. Porém, e sem sombra de dúvida, o aumento vertiginoso da velocidade em dispositivos e aplicativos digitais cada vez mais inteligentes gerou uma cisão entre gerações. Quais serão os efeitos decorrentes disso em cada geração e nas relações entre elas?

Em um relatório de 2011, chamado *Virtual Lives* ["Vidas Virtuais", em tradução livre], pesquisadores da organização de caridade infantil Kidscape, no Reino Unido, avaliaram as atividades online de mais de 2 mil crianças entre 11 e 18 anos. Pouco menos da metade das crianças entrevistadas disse que se comportava de forma diferente no mundo online e em suas vidas normais, e muitas alegaram que isso fazia com que se sentissem mais poderosas e confiantes. Uma delas disse: "É mais fácil ser quem você quer ser, porque ninguém te conhece, e se você não gosta da situação pode simplesmente sair, e pronto." Outra criança fez eco a esse sentimento, pontuando: "Você pode dizer qualquer coisa online. Pode falar com pessoas com quem não falaria normalmente e editar suas fotos para ficar com uma aparência melhor. É como se você fosse uma pessoa completamente diferente." O relatório afirma que essas descobertas "sugerem que as crianças veem o ciberespaço como algo destacável do mundo real e como um lugar no qual podem explorar partes de seu comportamento e personalidade que possivelmente não exporiam na vida real. Elas parecem incapazes de entender que suas condutas online podem ter repercussões no mundo real".[11]

A oportunidade acessível de ter uma identidade alternativa e a noção de que as ações não têm consequências diretas nunca antes fizeram parte do desenvolvimento de uma criança, e vêm levantando novos questionamentos sobre o que é melhor para elas. Embora o cérebro não esteja efetivamente programado para interagir de forma eficaz com as tecnologias de tela, ele evoluiu para responder com sensibilidade requintada às influências externas — ao ambiente que habita. E o ambiente digital está se tornando cada vez mais disseminado para pessoas de uma faixa etária cada vez menor. Recentemente, a Fisher-Price lançou um penico equipado com um suporte para iPad,[12] provavelmente a fim de complementar um estilo de vida em que aquela cadeirinha, na qual o bebê pode ficar por horas a fio, também seja dominada por uma tela.[13]

É por isso que a questão do impacto das tecnologias digitais é tão importante. Homens de negócios renomados, duros na queda, e empreendedores habilidosos muitas vezes vêm até mim durante o coffee break de eventos corporativos e deixam cair suas máscaras profissionais quando me contam, desesperados, que seus filhos ou filhas adolescentes têm uma fixação obsessiva pelo computador. Mas suas inquietações continuam totalmente dispersas, sem foco. Onde, afinal, esses pais preocupados podem compartilhar experiências com outras pessoas em uma plataforma mais ampla, para articulá-las de maneira formal e coerente? No momento, em lugar nenhum. Nas páginas a seguir, acompanharemos diversos estudos envolvendo pré-adolescentes e adolescentes; infelizmente, há muito menos material sobre adultos, talvez porque eles sejam menos coesos e identificáveis como um grupo do que um corpo estudantil voluntário ou uma sala de aula cativa. Seja qual for o caso, é importante observar os dados *não* como um guia de autoajuda para a educação dos filhos, e sim como um fator essencial no quadro geral da sociedade.

Outro argumento que se utiliza de vez em quando para descartar quaisquer preocupações sobre a cultura digital é a ideia de que nós continuaremos avançando, contanto que haja uma regulamentação vigente adequada. Muitas vezes ouvimos de políticos e funcionários do governo algo parecido com isto: *Ainda não há evidências conclusivas para ficarmos preocupados. Caso haja, todos os freios e contrapesos adequados obviamente serão implementados prontamente. Nesse ínterim, desde que sejamos sensatos e equilibrados, poderemos desfrutar e nos beneficiar de todas as vantagens da vida cibernética. A tecnologia claramente nos traz oportunidades inimagináveis, e seus avanços com certeza serão equilibrados, contanto que estejamos sempre alertas para potenciais impactos negativos.*[14] No entanto, embora a moderação possa ser a chave, a tecnologia não vem, *necessariamente*, sendo utilizada dessa forma. Em média, os jovens nos Estados Unidos consomem mídias de entretenimento por mais de 53 horas semanais.[15]

Se levarmos em consideração a multitarefa das mídias, ou seja, o consumo de mais de uma mídia ao mesmo tempo, os jovens passam, em média, quase onze horas por dia com mídias de entretenimento — o que está longe de ser moderado.

O problema mais profundo de enxergar na regulamentação um tipo de "solução" é que ela é sempre reativa. Os procedimentos regulatórios só podem responder a um evento, descoberta ou fenômeno recente com a finalidade de eliminar danos evidentes, como aqueles causados por junk food, poluição do ar ou, para ficar com um exemplo da internet, aliciamento sexual de crianças ou seu livre acesso à violência extrema. Mas a regulamentação sempre tem que correr atrás do prejuízo: políticos e funcionários públicos serão sempre cautelosos com previsões, já que estão cientes, e com razão, de que estão gastando o dinheiro dos contribuintes ou doadores de campanha em algo que poderia ser considerado como mera especulação. Por mais que diretrizes e leis sejam necessárias contra os perigos óbvios e imediatos do mundo cibernético, elas são inadequadas frente à tarefa de olhar adiante, de imaginar os melhores usos para as novas tecnologias. Para isso, precisamos de uma imaginação de longo prazo e de um raciocínio arrojado, qualidades que, hoje em dia, não estão necessariamente associadas a funcionários públicos com pouco dinheiro ou a políticos de olho em uma reeleição iminente e em vitórias fáceis no curto prazo. E o mesmo se aplica aos demais. A tecnologia pode ser empoderadora e nos ajudar a forjar vidas mais plenas, mas isso só ocorrerá, de fato, se nós mesmos tomarmos a frente e contribuirmos para o cumprimento dessa tarefa.

As tecnologias digitais estão corroendo as antigas restrições de espaço e tempo. Sempre me lembrarei de um discurso ao qual compareci em 2004, em Aspen, Colorado, do ex-presidente dos Estados Unidos, Bill Clinton, no qual ele descreveu como a história da civilização podia ser dividida em três estágios: isolamento, interação e integração. O *isolamento* caracterizou a segregação dos impérios remotos do passado, cujo acesso era intermitente, laborioso e perigoso, até mesmo no século passado. A *interação*, segundo Clinton, apresentava vantagens — na forma do comércio, da troca de ideias e assim por diante — e desvantagens —

como o aumento da facilitação e da escala das guerras. Mas talvez este século presente esteja exemplificando, pela primeira vez, a realização de uma imensa *integração*.

Mesmo assim, essa ideia, ainda que em um cenário hipotético, não é tão revolucionária. Já em 1950, o filósofo e padre jesuíta francês Pierre Teilhard de Chardin desenvolveu a ideia do pensamento globalizado, um cenário que ele chamou de "noosfera".[16]

De acordo com Teilhard de Chardin, a noosfera surgiria por meio da — e seria composta da — interação de mentes humanas. Conforme a humanidade progredisse rumo a teias sociais mais complexas, a sua notoriedade se elevaria. Teilhard de Chardin viu a apoteose suprema da noosfera como o Ponto Ômega, o maior grau de consciência coletiva para o qual o Universo evoluiria, com os indivíduos ainda sendo entidades distintas. Por mais tentador que seja acreditar que a globalização induzida digitalmente, tal como observada no compartilhamento instantâneo de ideias e na comunicação mundial, esteja concretizando sua visão, não podemos presumir que essa ideia hipotética de outrora esteja se transformando na nossa realidade. E se o alcance global, associado a uma cultura homogeneizada correspondente a ele, resultar em condutas e reações humanas mais uniformizadas, chegando ao ponto de diluir nossa diversidade cultural e nossas próprias identidades? Obviamente, embora haja enormes vantagens em compreender estilos de vida e interesses que nos eram estranhos no passado, há uma grande diferença entre um mundo enriquecido por estilos de vida diversos e contrastantes e outro que compartilha uma existência uniforme e padronizada, tal como em uma linha de produção. E, embora a diversidade nas sociedades possa fornecer insights valorosos sobre a condição humana, tais comparações só podem ser alicerçadas em uma identidade e em um estilo de vida claros e bem definidos. Uma homogeneização global e simplista da mentalidade pode, em longo prazo, acarretar sérias consequências para a forma como vemos a nós mesmos e as sociedades em que vivemos.

Embora a velocidade, a eficiência e a ubiquidade certamente sejam coisas boas, essa nova vida de integração pode ter outros efeitos, menos benéficos, sobre os quais precisamos refletir. Antigamente, esperávamos todos os dias pela entrega de correspondências em horários fixos. Em geral, para qualquer pessoa, salvo aquelas muito ricas, um telefonema internacional era uma opção guardada apenas para circunstâncias especiais ou de emergência. Agora, todavia, consideramos a disponibilidade constante de comunicação internacional como algo natural. Tendemos a esperar respostas instantâneas e também a presumir que responderemos imediatamente, oscilando sem parar entre modos de transmissão e recepção.

Em um café da manhã formal do qual participei por volta de 2015,* em que o então vice-primeiro-ministro britânico, Nick Clegg, faria a fala principal, a mulher sentada ao meu lado estava tão ocupada tuitando que estava tomando café com Clegg que nem sequer ouvia o que ele estava dizendo. Cerca de 24% dos usuários de redes sociais voltadas para adultos nos EUA relataram um fenômeno curioso em 2012 — eles perderam um evento ou momento-chave de suas vidas porque estavam totalmente absortos em atualizar as redes sociais sobre tal evento ou momento.[17] Por outro lado, é possível monitorar o fluxo de consciência das outras pessoas, quase como se fosse um novo modo de vida. Quando perguntei a uma colega com que frequência ela usava o Twitter, ela me mostrou um e-mail de uma amiga cujo conteúdo é bastante comum: "Eu deixo o Twitter aberto no meu PC o dia todo e dou uma olhada nele entre chamadas, quando estou com o telefone em espera etc. Eu diria que todos fazem mais ou menos a mesma coisa em nosso escritório."

Não precisamos mais esperar nem dar conta da passagem do tempo entre causas e efeitos, ou entre ações e reações. Para a maioria das pessoas que, há algumas décadas, nem sequer pensavam em viajar para o exterior ou em ter uma rede de amigos fora da sua comunidade local, passaram a existir oportunidades emocionantes e ininterruptas que abrangem o planeta inteiro. São muitas as vantagens dessa comunicação facilitada. Ninguém poderia dar uma desculpa convincente para querer voltar à época de quando as entregas postais demoravam dias.

---

* Esta obra apresenta, em sua maioria, dados atualizados até 2015.

Porém, talvez haja certo proveito em ter algum tempo para refletir antes de poder responder a opiniões ou a informações. Talvez haja benefícios em poder controlar o seu dia de acordo com suas próprias escolhas, no seu próprio ritmo.

A questão crucial é como digerimos internamente o que está acontecendo ao nosso redor, à medida que atravessamos cada dia que passa. O médico austríaco Oleh Hornykiewicz, que na década de 1960 desenvolveu o tratamento aplicado em 2015 para a doença de Parkinson, certa vez ofereceu este insight: "Pensar é um movimento confinado ao cérebro." Um movimento consiste em uma cadeia de ações interligadas que ocorrem em uma ordem específica. O exemplo mais simples, caminhar, é na verdade uma série de passos em que colocar um pé à frente sempre leva o outro pé a ultrapassá-lo; um passo, portanto, leva ao próximo, em uma cadeia de causa e efeito que não é aleatória, mas sim uma sequência linear fixa. O mesmo ocorre com o pensamento. Todo pensamento — tanto fantasia quanto memória, argumento lógico, plano de negócios, esperança ou mágoa — compartilha essa característica comum de ser uma sequência fixa. E uma vez que houver começo, meio e fim bem definidos para a sequência, deve haver um cronograma geral. A meu ver, a ideia de uma sequência é a própria quintessência do pensamento, e trata-se do passo mental necessário para distinguir uma linha de raciocínio de uma emoção instantânea e isolada captada em uma gargalhada ou em um grito, por exemplo. Ao contrário de um sentimento bruto que se dá na reação momentânea, o processo do pensamento transcende o aqui e agora, conectando o passado ao futuro.

Os seres humanos não são os únicos a terem memória suficiente para vincular um evento anterior (uma causa) a um evento subsequente (um efeito) ou até mesmo para ver um resultado provável no futuro. Um rato que recebe um grão de ração ao pressionar uma barra pode, desde logo, "pensar" sobre o movimento seguinte mais adequado e aprender a pressionar a barra novamente — o vínculo entre o estímulo e a resposta foi formado. No entanto, nós, humanos, somos únicos na capacidade de vincular eventos, pessoas e objetos que *não estão* fisicamente presentes diante de nós a um fluxo de raciocínio. Temos a capacidade de ver uma coisa, incluindo uma palavra abstrata qualquer, em função de outra. Ao contrário de todos os outros animais, e até mesmo de crianças humanas, temos uma linguagem verbal e escrita. Libertamo-nos de uma pressão que ocorre à nossa volta em determinado momento porque podemos nos voltar para o passado e depois para o futuro, utilizando símbolos e palavras para representar coisas que não estão fisicamente presentes: podemos lembrar, planejar e imaginar. Mas tudo isso leva tempo, e, quanto mais complexo for o pensamento, mais tempo precisaremos para dar os passos mentais necessários.

Contudo, se você puser um cérebro humano, com seu comando evolutivo, para se adaptar ao ambiente em um espaço em que não há uma sequência linear óbvia, os fatos podem ser acessados ao acaso, tudo é reversível, o lapso entre o estímulo e a resposta é mínimo e, sobretudo, o tempo é curto, então a linha de raciocínio pode se perder. Some a isso as distrações sensoriais de um universo audiovisual vívido e abrangente, que estimula um tempo de atenção reduzido, e você pode se tornar, por assim dizer, um computador: um sistema que responde de forma eficiente e processa informações muito bem, mas que é desprovido de pensamentos mais profundos.

Há cerca de trinta anos, o termo "mudança climática" tinha pouca significância para a maioria das pessoas; atualmente, por outro lado, ele é entendido por quase todos como um conceito abrangente e que abarca uma ampla variedade de temas, incluindo sequestro de carbono, fontes alternativas de energia e uso de água, para ficar com apenas alguns exemplos. Alguns acham que estamos condenados, enquanto a outros parece que esses problemas são exagerados demais; outros, ainda, acreditam que a ciência pode ajudar. A mudança climática, portanto, não é apenas global e sem precedentes, mas também é multifacetada e controversa. Quando nos voltamos para a questão de como serão os sentimentos e pensamentos das gerações futuras, as "Transformações Mentais" podem ser um conceito tão amplo e útil quanto ela.

O argumento subjacente à noção de Transformações Mentais é assim: o cérebro humano se adaptará a qualquer ambiente em que seja colocado. O cibermundo do século XXI, por sua vez, está oferecendo um novo tipo de ambiente. Portanto, o cérebro pode estar mudando em paralelo, de maneiras novas e correspondentes. À medida que começarmos a entender e a antecipar essas mudanças, sejam elas positivas, sejam negativas, teremos mais capacidade de navegar nesse novo mundo. Vamos, então, investigar mais a fundo de que maneira as Transformações Mentais, assim como a mudança climática, não são apenas um fenômeno *global,* como acabamos de ver, mas também *inédito, controverso* e *multifacetado.*

2

TEMPOS INÉDITOS

Os humanos se adaptam. Fazemos isso melhor do que qualquer outra espécie. Consequentemente, nossos antepassados sempre tiveram que abraçar um mundo em constante mudança, no qual novas invenções e tecnologias impulsionaram, por sua vez, novos estilos de vida, percepções, gostos pessoais e prioridades. Por que, então, essa era digital seria diferente?

O automóvel, por exemplo, causou grandes impactos, que transformaram vidas. Com essa analogia, seria possível olhar para os dispositivos digitais apenas como as coisas mais recentes a compor uma longa linha de inovações empolgantes e inicialmente perturbadoras a serem incorporadas em nossas vidas como impulsionadores de um novo desenvolvimento, algo que sempre será difícil de aceitar para alguns tradicionalistas.

Observe a prensa móvel: em 1439, quando ela foi inventada na Europa, por Johannes Gutenberg, apresentou-se inegavelmente como um marco gigantesco no progresso da civilização. Ela democratizou o conhecimento, e as forças reacionárias do status quo simplesmente não gostaram disso — traçando, digamos, um paralelo com quem tem aversão à tecnologia atualmente. Os livros começaram a disseminar o conhecimento para um número cada vez maior de indivíduos que, por sua vez, fomentaram mudanças sociais que levaram ao progresso pessoal e à educação universal. Mesmo a ficção invariavelmente levantava questões sobre a condição humana, o que permitia ao leitor ver o mundo através dos olhos de outras pessoas em outras épocas e locais, para melhor apreciar e moldar as próprias perspectivas e autocompreensão; como algo poderia ser mais transformador do que isso?

Então, veio a eletricidade. Até o final do século XIX, a noite trazia trevas incontroláveis; o único recurso de nossos ancestrais para afastar quaisquer perigos desconhecidos, reais ou sobrenaturais, que pudessem estar à espreita era a luz de velas e o seu brilho débil e bruxuleante. A experiência cotidiana de nossos ancestrais foi, por muito tempo, composta de silhuetas malformadas, meia-luz e uma total incapacidade de controlar suas imediações. Imagine a diferença gigantesca quando aquele mundo escuro e sinistro finalmente foi inundado por luz elétrica. Que novos pensamentos e mentalidades podem ter nascido ali? Quaisquer que fossem, tudo isso constituiu, sem sombra de dúvida, uma completa reformulação da realidade, à qual nossa espécie se adaptou e que, portanto, mudou algo em nós.

Passemos a uma invenção mais recente: a televisão. Desde que foi criada, em meados do século XX, houve a preocupação de que a televisão pudesse fazer mal ao cérebro das crianças, que ficariam com "olhos quadrados" e parariam de ler e brincar fora de casa. No entanto, como as transmissões televisivas ocorriam apenas à noite e durante períodos limitados, e como na época havia uma cultura dominante de jogos ao ar livre, leituras e refeições familiares realizadas de forma coletiva, a TV, na verdade, complementou um estilo de vida já existente, em vez de interrompê-lo. De certa forma, em vez de ser uma precursora do computador doméstico, a TV era mais próxima do piano vitoriano, por ser um meio de interação e de atividade familiar conjunta.

Não se trata de uma nostalgia pelos anos dourados de outrora. Os meados do século XX foram fisicamente desconfortáveis e duros, e ainda que fosse possível voltar no tempo de alguma forma, isso já não nos parece uma proposta muito atraente: quem, em sã consciência, optaria por ficar em um quarto sem aquecimento, debaixo de camadas e mais camadas de cobertas finas e ásperas, que sempre saem do lugar? Mas estes eram tempos *diferentes*. Havia apenas um aparelho de TV na casa, isso se você tivesse sorte; no início, geralmente apenas uma casa na rua podia se orgulhar de tal proeza, o que acabava atraindo visitantes intermináveis para compartilhar do seu encantamento. E, mesmo na década de 1960, assistir à TV ainda transmitia um sentimento de comunidade.

Ou seja, nada mais distante do cenário do século XXI, em que um membro da família entra em casa correndo ao voltar do trabalho ou da escola para ficar sentado por horas em confinamento solitário voluntário em frente a uma tela. Uma das grandes diferenças entre as tecnologias anteriores e suas atuais contrapartes digitais é a *quantidade* de tempo em que a tela monopoliza a nossa atenção ativa e exclusiva de uma forma que o livro, o cinema, o rádio e até mesmo a TV nunca fizeram.

O futurólogo Richard Watson acredita que o que dá o caráter crucial a essa diferença é o *grau* em que as tecnologias digitais estão dominando nossas vidas: "Sempre inventamos coisas novas. Mas também sempre nos preocupamos com elas e reclamamos das gerações mais novas. Será que se pode afirmar, com certeza, que a maior parte [disso] são conjecturas misturadas à angústia da meia-idade para com tecnologias? Acho que a resposta para isso é um pouco diferente neste caso. [Telas] estão se tornando onipresentes. Estão se tornando viciantes. Estão se estabelecendo."[1]

Não é exatamente essa onipresença física das telas que diferencia a aparência da casa-padrão de suas antecessoras, mas sim uma característica invisível, inconcebível há uma década: os indivíduos podem estar constantemente conectados à parte externa da casa de uma forma mais íntima do que com os membros imediatos da família, com os quais convivem em estreita proximidade. Cada adulto e cada criança agora possuem vários dispositivos digitais que usam para entretenimento, socialização e acesso à informação.[2]

Há em curso uma estratégia Push e Pull, respectivamente, *em direção* ao ciberespaço que advém, por exemplo, do isolamento que o dispositivo móvel proporciona e/ou do quarto multifuncional, e se *afastando* do antigo epicentro da família. No passado, os quartos eram lugares de castigo, para os quais uma criança seria mandada devido ao mau comportamento — muito distante dos quartos de hoje, considerados um paraíso por muitos jovens. A cozinha ou a sala de estar aconchegante, onde a família nuclear se reunia, era o principal fórum de interação e informação, e fornecia uma estrutura e um cronograma para a vida cotidiana.

Atualmente, o mundo da tela nos quartos, ou em qualquer outro lugar, tem oferecido, em muitos casos, um contexto alternativo para definir ritmos, estabelecer padrões e valores, permitir conversações e proporcionar entretenimentos, enquanto as refeições coletivas da família nuclear estão se tornando menos centrais e constantes em meio a tecidos sociais mais complexos que envolvem divórcios e novos casamentos, bem como padrões de trabalho mais variáveis e exigentes.

Além da onipresença das tecnologias digitais em comparação com invenções de eras passadas, outra diferença é a transição das tecnologias enquanto meio para se tornarem um fim em si próprias. Um carro leva pessoas de um lugar para outro; uma geladeira mantém seus alimentos frescos; um livro pode ajudá-lo a aprender sobre o mundo real e sobre as pessoas que vivem nele.

As tecnologias digitais, por sua vez, têm potencial para se tornarem um fim, e não um meio — um estilo de vida por si só. Embora muitos utilizem a internet para ler, tocar música e aprender, fazendo dela uma parte de suas vidas em três dimensões, o mundo digital oferece a possibilidade, e até mesmo a tentação, de se tornar um mundo em si mesmo. Da socialização às compras, ao trabalho, ao aprendizado e à diversão, tudo o que fazemos todos os dias pode agora ser feito de forma muito diferente, em um espaço paralelo indefinido. Pela primeira vez, a vida na frente de uma tela de computador ameaça, efetivamente, derrotar a vida real.[3]

Você acorda. A primeira coisa que faz é verificar seu smartphone (62% das pessoas) e, segundo as probabilidades, você o verificará nos primeiros quinze minutos de consciência (79% das pessoas).[4] Em 2013, 25% dos usuários de smartphones dos EUA com idades entre 18 e 44 anos não conseguiam se lembrar de uma *única* ocasião em que o smartphone não estava ao alcance da mão, ou no mesmo recinto. Depois de acordar, você toma uma xícara de café e um pãozinho, enquanto verifica os e-mails que podem ter chegado durante a noite, e aproveita para enviar alguns. Digamos que o seu trabalho permita que você trabalhe em casa, como fazem cerca de 20% dos profissionais norte-americanos;[5] sua produção já começa ali mesmo. Enquanto você tem essas coisas para fazer, também estará com o Twitter aberto para seguir sua celebridade favorita, assim como sua página do Facebook, para garantir que não perderá nenhuma notícia. Você também precisará verificar outras redes sociais, como o Instagram ou o Snapchat, e rapidamente tirar fotos do que está almoçando (sim, o tempo voou), tudo isso enquanto fica alerta às velhas mensagens de texto. Esgotado por toda essa multitarefa no trabalho, você relaxa assistindo a um vídeo do YouTube que atraiu um grande número de visualizações ou baixa o último episódio de algum programa de seu agrado. Em seguida, é hora de pedir um delivery e fazer terapia de consumo com umas comprinhas online. Em 2011, 71% dos usuários adultos da internet nos EUA compraram produtos online,[6] e em 2012, no Reino Unido, houve um número parecido: 87% dos adultos entre 25 e 44 anos.[7] Precisando de uma estimulação, de uma injeção de ânimo escapista depois que cair a ficha do quanto você acabou de gastar? Mergulhe em um videogame empolgante, juntando-se a 58% dos norte-americanos.[8] Eis, então, que você começa a se sentir um pouco isolado, precisando de alguma companhia. Dê uma olhada rápida nas redes sociais, desta vez prestando mais atenção às páginas de namoro online.

Os usuários da internet nos Estados Unidos gastam 22,5% de seu tempo online em redes sociais ou blogs.[9] Mais de um terço das pessoas que se casaram entre 2005 e 2012, ainda nos Estados Unidos, relataram ter encontrado o cônjuge online, e aproximadamente metade desses encontros se deu por meio de sites de namoro online e o restante por meio de outros sites, como os de redes sociais e de mundos virtuais.[10] Tanto o mundo real, físico, como tudo aquilo que fazemos nele, pode estar se tornando cada vez menos relevante à medida que as restrições tradicionais de tempo e espaço vão desaparecendo. E, na medida em que cada um de nós se adapta a uma nova dimensão sem precedentes, que tipo de indivíduo pode, eventualmente, emergir daí?

Com certeza, alguém menos ligado à vida ao ar livre. Desde 1970, o raio de atividade de uma criança, ou seja, a quantidade de espaço ao redor da casa em que a criança vagueia livremente, diminuiu em surpreendentes 90%.[11] E essa restrição às brincadeiras é inédita.

O Dr. Joe Frost, no livro *A History of Children's Play and Play Environments* ["Uma História das Brincadeiras de Criança e de Locais Recreativos", em tradução livre], traça a história das brincadeiras infantis desde seus primeiros registros na Grécia e na Roma antigas até os dias atuais e conclui que "as crianças nos Estados Unidos tornaram-se cada vez menos ativas, abandonando as brincadeiras tradicionais ao ar livre, exercícios e outras atividades físicas por jogos virtuais em locais fechados, brincadeiras envolvendo tecnologia e ambientes de diversão cibernética, juntamente com dietas baseadas em junk food".[12] As consequências da privação do ato de brincar e do abandono de brincadeiras ao ar livre podem se tornar questões fundamentais para o bem-estar das crianças.

O conteúdo de um estilo de vida baseado em telas não tem precedentes, não só na forma como molda pensamentos e sentimentos, mas também por causa das consequências de *não* se exercitar e *não* brincar e aprender fora de casa. Embora um número crescente de aficionados digitais possa optar, no futuro, por tecnologias exclusivamente móveis, por enquanto o usuário ainda gasta uma quantidade considerável de tempo sentado em frente à tela do computador. Em todo caso, se estivermos ocupados enviando mensagens ou tuitando pelos nossos celulares, ainda que estejamos caminhando do lado de fora, continua sendo menos provável que façamos exercícios físicos mais extenuantes do que faríamos se não estivéssemos com esses aparelhos.

Um fato que evidencia uma inclinação ao sedentarismo é que estamos ganhando peso. A obesidade decorre de muitos fatores, incluindo o tipo e a quantidade incorreta de alimentos, mas também é fruto de uma redução de gastos energéticos. É difícil especificar uma ordem particular de eventos: uma criança que não gosta muito de esportes e que se sente mais atraída pela tela, ou por um estilo de vida entre telas, teria um tipo de atração que suplanta a vontade de subir em uma árvore, por exemplo? Essa é uma situação de "quem vem primeiro, o ovo ou a galinha?" que não cabe resolver aqui. Em vez disso, precisamos olhar para o estilo de vida digital como um todo — tanto o aumento de tempo gasto em duas dimensões quanto a diminuição simultânea do tempo gasto em três.

Eu recebi um e-mail de um pai de duas crianças pequenas na Austrália que resume as coisas de uma forma muito cativante:

> No último fim de semana, passei por um momento revelador, em que meus filhos estavam de preguiça pela casa, utilizando e brigando por aparatos tecnológicos. Quando finalmente consegui convencê-los a dar uma caminhada rápida, pegamos as bicicletas e pude observar, com alegria, a diversão que eles estavam tendo simplesmente por subirem e descerem por uma curva específica, aberta e íngreme, de uma estrada secundária tranquila. A alegria, os risinhos e as gargalhadas dos filhos são verdadeira música para os ouvidos dos pais. E eu nunca ouço isso quando eles estão usando algum tipo de tecnologia.

Sue Palmer, uma ex-professora, alertou para esse problema em 2007. Seu livro, *Toxic Childhood* ["Infância Tóxica", em tradução livre], continha uma lista de atividades simples que uma criança deveria experimentar antes de chegar à adolescência, como subir em uma árvore, descer um morro alto rolando, pular uma pedra e correr na chuva.[13] É muito triste que essas atividades infantis, que seriam consideradas óbvias há uma ou mais gerações, agora precisem ser listadas como objetivos que, de outra forma, não seriam alcançados.

Enquanto isso, em um relatório de 2015 da instituição de caridade National Trust, o termo "transtorno de déficit de natureza" foi cunhado, não para descrever uma condição médica, mas como uma expressão vívida de um padrão de comportamento endêmico, indicando pela primeira vez que nós nos dissociamos do mundo natural e de toda a sua beleza, complexidade e surpresas constantes.[14] Mesmo o fanático digital mais obstinado não consegue escapar do simples fato de que cada hora passada na frente de uma tela, por mais maravilhosa ou benéfica que seja, é um tempo que se passa *sem* segurar a mão de alguém, nem sentir o cheiro da brisa do mar. Talvez até mesmo o ato de ficar à vontade e contente, em perfeito silêncio, venha a se tornar uma commodity rara, que, em vez de fazer parte do repertório humano, será encontrada em uma futura lista de desejos melancólica.

A professora Tanya Byron, uma psicóloga inglesa mais conhecida por seu trabalho como terapeuta infantil na televisão, estava inicialmente preocupada com a regulamentação da internet; no entanto, apenas dois anos depois, ela reconheceu que o problema não era apenas evitar danos, mas sim identificar o melhor ambiente possível para além das experiências na tela. "Quanto menos as crianças brincam ao ar livre, menos aprendem a lidar com os riscos e desafios que enfrentarão quando forem adultas", afirmou ela. "Nada pode substituir o que as crianças ganham com a liberdade e a independência de pensamento que se adquire ao experimentar coisas novas ao ar livre."[15] No passado, as brincadeiras geralmente eram feitas em campos e bosques ou em ruas urbanas pouco movimentadas. Basta olhar para o trabalho de Enid Blyton, autora de livros infantis escritos em meados do século XX, nos quais os jovens heróis e heroínas estavam tão ocupados pegando contrabandistas e outros vilões que só entravam em casa para tomar chá e dormir.

Naquela época, tanto na ficção quanto na realidade, o ambiente em que se crescia proporcionava um pano de fundo e adereços, não a narrativa real. A história vinha de dentro da cabeça — precisava vir — e surgia da interação com os amigos quando você se tornava um cowboy ou um índio.

Dentro de casa acontecia a mesma coisa: os enredos eram traçados e a narrativa era originada a partir das brincadeiras com bonecas, com soldadinhos de chumbo ou com fantasias. Árvores, blocos de desenho e brinquedos (normalmente junto com as caixas de papelão em que vinham) eram apenas ferramentas e instruções para os *seus* jogos, a *sua* história, o *seu* cenário, inventados a partir da *sua* própria mente — e, acima de tudo, para a *sua* imaginação. Às vezes, e até mesmo com bastante regularidade, você poderia ficar entediado. Mas esse mesmo estado de subestimulação o impeliria a fazer um desenho, inventar um jogo ou sair para brincar. O que quero enfatizar é que *você* era o condutor, *você* estava no controle do seu próprio mundo interior e da sua própria realidade particular.

Agora, por outro lado, a tela pode assumir esse papel. Sim, é necessário ser minimamente proativo para ligar o dispositivo e navegar por suas opções, mas, depois de selecionar uma atividade, as experiências cibernéticas espetaculares engendradas por outra pessoa engolirão você. A partir daí, você vira um receptor passivo, e, embora jogos como The Sims, por exemplo, permitam que você modifique e crie mundos, isso sempre estará dentro dos parâmetros de pensamento dos designers do jogo, ou seja, de um terceiro. Eu me pergunto quanto do tempo que antes seria gasto caminhando ao ar livre, tocando piano ou tendo uma conversa presencial foi perdido atualmente para uma ciberatividade, um tipo completamente novo de ambiente, no qual o sabor, o odor e o toque não são estimulados, no qual podemos ser completamente sedentários por longos períodos de tempo, mas no qual a experiência oferecida supera os estilos de vida mais tradicionais em termos de apelo e empolgação.

Seria extremamente simplista pensar nesse novo estilo de vida digital, poderoso e penetrante, como a apoteose da existência humana ou como a cultura mais tóxica de todos os tempos. Estamos recebendo um coquetel complexo e inédito de oportunidades e de ameaças, mas nem todos concordarão exatamente a respeito do que vem a constituir cada uma.

3

UM TEMA CONTROVERSO

O jornalista norte-americano H. L. Mencken certa vez disse: "Para todo problema complexo, existe sempre uma solução simples, elegante e completamente errada." Agonizar a respeito de a tecnologia digital ser "boa" ou "ruim" para a mente humana é tão sem sentido quanto discutir se um carro é "bom" ou "ruim". No entanto, debates sobre o tema complexo das Transformações Mentais são inevitáveis, já que questionam a maneira como vivemos nossas vidas e o tipo de pessoa que podemos nos tornar. Em vez de adotar posturas simplistas e arraigadas, como "bom" ou "ruim", "certo" ou "errado", precisamos observar, primeiramente, onde as várias frentes de batalha estão de fato ocorrendo e, em seguida, como resolver qualquer conflito de compreensão e expectativa.

Inevitavelmente, a maior controvérsia gira em torno da questão básica das evidências: quão forte elas são e o que pretendem demonstrar. Dois relatórios em particular, levantando evidências dos últimos anos, sugeriram que a situação é a de um "copo meio cheio". Um deles foi redigido em 2008 pela psicóloga e professora Tanya Byron, e trata dos riscos aos quais as crianças estão expostas na internet e nos videogames.[1] O relatório chegou à conclusão, nada surpreendente, de que "a internet e os videogames são muito populares entre crianças e jovens, e apresentam uma gama de oportunidades para se divertir, aprender e se desenvolver". No entanto, Byron se preocupava com temas potencialmente inadequados, desde conteúdos violentos até o comportamento das crianças no mundo digital. Ela também chamou a atenção para a noção de que nós não devemos pensar em uma criança com um dispositivo digital de maneira isolada, e sim perceber que o panorama mais amplo desse estilo de vida é altamente relevante, e a relação da criança com os pais também não é menos importante.

A exclusão digital geracional implica que os pais não se sentem necessariamente equipados para ajudar seus filhos nesse espaço desconhecido, o que pode levar ao medo e a uma sensação de impotência. Essa triste conjuntura pode ser agravada por uma cultura generalizada de aversão ao risco que está cada vez mais disposta a manter as crianças dentro de casa, apesar das necessidades de desenvolverem a socialização e correr certos riscos. Embora uma cultura de aversão ao risco não resulte exclusivamente de uma vida entre telas, sem dúvida ela dá um incentivo e uma alternativa muito atraentes para uma criança ser rapidamente persuadida a não se aventurar fora de casa. Outro ponto consensual do relatório de Byron é que, embora as crianças pareçam confiantes com as tecnologias, elas ainda estão desenvolvendo habilidades de avaliação crítica e precisam da ajuda de um adulto para tomar decisões inteligentes. Em relação à internet, nós precisamos de "uma cultura compartilhada de responsabilidade".

A ênfase de Byron tem sido a proteção, mas seu relatório também aborda o tema mais amplo do empoderamento das crianças: "Crianças serão crianças, ultrapassando limites e correndo riscos. Em uma piscina pública, nós temos portões, placas, guarda-vidas e pontos rasos, mas também ensinamos as crianças a nadar." Dito isso, por enquanto, qualquer pessoa que ler o relatório de Byron sentirá que não há uma necessidade imediata de qualquer tipo de ação revolucionária, nem mesmo uma interceptação.

Uma história semelhante ocorreu posteriormente, em 2011, quando um neurocientista, o Dr. Paul Howard-Jones, da Universidade de Bristol, foi contratado para elaborar um parecer sobre o impacto das tecnologias digitais no bem-estar humano. Howard-Jones começou discutindo o que o campo da neurociência havia estabelecido com relação aos efeitos das tecnologias interativas no comportamento, no cérebro e nas atitudes, com um foco especial nas crianças e adolescentes. Afinal, "a vanguarda do progresso neste novo mundo são os nossos filhos, especialmente os adolescentes. Sabemos que o cérebro em desenvolvimento de uma criança é mais plástico e responde de forma mais maleável às experiências do que o cérebro de um adulto".[2]

De forma louvável, Howard-Jones destacou a necessidade de compreender o uso de tecnologias em um contexto específico, ao invés de rotular tecnologias específicas — ou a tecnologia, de forma geral — a partir de descrições genéricas como "boa" ou "ruim". Ele também destacou as descobertas de que certos treinamentos baseados em tecnologia podem melhorar a memória operacional ou fornecer uma estimulação mental que retarda o declínio cognitivo, enquanto alguns tipos de jogos podem melhorar o processamento visual e as habilidades de resposta motora.

No entanto, sua análise também identificou três riscos potenciais para as crianças: jogos violentos; problemas de sono gerados pelo uso de jogos e outras tecnologias; e impactos físicos ou mentais negativos, ou interferência na vida diária, causados pelo uso excessivo de tecnologias. Ele prosseguiu, destacando que quaisquer mudanças na mentalidade das próximas gerações estarão antecipando, essencialmente, mudanças na sociedade como um todo — portanto, são temas relevantes a todos nós, não importando a nossa faixa etária.

Esses recortes de Byron e de Howard-Jones apresentam uma imagem ainda borrada e mal definida do Nativo Digital, mas uma que é, todavia, cautelosamente otimista. Ambos os trabalhos deixam, na melhor das hipóteses, um sentimento geral de otimismo reservado e, na pior das hipóteses, a conclusão tipicamente acadêmica de que ainda não há um veredito porque "mais pesquisas se fazem necessárias". Tanto Byron quanto Howard-Jones pintam um quadro ambíguo, e não obstante positivo, de que este é um trabalho em andamento, contanto que estejamos constantemente alertas aos perigos que sempre nos cercam, a exemplo do bullying, da exploração sexual e dos jogos violentos. Os temores de ambos os autores estão vinculados mais a fundo com a regulamentação. No quadro geral, as conclusões em ambos os casos erram no que tange a essa visão moderadamente positiva em relação à aprendizagem, à socialização e à melhoria da função mental. O copo está meio cheio, desde que todos ajam com sensatez.

Mas essas avaliações reconfortantes parecem estar em desvantagem numérica em relação às vozes de vários profissionais ao redor do mundo que não foram contratados para fornecer um recorte generalizado do momento atual, e sim lidar com o que acontece quando o uso de tecnologias digitais *não* é sensato nem razoável. O copo, então, passa a parecer meio vazio.

Primeiramente, há a perspectiva articulada em livros como *iDisorder* ["iDistúrbio", em tradução livre], pelo Dr. Larry Rosen,[3] ou *Alone Together* ["Juntos, porém Sós", em tradução livre], de Sherry Turkle, psicóloga do MIT,[4] que sugerem que, quanto mais pessoas estiverem conectadas online, mais isoladas elas se sentirão. Em ambos os casos, a preocupação se direciona para quando o uso da internet se torna obsessivo. Até mesmo os próprios magnatas digitais estão preocupados, o que pode parecer surpreendente. Biz Stone, cofundador do Twitter, virou manchete ao afirmar em uma conferência: "Aprecio o engajamento no qual você acessa um site e, em seguida, sai dele, seja porque encontrou o que estava procurando ou porque viu algo muito interessante e aprendeu alguma coisa."[5] A ideia é que você use o Twitter para melhorar a qualidade da sua vida real.

Contudo, até mesmo ele acredita que usar o Twitter por horas a fio "parece doentio", porque isso talvez signifique que a sua invenção se tornou um estilo de vida em si. Temos também Eric Schmidt, ex-CEO e atual presidente do Google: "Eu me preocupo com o nível de interrupção, essa rapidez avassaladora das informações... isso de fato está afetando a cognição. Está afetando pensamentos mais profundos. Ainda acredito que sentar e ler um livro é a melhor maneira de realmente aprender algo. E temo que estejamos perdendo isso."[6]

Esse temor é um presságio à luz do que muitos especialistas neurocientíficos e médicos estão afirmando.[7] Por exemplo, o neurocientista Michael Merzenich, um dos pioneiros em demonstrar a incrível adaptabilidade do sistema nervoso, concluiu, na linguagem tipicamente contida que sua profissão demanda: "Há, portanto, uma diferença enorme e inédita em como os cérebros [dos Nativos Digitais] estão plasticamente engajados na vida em comparação com os de indivíduos comuns das gerações anteriores, e há poucas dúvidas de que as características operacionais do cérebro moderno médio diferem substancialmente."[8]

Os educadores também expressam preocupações. Em um relatório de 2012, que levantou dados sobre quatrocentos professores britânicos, três quartos deles relataram um declínio significativo na capacidade de atenção de seus jovens alunos.[9] No mesmo ano, uma pesquisa com mais de 2 mil professores do ensino médio dos EUA mostrou que 87% dos professores acreditavam que as tecnologias digitais estariam criando uma "geração que se distrai facilmente, com uma capacidade curta de atenção", enquanto 64% concordavam que, no quesito "ensino", essas tecnologias vinham tendo um efeito mais distrativo do que benéfico para os alunos.[10] A diversidade de profissões que expressam as desvantagens dos dispositivos digitais foi bem ilustrada em uma carta aberta escrita em setembro de 2011 ao respeitado jornal britânico *Daily Telegraph* e assinada por duzentos professores, psiquiatras, neurocientistas e outros especialistas, expressando preocupação com a "erosão da infância".[11]

No entanto, talvez uma das pesquisas mais reveladoras tenha sido direcionada aos próprios aficionados do ciberespaço. O Pew Research Center, nos Estados Unidos, junto com a Elon University, perguntou a mais de mil especialistas em tecnologia a respeito de como os cérebros dos "millennials" (termo praticamente análogo a "Nativos Digitais") mudariam até 2020, como resultado da forte conexão com tecnologias digitais online.[12] Foi perguntado a esses profissionais qual das duas previsões contrastantes seria a mais provável para o futuro imediato. Uma era extremamente positiva:

Em 2020, os millennials não sofrem de deficiências cognitivas notáveis, visto que conseguem realizar várias tarefas ao mesmo tempo e cumprem rapidamente tarefas pessoais e relacionadas ao trabalho. Eles aprendem mais e são adeptos de encontrar respostas para questões profundas, em parte porque podem pesquisar de maneira extremamente eficaz e acessar a inteligência coletiva por meio da internet. Mudanças no comportamento de aprendizagem e na cognição geralmente produzem resultados positivos.

A outra era mais negativa:

Em 2020, os millennials não retêm informações; gastam a maior parte de sua energia compartilhando mensagens curtas em redes sociais, se divertindo e se distraindo enquanto se afastam de qualquer envolvimento profundo com as pessoas e com o conhecimento. Eles carecem de capacidades de pensar profundamente; carecem de habilidades sociais cara a cara; dependem da internet e de dispositivos móveis para estarem plenamente operantes, de uma forma prejudicial.

O grupo de especialistas digitais se dividiu de forma quase equânime sobre as previsões. No entanto, muitos dos que concordaram com a previsão positiva notaram que isso era *mais do que a melhor previsão pessoal deles*, e talvez este tenha sido o fato mais revelador da pesquisa. Logo, cerca de 50% dos profissionais que consideram a cultura da tela favorável o fazem, em muitos casos, a partir de uma postura de pensamento positivo, e não de uma segurança ou de um argumento racional.

Outras evidências que indicam que algo pode estar dando errado são talvez tão convincentes quanto a opinião de especialistas ou pesquisas epidemiológicas e experimentais — a saber, os próprios aplicativos e sites que apontam para tendências claras nos gostos e nas inclinações da sociedade atual. Um aplicativo, paradoxalmente chamado de Freedom, bloqueia o acesso à internet por um período de tempo especificado pelo usuário a cada hora, enquanto o SelfControl impede que o usuário acesse sites dos quais se sente muito dependente, mas aos quais é incapaz de resistir. Zadie Smith, autora do aclamado best-seller *White Teeth*

["Dentes Brancos", em tradução livre], cita, por exemplo, esses dois aplicativos nos agradecimentos de seu último trabalho.[13] Aparentemente, ela estava lutando para manter a concentração enquanto escrevia seu novo livro por causa do entretenimento disponível na internet a apenas um clique de distância. Ela se sentiu grata aos aplicativos por "criarem o tempo" durante o qual poderia escrever.

E Zadie Smith não está sozinha. O sucesso dessas empresas obviamente traz à tona a questão do motivo para tal. Por que um número cada vez maior de pessoas precisa de algum serviço externo para impedi-las de acessar a internet, em vez de apenas sair dela? Assim como acontece com junk food ou com cigarros, ficamos viciados na distração de um fator externo que determina e molda as nossas ações, escolhas e pensamentos.

A existência desses aplicativos em si não significa que haja uma epidemia de dependência da tela, mas implica, *de fato*, que há clientes suficientes com problemas dessa ordem para que tais aplicativos provenham de empresas com fins lucrativos. Não podemos ignorar que mesmo as plataformas e os próprios usuários reconhecem implicitamente que as tecnologias de tela podem ser algo que utilizamos de forma compulsiva.

Outra característica inédita da nossa sociedade atual é a disseminação de informações em velocidade relâmpago. A blogosfera hiperconectada atinge um número maior de pessoas com mais rapidez do que o rádio e a televisão via satélite: o cidadão paquistanês que, sem querer, tuitou atualizações ao vivo sobre o ataque à casa de Osama Bin Laden foi capaz de alcançar um grande público mais rapidamente do que qualquer outra forma de mídia. No entanto, e exatamente por essa razão, a blogosfera é o meio perfeito para espalhar desinformações relativas a questões complexas, ou apenas para simplificá-las demasiadamente. Esta é a preocupação da Rede de Resposta ao Risco do Fórum Econômico Mundial, que oferece aos líderes dos setores público e privado uma plataforma independente para mapear, monitorar e mitigar riscos globais. O *Relatório de Riscos Globais* de 2013 analisou os impactos percebidos e a probabilidade de cinquenta riscos globais prevalentes em um horizonte de tempo de dez anos; entre os listados, se encontra "incêndios digitais de um mundo hiperconectado".[14]

Eu entrei pela primeira vez na briga sobre o impacto das tecnologias digitais em fevereiro de 2009, com meu discurso na Câmara dos Lordes (descrito no prefácio deste livro) a respeito dos possíveis efeitos inesperados das redes sociais na mente humana.[15] Tudo o que fiz foi apresentar a visão neurocientífica da já amplamente aceita plasticidade do cérebro e apontar os novos tipos de experiência na tela que provavelmente teriam um novo tipo de impacto nos processos mentais. A reação, em todo o mundo, foi desproporcional ao silogismo provisório que eu estava apresentando. Enquanto alguns pareceram concordar comigo, outros foram enfáticos em insistir que não havia "nenhuma evidência" para o que eu estava dizendo.

Embora se possa pensar que essa questão das evidências seria fácil de resolver, o problema de um argumento negativo simples é que, mesmo que não houvesse nenhuma descoberta científica para apoiá-lo, a ausência de evidência nunca é o mesmo que a evidência de ausência. Na ciência, só é possível afirmar algo de maneira conclusiva por meio de experimentos que constatem algo sobre um determinado caso, e nunca o contrário. Afinal, a análise utilizada pode simplesmente não ser a mais apropriada, os instrumentos de medição podem não ser suficientemente precisos, ou os efeitos podem ocorrer de forma muito atrasada ou muito imediata para que caibam no período específico em que está sendo observado. A questão é que não se pode ser conclusivo, devendo-se deixar em aberto, portanto, à possibilidade de que um efeito realmente ocorra, ainda que não tenha sido possível detectá-lo. Dessa forma, é impossível demonstrar, em definitivo, que as atividades baseadas na tela não causam nenhum efeito no cérebro ou no comportamento; assim como — recorrendo a um exemplo antigo — não podemos provar, em definitivo, que *não* existe um bule de chá na órbita de Marte.

Essa restrição representa um problema para ambos os lados, uma vez que é impossível demonstrar de maneira conclusiva que as atividades baseadas na tela *estão*, inequivocamente, tendo um efeito no cérebro e, como consequência, no comportamento.[16] Suponhamos que se tenha relatado que uma descoberta tem um determinado efeito, bom ou ruim. Ainda assim, na avaliação das constatações científicas, poucos artigos revisados por pares individuais — o padrão-ouro de probidade profissional — são considerados conclusivos de forma unânime pelos cientistas. É uma prática normal que a pesquisa continue e que as interpretações sejam revisadas à medida que os resultados vão se acumulando.

As interpretações das evidências são, inevitavelmente, subjetivas, com cientistas diversos dando ênfases diversas a diversos aspectos ou prioridades inseridos no protocolo do experimento. Em casos muito raros, existirá um Rubicão que, uma vez cruzado, revelará uma descoberta universalmente aceita como a "verdade", visto que ela é sempre provisória para a ciência — sempre esperando surgir uma próxima descoberta com potencial para deslocar a perspectiva atual (ou, depreciativamente falando, o "dogma atual"). Quando se acumulam dúvidas suficientes para desafiar este dogma, quando padrões de pensamento vigentes têm dificuldades para explicar um número excessivo de anomalias, a reavaliação do que é a verdade equivale a uma "mudança de paradigma" — um conceito que Thomas Kuhn introduziu pela primeira vez em 1962, em sua obra *A Estrutura das Revoluções Científicas*, que atualmente é considerada um clássico.[17]

Um exemplo maravilhoso de como os cientistas podem se apegar de forma rigorosa a dogmas e fechar suas mentes a ideias altamente inovadoras é a revolução no tratamento de úlceras, que foi desenvolvido na década de 1990. O herói dessa história é um médico australiano, Barry Marshall. Como parte de seu treinamento, Marshall estava trabalhando em um laboratório com outro cientista, Robin Warren, no estudo de bactérias. Ao contrário do dogma aceito, eles descobriram que uma certa bactéria, *Helicobacter pylori,* podia sobreviver em um ambiente altamente ácido, como era o caso do estômago.

Marshall e Warren começaram a duvidar do conhecimento, institucionalizado e amplamente aceito, de que as úlceras eram causadas por um excesso de ácido e que, portanto, resultavam sobretudo do estresse. E se elas fossem o resultado de uma infecção bacteriana? O que aconteceria com os medicamentos para úlceras que estouravam as vendas no mercado da época, mas que talvez fossem projetados para o alvo biológico errado? As implicações para a indústria farmacêutica, bem como para o meio médico, foram enormes. "Todos estavam contra mim", lembra Marshall.[18] Por muitos anos, o bom e velho preconceito não científico atrasou significativamente a aceitação final da teoria de Marshall e Warren. Sem financiamento, mas convencido dos méritos de sua teoria, Marshall literalmente bebeu um copo contendo a cultura bacteriana e deu a si mesmo uma úlcera real, que foi curada com antibióticos. Finalmente redimidos, ele e Warren ganharam um Prêmio Nobel.

Mesmo que não seja preciso esperar por uma mudança brutal de paradigma, a divergência é fundamental para a ciência: o que um pesquisador vê como uma descoberta empolgante, outro pode ver como um epifenômeno, enquanto um cínico pode considerá-la infundada. Há mais espaço para a controvérsia e para a dúvida, não no ato da observação empírica, mas nas avaliações subjetivas subsequentes. Em todos os ramos da ciência, a explicação formulada enquanto os cientistas se debruçam sobre os dados mais recentes nunca é conclusiva.

Qualquer seção de discussão que encerre um artigo de um periódico revisado por pares será invariavelmente preliminar e transitória, lembrando sempre que nem todos os fatos e fatores com potencial de relevância são conhecidos. Os cientistas habitam um mundo hesitante, longe do absoluto, no qual a dúvida é tão natural quanto o ato de respirar. Assim, embora as divergências científicas sejam normais e inevitáveis (ainda que, de início, não sejam necessariamente inteligíveis), a recusa categórica de até mesmo se debater e pensar sobre as possibilidades — como pode acontecer com a questão das tecnologias de tela — não compartilha dessa característica.[19] A única maneira realista de progredir é examinar o máximo possível de artigos individuais, de modo que cada um aborde um problema específico, mas que, em conjunto, consigam formar um panorama.

No caso de mudanças de longo prazo induzidas pela cibernética no cérebro e, consequentemente, no comportamento, nos deparamos com uma situação complexa, que não pode ser submetida a uma prova decisiva ou a um único experimento que resolva tudo. Que tipo de evidência se poderia querer demonstrar, em um período de tempo realista e para a satisfação de todos, de que a cultura da tela está induzindo transformações de longo prazo em fenômenos tão abrangentes e diversos como empatia, percepção, compreensão, identidade e assunção de riscos? Que descoberta singular seria necessária para aqueles que optam por resistir à possibilidade de que algo esteja errado, afinal, ou pelo menos de que nós podemos estar perdendo oportunidades?

Conceitos como as Transformações Mentais são, na terminologia de Kuhn, paradigmas, e não hipóteses únicas e específicas que podem ser testadas em experimentos altamente restritos de uma forma empírica. Como estamos prestes a ver, um conceito abrangente como as Transformações Mentais reúne diversos segmentos de tendências sociais aparentes e de pontos de vista profissionais, bem como uma ampla gama de descobertas científicas diretas e indiretas provenientes de diferentes disciplinas. A maioria dos estudos científicos relatados nos próximos capítulos foi revisada por colegas de profissão; tal processo garante que eles sejam capazes de apresentar descobertas "estatisticamente significativas", o que implica que não constituem julgamentos subjetivos, senão resultados de um sistema de análise padronizado e bem estabelecido.[20]

A despeito dos diferentes tipos de evidência que a apoiam, a noção de Transformações Mentais como um novo paradigma inevitavelmente gerou alegações de alarmismo e de incitação ao pânico moral. Tenha em mente, contudo, que, em primeiro lugar, qualquer alarmismo se baseia na noção de que não há nada a temer. Mas será que nós sabemos ser este o caso? De qualquer maneira, se e quando a validade desse temor for demonstrada de maneira irrefutável, somente então ele se transformará em um perigo concreto. Nesse caso, a previsão original terá se tornado algo muito diferente — um alerta prévio. Qualquer rejeição com base em um suposto alarmismo deveria ser, no mínimo, uma conclusão final, e não um lance inicial.

No que se refere ao pânico moral, talvez qualquer crítica direcionada ao mundo digital possa ser interpretada pelos aficionados do ciberespaço como um ataque ao seu estilo de vida pessoal e, portanto, em última instância, a eles mesmos enquanto indivíduos. Atualmente, não há qualquer razão para entrar em pânico. Na verdade, se nos permitirmos a oportunidade de fazer um balanço de onde nos encontramos e aonde queremos chegar no século XXI, poderemos descobrir o que precisa ser feito em relação aos nossos estilos de vida e à nossa sociedade para chegarmos até esse ponto. Para fazer isso, no entanto, precisaremos primeiro organizar os vários tópicos abarcados pelas Transformações Mentais.

UM FENÔMENO MULTIFACETADO

As mudanças climáticas, de acordo com o Painel Intergovernamental sobre Mudanças Climáticas, "podem ser decorrentes de processos internos naturais ou forças externas, ou a alterações antropogênicas persistentes na composição da atmosfera ou no uso da terra".[1] Ninguém pode contestar que há uma infinidade de temas relacionados a isso. O mesmo ocorre com as Transformações Mentais, que acredito ser tão multifacetadas quanto as mudanças climáticas, apresentando uma gama de questões diferentes que precisam ser exploradas de forma independente. Esses temas variados se enquadram em três áreas principais, que se deve ressaltar agora: as redes sociais e suas implicações nas identidades e nos relacionamentos; videogames e suas implicações nos quesitos atenção, vício e violência; e motores de busca e suas implicações na aprendizagem e na memória.

Sem estabelecer uma ordem específica de prioridades, comecemos com as redes sociais. Por volta de 2015, um programa de rádio da BBC apresentou Kaylan, um homem de dezoito anos que decidiu aproveitar a oportunidade oferecida pelo Facebook a partir de setembro de 2011 para remover todas as configurações de privacidade de sua página, de modo que um número indefinido de seguidores pudesse rastrear sua vida cotidiana no domínio público. Ele se gabava por ter aproximadamente 100 mil seguidores, à época da transmissão. Kaylan também admitiu que não fez nada para merecer a fama. Suas postagens geralmente eram fotos comuns de si mesmo ao longo do dia levando uma "vida louca".

O que era tão atraente para seus seguidores? Bem, havia um monte de pessoas semelhantes a ele que podiam ficar debatendo entre si. Esses seguidores podiam, então, escolher um lado. Sim, Kaylan teve sua quota de *haters*. Afinal, como ele acrescentou, "você não pode ser legal no Facebook". Dizendo coisas desagradáveis como "Se mata", esses haters conseguiram apoio e "fama". Embora Kaylan não seja, nem de longe, um usuário típico do Facebook, ele e seus 100 mil seguidores servem como um exemplo dos novos extremos, sem precedentes, aos quais o meio pode ser levado. A importância de uma pessoa, conforme a atividade nas redes sociais vem revelando, pode até mesmo ser quantificada.[2]

A maioria dos usuários do Facebook é muito menos radical. Ainda assim, em uma pesquisa do Pew Research Center, os usuários de redes sociais nos EUA com idades entre doze e dezenove anos escolheram adjetivos negativos em vez de positivos para descrever como as pessoas agem em redes sociais, dentre os quais "rude, falso, grosso, melodramático e desrespeitoso".[3] Por exemplo, uma entrevistada do ensino fundamental comentou: "Acho que, quando as pessoas entram no Facebook, ficam, sei lá, cruéis, algo assim. Elas agem de forma diferente na escola e tal, mas quando ficam online são pessoas completamente diferentes, ficam muito confiantes." Outra menina disse: "Isso é o que muitas pessoas fazem. Elas não falam nada na sua frente, mas fazem isso online."

Uma meta-análise recente que observa dados coletados ao longo de trinta anos sobre 14 mil estudantes universitários dos EUA sugeriu uma possível redução nos níveis gerais de empatia, com uma queda especialmente acentuada nos últimos dez anos — um período de tempo que se alinha bem com o advento das redes sociais para os Nativos Digitais.[4] Claro, uma correlação não é uma relação causal, mas esse é justamente o tipo de correspondência aproximada que deve servir como um ponto de partida para que uma epidemiologia rigorosa estabeleça se pode haver uma relação causal direta entre o tempo na frente das telas e a redução de empatia. Também deveríamos estar nos perguntando por que aqueles que já apresentam problemas de se relacionar de forma empática, a exemplo dos indivíduos com transtorno do espectro autista, se sentem particularmente à vontade no mundo cibernético.

De uma forma mais abrangente, será que essa espécie higienizada e limitada de interação poderia explicar a facilidade com que o bullying, que sempre foi uma parte obscura da natureza humana, encontrou expressão irrestrita no mundo cibernético? Afinal, se não foram ensaiadas as habilidades básicas de comunicação não verbal como contato visual, modulação da voz, percepção da linguagem corporal e contato físico, não haverá muita facilidade em lidar com elas e será muito mais difícil criar empatia pelos outros.

Mais de 1 bilhão de pessoas em todo o mundo utilizam o Facebook para manter contato com amigos, compartilhar fotos e vídeos e postar atualizações regulares de suas movimentações e pensamentos.[5] Outra estimativa: 12% de toda a população global — entre 50% dos norte-americanos, 38% dos habitantes da Oceania, 29% dos europeus e 28% dos latino-americanos.[6] (Esses números são baseados na população total; se excluirmos bebês recém-nascidos, os gravemente enfermos e outros sem acesso a computadores, o número de usuários do Facebook em razão da população que usa computadores provavelmente será muito maior). Outros 200 milhões usam ativamente o Twitter, o serviço de microblogging que permite aos usuários enviarem mensagens curtas sobre si mesmos, postarem fotos e seguirem as minúcias do fluxo de consciência dos outros ou as rotinas deles.[7]

Atualmente, todas as gerações se veem representadas nos sites, inclusive com octogenários que mantêm contato com os netos que moram longe, mas os usuários mais ávidos são os Nativos Digitais. No Reino Unido, 64% dos usuários adultos de internet a partir dos 16 anos utilizam redes sociais, enquanto 92% das pessoas entre 16 e 24 anos que usam a internet já criaram perfis em alguma rede social.[8] Nos Estados Unidos, 80% dos adolescentes online com idades entre 12 e 17 anos utilizam redes sociais, principalmente o Facebook e o MySpace.[9] Os usuários dos EUA tinham, em média, 262 amigos,[10] número maior do que a média mundial — cerca de 140 amigos.[11] Usuários do Facebook entre 12 e 24 anos têm, em média, mais de 500 amigos na rede social.[12] Aproximadamente 22% deles são do ensino médio, 12% são parentes próximos, 10% são colegas de trabalho, 9% são da faculdade e 10% são amigos que nunca conheceram pessoalmente ou com os quais se encontraram apenas uma vez.[13]*

Em um dia normal, 26% dos usuários do Facebook curtem o status de um amigo e 22% comentam, enquanto apenas 15% atualizam o próprio status.[14] Portanto, mais pessoas gastam tempo interagindo com o conteúdo de outros usuários em vez de postar conteúdos próprios. Tudo isso aponta para uma verdade extremamente óbvia: as redes sociais se tornaram um fator central na cultura de todos, exceto nas regiões mais pobres e carentes do mundo ou nas mais reprimidas ideologicamente. Uma pergunta crucial e bem simples se apresenta, então: o que há de tão especial nas redes sociais? Qual é a necessidade básica à qual essa nova cultura atende de uma forma aparentemente inédita e eficaz? Se quisermos compreender e apreciar a mudança de mentalidade dos meados do século XXI, esta é uma das indagações mais importantes a serem feitas.

Os benefícios das redes sociais parecem irrefutáveis: marketing personalizado para o consumidor, sites de relacionamento, construção de carreira, contato com velhos amigos. Estar "conectado" é algo mencionado com tamanho entusiasmo que, quase automaticamente, se assume tratar-se de um cenário desejável. Mas o que me preocupa é se essa comunicação quase incessante por telas também pode ter um ponto negativo. Como sempre, existe a questão fundamental de ser "sensato": embora as redes sociais possam, quando utilizadas moderadamente, proporcionar um entretenimento inofensivo e complementar amizades reais, por outro lado, quando utilizadas em excesso ou em detrimento de relacionamentos reais, talvez elas possam impactar de um modo muito fundamental e imprevisto a forma como você vê seus relacionamentos, suas amizades e, finalmente, a si mesmo.

---

* Dados de 2015. (N. da T.)

Se você está cada vez mais ancorado no presente e, consequentemente, dedica todo o seu tempo às demandas do mundo exterior, pode ser mais difícil de sustentar um forte senso de identidade interior. Talvez o acesso constante a redes sociais implique viver uma vida em que a simples emoção de dar e receber informações supere completamente a própria experiência em andamento — uma vida em que fazer check-in em um restaurante, postar fotos de uma refeição e ansiar por curtidas e comentários sejam fatores que geram um sentimento mais intenso do que a própria ocasião de sair para jantar. A alegria momentânea dessas situações deixaria, então, de ser gerada por experiências de vida em primeira mão em prol de experiências indiretas — e ligeiramente atrasadas — provenientes das reações contínuas e da aprovação de todos os demais. Se vamos viver em um mundo onde a interação presencial será menos praticada e, consequentemente, terá algo de desconfortável, então o "Push" de tal aversão à comunicação da vida real, tridimensional e caótica, combinado com o "Pull" exercido pela atração que uma identidade mais coletiva, que passa pela aprovação e pelo consolo externos, pode estar transformando a própria natureza das relações interpessoais. A velocidade precipitada necessária para a reação, misturada ao tempo reduzido para a reflexão, pode indicar que essas mesmas reações e análises estão se tornando cada vez mais superficiais: as pessoas já estão usando frases como "se mata" e "hater" no Facebook em um contexto que transmite bem menos profundidade do sentimento real e do background de cada um, em comparação com as implicações que esses termos teriam anteriormente.

A privacidade parece estar se tornando uma commodity cada vez menos valorizada: entre os jovens norte-americanos de treze a dezessete anos, mais da metade já forneceu informações pessoais a alguém que não conheciam, incluindo fotos e descrições físicas.[15] Enquanto isso, os Nativos Digitais publicam informações pessoais em sua página do Facebook, que normalmente são compartilhadas com mais de quinhentos "amigos" ao mesmo tempo, totalmente cientes de que cada um destes poderia transmitir essas informações a centenas de outros em *suas próprias* redes.

Chamar a atenção e ser "famoso" são fatores que ganharam muita relevância. O preço dessa fama é, e sempre foi, a perda de privacidade, da qual Greta Garbo tanto se queixava quando dizia, repetidamente: "Eu quero ficar sozinha." Então, por que a privacidade é tão desvalorizada atualmente, se no passado tínhamos tanto apreço por ela? Até agora, a privacidade tem sido o outro lado da moeda das identidades. Nós nos enxergamos como entidades individuais em contato com o mundo exterior, mas ao mesmo tempo distintas dele. Interagimos com esse mundo, mas apenas das maneiras, e nos momentos, que escolhemos. Temos segredos, memórias e esperanças aos quais ninguém mais tem acesso imediato.

Essa vida secreta é a nossa identidade, distinta daquela profissional e ainda mais íntima do que uma vida privada com amizades individuais, nas quais decidimos sobre o que e o quanto confidenciamos. É um tipo de narrativa interna que, até agora, conferiu a cada indivíduo sua própria maneira de ligar passado, presente e futuro — um comentário subjetivo e interno contínuo que mescla memórias passadas e esperanças futuras com o que acontece a cada dia. Agora, pela primeira vez, essa história oculta está sendo aberta para o mundo exterior, para um público que pode ter uma reação caprichosa e crítica a ele, de uma forma totalmente indiferente. A identidade particular, portanto, não é mais tanto uma experiência subjetiva interna, mas uma que é construída externamente e que, portanto, é muito menos robusta e muito mais volátil, como foi sugerido em um relatório recente ao governo britânico sobre "identidades futuras".[16]

Uma segunda pedra angular do estilo de vida digital são os videogames. Em meados da década de 1980, as crianças passavam em média cerca de quatro horas por semana jogando videogame em casa e nos fliperamas.[17] Mas, se avançarmos aproximadamente uma década, os videogames se tornaram parte integrante dos lares, e para além deles.[18]

Um estudo de 2012 com adolescentes norte-americanos relatou que meninos com idades entre dez e treze anos jogavam, em média, impressionantes 43 horas por semana (embora, reconheço, o número de sujeitos analisados fosse bem pequeno, 184).[19] No entanto, mesmo estimativas conservadoras (de 2009) indicam que a criança norte-americana média, entre a faixa etária de oito a dezoito anos, está gastando 73 minutos por dia nessa atividade recreativa baseada em uma tela, superando, e muito, os 23 minutos que foram observados em 1999.[20] Isso significa que pelo menos uma hora do dia é passada sem interações com o mundo real e, em particular, sem estudos. Em uma pesquisa com jovens norte-americanos entre dez e dezenove anos, os jogadores gastaram 30% menos tempo lendo e 34% menos tempo fazendo seus deveres de casa.[21] Novamente, é difícil separar a galinha do ovo: talvez as crianças com pior desempenho na escola passem mais tempo jogando, o que pode dar a elas uma sensação de domínio que não possuem na sala de aula. Nós precisamos ir além da correlação para encontrar as causas, mas o que não podemos fazer é simplesmente ignorar o problema por completo.

Os videogames abrem um território fértil para polêmicas. Por um lado, há pontos positivos claros, como exploraremos detalhadamente mais à frente: por exemplo, o aprimoramento da coordenação sensório-motora e do aprendizado perceptivo. Por outro lado, várias histórias ao redor do mundo pintam um retrato terrível de um estilo de vida moderno cujos excessos de indulgência são evidentes na diversão desenfreada que é jogar videogame. Por exemplo: em Taiwan, em fevereiro de 2012, um homem de 23 anos foi encontrado morto em um cibercafé após 23 horas de jogatina ininterrupta.[22] Outro jovem de 18 anos, no mesmo país, morreu em julho de 2012 após 40 horas de jogatina incessante.[23]

Houve também o relato de dois pais negligenciando o próprio filho bebê de verdade, que veio a óbito, por estarem criando um bebê virtual online.[24] Em dezembro de 2010, um homem no norte da Inglaterra recebeu uma sentença de prisão perpétua depois de matar uma criança imediatamente após perder em um videogame violento.[25] Depois, houve o caso de um jogador que perseguiu seu oponente virtual na vida real e o esfaqueou por vingança, apenas por ter sido esfaqueado no jogo.[26] Isso sem falar na notória lista de suicídios de gamers, que só vem crescendo.

A defesa imediata levantada por qualquer fã de videogames provavelmente seria a de que (1) tudo isso só serve para causar pânico e que provavelmente não é verídico; (2) é improvável que essa seja a versão completa dos fatos, já que devem haver outros fatores mais importantes responsáveis pelo ocorrido ou por atenuar essas circunstâncias; ou (3) esses exemplos, por mais horrendos que sejam, são casos isolados e muito raros. Todas essas possibilidades não são mutuamente excludentes e podem, de fato, estar corretas, mas devem constar nas conclusões, não nas premissas iniciais. Além disso, mesmo que essas histórias sejam exageradas e incomuns, elas ainda podem ser importantes como caricaturas de certas tendências predominantes que agora emanam da sociedade, embora de forma mais branda: um perfil de vícios, violência, impulsividade e imprudência.

Os gamers modernos entram em um mundo visualmente rico, no qual podem assumir um personagem muito diferente deles mesmos ou, em determinados jogos, criar qualquer tipo de personagem (avatar) que desejarem. Eles controlam esses seres fictícios em situações que envolvem escolhas morais, atos de violência e representação de papéis, com intrincados sistemas de recompensa subjacentes que fornecem, por sua vez, o incentivo para continuar vivendo essa fantasia. Alguns indivíduos podem ficar tão imersos que perdem a noção do mundo real e do tempo; eles relatam que se transformam em seus avatares enquanto o jogo carrega. Por outro lado, os gamers podem desenvolver um apego emocional aos personagens. Como, então, esses jogos altamente estimulantes, muitas vezes violentos e com possíveis características viciantes, estão, de fato, nos afetando?

Uma das consequências diretas pode ser o aumento da violência. Estudos experimentais estão revelando que jogos violentos levam a um aumento de comportamentos e pensamentos agressivos, acompanhados por uma redução no comportamento pró-social.[27] Parece que a violência induzida por videogames é causada diretamente, não apenas por provocações imediatas, mas também por predisposições biológicas e influências ambientais mais indiretas, à medida que um indivíduo vai desenvolvendo uma visão de mundo mais antagônica. Embora não haja provas de que games violentos sejam um gatilho imediato para comportamentos criminosamente violentos, há fortes evidências de que jogá-

-los pode aumentar a hostilidade de menor grandeza que ocorre todos os dias em escolas ou em escritórios.

Também pode ser que os videogames levem a uma imprudência excessiva. Em uma investigação recente utilizando imagens cerebrais, a principal descoberta foi o aumento de uma área específica do cérebro (o núcleo accumbens), tipicamente observado no cérebro de viciados em jogos de azar.[28] O mais intrigante é que essa região específica do cérebro libera dopamina, um mensageiro químico essencial, cuja produção é aumentada por todas as drogas psicoativas que causam dependência. Tais semelhanças químicas entre os cérebros dos gamers e os dos jogadores de azar não comprovam que o ato de jogar seja tecnicamente viciante, mas sim que ambos podem compartilhar de uma outra característica: a imprudência. Afinal, é perigoso aprender que a morte dura apenas até a próxima partida — isso pode sugerir, quem sabe, que as ações no mundo real não têm consequências reais.

O fator crucial, mais uma vez, será a eventual "sensatez e adequação" de um indivíduo, nas palavras do ministro em nosso debate na Câmara dos Lordes, em 2011. Lembra um pouco comer chocolate: o doce ocasional em uma dieta equilibrada é relativamente inofensivo e agradável, enquanto uma dieta diária e ininterrupta composta exclusivamente de chocolate teria consequências terríveis. O problema não está nos gamers que jogam de vez em quando, como passatempo ocasional, em meio a uma gama de outros interesses e atividades no mundo real, mas sim no número de gamers que acabam ficando obsessivos ou viciados, ou seja, aqueles que jogam por tanto tempo que chegam até mesmo a excluir todas as demais atividades.

Por fim, além das redes sociais e dos videogames, há um terceiro aspecto para as Transformações Mentais: navegar na internet, especialmente por meio de mecanismos de pesquisa. Se você não estiver utilizando tecnologias digitais de forma interativa para se envolver em um relacionamento ou para jogar um jogo, a tela ainda pode ter um apelo inebriante simplesmente pelo que ela pode dizer e mostrar — alguns podem até ir mais longe, afirmando que ela pode ensinar. É quase inacreditável que uma ferramenta tão essencial atualmente tenha começado há cerca de vinte anos, em 1994, quando o Yahoo! foi criado por Jerry Wang e David Filo, alunos da Universidade de Stanford, em um trailer do campus, originalmente como uma lista de favoritos da internet e um diretório de sites interessantes. Então, em 1996, Sergey Brin e Larry Page, também dois alunos de Stanford, experimentaram o Backrub, um novo mecanismo de busca que classificava os sites de acordo com sua relevância e popularidade. O Backrub estava destinado a se tornar o Google, que atualmente detém cerca de 80% da participação no mercado global de buscas, enquanto seus concorrentes mais próximos têm apenas um dígito.[29] O nome da marca tornou-se um neologismo: quase todo mundo "vai no Google".

Às vezes, sem motivo claro, atividades aparentemente sem sentido — como fazer uma pose engraçada, fazer "planking" ou fazer uma dancinha como o Harlem Shake em um aplicativo — atraem multidões. Tenho uma experiência pessoal direta de como esses fenômenos virais podem ser poderosos. Em abril de 2010, fui entrevistada por Alice Thomson, do *The Times*, um jornal do Reino Unido, a respeito do impacto das tecnologias digitais sobre a maneira como sentimos e pensamos. Havíamos discutido como a tecnologia acelerada pode vir a exigir visualizações e reações tão rápidas quanto ela. Tentando resumir tudo de uma forma sucinta, levantei a possibilidade de os seres humanos serem reduzidos a simples reações viscerais, negativas ou positivas, frente a qualquer coisa que aparecesse na tela, como "eca" ou "uau". Como costumo falar rápido, Alice não me escutou direito e transcreveu o que eu disse como "eca-uau" [*yaka-wow*, no original]. Isso pode até ser engraçado, mas a questão é que, em apenas 24 horas, foi possível encontrar 75 mil resultados para esse termo no Google. Além disso, alguém comprou esse nome de domínio, e logo fiquei surpresa em ver canecas e camisetas com o termo "yaka-wow". Em um site, a Primeira Igreja do Yaka-Wow deu as boas-vindas a "pessoas alegres em um mundo sem consequências". O termo se tornou viral em um período de tempo que seria impensável há apenas uma década.

Então, qual é o potencial das tecnologias digitais para ajudar todas as pessoas, de todas as idades, a aprender coisas, no sentido mais amplo do termo? Supostamente, quando as pessoas navegam, estão inserindo termos ou nomes específicos em um mecanismo de busca, quando não perguntas formais, e recebem informações relevantes em resposta. Elas estão "aprendendo". O dicionário define aprendizagem como "o ato ou processo de adquirir conhecimentos ou habilidades". A tecnologia digital atual pode até aprimorar esse talento humano antigo e excepcional, ou, reitera-se, pode vir a prejudicá-lo, mas o que nós precisamos fazer é desvelar as questões envolvidas nisso. A atração que a experiência de utilizar a internet exerce, as diferenças entre silício e papel, o valor educacional das tecnologias digitais e, acima de tudo, o acesso a uma quantidade quase infinita de informações — tudo isso opera enquanto fatores diferentes e inéditos a moldarem os nossos processos de pensamento.

Os mecanismos de busca hoje em dia fazem parte das nossas vidas e são, para muitos, a primeira parada imediata e óbvia para descobrir um fato ou aprender mais sobre um assunto. Dessa forma, as telas podem moldar nossas habilidades cognitivas de uma forma fundamentalmente nova. Sem dúvida, uma das questões mais importantes a serem exploradas é se o aprendizado da nova geração é muito diferente quando comparado ao de seus antecessores, que em sua maioria usavam livros. A diferença mais óbvia é tátil — lidamos com o papel de uma forma muito diferente de como lidamos com telas. Sendo assim, como os prazeres da leitura na tela se equipariam aos do papel? Folhear as páginas para a frente e para trás, destacar frases e rabiscar nas margens podem ser características positivas e que contribuem para a absorção daquilo que você está lendo; portanto, o potencial de interação pessoal com um livro de papel pode ser maior do que com uma tela.

Anne Mangen, da Universidade de Oslo, explorou a importância de tocar no papel, comparando o desempenho de quem lê em papel com quem lê em telas. Sua pesquisa indicou que a leitura na tela do computador envolve estratégias variadas, abrangendo desde a navegação até a simples detecção de palavras — que, juntas, levam a uma pior compreensão da leitura em comparação com os mesmos textos lidos em papel.[30] Além disso, e das características físicas da página impressa quando comparadas com a pixelada, a tela pode ter uma característica adicional que o livro pode nunca vir a ter: o hipertexto. Acima de tudo, uma conexão de hipertexto não é criada por você, e não necessariamente integrará a sua estrutura conceitual única. Portanto, isso pode acabar não o ajudando a entender e digerir o que está sendo lido, podendo, inclusive, distraí-lo.

Mas o objetivo principal das telas não é simplesmente substituir os livros. Uma questão ainda mais profunda seria como os computadores, tablets e e-readers podem passar informações de uma forma totalmente diferente e não verbal, e, portanto, terem a possibilidade de transformar a forma como pensamos. Se os estímulos chegam ao cérebro como imagens e quadros, em vez de palavras, esse fenômeno poderia, por definição, deixar o destinatário predisposto a ver as coisas com mais literalidade do que em termos abstratos?

Estas seriam, então, as tecnologias cada vez mais invasivas e dominantes, que têm o poder de transformar não apenas o que pensamos, mas como o fazemos. No entanto, as Transformações Mentais envolvem mais do que dispositivos inovadores: tão importante quanto isso é a própria mente que deve ser transformada. São as conexões e o crescimento entre as células cerebrais com as quais nascemos que vêm a nos transformar nos seres únicos que somos, com cérebros capazes de exercer um pensamento individual e original. Existem muitos talentos que nós não possuímos enquanto espécie: não corremos muito rápido, não enxergamos muito bem nem temos muita força física quando comparados com outros membros do reino animal. Entretanto, os nossos cérebros têm o talento incrível de se adaptar a qualquer ambiente em que somos inseridos, processo que é conhecido como plasticidade. À medida que realizamos nossa jornada pessoal e idiossincrática pela vida, desenvolvemos nossa própria perspectiva particular como consequência direta dessas conexões personalizadas que ocorrem nos nossos cérebros. E é esse padrão único de conectividade que eu acredito corresponder a uma mente individual. Para avaliar, portanto, o impacto dessas tecnologias globais sem precedentes, controversas e multifacetadas na mente humana do século XXI, precisaremos analisar a questão, na sequência, sob o prisma da neurociência.

5

COMO O CÉREBRO FUNCIONA

Como uma experiência, baseada em tela ou não, pode literalmente deixar sua marca em um cérebro pegajoso? Se nós, neurocientistas, quisermos contribuir com algo relevante para a avaliação dos efeitos de um estilo de vida digital em nossos processamentos mentais, precisamos apontar para os mecanismos neuronais físicos que estão, efetivamente, em funcionamento: devemos ser capazes de demonstrar o nexo causal entre a exposição a certos ambientes e certas experiências e os pensamentos e comportamentos que decorrem deles. Ao compreender o máximo possível sobre como o cérebro funciona, seremos capazes de obter uma imagem muito mais precisa de como e em que medida as tecnologias de tela podem ser transformadoras.

O grande desafio para a neurociência sempre foi dar o salto intelectual entre um pedaço de tecido cerebral e um pensamento, uma emoção — até mesmo um sonho, nos dois sentidos do termo: o fenômeno literal daquele mundo interno bizarro que se desdobra durante o sono e a metáfora sobre o planejamento de resultados maravilhosos para nossas vidas. É uma jornada que precisaremos fazer em três etapas: primeiro, descobrir como o próprio cérebro funciona; segundo, analisar como ele muda ao longo da vida; e terceiro, observar como essas mudanças cerebrais podem constituir a "mente". No entanto, saber por onde começar não é nada óbvio.

"E então, *como* o cérebro funciona?" A menina na minha frente, que provavelmente tinha uns onze anos de idade, foi insistente. Sem dúvida porque fiquei sem tempo na minha conversa de uma hora com a sua turma, acabei deixando de esclarecer essa última pergunta, tão trivial. Nós tínhamos observado o cérebro por todos os ângulos, desmontando um modelo de plástico. Contei ao meu jovem público sobre a época em que eu mesma era uma estudante e pude segurar um cérebro humano de verdade em minhas mãos, e sobre como o tecido cerebral não era nada parecido com aquele modelo de plástico rosa-vivo, e sim algo branco-creme, mole e frágil; pensei sobre o que teria acontecido se parte dele ficasse presa na minha unha. Uma memória ou emoção poderia ser removida por uma unha? Será que um pedaço de tecido cerebral relacionado a um hábito específico, como roer as unhas, pode realmente acabar ficando *debaixo* de uma unha? Como é a experiência de ser você, de ver o mundo de uma forma que ninguém mais pode compartilhar em primeira mão, uma vivência gerada por essa massa pouco atraente, pouco cooperativa e que pode ser segurada com uma das mãos?

Nenhum modelo de cérebro, tampouco sua contraparte real, apresenta um ponto de partida claro. Não há partes móveis visíveis, como no caso do coração ou dos pulmões, para indicar o que está acontecendo. Tudo o que se pode fazer ao observar o cérebro é apreciar como ele é estruturado no nível macro. É possível ver que há camadas que envolvem toda a parte superior da medula espinhal à medida que ela se expande para a parte mais básica do cérebro.[1] A partir daí, a evolução acrescentou mais compartimentos e estruturas facilmente discerníveis — regiões do cérebro que variam em tamanho e importância de acordo com a espécie. Mas o padrão é o mesmo para todos os mamíferos, quer se esteja olhando para o cérebro de um rato ou para o de um humano. Sempre se verá, por exemplo, um pequeno crescimento semelhante a uma couve-flor saindo da parte de trás do cérebro, logo acima da medula espinhal.[2] Também sempre haverá dois hemisférios que se comprimem um contra o outro, como dois punhos, com sua cobertura externa, o córtex (latim para "casca") envolvendo-os como a casca de um tronco de árvore.[3]

A área superficial do córtex expandiu-se nos humanos a tal ponto que acomodar uma quantidade tão vasta de cérebro nos confins do crânio seria como acomodar uma folha de papel em um punho fechado: você teria que amassá-lo. Em certo sentido, contanto que não nos estendamos muito nessa analogia, foi isso que a evolução fez: a superfície do cérebro humano é tão enrugada que parece uma noz — a dos outros primatas é menos; a dos gatos e dos cães, menos ainda; e o córtex dos roedores não é nem um pouco enrugado. Essa fina camada externa talvez seja a parte mais fascinante e enigmática do cérebro. Não por acaso trata-se, em termos evolutivos, da estrutura mais recente e mais proeminente nos humanos, a espécie com a maior capacidade intelectual. Portanto, o córtex aparecerá mais do que qualquer outra região do cérebro nessa nossa exploração do impacto das tecnologias digitais sobre o pensamento.

Para ter uma ideia de como o cérebro é formado, pense em uma metrópole movimentada como a cidade de Nova York. As regiões cerebrais anatomicamente distintas corresponderiam a bairros, dentro dos quais haveria distritos e vizinhanças — em termos cerebrais, agrupamentos cada vez menores de células. Quando chegamos a um quarteirão, a uma rua ou a uma fileira de casas, estamos na unidade básica da comunicação neuronal: o espaço (sinapse) entre um neurônio e outro. Cada casa dessa rua corresponderia, portanto, ao próprio neurônio, enquanto as organelas — as partes celulares especializadas que mantêm uma única célula cerebral viva, assim como qualquer célula comum no corpo — seriam os cômodos na parte interna. Embora essa metáfora possa transmitir a hierarquia aninhada da anatomia das áreas do cérebro, não dá para extrapolar muito além disso: trata-se simplesmente de uma imagem estática de como o cérebro físico é constituído.

Em minha conversa com os jovens estudantes, eu desmontei o modelo de plástico e mostrei a eles todas as regiões diferentes e facilmente discerníveis que estavam por baixo, e como elas se entrelaçavam, assim como tinha visto em um cérebro real há muito tempo, na sala de dissecação do Departamento de Anatomia da Universidade de Oxford. Mas será que isso satisfaria a menininha que estava parada na minha frente, de olhos arregalados, impaciente para que eu lhe dissesse, em uma sentença, como o cérebro funcionava? O problema é que as células cerebrais são menos parecidas com estruturas fixas como tijolos e casas — que, de fato, não fazem nada — e mais comparáveis às pessoas altamente dinâmicas onde habitam. O que de fato precisamos, portanto, é de uma imagem, algum tipo de cenário que descreva não apenas como o cérebro é constituído anatomicamente a partir dos seus blocos de construção, os neurônios, mas também como eles funcionam de verdade.

Neurônios são as unidades básicas do cérebro, assim como uma pessoa é a unidade básica de uma organização ou sociedade. Assim como as pessoas, cada neurônio é genérico e, ao mesmo tempo, uma entidade individual. Uma pessoa muda gradualmente, com o tempo, e um neurônio também se adapta, fazendo conexões graduais por um pequeno espaço (de novo, a sinapse) a partir de um intermediário, que é um mensageiro químico (um neurotransmissor); o contato físico direto entre as células do cérebro também é possível, mas menos recorrente. Da mesma forma, uma pessoa constrói relações com outras gradualmente, por contato indireto e utilizando uma linguagem; toques são mais raros. Tanto com mensageiros químicos quanto com linguagens, existe uma diversidade enorme, mas também uma aderência a um mesmo princípio comum: a comunicação entre duas entidades independentes sem qualquer contato físico direto. Tanto as línguas quanto os neurotransmissores apresentam uma ampla gama de variedades, mas podem ser categorizados em famílias e definidos pela proveniência geográfica (para a linguagem) ou pela estrutura química (para um neurotransmissor). O verdadeiro modo de comunicação, em ambos os casos, tem paralelos, nos quais todas as linguagens e neurotransmissores podem usar uma gama de sinais, desde os mais simples até aqueles mais complexos e sofisticados. Na situação mais básica, um neurônio pode sinalizar um simples "sim" ou "não" por meio de seu neurotransmissor, e esse sinal se traduzir em uma inibição ou excitação momentânea da atividade do neurônio alvo.

Quando uma célula do cérebro "fala" (ou, dizendo de forma mais técnica, está "ativa"), ela gera uma pequena corrente elétrica,[4] com duração de um milésimo de segundo (um milissegundo), que desce até a extremidade da célula para se comunicar com o neurônio seguinte.[5] Ocorre um problema assim que a mensagem elétrica atinge a sinapse e não pode ir mais longe; no entanto, nem tudo está perdido: a chegada da corrente atua como um gatilho para que a ponta da célula libere o seu mensageiro químico, que é então capaz de viajar pela sinapse tão prontamente quanto as palavras viajam pelo ar. Assim que o neurotransmissor chega ao destino, ou seja, à próxima célula, ele dá um aperto de mão molecular com o seu alvo especial.[6] Esse entrelace é tão estreito e feito sob medida que uma analogia melhor talvez seja a de uma chave entrando pela fechadura. A complexação de um neurotransmissor com seu alvo feito sob medida desencadeia uma breve mudança na voltagem da célula-alvo — trata-se, efetivamente, da reconversão de um sinal químico para um elétrico. O "sim" na comunicação neuronal é quando há um aumento momentâneo da atividade elétrica (excitação); o "não" é quando a atividade é suprimida (inibição).

Assim como acontece na comunicação verbal, que na maioria das vezes é mais do que um simples monossílabo — com sílabas que são ordenadas em palavras, por sua vez ordenadas em frases que se amontoam em um discurso —, o mesmo ocorre com os neurotransmissores: o efeito final depende do sequenciamento de diferentes neurotransmissores convergindo sobre um determinado período de tempo em uma determinada célula. Em ambos os casos, o impacto de cada palavra ou sinal do neurotransmissor dependerá do contexto mais amplo durante o qual ele ocorre.[7] Então, à medida que os milissegundos se transformam em segundos, minutos, horas e, por fim, dias, as conexões efetuadas por esse processo — entre pessoas ou neurônios — mudam.

É muito divertido e, de fato, esclarecedor explorar os vários paralelos entre as relações pessoais e os caminhos que esses sinais traçam no cérebro e nessas relações: ambos se fortalecem e se intensificam pela repetição. Para as pessoas, assim como para os neurônios, os relacionamentos são mais flexíveis quando jovens. Isso ocorre porque, como elas, os neurônios se tornam cada vez mais especializados e mais "individuais" à medida que sua rede se expande. E com o tempo, assim como as pessoas amadurecem e desenvolvem determinados traços de personalidade, os neurônios também se tornam mais resistentes a mudanças em suas funções gerais. E, da mesma forma que as amizades murcham se não forem mantidas de maneira ativa, as conexões neuronais subutilizadas atrofiam.

À medida que o indivíduo cresce, ele ou ela estabelece relações cada vez mais complexas, algumas próximas e frequentes, outras menos ativas e mais distantes; grupos cada vez maiores, por fim, se interconectam e formam uma sociedade mais ampla. O mesmo ocorre com o cérebro, no qual uma hierarquia aninhada de camadas cada vez mais complexas de redes neuronais passa a compor uma macroestrutura cerebral específica. Todas as regiões do cérebro se interconectam, mesmo a longas distâncias cerebrais, por meio de tratos fibrosos que operam de maneira semelhante a linhas telefônicas, permitindo diálogos incessantes ao longo de todo o cérebro. É uma organização integrada.

Uma abordagem "de baixo para cima" no estudo do cérebro explora como essa organização surge. Se você é um neurocientista especializado em entender neurotransmissores, receptores e como funcionam as sinapses, tem um quê de especialista em comunicação interpessoal. Por exemplo, o neurotransmissor dopamina está ligado a muitos processos cerebrais diferentes, incluindo excitação, vício, recompensa e o início de um movimento. Mas, para uma compreensão de baixo para cima do funcionamento de substâncias químicas como a dopamina, também precisamos de uma abordagem de cima para baixo, que comece pelas áreas macro do cérebro e tente mapear como elas funcionam juntas para dar origem a diferentes comportamentos e formas de pensar.[8] Desta vez, uma analogia apropriada poderia ser a sociologia ou a antropologia, já que ambas focalizam tendências e resultados coletivos, em vez de comportamentos individuais.

Os cientistas têm utilizado exames de imagem cerebral para obter imagens da atividade total de diferentes regiões do cérebro em relação a diferentes tipos de estímulos, ambientes e comportamentos. Nesses exames, verificam-se manchas brilhantes destacando certas regiões em um mar cerebral cinzento ou, talvez, arranjos multicoloridos em que o branco representa uma região estimulada, com suas periferias ficando em amarelo, laranja e vermelho, até exibir um perímetro roxo de baixa atividade. Todavia, na coesão enigmática do cérebro, todo o falatório incessante entre as diversas regiões *não será*, de fato, visível. As imagens de um exame cerebral revelam o cérebro em funcionamento por um período prolongado; são exames que geralmente têm uma resolução de segundos (ou, nos aparelhos mais recentes, de dezenas de milissegundos), enquanto a assinatura elétrica universal das células cerebrais em funcionamento — o potencial de ação — é cerca de cem vezes mais rápido do que isso. Exames de imagem cerebral são como velhas fotografias vitorianas que mostram edifícios estáticos, mas que excluem quaisquer pessoas ou animais que estariam se movendo rápido demais para serem vistos durante todo aquele tempo de exposição. Os edifícios são perfeitamente reais, é claro, mas não formam a imagem completa.

Ao observar os exames de imagem cerebral, também é tentador pensar que, se uma determinada área do cérebro se acender, ela deve ser o centro de qualquer comportamento ou resposta que esteja sendo estudado. Essa noção de "centros" do cérebro para isso ou aquilo é atraente: inclusive, se fosse verdade, o cérebro seria muito mais fácil de entender. No início do século XIX, Franz Gall inaugurou a "ciência" da frenologia (literalmente, o "estudo da mente"). As cabeças de porcelana branca cobertas com retângulos em preto etiquetados com, por exemplo, "amor ao país" ou "amor por crianças" compunham um modelo para que se comparassem as protuberâncias de uma cabeça que estava sendo estudada, a fim de determinar a força de um traço específico. Embora esses modelos de porcelana sigam sendo populares entre os fotógrafos como um acessório para animar fotos de neurocientistas aclamados pela mídia, essa abordagem foi inevitavelmente desacreditada à medida que o exame sistemático do próprio cérebro se tornou possível. Não obstante, os traços da lógica insana da frenologia, que afirma que há vários minicérebros em sua cabeça, ainda conseguem alimentar interpretações de descobertas científicas reais.

A ideia de "uma área do cérebro, uma função" ganhou força conforme a medicina avançava e os médicos se tornavam cada vez mais hábeis em manter os pacientes vivos, apesar dos graves danos cerebrais causados por, digamos, uma bala, um ferimento ou um derrame. Foi nesse ponto que uma interpretação parecida com a frenologia teve a capacidade de se infiltrar, atribuindo à área do cérebro danificada uma "função" que havia sido perdida. No entanto, como um psicólogo observou há mais de meio século, caso se remova um tubo de vácuo de um rádio (sim, a analogia é muito antiga) e o dispositivo comece a fazer barulho, não se pode dizer que a função do tubo é inibir esse barulho. Se a área cerebral em questão apresentar mau funcionamento, como o velho tubo de vácuo, o sistema total do cérebro será prejudicado, mas a contribuição dessa região para o cérebro não poderá ser superestimada de forma a afastá-la do processo integrado. Utilizando outra analogia, se uma vela de ignição não funcionar, seu carro não dará partida, mas você não pode deduzir como um carro funciona estudando apenas uma vela de ignição. Hoje em dia sabemos que não existe uma função controlada por uma única região do cérebro isolada. A visão, por exemplo, envolve a divisão de diferentes aspectos de se enxergar formas, movimentos e cores em até trinta regiões cerebrais diferentes. E nenhuma área do cérebro tem apenas uma única função. Em vez disso, cada estrutura cerebral contribui para uma função final em rede, não de maneira hierárquica, mas sim parecida com os vários instrumentos de uma orquestra que produzem uma sinfonia.[9]

Esses processamentos no cérebro determinam como você vê o mundo, mas, quaisquer que sejam os estímulos externos a serem recebidos em um momento qualquer, a experiência desse exato momento *mudará a organização das células cerebrais e, portanto, o seu pensamento, simultaneamente*. Um dos maiores especialistas em desenvolvimento cerebral, Bryan Kolb, resume desta forma: "Qualquer coisa que venha a alterar o seu cérebro altera também quem você é. Afinal, seu cérebro não é produzido apenas por genes; ele é esculpido por uma vida inteira de experiências. A experiência altera a atividade cerebral, o que, por sua vez, altera a expressão gênica. Quaisquer mudanças comportamentais que você vê refletem alterações no cérebro. E o oposto também é verdadeiro: o comportamento pode alterar o cérebro."[10] E é isso que nós vamos explorar a seguir.

6
COMO O CÉREBRO MUDA

Os taxistas de Londres são conhecidos em todo o mundo por seu conhecimento detalhado das ruas, das configurações de tráfego e dos sistemas de mão única da grande cidade. Ao contrário da maioria de suas contrapartes ao redor do mundo, parece que eles têm uma habilidade inata para dirigir pelas ruas da capital britânica sem precisarem recorrer a um mapa. Em média, um condutor novato leva dois anos para absorver as informações necessárias e ser capaz de fazer isso e, posteriormente, passar em um exame oral assustador chamado de "The Knowledge" [O Conhecimento, em tradução livre]. Esses taxistas escolheram uma carreira que põe uma grande sobrecarga em sua memória, mais especificamente em sua memória operacional, na qual regras e fatos devem ser mantidos em mente de maneira constante para determinar as ações em curso.

Em 2000, Eleanor Maguire e seus colegas da University College London ficaram intrigados e queriam saber se os motoristas de táxi londrinos apresentariam quaisquer alterações físicas em seus cérebros como resultado da experiência cotidiana e incomum de utilizar constantemente a memória operacional. Para surpresa de todos, eles puderam constatar, nos exames de imagem cerebral, que uma região específica do cérebro relacionada à memória operacional (o hipocampo) era, de fato, maior nos taxistas do que nas demais pessoas da mesma idade.[1] Isso não significa que o fato de ter um hipocampo maior faz com que esses indivíduos tenham algum tipo de predisposição para dirigir táxis, pois as diferenças no tamanho dessa região eram diretamente proporcionais ao tempo que os indivíduos ocupavam o ofício. O estudo captou a atenção e o fascínio da mídia — bem como dos taxistas londrinos, é claro —, e permanece sendo até hoje um dos melhores e mais simples exemplos do princípio "usar ou perder". Os neurônios, assim como os músculos do corpo, ficam mais fortes e maiores mediante qualquer atividade realizada. Ainda que essa adaptação seja compartilhada não apenas por mamíferos, mas também por organismos muito mais simples, como o polvo[2] e até mesmo a humilde lesma-do-mar,[3] os humanos têm sido capazes de explorar esse talento de uma forma assombrosa, para muito além de qualquer outra espécie.

As mudanças no cérebro resultantes das experiências de vida foram, na verdade, demonstradas pela primeira vez em 1783, pelo naturalista suíço Charles Bonnet e pelo anatomista piemontês Michele Vincenzo Malacarne: eles constataram que o treinamento de cães e pássaros levava a um aumento no número de dobras em uma parte do cérebro (o cerebelo) em comparação com os demais cães da mesma ninhada ou com pássaros do mesmo ninho.[4] No entanto, essa descoberta pouco fez para derrubar o dogma da época, de que o cérebro era imutável, até que a ideia foi revisitada em 1872 pelo filósofo Alexander Bain: "Para cada ato de memória, exercício de aptidão corporal, hábito, lembrança ou encadeamento de ideias, há um agrupamento específico ou coordenação de sensações e movimentos em conformidade com crescimentos específicos nas junções celulares." Quase vinte anos depois, em 1890, o psicólogo pioneiro William James teve um insight brilhante: "Se dois processos cerebrais elementares estiveram ativos ao mesmo tempo ou em sucessão imediata, um deles, ao se repetir, tende a propagar sua agitação para o outro." O nome dado a esse processo, *plasticidade,* foi apresentado pela primeira vez alguns anos depois, em 1894, pelo grande anatomista espanhol Santiago Ramón y Cajal, que pegou a palavra emprestada de sua raiz grega, que significa "ser moldado",⁵ muito antes do advento do material sintético que pode ser encontrado, atualmente, no mundo inteiro.

"Dê-me um filho até que ele complete sete anos, e eu lhe darei o homem", garantiam os jesuítas.* Assim como a plasticidade foi antecipada por Michele Malacarne e Charles Bonnet muito antes de cientistas modernos como Eleanor Maguire produzirem dados experimentais, também foi amplamente aceito que um cérebro jovem e em desenvolvimento seria mais passível de ser impressionado e mais vulnerável. É claro que essa sensibilidade do cérebro jovem às influências externas destaca a importância de moldar o tipo adequado de ambiente inicial para a próxima geração. Como Hillary Clinton afirmou em 1997, as experiências entre o nascimento e os três anos de idade "podem determinar se as crianças crescerão e se tornarão cidadãos pacíficos ou violentos, trabalhadores focados ou indisciplinados, pais atenciosos ou distantes".⁶

Nos primeiros anos de vida, o cérebro tem janelas de oportunidade caracterizadas pelo crescimento exuberante das conexões entre os neurônios, o que traz possibilidades surpreendentes. Em bebês, por exemplo, os compartimentos visual e auditivo da camada externa do cérebro (córtex) parecem ser funcionalmente intercambiáveis, estimulados da mesma forma pela audição ou pela visão. Como consequência, quando há perda de visão na primeira infância, a audição, de certa forma, acaba ficando mais nítida por meio de um processo conhecido como remapeamento cortical.⁷ Como o setor visual não está sendo utilizado para o seu trabalho normal, ele se adapta a todas as entradas disponíveis e assume um papel alternativo, ajudando o cérebro a processar a audição, tornando-a, consequentemente, mais aguçada.

Essa adaptação obrigatória do sistema nervoso central não se restringe aos sentidos. Um exemplo do poder do cérebro jovem para compensar danos é o caso de Luke Johnson. Luke apareceu nas manchetes de um jornal britânico em 2001, quando era apenas uma criança. Logo após o nascimento, seu braço e perna direitos pareciam moles e imóveis. Os médicos diagnosticaram danos cerebrais graves devido a um derra-

---

* Frase atribuída também ao filósofo grego Aristóteles (384 a.C.–322 a.C.).

me no lado esquerdo do cérebro, que teria ocorrido enquanto ele estava no útero, ou logo após o nascimento. Dentro de alguns anos, todavia, Luke conseguiu recuperar o movimento total de suas pernas e braços. Durante os seus primeiros dois anos de vida, seu cérebro estivera ocupado, se reconectando e reorganizando as vias nervosas para contornar o tecido danificado.[8]

Infelizmente, esses períodos críticos nem sempre garantem um resultado positivo. Veja o caso de crianças que desenvolvem catarata em um ou ambos os olhos. A privação visual — devido, por exemplo, à catarata ou a outra anomalia que prejudique a visão — ocorrida entre o nascimento e os cinco anos causa danos permanentes. No entanto, para crianças que se deparam com esse problema quando são mais velhas, em geral, o sentido é recuperado após o tratamento.[9] Curiosamente, diferentes tipos de visão têm diferentes períodos críticos, o que significa que uma criança que desenvolve catarata em um determinado período de tempo pode ter deficiências, digamos, na detecção de movimento, mas desenvolver uma acuidade normal. Como no caso de Luke Johnson, o cérebro de uma criança com catarata será reconectado, mas dessa vez com a trágica consequência de um território normalmente utilizado pelo olho não operacional acabar sendo usurpado para outros fins.

A noção de que existem períodos críticos de desenvolvimento do cérebro é intuitivamente fácil de entender, e as mudanças vistas nesses estágios cruciais do desenvolvimento normal são, de fato, marcantes. No entanto, está claro, como se pode perceber a partir da notável recuperação frequentemente observada em pacientes adultos com AVC, que essas "tomadas de território" cerebrais, a despeito de serem menos marcantes na vida adulta, não cessam com a idade. Também em adultos, vários sistemas sensoriais podem cruzar suas fronteiras oficiais, como quando o córtex visual de pessoas cegas é ativado durante a leitura do braile. Da mesma forma, a neurocientista Helen Neville demonstrou como a deficiência auditiva induz uma compensação específica no aprimoramento da visão, enquanto, inversamente, o cego processa melhor as estimulações auditivas.[10]

Os mesmos mecanismos cerebrais fundamentais que impulsionam a plasticidade durante a aprendizagem no cérebro imaturo intacto também são acionados durante a reaprendizagem no cérebro danificado ou enfermo. A recuperação de uma função pós-dano cerebral pode ser dividida em três estágios: (1) *restauração,* restabelecer o funcionamento da área residual do cérebro; (2) *recrutamento,* selecionar novas áreas do cérebro para auxiliar no desempenho da função original; e (3) *retreinamento,* exercitar essas demais áreas do cérebro para executar a nova função com eficiência.[11] No caso da linguagem, em que o hemisfério direito, que normalmente não é dominante para a fala, pode substituir o esquerdo quando ele está danificado.[12] Já no caso de inoperância da mão de um macaco, por exemplo, é necessário apenas uma hora diária de treinamento para evitar que sua representação neuronal no cérebro se deteriore ao ponto da inutilidade. Esse efeito também foi demonstrado em humanos. Muitos pacientes com uma disfunção na mão advinda de uma lesão cerebral preferem utilizar o outro membro saudável, mas tal estratégia prejudica a recuperação da função plena da mão deficiente. Portanto, é comum cobrir a mão funcional com a manga da camisa para encorajar o uso da mão prejudicada, fazendo com que ela fique a mais ativa possível.[13]

O cérebro não tolera "espaços vazios" — uma situação em que os neurônios não sejam postos para funcionar. A antiga e exagerada ideia de que utilizamos apenas 10% de nossos cérebros é um mito completo e fácil de refutar. Em primeiro lugar, não há nenhuma região do cérebro que possa ser danificada sem que se perca alguma capacidade; se o mito dos 10% fosse verdadeiro, portanto, seria possível permitir que 90% de nosso cérebro fosse danificado.

Em segundo lugar, o cérebro é o órgão mais ganancioso de nossos corpos em repouso, consumindo 20% do nosso suprimento de energia, embora constitua apenas 2% do peso corporal. Por que utilizaríamos tantos recursos para manter 90% dos neurônios inoperantes?

Terceiro, as técnicas de neuroimagem revelam que, exceto os casos de danos graves (como aqueles observados em um estado vegetativo persistente), nenhuma região do cérebro aparece como completamente inativa e não responsiva.

Em quarto lugar, todas as regiões do cérebro parecem contribuir para mais de uma função: não há estrutura alguma no cérebro que não tenha um trabalho, ainda que não seja possível entender exatamente como as contribuições de diferentes áreas do cérebro se encaixam para dar origem a um comportamento final integrado.

Finalmente, como acabamos de ver, o cérebro opera em um princípio inequívoco quando se trata de sobrevivência e conectividade neuronal: "usar ou perder". Se 90% do cérebro permanecesse em desuso, as autópsias revelariam degeneração, em grande escala, de até 90% da massa cerebral, o que não ocorre.[14]

Quanto mais os neurônios específicos trabalham em uma determinada atividade, mais território do cérebro ocupam. Em um experimento, Michael Merzenich demonstrou que macacos-da-noite treinados para girar um disco com dois dígitos tinham aumento apenas em uma área do córtex tátil (somatossensorial) relacionada a esses dois dígitos.[15] Essa descoberta tem uma contrapartida fascinante em humanos: músicos que tocam instrumentos de cordas exercitam a mão esquerda mais do que a direita e, neles, a seção do córtex relacionada ao tato é consequentemente maior para a mão esquerda do que para a direita.[16] Existem muitos outros exemplos de plasticidade no sistema sensorial de adultos, e, como o impacto de experiências repetidas no funcionamento do cérebro é a base das Transformações Mentais, vale a pena ter uma ideia do quão abrangente e importante a plasticidade pode ser.

Em primeiro lugar, há estudos de curto prazo, como o dos taxistas, em que os cérebros de um grupo de pessoas que fazem algo incomum ou com muita frequência no dia a dia apresentam diferenças em comparação com o resto de nós. De modo geral, as estruturas cerebrais diferem entre músicos e não músicos. Exames anatômicos de músicos profissionais (tecladistas), músicos amadores e não músicos mostraram diferenças de tamanho em uma variedade de estruturas: as regiões motoras, auditivas e visuoespaciais do cérebro.[17] É importante destacar que existem fortes relações entre o status de músico e uma intensidade de práticas, sugerindo que as diferenças anatômicas estão ligadas ao aprendizado, e não a algum suposto tipo de predisposição para a música. Enquanto isso, passar uma grande quantidade de tempo fazendo cálculos matemáticos induz um aumento na densidade da matéria cinzenta em áreas específicas (parietais) do córtex, conhecidas por estarem envolvidas no processamento aritmético ou em imagens visuoespaciais, além da criação mental e da manipulação de objetos 3-D.[18]

Há também o caso dos esportes. A plasticidade dependente de experiências é detectável no cérebro de jogadores de basquete: quando comparados a um grupo de voluntários saudáveis, os atletas apresentaram um aumento no "piloto automático" do cérebro — o cerebelo.[19] Mudanças similares também podem ser observadas no cérebro de um jogador de golfe habilidoso, mas em uma estrutura cerebral diferente, contrastando com quem tem menos proficiência nesse esporte.[20] No entanto, como também não havia uma relação linear entre o nível técnico de um jogador de golfe e as variações anatômicas, é impossível dizer se os jogadores de golfe habilidosos já estavam predispostos a esse talento específico. Esse enigma, no melhor estilo "ovo ou galinha", é, de forma geral, uma das grandes desvantagens dos estudos de curto prazo envolvendo grupos diferentes de pessoas.

Um tipo alternativo de experimento que pode diferenciar causas e efeitos envolve a observação de mudanças no cérebro, ao longo do tempo, em humanos comuns, sem nenhuma habilidade ou talento específico, que são treinados a partir do zero em alguma tarefa experimental padronizada.[21] Em um dos casos, essa tarefa era o malabarismo. Os indivíduos passaram por um treinamento diário durante três meses para aprender malabarismo com três bolas, no qual a percepção e a antecipação eram fundamentais para determinar movimentos futuros com precisão. Foram realizados exames antes do treinamento, depois de três meses e ainda outros depois de mais três meses, nos quais o malabarismo já não era praticado e o desempenho já havia voltado à estaca zero: use ou perca, portanto. Os exames de imagem cerebral durante esse período mostraram que as mudanças estruturais ocorreram dentro de sete dias, no início do treinamento, e foram mais rápidas durante os estágios iniciais, quando o nível de desempenho era baixo. Esses resultados sugerem que o fundamental para alterar a estrutura do cérebro é o *aprendizado* de uma nova tarefa, em vez de um ensaio contínuo de algo que já se sabe.

O mais reconfortante de tudo é a observação de que esse treinamento ainda pode induzir mudanças na estrutura do cérebro em idosos. No caso do malabarismo, que acabamos de discutir, o desempenho dos idosos não era tão bom quanto o de uma população mais jovem, mas as mudanças na massa cinzenta ocorreram, *efetivamente*, em regiões cerebrais idênticas.[22] De modo mais geral, o treinamento da memória pode induzir o crescimento do córtex em idosos. Quando um programa de treinamento intensivo de oito semanas é implantado, o desempenho da memória melhora e a espessura cortical aumenta no grupo experimental submetido ao treinamento de memória.[23] E, se as pessoas mais velhas apresentam alterações cerebrais como resultado do aumento da atividade mental, não deve ser surpresa que os mais jovens também o façam.

A preparação para a prova de medicina básica da Alemanha, o Physikum, pode ter um efeito observável no cérebro.[24] Essa prova "inclui testes orais e escritos em biologia, química, bioquímica, física, ciências sociais, psicologia, anatomia humana e fisiologia, exigindo um alto nível de codificação, memorização e revisão de conteúdo".[25] Mudanças estruturais relacionadas ao aprendizado ocorreram em uma variedade de regiões cerebrais relacionadas à memória: hipocampo, substância cinzenta para-hipocampal e córtex parietal posterior. Mas não é apenas a experiência aguda e estressante da preparação para esse exame que é fundamental. Aprender uma segunda língua aumenta a densidade da massa cinzenta, e as mudanças observadas se correlacionam com os níveis de habilidade.[26] Cinco meses de aprendizagem de uma segunda língua, neste caso com alunos nativos de língua inglesa aprendendo alemão em um intercâmbio na Suíça, resultaram em mudanças estruturais que corresponderam a um aumento de proficiência na segunda língua.

Mais uma vez, a quantidade individual de aprendizagem refletiu nas mudanças estruturais do cérebro.

O fato emocionante e ao mesmo tempo assustador da vida é que não é preciso engajar-se ativamente em um treinamento de uma tarefa específica para que o seu cérebro mude: isso acontecerá de qualquer maneira, como resultado das vivências que se tem e do ambiente em que se está. Em seu livro revelador e fascinante, *The Plastic Mind* ["A Mente Plástica", em tradução livre], Sharon Begley escreve sobre como "novas sinapses, ou seja, as conexões entre um neurônio e outro, são a manifestação física das memórias. Nesse sentido, o cérebro passa por mudanças físicas contínuas. O cérebro se refaz ao longo da vida em resposta a estímulos externos, ambientes e experiências".[27]

A primeira demonstração do impacto do mundo exterior veio com o que viria a ser chamado de um ambiente "enriquecido", datando da década de 1940, quando o visionário psicólogo Donald Hebb fez o que seria impossível hoje em dia: levou alguns dos seus ratos de laboratório para casa.[28] O motivo real dessa estratégia bizarra se perdeu nas brumas do tempo. No entanto, depois de algumas semanas, esses ratos em "semiliberdade" revelaram habilidades superiores para a resolução de problemas, tais como correr em labirintos, quando comparados aos menos afortunados que permaneceram em jaulas convencionais de laboratório.

Desde então, estudos mais formais têm mostrado como o ambiente pode ser um fator poderoso, especialmente quando é estimulante, novo e convidativo à exploração. A primeira menção ao termo "enriquecimento ambiental" em um artigo científico foi feita em 1964, por Mark Rosenzweig e sua equipe na Universidade da Califórnia, quando eles demonstraram pela primeira vez mudanças físicas nos circuitos neurais advindas de experiências diferentes. Os cientistas decidiram identificar os mecanismos neurais subjacentes às diferenças individuais no comportamento e na resolução de problemas em diferentes linhagens de ratos, mas rapidamente perceberam a enorme influência que as experiências distintas tiveram no desempenho comportamental em relação às suas contrapartes enjauladas.[29]

Ao longo das décadas que se seguiram, os neurocientistas aprenderam que um ambiente enriquecido leva a uma série de mudanças físicas no cérebro, todas elas positivas: aumento do tamanho do corpo celular neuronal, aumento do peso total do cérebro, aumento da espessura do córtex, maior número de espinhas dendríticas (protuberâncias em ramos celulares que aumentam sua área de superfície), aumento no tamanho das junções sinápticas e, portanto, das conexões e aumento do número de células da glia (as células de manutenção do cérebro, que garantem um microambiente benigno para os neurônios). Esses efeitos são mais pronunciados em animais mais jovens, mas ainda podem ser observados em ratos adultos e até mesmo idosos. Há também um aumento na produção de novas células cerebrais em partes do órgão associadas à memória e ao aprendizado (hipocampo, giro denteado e células de Purkinje cerebelares), bem como um maior suprimento de sangue e um aumento na quantidade de fatores de crescimento e de síntese proteica.

Esse ambiente estimulante, onde não há uma tarefa fixa a ser executada, e que gera diferentes tipos de experiência pode ter um impacto surpreendente até mesmo quando, por outro lado, o destino parece fortemente determinado pelos genes. Em um experimento realizado há quinze anos e que se tornou um clássico muito referenciado, ratos foram geneticamente modificados para desenvolverem a doença de Huntington, um distúrbio neurológico que se manifesta em movimentos involuntários selvagens conhecidos como coreias (que em grego significa "dança").[30] Os ratos deixados em jaulas de laboratório convencionais viveram seu destino genético à medida que envelheciam, com pontuações cada vez piores em uma variedade de testes de movimento, enquanto um grupo geneticamente idêntico era exposto a um ambiente enriquecido, dotado de um espaço maior para ser explorado e de mais objetos (rodas, escadas e assim por diante) para interagir. O estudo demonstrou de maneira conclusiva que os ratos que vivem em um ambiente estimulante desenvolveram problemas de movimento muito mais tarde e em um grau de insuficiência muito menor. Mesmo aqui, com um distúrbio relacionado a um único gene e nos cérebros menos complexos dos ratos, é possível constatar as interações entre natureza e estímulo.

Desde o início da década de 1990, pesquisas feitas com animais que vivem em um ambiente enriquecido revelaram uma ampla gama de mudanças físicas no cérebro a nível das redes neuronais individuais, bem como demonstrando que a *duração* da experiência de enriquecimento é um fator significativo. Por exemplo, em um estudo específico, uma única semana de enriquecimento ambiental não surtiu efeitos; por outro lado, quatro semanas geraram efeitos comportamentais que duraram dois meses, enquanto oito semanas levaram a efeitos comportamentais com duração de até seis meses.[31]

Dadas todas essas mudanças físicas na estrutura e na química do cérebro, não é nenhuma surpresa que os animais em ambientes enriquecidos se revelem superiores em testes de memória espacial e apresentem aumentos gerais no funcionamento cognitivo, a exemplo da capacidade de aprendizagem, das habilidades espaciais e de resolução de problemas, e da velocidade de processamento. Eles também apresentam níveis reduzidos de ansiedade. Além disso, o enriquecimento ambiental atenua os efeitos persistentes ocasionados por experiências negativas anteriores, tais como o estresse pré-natal ou a separação neonatal da mãe. Os efeitos protetores do enriquecimento são particularmente aparentes em animais que estão muito ansiosos ou quando a tarefa é muito desafiadora para o indivíduo.

Ambientes enriquecidos também podem ser benéficos em modelos de animais em recuperação de lesões cerebrais. Por exemplo: a transferência para um ambiente enriquecido melhora o quadro após um acidente vascular cerebral induzido de forma experimental, bem como o desempenho motor em ratos espontaneamente hipertensos, antes alojados em jaulas de laboratório, em comparação com o grupo de controle que permanece em um ambiente menos estimulante.[32] Além disso, um ambiente enriquecido reduzirá em 45% a morte celular programada (por apoptose) no hipocampo de um rato. E, se isso não bastar, essas condições ambientais também podem proteger contra convulsões induzidas experimentalmente.[33]

Os efeitos benéficos e difusos do enriquecimento ambiental também persistem em ratos idosos e em uma ampla gama de espécies: camundongos, gerbos, esquilos, gatos, macacos, pássaros, peixes, até mesmo moscas-das-frutas e aranhas — todos os animais, "de moscas a filósofos".[34] Ainda há alguma controvérsia a respeito de o enriquecimento realmente representar uma experiência superespecial ou apenas uma melhoria relativa em relação ao alojamento-padrão de animais em laboratórios. No entanto, o ponto principal é que é a diferença de estimulações entre os dois tipos de experiência que realmente importa.

Voltando à pergunta feita no início do capítulo anterior: como uma experiência exterior pode literalmente deixar uma marca internalizada no cérebro? Assim como os músculos crescem com o exercício, os neurônios também respondem às mudanças físicas, criando mais ramos. Quando tem mais ramificações, uma célula cerebral também sofre um aumento na sua área de superfície, o que por sua vez a torna um alvo mais fácil e leva à possibilidade de mais conectividade com outros neurônios. Em 1949, Donald Hebb fez uma afirmação surpreendente: estimular repetidamente a mesma cadeia de neurônios para que eles fiquem ativos os tornará, ao mesmo tempo, mais fortes e mais eficazes. Em suas palavras, "células que disparam juntas, permanecem conectadas".[35] Mas de que forma, exatamente? Avancemos mais algumas décadas, para o momento em que técnicas sofisticadas de monitoração da atividade de neurônios individuais já estão disponibilizadas (a partir da inserção de microeletrodos dentro dessas células, que registram a voltagem gerada por elas). Utilizando essa tecnologia, o fisiologista sueco Terje Lomo e o neurocientista britânico Tim Bliss conquistaram lugar na história da pesquisa cerebral pela descrição inovadora do passo a passo efetivo da ideia de Hebb. Os neurocientistas podem atualmente descrever as etapas físico-químicas específicas pelas quais a sinalização entre duas células cerebrais se tornará mais eficaz por consequência da repetição — isto é, do acúmulo de experiência.[36]

Embora seja difícil impor um ambiente enriquecido padronizado aos humanos, e ainda mais difícil justificar um grupo de "controle" constituído por pessoas privadas de estimulação para um experimento, o efeito de tipos variados de ambiente foi examinado em adultos saudáveis mais velhos, investigando a relação entre estilo de vida e "reserva cognitiva",[37] a saber, "o grau em que o cérebro pode criar e usar redes ou paradigmas cognitivos que sejam mais eficientes ou flexíveis e, portanto, menos suscetíveis a interrupções".[38] Talvez não tenha sido surpresa que as descobertas indicassem que um maior envolvimento em atividades intelectuais e sociais estivesse associado a uma redução do declínio cognitivo. Parece que um estilo de vida mentalmente ativo pode proteger contra a deterioração cognitiva, aumentando a densidade das sinapses (melhorando, assim, a eficácia da comunicação dentro dos neurônios intactos) e a eficiência das redes cerebrais normais e alternativas.[39] Portanto, assim como ocorre com os animais, a menos que o enriquecimento ou a estimulação sejam mantidos, o desempenho pode diminuir após uma reabilitação previamente bem-sucedida, o que por sua vez pode levar a alterações negativas. Isso pode resultar de um afastamento de situações sociais ou de níveis reduzidos de atividade e/ou comunicação.[40] Mesmo quando o QI, a idade e a saúde como um todo são levados em consideração, os indivíduos mais velhos que vivem em uma comunidade apresentam melhor desempenho em testes cognitivos do que aqueles que estão asilados.[41]

O mais fascinante de tudo é que mesmo uma caminhada rápida pode estimular a produção de novos neurônios (conhecida como neurogênese). Inicialmente, os exercícios aumentam o suprimento de sangue para o cérebro e, consequentemente, o transporte de oxigênio, que é essencial. O aumento do oxigênio permite que as células-tronco (as células progenitoras universais, das quais diversas células derivam) se convertam em neurônios em capacidade máxima, além de estimular a liberação de substâncias químicas que ajudam as células a crescer. Mas isso não é tudo. Enquanto a atividade física aumenta a fabricação de células-tronco neurais, a estimulação adicional de um ambiente enriquecido aumenta a conectividade e a estabilidade das suas conexões.[42] Embora apenas recentemente tenha sido possível estudar a produção de células no cérebro humano,[43] mudanças nos processos e na composição do cérebro como resultado do enriquecimento das atividades sociais, mentais e físicas ajudam, segundo se pensa na atualidade, a evitar o declínio cognitivo à medida que envelhecemos,[44] o que por sua vez ajuda a evitar a perda subjacente de células que caracteriza o ciclo da morte na doença de Alzheimer.[45]

Também é possível que simples pensamentos alterem, de fato, o cérebro físico, por mais bizarro que isso possa parecer. Um dos exemplos mais citados de como um pensamento pode levar a uma mudança física no cérebro foi conduzido em 1995 por Alvaro Pascual-Leone e seu grupo de pesquisa, com três grupos de voluntários humanos adultos, dentre os quais ninguém sabia tocar piano.[46] Durante um período de cinco dias, o grupo de controle foi exposto ao ambiente experimental, mas não ao fator importantíssimo de aprender com os exercícios. Um segundo grupo aprendeu exercícios de piano de cinco dedos e, ao longo dos cinco dias, apresentaram uma mudança surpreendente em seus exames cerebrais. Todavia, o que houve no terceiro grupo foi ainda mais notável. Os indivíduos desse grupo foram obrigados, simplesmente, a imaginar que estavam tocando piano; seus exames de imagem cerebral, no entanto, revelaram mudanças quase idênticas àquelas vistas no grupo submetido à prática física!

Muitos exemplos adicionais e surpreendentes do impacto tangível do pensamento no cérebro se seguiram a partir daí. Fred "Rusty" Gage, professor do Laboratório de Genética do Salk Institute, demonstrou que, para que o exercício leve à produção de novas células cerebrais, ele deve ser voluntário: o animal deve *decidir* entrar na roda de exercícios e correr nela.[47] Da mesma forma, parece que a plasticidade nos humanos ocorre apenas quando os movimentos são volitivos e/ou o sujeito está prestando atenção de forma consciente. Entretanto, se prestar atenção no momento crítico é essencial para que haja mudanças adaptativas no cérebro, então ainda mais importante é o estado de espírito do indivíduo. Talvez o exemplo mais familiar, ainda que aparentemente improvável, seja o efeito placebo, no qual a simples crença de que uma substância inerte tem propriedades terapêuticas é o suficiente para curar uma doença.

Sabemos que esse efeito funciona por meio de substâncias químicas semelhantes à morfina que ocorrem naturalmente no cérebro, as encefalinas, já que pesquisas demonstraram que o medicamento naloxona, que bloqueia as encefalinas, impede o efeito placebo.[48] Os efeitos também não se devem meramente à presença da molécula de encefalina; em vez disso, é necessário acreditar que o placebo é, de fato, um medicamento ativo. Novamente, o mais importante é o pensamento consciente, e não apenas o panorama apropriado, de baixo para cima, que leva em conta as células cerebrais e as substâncias químicas.

Outra ilustração do papel-chave desempenhado pelo pensamento consciente pode ser vista na depressão clínica. Há uma grande diferença entre a intervenção de baixo para cima na condição de pacientes deprimidos, administrando antidepressivos como o Prozac, e a intervenção por meio de várias técnicas de fala, como a terapia cognitivo-comportamental. A psicoterapia difere da medicação antidepressiva porque o terapeuta tem como alvo as crenças do paciente, encorajando-o a ver o mundo de uma forma nova e mais positiva. A causa da depressão — por exemplo, a perda de um ente querido — não é menosprezada, mas posta em um contexto que permite que o paciente tenha uma perspectiva mais positiva. Desta forma, a terapia cognitivo-comportamental para a depressão funciona de maneira semelhante a um placebo. Em ambos os casos o cérebro está operando de cima para baixo: uma crença, que ocorre em uma escala macro da rede neuronal, desencadeará mudanças químicas no cérebro, embora a compreensão exata desse processo ainda seja um grande quebra-cabeça para a neurociência.

Entrementes, o tratamento com medicamentos funciona de maneira diferente, causando modificações diretas, de baixo para cima. Ele altera diretamente a disponibilidade de neurotransmissores, contornando qualquer circuito neuronal personalizado. E esse circuito personalizado, que podemos equiparar à mente subjetiva, pode ser muito importante. Uma grande diferença entre a terapia cognitivo-comportamental e a intervenção direta com medicamentos é que a probabilidade de recaída na depressão é maior com medicamentos. Supõe-se que as mudanças de plasticidade na rede neuronal personalizada, moldadas pela terapia cognitivo-comportamental contínua, são mais duradouras e profundas do que uma mudança geral e essencialmente transitória no quadro químico do cérebro, no qual os fármacos estão manipulando diretamente os sentimentos e o estado de consciência do indivíduo por um tempo muito mais curto.

Curiosamente, em indivíduos deprimidos, a região do cérebro onde os novos neurônios são criados a partir das células-tronco (o giro denteado) encolhe.[49] Sharon Begley afirma que, se essas novas células facilitarem a formação de novas conexões, então essa mudança física no cérebro poderia explicar por que os pacientes deprimidos não são tão receptivos a coisas novas e por que persistem em ver o mundo de uma forma imutável, monótona e monocromática.[50]

Em síntese, os cérebros de uma grande variedade de animais são incrivelmente plásticos, e o cérebro humano é ainda mais excepcional nesse aspecto. Ele está se adaptando constantemente, de maneira física, a comportamentos repetidos na base do "usar ou perder". Essa atualização neuronal inesgotável tem marcos específicos em intervalos de tempo críticos durante o desenvolvimento, mas se estende ao longo de toda a vida, até a idade avançada. No entanto, a plasticidade não se limita ao treinamento de certas habilidades. A própria experiência de viver e interagir em um determinado ambiente deixa sua marca no cérebro, que por sua vez constrói um circuito cerebral único e personalizado — o estado mental — que pode, em última instância, levar a novas mudanças físicas no cérebro e no corpo. Mas isso nos deixa com alguns enigmas angustiantes. *Como* um pensamento insubstancial pode modificar um estado físico? E, em contrapartida, como uma medicação que afeta substâncias químicas que alteram estados físicos pode modificar pensamentos insubstanciais? Em suma, qual é a tese do neurocientista sobre uma possível base física para a mente e a consciência?

7

COMO O CÉREBRO SE TORNA UMA MENTE

Quando me perguntou sobre como o cérebro funciona, a menina da plateia fez uma das perguntas mais difíceis que existem. Mesmo antes de começarmos a entender o que todas as novas e poderosas técnicas de neurociência estão nos mostrando de fato, nos deparamos de imediato com um problema da própria questão. Afinal, o que realmente significa a frase "como o cérebro funciona"? O sistema nervoso central carrega tantas funções diferentes, e em tantos níveis de operação, que todos esses artifícios neuronais não podem ser reduzidos a uma única palavra abrangente como "funciona". Por exemplo, em certo nível, todos sabem como o Prozac "funciona": uma das funções-chave deste remédio é aumentar a disponibilidade de um mensageiro químico, o neurotransmissor serotonina. Mas como o aumento de disponibilidade de serotonina "funciona" no alívio da desolação subjetiva causada pela depressão permanece um completo enigma.

Afinal, a serotonina é apenas uma molécula; não há felicidade presa dentro dela. Em vez disso, o ponto mais importante é o contexto, o circuito neuronal dentro do qual ela participa — poderosa, sim, mas apenas quando opera no cenário certo. Como um ator recitando frases soltas sozinho em um camarim vazio, os neurotransmissores e outras moléculas sinalizadoras bioativas não fazem nada por si próprias. Elas precisam dos outros atores, do cenário à sua volta e de uma sequência clara de eventos para que suas falas tenham algum efeito ou relevância. No caso da serotonina e da depressão, sabemos que existe um lapso de pelo menos dez dias entre o início do uso do Prozac e os seus efeitos terapêuticos. Se a alegria fosse um produto direto da própria molécula de serotonina, então decerto você experimentaria um efeito imediatamente após tomar o medicamento. Ter de esperar significa que o alívio da depressão não depende apenas do próprio neurotransmissor, do entorno espacial imediato ou mesmo da ação direta nas células adjacentes. Em vez disso, algo ainda mais complexo e que demanda uma duração maior está acontecendo dentro da rede neuronal mais ampla.

Vimos que o entrelaçamento de um neurotransmissor com a molécula-alvo se assemelha em parte a um aperto de mão. Agora imagine um cumprimento persistente, no qual alguém aperta sua mão com força e não larga. Com o tempo, ela se torna menos sensível, pode até ficar dormente, e será necessário aplicar mais força para que obtenha o mesmo efeito. O mesmo ocorre com os alvos moleculares. Quando um indivíduo toma Prozac, os receptores no cérebro dele são bombardeados por quantidades extraordinariamente excessivas de serotonina liberada incessantemente, dia após dia. Aos poucos, os receptores vão se tornando menos sensíveis (na verdade, o termo técnico é "dessensibilizado"). Isso sugere que a dessensibilização é um fator atuante no alívio da depressão. Contudo, a forma como este ou qualquer outro mecanismo físico-químico do cérebro se traduz de fato em uma sensação subjetiva de felicidade ou de tristeza é um dos maiores mistérios, senão *o* maior mistério, da neurociência.

Veja outro exemplo. Henry Marsh é um neurocirurgião renomado em Londres. Muitas de suas operações são realizadas enquanto o paciente está acordado, para que Henry possa observar os efeitos funcionais exatos causados por estímulos em diferentes regiões do cérebro antes que qualquer intervenção cirúrgica ocorra. Por mais sangrento que isso possa parecer, não há receptores de dor no cérebro, então operar cérebros totalmente conscientes tem sido um procedimento bastante rotineiro desde meados do século XX.¹ No entanto, Henry atualmente tem um circuito fechado de TV na sala de cirurgia e oferece ao paciente a oportunidade de assistir a todo o procedimento. Pense nisto: o cérebro observando a si mesmo. O que diabos acontece?

O que acontece, tanto na sala de cirurgia de Henry quanto em qualquer pessoa tomando Prozac, é uma representação do "problema difícil". Essa expressão, que ficou famosa devido ao filósofo australiano David Chalmers, refere-se à nossa perplexidade quando vemos a água do funcionamento cerebral ser convertida no vinho da experiência subjetiva.² No entanto, para entender como o cérebro gera a consciência, precisamos de uma noção mínima, embora hipotética, de que *tipo* de resposta constituiria uma justificativa plausível: uma fórmula matemática, uma imagem do cérebro ou algo que está mais inserido no reino da ficção científica? Nenhuma dessas possibilidades parece, nem de longe, adequada ou apropriada. No entanto, até sabermos de que *tipo* de resposta precisamos para resolver o problema difícil, certamente haverá pouca probabilidade de conseguirmos fazê-lo.

Ainda assim, sem se deixar abater, alguns buscaram uma resposta na inteligência artificial baseada em silício. Com o poder cada vez maior do processamento computacional, o problema aqui não é tanto a parte "I" da inteligência, mas sim a parte artificial, "A": como um computador poderia se comparar ao cérebro biológico? Muitos ainda afirmam que o cérebro funciona "como um computador". Essa premissa inicial pode tomar duas direções: podemos começar nos sistemas biológicos e seguir em direção aos sistemas artificiais ou podemos começar no artificial e avançar em direção ao biológico. Se começarmos por um fenômeno biológico — como o aprendizado, a memória ou mesmo a própria consciência —, a ideia mais usual é que deveríamos ser capazes de modelá-lo em um dispositivo à base de silício. Mas há um problema imediato, já que a ideia de um modelo requer que nos concentremos nas características mais aparentes, muito importantes, e descartemos aquelas mais irrelevantes. Um modelo para voar, a exemplo do avião, requer que se desafie a gravidade, mas não precisa de penas e de um bico. Assim, para modelar a consciência, já teríamos de saber quais são os processos físicos mais notórios, tanto do cérebro quanto do corpo, e quais partes são menos importantes e podem ser, portanto, ignoradas. No entanto, se soubéssemos disso, já teríamos resolvido o problema; não haveria necessidade de se preocupar com o modelo.

Seguir na direção oposta — começar pelo sistema artificial para elucidar a biologia dos processos cognitivos, como aprendizado, memória ou consciência — também pode se revelar traiçoeiro. Uma escalação distinta e diversa de cientistas como Ray Kurzweil, Giulio Tononi e Christof Koch valorizam a "complexidade"[3] — ou seja, no fim das contas, o que conta nas redes neuronais é o tamanho absoluto (o que, como o filósofo John Searle certa vez brincou, também se aplica até mesmo para um computador feito de latas velhas de cerveja movido por moinhos de vento). Em todo caso, a ideia é que, se construirmos máquinas de complexidade cada vez maior, a consciência surgirá como um resultado espontâneo e inevitável — e o robô consciente, o personagem mais utilizado em ficções científicas, se tornará uma realidade.

Mas essa maneira de pensar ignora a neurociência subjacente que costuma estar em funcionamento. Pense no tráfego da enorme variedade de compostos caprichosos e sutis pelo sistema nervoso, que, além de operarem em diferentes combinações, também operam em diferentes regiões e lapsos temporais, com efeitos variáveis e altamente dependentes do contexto. A diversidade neuroquímica do sistema nervoso central mostra que a qualidade não pode ser reduzida à quantidade, que o dinamismo complexo da modulação de produtos químicos e de nossos cérebros vai muito além da mera computação.

Como acabamos de ver, os neurônios são entidades altamente dinâmicas e capazes de uma plasticidade extraordinária, e não um componente fixo que pode ser conectado e manejado com uma regularidade persistente e obstinada, independente do ambiente em micro, meso e eventual macroescala em que está localizado. A interação dinâmica intensa e em constante mudança entre as junções de neurônios em nada se assemelha ao circuito rígido dos dispositivos computacionais. Nenhum acréscimo simplório e sistemático de componentes de silício poderia ter o mesmo efeito, a menos que essa unidade fosse um simulacro exato do neurônio, repleto de todas as substâncias químicas e dinâmicas bioquímicas que tornam possíveis a plasticidade e a sensibilidade incansáveis que lhe são características.[4] Além disso, existe todo um corpo lá fora, além do cérebro, que recebe e envia feedbacks ininterruptos. Há algum tempo, o neurologista Antonio Damasio destacou a importância desses sinais químicos que viajam de um lado para o outro entre o cérebro e o resto do corpo, substâncias que ele chamou de "marcadores somáticos".[5] A interação entre o sistema nervoso, o sistema endócrino e o sistema imunológico — os três grandes sistemas de controle do corpo — não deve ser ignorada. Afinal, se eles não interagissem entre si, teríamos uma anarquia biológica; e, mesmo que não fosse este o caso, seria difícil explicar o efeito placebo, para o qual, como vimos, um pensamento (ou seja, algum tipo de evento neuronal no cérebro) pode impactar a saúde — um evento no sistema imunológico.

Mas imagine que um dia venhamos a desenvolver algum tipo de dispositivo artificial complexo o suficiente a ponto de ser um forte candidato à consciência. Vamos até imaginar que ele passou no teste de Turing, o teste hipotético desenvolvido por Alan Turing, o possível pai da tecnologia da informação.[6] Nesse teste, um observador imparcial não seria capaz de distinguir entre as respostas de um ser humano e as da máquina. Eu ainda teria dificuldade de vislumbrar como esse sistema artificial, por mais que fosse uma proeza da engenharia, contribuiria para a resolução do problema difícil. Como esse engenhoso computador consciente poderia nos ajudar a entender como a "sensação" subjetiva da consciência é de fato gerada em um sistema físico objetivo? Nossa incapacidade de determinar se trata-se de um computador ou um humano respondendo às nossas perguntas não nos diz nada sobre o indescritível estado de consciência interior: o que é e como ocorre. Em todo caso, tudo isso é hipotético: as máquinas ainda não passaram no teste de Turing (embora, aparentemente, haja um ser humano em algum lugar que conseguiu ser reprovado nele). Quaisquer que sejam as razões para que se adote essa abordagem, talvez o objetivo mais empolgante para aqueles que estão fixados em construir uma máquina consciente seja satisfazer o critério do falecido Stuart Sutherland: ele aceitaria que um computador estaria consciente quando conseguisse fugir com sua esposa.

No entanto, o impasse conceitual do enigma da água se tornando vinho não impediu os neurocientistas — incluindo eu mesma — de tentar obter algum avanço. Uma forma sinuosa de progredir é deixar o problema difícil em espera e, em vez disso, fazer uma pergunta mais simples: podemos ter uma meta menos ambiciosa e apenas correlacionar ou combinar certos sentimentos subjetivos com certos eventos físicos no cérebro — por exemplo, o bem-estar com o aumento de serotonina induzido por Prozac —, de forma que possamos revelar uma relação consistente entre eventos objetivos e experiências subjetivas?

Essa tática é a busca por aquilo que ficou conhecido como "correlatos neurais da consciência".[7] É importante frisar que não se está fazendo uma tentativa de estabelecer uma relação *causal* sobre como um evento físico pode dar origem a um evento mental ou vice-versa. Uma mera *correlação*, uma combinação simples, é mais viável, porque contorna o enigma conceitual do problema da água se tornando vinho. Porém, para que se chegue a um correlato convincente da consciência, ainda precisamos de um modo de descrever a experiência subjetiva que sirva como uma espécie de lista de compras para o que formos pedir ao cérebro físico. No entanto, surge aqui um obstáculo: a neurociência, como toda ciência, se esforça para ser implacavelmente objetiva — todos os experimentos que realizamos são meticulosamente imparciais em seus procedimentos e, o mais importante, são quantitativos, baseando-se totalmente em medições.

O problema é que os estados conscientes são essencialmente subjetivos e qualitativos e, portanto, um anátema para cientistas convencionais que somos, treinados para ser objetivos da maneira mais imparcial possível. Portanto, para chegar a um correlato consistente e persuasivo da consciência, precisamos descrever os estados subjetivos de uma forma que nos permita traçar paralelos diretos com os processos cerebrais. Minha própria sugestão foi argumentar que a consciência não é um fenômeno do tipo tudo ou nada, e sim um fenômeno quantitativo. Propus que, em vez de a consciência se comportar como uma lâmpada, ligada ou desligada, ela se assemelha mais ao botão de um dimmer: se amplia à medida que o cérebro cresce e se desenvolve, tanto em termos evolutivos, entre as espécies animais, quanto no desenvolvimento humano singular, começando no estágio fetal e seguindo adiante. Na idade adulta, essa variabilidade permanece, de modo que há momentos em que se está mais consciente do que em outros; na gíria cotidiana, falamos sobre "elevar" nossa consciência ou "aprofundá-la". Na minha opinião, a direção que ela toma não importa tanto: deveríamos estar falando sobre graus de consciência para poder procurar, no cérebro, por algo físico, um processo real e que também apresente uma gradação, variando de momento a momento.[8]

A meu ver, os candidatos neurobiológicos mais prováveis para a consciência são os *conjuntos neuronais,* coalizões em grande escala de dezenas de milhões de neurônios que podem trabalhar em sincronia e se dispersar em menos de um segundo. Também sabemos que esses fenômenos de macroescala muito transitórios podem ser drasticamente reduzidos por drogas que atenuam a consciência, como os anestésicos. A tese, portanto, é que, quanto mais extenso o perfil dessa coalizão em um dado momento, mais profunda é a consciência. Por sua vez, a amplitude dessa junção em um determinado momento dependerá de uma variedade de fatores que determinam a facilidade com que a coalizão transitória de neurônios pode ser convocada. Um deles seria a intensidade da estimulação recebida, razão pela qual um despertador o arrancará da inconsciência, direto para a luz severa da vigília.

Mas o que acontece quando o alarme não toca e você continua sonhando? Essa é uma situação em que há uma espécie estranha de consciência, a despeito de o indivíduo permanecer imune ao mundo exterior sensorial que o circunda. Penso que os conjuntos neuronais que produzem sonhos são muito frágeis e pouco extensos, uma vez que são movidos pelo acaso da atividade neuronal interna, independentemente dos fortes estímulos dos sentidos e do mundo exterior. Assim, se a coalizão for pequena nos sonhos, a consciência correspondente não será muito profunda, considerando a falta de uma lógica de causa e efeito e as narrativas desconexas e improváveis que constituem e caracterizam o estado onírico.

Se a consciência se amplia conforme o cérebro cresce, também é de se esperar que essa pequena linha de montagem caracterize a mentalidade daqueles com cérebros ainda em desenvolvimento: as crianças pequenas, cujo comportamento é impulsionado por situações fugazes e emoções instantâneas, em vez de traçar planejamentos passo a passo e medir consequências. No entanto, há maneiras de até mesmo o cérebro humano adulto voltar a essa linha de montagem abreviada, ainda que esteja totalmente desperto. Muitos fatores no cérebro podem contribuir para que haja uma pequena coalizão neuronal, e não apenas a falta de estímulos externos (sonho) ou possuir conexões cerebrais insuficientes em vigor (crianças pequenas). E se uma substância química cerebral em excesso restringisse a propagação total de uma coalizão, ou se houvesse tantos estímulos sensoriais bombardeando o cérebro que não desse tempo de acionar uma junção neuronal em potencial máximo antes que outra a sobrepujasse?

Esses dois cenários poderiam ocorrer na esquizofrenia e nos esportes, respectivamente, e em muitos aspectos a "pequena" coalizão que ocorre como consequência de diferentes fatores pode, não obstante, ter um estado final comum caracterizado por um alto conteúdo emocional e uma consciência momentânea, não relacionada ao passado nem ao futuro.[9] Nesse caso, e se o cérebro humano for de fato capaz de se apresentar em modos variados, caracterizados por diferentes estados cerebrais que se correlacionam com diferentes tipos de consciência, haverá implicações importantes para uma consciência que resulte de experiências cibernéticas contínuas. Portanto, o que precisamos fazer agora é explorar o que normalmente acontece no cérebro humano à medida que o indivíduo passa da infância para a adolescência, e depois amadurece para se tornar um ser humano pleno e inédito, dotado de um passado e de um futuro.

Como o grande psicólogo William James descreveu de forma brilhante, por volta da virada do século XX, você nasce em uma "confusão ruidosa e efervescente".[10] Você avaliará o mundo ao seu redor em termos puramente sensoriais, porque tudo o que tem são os sentidos bombardeando seu cérebro: graus de doçura, frio, luminosidade, volume sonoro. O que é maravilhoso em um ser humano, em vez de, digamos, um peixinho-dourado, é que, embora tenhamos nascido com um conjunto praticamente completo de neurônios, é o crescimento e as conexões entre essas células cerebrais que explicam a expansão surpreendente do cérebro na primeira infância.

Acabamos de ver como o cérebro humano médio é dotado de uma plasticidade muito sensível que fará dele uma entidade única e personalizada, e como um neurônio estimulado pelo ambiente ganha mais ramificações, que por sua vez aumentam a sua área de superfície e, portanto, facilitam a formação de novas conexões. Logo, não se deve ficar surpreso com a possibilidade de toda essa disponibilidade de conexões conferir uma adaptabilidade que tem implicações importantes para cada indivíduo. Se você passa ou já passou por experiências individuais, você se tornará único, conforme essas experiências particulares começarem a rearranjar e a reorganizar as sinapses.

Por exemplo, com o passar das semanas, as conexões entre as células cerebrais de um bebê crescerão lentamente para acomodar padrões visuais fixos de cores e formas, talvez consistentemente acompanhadas por vozes, texturas e cheiros específicos. À medida que essas conexões se formam, o bebê gradualmente faz a transição de uma visão inteiramente sensorial do mundo para uma mais cognitiva. Padrões visuais e sons que antes eram abstratos se transformarão na mãe do bebê. E se ela aparecer de novo, e de novo, e assim repetidamente, então, de maneira similar aos exemplos de plasticidade que vimos, o cérebro do bebê se adaptará a uma configuração ímpar de conexões neuronais, e a mãe passará a significar algo para ele, um significado que ninguém mais possui. Lentamente, a relação do cérebro da criança com o mundo exterior progride de uma via de mão única para um diálogo de mão dupla. Em vez de estar constantemente em uma confusão ruidosa e efervescente, a criança passará a perceber os estímulos recebidos (uma pessoa, um objeto ou um evento) como portadores de um significado totalmente específico para ela. O cérebro da criança avalia esses estímulos em termos da conectividade neuronal existente, enquanto, ao mesmo tempo, a própria experiência de fazer isso atualiza ainda mais o status dessas conexões neuronais.

Em humanos a partir dos seis anos de idade, as conexões supranumerárias — aquelas que raramente são usadas — começam a ser seletivamente podadas. Isso não é uma deficiência, mas o desenvolvimento de padrões específicos de respostas e habilidades que permitem à criança se orientar e prosperar em seu ambiente específico. Se antes a criança estava em uma encruzilhada, com todas as suas possibilidades em aberto e não realizadas, agora ela começa a seguir uma direção nítida, tornando-se cada vez mais diferente de todas as outras pessoas à medida que o cérebro continua a se adaptar a cada experiência nova.

Veja o exemplo de uma aliança de casamento. Talvez ela interesse a um bebê pequeno simplesmente por causa de suas propriedades sensoriais conspícuas: o brilho dourado, o orifício central, a superfície lisa e redonda que rola. Porém, conforme as conexões associadas ao anel se estabelecem, o objeto vai lentamente ganhando um significado; um objeto específico que se coloca em um dedo, futuramente definido como algo que se insere apenas em um determinado dedo e apenas sob certas circunstâncias, e refinando isso ainda mais com a proliferação das conexões neuronais, em um amplo significado multifacetado relacionado ao amor, a casamentos, a compromissos e assim por diante, algo que outros anéis genéricos não têm.

Mais tarde, caso se adquira a própria aliança, esse objeto específico terá um significado específico, uma relevância que nenhum outro anel de aparência semelhante tem. As experiências extensas e altamente personalizadas — e, portanto, as conexões neuronais únicas de seu cérebro — darão àquele objeto um significado profundo e especial, o "valor sentimental", muito embora, em termos puramente sensoriais, ele não seja nada excepcional. A diferença entre uma aliança de casamento genérica e aquilo que pode ser o objeto mais importante da sua vida existe inteiramente em sua cabeça. Dessa forma, a antiga via de mão única agora possui tráfego em ambos os sentidos.

Tudo o que a criança experimenta de um momento para o outro vai de encontro às associações preexistentes, ao mesmo tempo em que a experiência em andamento atualizará a conectividade, alterando-a para sempre. Com o crescimento da criança, o desenvolvimento de sua mente será caracterizado por esse diálogo cada vez mais vigoroso entre duas vias: o cérebro e o mundo exterior.[11]

Assim, à medida que a criança amadurece, as sensações cruas para com o mundo exterior dão lugar a uma tomada cognitiva em que objetos, pessoas e eventos adquirem um significado personalizado. Mas isso não é tudo. Ser capaz de ver além (literalmente) do valor nominal permite que uma pessoa avalie e analise com mais precisão o que está acontecendo com ela. Pense no caso básico de alguém que entra em uma sala, no Halloween, fantasiado de fantasma. Embora um adulto seja capaz, a partir da experiência e do conhecimento prévios, de interpretar a situação como segura, uma criança pequena pode ficar muito assustada. Crianças pequenas carecem dos freios e contrapesos de uma estrutura conceitual robusta, com base em experiências anteriores, que lhes permita interpretar novos eventos de forma adequada. Sem qualquer referencial, no entanto, essa estranha aparição poderia ser fatal.

Acredito que, quanto mais pudermos relacionar um fenômeno, uma ação ou um fato a outros fenômenos, fatos ou ações, mais profunda será a compreensão. Tenho um exemplo disso. Quando meu irmão Graham tinha apenas três anos, e eu, dezesseis, achei muito divertido implicar com ele, como é normal em irmãs adolescentes mais velhas. Uma das implicâncias era fazê-lo decorar grandes trechos de Shakespeare, em particular o famoso solilóquio de Macbeth, "O amanhã, o amanhã, e outro amanhã..." Graham, obediente, aprendeu aquilo como um papagaio e logo estava recitando os famosos versos sempre que solicitado, para a diversão dos meus amigos de escola. Se eu tivesse perguntado a ele o que a frase "Apaga-te, apaga-te, chama breve! A vida é apenas uma sombra ambulante" realmente significava, sua melhor resposta envolveria soprar as velas do seu bolo de aniversário. O que ele nunca poderia ter percebido naquela idade, com sua conectividade neuronal relativamente insignificante, era que, na verdade, a extinção da vela significava algo completamente diferente. Ele não poderia colocar a frase em um contexto mais amplo e perceber que o verso não era sobre a extinção de uma chama, mas sobre a extinção da vida — uma metáfora para a morte.

Compreender, então, é basicamente ver uma coisa em termos de outra. Certamente é disso que se trata a inteligência, quando voltamos à sua origem etimológica literal, do latim, "compreensão". É um tipo de habilidade muito diferente do processamento rápido em direção a um fim especificado, como aquele exigido pelos testes de QI, que é muito mais passível de tradução para os sistemas de silício.[12] O matemático Roger Penrose apontou, há muito tempo atrás, que seria impossível desenvolver um algoritmo para habilidades humanas fundamentais como a intuição ou o bom senso. Em uma época ainda mais distante, Niels Bohr, o grande físico, aconselhou um colega com uma expressão fulminante: "Você não está pensando, está apenas sendo lógico."

Essa distinção entre o processamento eficiente de um estímulo para chegar à resposta certa (a aprendizagem mecânica de Macbeth, por exemplo) e a compreensão real se encaixa bem com uma distinção que tem sido reconhecida já há um bom tempo: inteligência "fluida" versus inteligência "cristalizada". O psicólogo Raymond Cattell pensou pela primeira vez nesses dois conceitos distintos em 1963. Cattell definiu a inteligência fluida como "a capacidade de perceber relações independentemente de práticas ou instruções específicas prévias a respeito delas".[13] Essa habilidade é considerada independente de aprendizagens, experiências e educação. Enquanto isso, a inteligência cristalizada envolve um conhecimento que vem de aprendizagens e experiências anteriores. A inteligência fluida atinge seu pico na adolescência e depois diminui; à medida que envelhecemos e acumulamos novos conhecimentos e compreensão, entretanto, a inteligência cristalizada se fortalece.

Essa distinção, bem estabelecida na psicologia, pode corresponder diretamente ao fato de a conectividade neuronal extensiva estar ou não sendo usada. Para o processamento fluido, a dinâmica eficiente de estímulo-resposta não se prende a um contexto, como no caso do meu irmão; não há necessidade de uma conectividade neuronal personalizada para fornecer um referencial. Mas o processo cristalizado, diretamente dependente de informações anteriores, é uma excelente metáfora para uma rede neuronal extensa. Pode-se até mesmo pensar na estrutura da rede neuronal de um modo mais literal, semelhante a uma estrutura cristalina, com intensa interconectividade entre as células. Portanto, uma definição neurocientífica da mente seria a personalização do cérebro humano por meio de sua conectividade neuronal dinâmica, impulsionada, por sua vez, pelas experiências ímpares de um indivíduo.

Agora, daremos um passo adiante. Muitas vezes eu me perguntei como o estado subjetivo único de alguém ser *alguém* poderia ser gerado no nível físico do cérebro.[14] Pelas lentes da neurociência, a identidade é pensada mais como uma atividade do que como um estado: não é um objeto sólido ou uma propriedade trancafiada em sua cabeça, mas uma determinada espécie de estado cerebral subjetivo, um sentimento que pode mudar de um momento para o outro. A meu ver, existem cinco critérios básicos que o cérebro físico deve prover para que a pessoa se "sinta" uma entidade ímpar.

Primeiro, é preciso estar totalmente consciente, ou seja, não estar dormindo nem anestesiado. E, embora os neurocientistas ainda não tenham uma forma objetiva de explicar a subjetividade das experiências inéditas que cada pessoa vivencia no mundo, não devemos permitir que esse impasse conceitual nos impeça de avançar para trabalhar em outros quesitos. Por exemplo, um rato pode ser consciente, mas não ter um senso de identidade autoconsciente. Portanto, é preciso algo a mais.

Em segundo lugar, a mente deve estar totalmente operacional. No modo-padrão de um cérebro humano, adulto e saudável, atualmente sabemos que a mente permite ao indivíduo reagir de uma determinada maneira a objetos, pessoas e eventos, de acordo com os freios e contrapesos de crenças e experiências anteriores. Essa mente ímpar, refletida em sua conectividade neuronal única, não apenas permite que se compreenda o que está acontecendo ao redor em um dado momento, como também torna possível o terceiro item da nossa lista.

O terceiro critério é que se reaja de um modo particular, determinado não apenas pelas experiências passadas e pelo contexto predominante, como no segundo critério, mas também por como essas experiências anteriores moldaram subsequentemente as crenças mais gerais. A principal distinção entre memórias e crenças é que as primeiras podem ser evocadas de forma independente — uma memória ganha acesso à sua consciência sem qualquer justificativa adicional —, enquanto as últimas podem ser apreciadas apenas em termos de quão abertas ou resistentes são à validação por potenciais evidências adicionais. (Eu sugeri anteriormente que as crenças poderiam ser descritas ao longo de um espectro, variando de racionais a irracionais, em uma relação respectiva a essa eventual validação independente, ou à resistência a evidências contrárias a ela).[15]

Uma crença *irracional* (por exemplo, todos os homens são superiores às mulheres) e uma crença *racional* (o sol nascerá amanhã) podem ser definidas de acordo com sua posição ao longo de uma única escala crucial que mede seu grau de resistência e/ou sua dependência de evidências adicionais. No cérebro, essa configuração pode ser realizada na extensão das conexões neuronais e, tão importante quanto, pela sua força em persistir na presença de estímulos contrários (digamos, o evidente talento das mulheres) que podem, devem ou vão reforçá-las ou anulá-las, como no caso das crenças sexistas. Essas validações ou refutações em potencial também poderiam ser realizadas, em termos neurocientíficos, como associações ou conectividades que têm o potencial de compensar ou cancelar a associação original (a crença), mas que não o fazem porque a conexão original também é forte — ou a validação ainda é muito fraca. Essas reações reais ou hipotéticas — as crenças —, por sua vez, modificarão as memórias e gerarão reações diferentes em um momento posterior, em quaisquer situações que a vida apresentar.

No entanto, há mais fatores inseridos na identidade do que apenas ter uma mente, memórias e até mesmo um conjunto de crenças. Imagine-se sozinho em uma ilha deserta. O que acontece com a sua identidade? Em uma ilha deserta, quem você realmente *é*? Parece-me que o problema aqui seria estar subitamente desprovido de um contexto no qual se expressar. A diferença entre mente e identidade é que a primeira é passiva e não depende da interação com outras pessoas, enquanto a segunda é ativa e depende de algum contexto social. A mente implica como você percebe o mundo, enquanto a identidade implica como o mundo percebe você. Para essa última, portanto, é necessário que haja uma sociedade, um contexto no qual outros percebam e respondam àquilo que você faz. O quarto requisito, portanto, é uma relação de ação e reação dependente de um contexto.

A identidade na família, por exemplo, seria inevitavelmente baseada em fortes associações desde a infância, começando com cores, sons, cheiros e padrões visuais que gradualmente deixam de ser um conglomerado de sensações abstratas e cruas para se tornar, talvez, a percepção cognitiva de sua mãe. Portanto, nesses primeiros anos, a identidade estará fortemente ligada à consciência momentânea e não correrá muito risco de ser alterada por qualquer competição, por quaisquer papéis alternativos. Mas, à medida que a criança cresce e outros relacionamentos e contextos independentes da família começam a se desenvolver, a identidade inserida no contexto familiar retrocede para se tornar apenas uma das muitas opções e, portanto, não está continuamente presente em sua consciência. No entanto, quando essa identidade familiar é acionada — digamos, no contexto do Natal, de um casamento ou de um funeral —, ela volta à tona de maneira dominante. As identidades que se desenvolvem depois, em contraste, foram estabelecidas durante um período de tempo muito mais breve, em geral de forma mais intermitente, e provavelmente bem afastadas dos períodos críticos de desenvolvimento. De forma distinta do que acontece na identidade familiar, o contexto do momento será um fator muito mais notório nessas identidades posteriores.

Quinto, essa ocasião específica de ação e reação em um determinado momento, e dentro de um contexto específico repleto de valores e memórias, será agora incorporada a uma estrutura ainda mais ampla: uma narrativa coesa entre passado, presente e futuro. Assim, a consciência subjetiva de toda uma história de vida ímpar, capturada em um momento particular, mas dependente de um interior de conectividades neuronais altamente extenso e complexo, pode constituir a sensação de momento a momento de uma identidade. O cenário de uma vida inteira de memórias e crenças sendo canalizadas para um único momento de consciência remete aos famosos versos de William Blake, em "Augúrios da Inocência":

Ver um mundo num grão de areia,
E um céu numa flor do campo,
Capturar o infinito na palma da mão
E a eternidade numa hora.[16]

Tudo aquilo que acontece tem seu lugar próprio no tempo, mas agora também pode ser vinculado a todos os outros eventos, em virtude de precedê-los ou sucedê-los. Sua identidade é, portanto, um fenômeno espaçotemporal que combina a rede neuronal generalizada e em longo prazo da mente com a consciência momentânea — a formação efêmera de coalizões de neurônios em macroescala (junções), em menos de um segundo. A rede generalizada de conectividade em longo prazo é a mente, que por sua vez passa a poder desempenhar o seu papel em qualquer momento específico no tempo. Se a consciência de fato estiver ligada à formação fugaz, em menos de um segundo, das coalizões neuronais em macroescala, e se as redes duradouras de conexões neuronais (a mente) puderem conduzir uma coalizão mais ampla (junção), então a consciência "mais profunda" que resultar daí estará diretamente relacionada a uma compreensão mais profunda dos eventos, das pessoas e dos objetos com os quais a pessoa trava contato.

A conclusão crucial dessa tentativa neurocientífica de desconstrução da identidade se encontra no papel vital do contexto em que a mente está funcionando de um momento consciente ao outro. O que aconteceria, portanto, nas situações em que essa mente "enlouquece" ou "se perde"?

8

FORA DE SI

Imagine um cérebro maduro e cuidadosamente elaborado, com conexões que respondem, são ativadas, fortalecidas e moldadas por sequências de experiências específicas que ninguém mais teve nem terá novamente. Essa é a base física da mente de um indivíduo. Porém, imagine essas conexões altamente individualizadas sendo lentamente desmontadas conforme as ramificações dos neurônios vão diminuindo. A pessoa voltaria a um estado mais infantil, pois não teria mais a estrutura da mente adulta necessária para avaliar as experiências que estão acontecendo. As pessoas e os objetos não teriam mais o significado altamente personalizado que foi acumulado com tanto cuidado ao longo da vida. Veríamos os sintomas tristes e trágicos da doença de Alzheimer, na qual o paciente sofre uma *demência* — em sentido literal, "perder" a mente. No entanto, nós também podemos "perdê-la" — ou melhor, deixá-la partir — de forma mais frequente, temporária e voluntária, em situações nas quais a atração causada por uma sensação imediata nos transforma em receptores passivos, ao invés de pensadores proativos.

Todavia, antes de entrarmos nesse assunto, uma advertência. É necessário tomar cuidado para não confundir "enlouquecer" ou "perder" a mente — os termos que usaremos aqui — com aquilo que é chamado de comportamento "irracional" de multidão, tal como observado nas mobilizações dos nazistas em Nuremberg no século XX, nas quais se via uma identidade coletiva de grupo derivada de ideologias políticas e raciais,[1] ou na derivação de uma identidade coletiva a partir de fundamentalismos religiosos, no século XXI.[2] Em todos esses casos, a multidão inflamada e muitas vezes violenta não é apenas cegamente emocional, como ocorre na agressividade ao volante ou nos *crimes passionais* (nos quais a visão fica "vermelha" e a pessoa não responde por seus atos). Longe de estar "fora de si", o grupo terá uma narrativa muito específica, embora totalmente repugnante: eles sabem escolher um alvo para fazer valer sua venerada narrativa. Eles não são, de maneira alguma, irracionais.

Se a mente é a personalização do cérebro por meio da conectividade neuronal individual, impulsionada pelas experiências pessoais, então perder de fato a mente é algo que ocorre quando essas conexões cuidadosamente personalizadas não estão mais acessíveis por completo. Por exemplo, as drogas e o álcool prejudicam a comunicação química entre as conexões neuronais, enquanto ambientes de entretenimento tomados pela música eletrônica, bem como os estímulos rápidos causados pelos esportes, não exigem uma infraestrutura cognitiva complexa, pois são basicamente "sensacionais". Com frequência, parece que, quanto mais os sentidos brutos predominam, maior o prazer. A própria palavra "êxtase" significa "ficar fora de si", em grego. Fiquei intrigada diversas vezes por almejarmos esse tipo de estado passional e impulsivo e procurarmos por ele de formas variadas, mas que, não obstante, têm um fator em comum: a ausência de autoconsciência, ou a abnegação de um senso de identidade que nos torna receptores passivos das sensações que surgem — que, de fato, nos deixa "entregues". Assim, pode-se perder a mente, ou estar fora de si, enquanto ainda se está consciente — daí a importância de distinguir "mente" e "consciência".

O que pode estar acontecendo no cérebro quando alguém permanece consciente, mas "enlouquece" a própria mente? As ferramentas mais evidentes à disposição do cérebro, nesse caso, são os mensageiros químicos, os neurotransmissores e outras substâncias químicas moduladoras que são liberadas quando os neurônios estão ativos. Uma substância específica, de ocorrência natural, provavelmente auxilia na mediação de uma experiência impulsionada por sensações: o neurotransmissor dopamina. Ela é o canal final comum a todas as drogas psicoativas que causam dependência, independentemente de seus principais locais de atuação e do modo como agem no organismo. O sistema dopaminérgico também é ligado a processos cerebrais relacionados a sensações de prazer. Há mais de meio século, os neurocientistas têm fascínio pelo fenômeno da autoestimulação. Experimentos clássicos realizados pelo psicólogo James Olds revelaram que, se eletrodos estimulantes fossem implantados em determinadas partes do cérebro de ratos, eles ficariam acionando uma barra para estimular essas áreas-chave do cérebro, abandonando todas as demais atividades, inclusive a alimentação.[3] As áreas do cérebro que, quando estimuladas, provavelmente fizeram os ratos se sentirem bem foram as que liberavam dopamina. De forma simplificada e um tanto imprecisa, a dopamina às vezes tem sido chamada, em mídias populares, de "molécula do prazer".

Quando uma pessoa está muito animada, excitada ou sentindo-se recompensada — ou se estiver sob o efeito de drogas psicoativas —, esse neurotransmissor ímpar desempenhará um papel fundamental na entrega de todas essas experiências subjetivas variadas. Em todos esses casos, a dopamina desempenha um papel fundamental, sendo liberada desde a região primitiva no topo da coluna (o tronco cerebral) como a água de um chafariz, para cima e por todo o cérebro, onde altera a capacidade de resposta dos neurônios nas mais diversas áreas. Uma delas, em particular, é um alvo preferencial da dopamina, e é de especial interesse para nós por ser crucial para a cognição humana: o córtex pré-frontal.

O córtex pré-frontal, como o próprio nome sugere, fica na parte frontal do cérebro, logo atrás da testa. Embora nenhuma área cerebral dotada de função seja exclusivamente responsável por nos tornar humanos, o córtex pré-frontal apresenta enormes diferenças quantitativas entre a nossa espécie e outros animais. A região é responsável por 33% do cérebro humano adulto, mas compreende apenas 17% nos chimpanzés, nossos parentes mais próximos. O córtex pré-frontal tem mais inserções para todas as outras áreas do córtex do que qualquer outra região e, portanto, desempenha um papel fundamental na coesão operacional do cérebro. Portanto, se essa área-chave estiver danificada ou pouco ativa, pode haver um efeito profundo nas tarefas integrais do cérebro humano.

O exemplo clássico disso é o caso de Phineas Gage, que em meados do século XIX trabalhava como mestre de obras de uma equipe de trabalhadores ferroviários, em Vermont.[4] Seu trabalho era retirar todos os obstáculos no trajeto da ferrovia que estava sendo construída à época para atravessar os Estados Unidos. Um dia, enquanto pressionava certo material explosivo com uma grande haste de ferro, ocorreu um acidente assustador que deu a Gage seu lugar na história da medicina. O explosivo disparou prematuramente e fez a enorme haste atravessar seu cérebro — mais especificamente, o córtex pré-frontal.

Depois desse terrível acontecimento, de maneira surpreendente, não havia sinais óbvios ou imediatos de problemas com os sentidos de Phineas nem com seus movimentos — motivo pelo qual a história ficou tão famosa. Apenas quando as semanas se transformaram em meses é que surgiram problemas cognitivos mais sutis, como comportamentos excessivamente imprudentes — o que não é uma boa característica para alguém que trabalha com explosivos. Espantosamente, Phineas parecia ileso o bastante para voltar ao trabalho, mas ele se tornou insuportável para a equipe. Ele se provou não apenas imprudente, mas também, nas palavras de seu médico, Dr. Harlow, "extremamente caprichoso e infantil... [e] particularmente obstinado; ele não cede a nenhuma restrição se isso entrar em conflito com seus desejos".[5] O acidente que Gage sofreu foi um exemplo vivo de uma associação paralela entre um córtex pré-frontal hipoativo e a infância.

Na biologia, um mantra bem conhecido é que a "ontogênese" reflete a "filogênese" — ou seja, o desenvolvimento cerebral de uma pessoa reflete a evolução —, de modo que o córtex pré-frontal humano torna-se totalmente maduro e funcional apenas no final da adolescência e no início dos vinte anos.[6] Os anos imediatamente anteriores a esse amadurecimento constituem aquilo que conhecemos como adolescência, caracterizada por um comportamento intensamente social, o desejo por novidades e a busca por atenção, bem como tendências a correr riscos, instabilidade emocional e impulsividade. Os relacionamentos assumem um significado maior, e a procura por experiências divertidas e emocionantes se torna uma prioridade. Há também a probabilidade de estados de espírito negativos generalizados e uma sensação de tédio, o que pode levar o adolescente a buscar estímulos que ofereçam mais emoção. As pesquisas sugerem que os adolescentes apresentam maior sensibilidade às propriedades consolidadoras de estímulos prazerosos. Isso pode estar relacionado ao fato de que a produção de dopamina atinge um pico recorde durante a adolescência.[7] Além disso, durante esse período, observa-se um aumento na produção de outro hormônio poderoso, a ocitocina, que aumenta a sensação de bem-estar; este pode ser outro fator que impulsiona o comportamento adolescente típico.[8]

Os estudos de imagem do cérebro adolescente comumente revelam uma atividade difusa, não relacionada a qualquer tarefa específica.[9] Essa atividade diminui à medida que a idade adulta é atingida, o que implica que o córtex pré-frontal em maturação se torna mais hábil em coordenar a atividade e a comunicação a partir do cérebro, produzindo uma coleção mais organizada de redes, o que acaba resultando em um processamento mais eficiente. À medida que o cérebro adolescente amadurece e se transforma em um cérebro adulto, há uma mudança para um padrão mais integrado de atividades em rede, conectando áreas cerebrais mais distantes entre si; o resultado é uma atividade síncrona de longo alcance em todo o cérebro, permitindo uma melhor comunicação entre todas as suas diversas regiões, já que o córtex pré-frontal está totalmente operacional e, portanto, é capaz de coordenar a atividade em diversas regiões do cérebro.

O surgimento de um comportamento adulto inibitório e mais contido pode ocorrer devido ao fato de que as regiões cerebrais mais primitivas, evolutivamente falando (em particular, o estriado ventral, que libera dopamina), entram em pleno funcionamento muito mais cedo do que aquelas evolutivamente mais recentes, como é o caso do sofisticado córtex pré-frontal. Assim, os adolescentes estarão mais inclinados a correr riscos e a ir atrás de recompensas porque seu córtex pré-frontal ainda não consegue inibir adequadamente as áreas mais primitivas do cérebro.[10]

Os adolescentes não são o único grupo caracterizado por um córtex pré-frontal hipoativo, encaixando-se nesse perfil de viver o momento. A esquizofrenia, por exemplo, é o resultado de um desequilíbrio químico e, em específico, de um nível funcionalmente desproporcional de dopamina. Como resultado, o mundo do indivíduo esquizofrênico sai do cognitivo e passa para as sensações cruas que o ambiente exterior traz consigo.[11] Assim como as crianças, aqueles que sofrem de esquizofrenia se confundem facilmente com ditados como "Quem não tem teto de vidro, que atire a primeira pedra". Tanto as crianças quanto os esquizofrênicos entendem o mundo de maneira literal, então ambos podem tentar explicar esse ditado dizendo: "Se o teto da sua casa é de vidro e alguém joga uma pedra, ele quebra." Para eles, o mundo externo é um lugar intenso, que pode facilmente implodir e esmagar o firewall frágil do seu mundo interior vulnerável.

Outro grupo, totalmente diverso dos seus pares que também possuem um córtex pré-frontal incomumente hipoativo, é o de pessoas com um alto índice de massa corporal (IMC),[12] ou seja, aquelas que têm um peso grande em relação à altura. Curiosamente, por meio de um estudo recente que utilizava um jogo, descobrimos que pessoas obesas tendem a correr mais riscos.[13]

Qual poderia ser o fator comum entre esses estados externos tão diferentes — jogos de azar, alimentação, esquizofrenia e infância —, mas que apresentam um córtex pré-frontal que funciona abaixo do padrão?

Todo mundo que come sabe as consequências de comer em demasia, e quem joga está sempre atento às potenciais consequências do ato de jogar. Mas a emoção do momento, seja a sensação do sabor da comida, seja a excitação do lançamento dos dados, supera as consequências das ações de alguém naquele momento específico. Ou seja, o cérebro está operando em um modo de junção reduzido, muito parecido com aquele que ocorre durante os sonhos. A pressão dos sentidos, o ambiente atual, tudo isso é extraordinariamente primordial, como é para o esquizofrênico e para a criança. Assim, temos três estados ou atividades muito diferentes — comer demais, jogar e esquizofrenia — que são caracterizados por uma ênfase em estimulações externas e por um córtex pré-frontal hipoativo: o modo de junção reduzido da consciência, como vimos, pode ser descrito como um estado imediato impulsionado por sensações e, entre outras coisas, por altos níveis de dopamina.

Nesse caso, o sonho também poderia ser outro exemplo desse estado cerebral, já entendido como um exemplo de consciência superficial e infantil em uma junção reduzida. Na verdade, uma revisão dos estudos de imagem por Thien Thanh Dang-Vu e seus colegas em Liège, na Bélgica, destaca como sonhar leva a uma inativação do córtex pré-frontal.[14] Quando esta área-chave está em baixo desempenho, ocorre uma queda correspondente nas operações cerebrais coordenadas e integradas. Nada tem "significado", apenas é o que é — o modo de junção reduzido da consciência, no qual aquilo que se vê é o que se tem, de maneira imediata.

Em geral, quando se está totalmente desperto e acessando as conexões neuronais personalizadas — isto é, quando se está utilizando a mente —, o mundo é compreendido de uma forma especial e própria. Por exemplo, a bandeira norte-americana, com suas estrelas e listras, pode ter um significado profundo para um veterano do Exército dos EUA, que carrega uma rede altamente personalizada e extensa de associações, que por sua vez envolvem uma miríade de eventos e experiências e incorporam certos valores abstratos. Para uma criança criada em Papua-Nova Guiné, por outro lado, ela pode ser apenas um pedaço de pano colorido com uma estampa esquisita. A conectividade neuronal, portanto, oferece a capacidade de apreciar o simbolismo, de ver uma coisa representando outra que nunca poderia ser adivinhada apenas pelas características sensoriais do objeto.

Às vezes, fazemos associações inadequadas ou excessivas que interpretam exageradamente uma experiência ou objeto, discernindo um significado oculto que, para a maioria, não pareceria realista nem exato e talvez soasse até mesmo um pouco insano. Ver rostos em formações de nuvens ou atribuir sorte a um objeto pode ser um exemplo cotidiano desse tipo de associação idiossincrática. Da mesma forma, o emparelhamento de dois eventos que de outro modo não estariam relacionados pode parecer uma superstição boba para alguns, enquanto para outros pode ser um sinal ou um presságio profundamente significativo. Suas conexões neuronais não apenas permitem imbuir um "significado" próprio e personalizado para objetos, eventos, pessoas e ações, como também permitem entender o mundo em que se vive. O próprio ato de fazer essas associações, de estar ciente de um significado para além do seu valor nominal, pode ser considerado como *compreensão*. Em todos os casos, a pessoa, o objeto ou o evento vai de encontro às associações da rede neuronal particular, uma estrutura conceitual que está em constante evolução e expansão conforme a pessoa vai se desenvolvendo. Quanto mais extensas forem as associações, maior será a estrutura conceitual na qual será possível incorporar as novidades que se apresentam, e maior será a sua respectiva compreensão.

Essa mente pode ser distinguida da consciência, como é evidente nos pacientes com demência. Além disso, os vários estados em que é possível "se deixar levar" podem dar pistas sobre o que pode estar acontecendo no cérebro quando a mente não está totalmente operacional — quando a pessoa é simplesmente o receptor passivo dos sentidos. Vimos que vários estados extremos, como comer demais, o vício em jogos e a esquizofrenia, enfatizam uma estimulação comparável à da infância e que, nos casos em que o córtex pré-frontal funciona mal, a maioria das atividades recreativas também está associada ao transmissor dopamina, que media sensações de prazer. Essas experiências literalmente sensacionais podem ser caracterizadas pela junção reduzida da consciência, um correlato que caracteriza animais não humanos e o cérebro adulto em estado onírico, no qual o pensamento desempenha um papel menor. Mas como um pensamento difere de um sentimento cru?

Lembra-se daquele comentário, presente no Capítulo 1 — "Pensar é um movimento confinado ao cérebro"? Vimos que qualquer pensamento, seja ele uma esperança, uma memória, um argumento lógico, um plano de negócios ou uma mágoa, possui uma sequência fixa de causa e efeito: começo, meio e fim. Ao final, se está em um lugar diferente de onde se começou. Portanto, no que concerne ao cérebro físico, talvez a base dos pensamentos sejam as conexões entre neurônios relevantes ou grupos de neurônios. Pensar, esse talento incrível do cérebro humano adulto, requer uma quantidade suficiente de circuitos neuronais para que possa haver uma série de etapas e para que se estabeleçam conexões, juntamente com um período de tempo mais extenso que corresponda a elas. Enquanto isso, as emoções podem ser mais bem caracterizadas pelo foco em se sentir algo em um dado momento, e somente nele. O pensamento consciente se estende para além do imediatismo do momento, e não é facilmente superado por qualquer eventual estimulação.

Embora o processamento de informações seja apenas isto, uma resposta adequada a um estímulo novo, a *compreensão* requer, por outro lado, que esse estímulo seja inserido em uma estrutura conceitual. Vimos que a estrutura conceitual exigida para a compreensão pode ser interpretada, no que diz respeito ao cérebro, como o crescimento das conexões entre os neurônios, que são formadas após o nascimento e que são subsequentemente impulsionadas, moldadas e fortalecidas pela experiência individual. Como consequência disso, cada ser humano terá um cérebro personalizado exclusivamente, bem como uma mente que está em constante avaliação do mundo atual a partir de suas associações já existentes, ao mesmo tempo em que é atualizada por elas.[15] O "conhecimento" seria a incorporação de um fato ou de uma ação dentro de uma estrutura conceitual de modo que faça sentido, ou seja, que possa ser compreendido. A "sabedoria", por sua vez, requer uma conectividade ainda mais ampla, na qual as associações feitas são extraídas de uma gama cada vez maior de experiências e/ou memórias individuais que permitem a atribuição de valores mais generalizados.

Tabela 8.1 Dois modos básicos para o cérebro humano?

Irracional	Consciente
Sensação	Cognição
Predominam sentimentos intensos	Predomina o pensamento
Vale o momento atual	Consideram-se passado, presente e futuro
Impulsionado pelo ambiente exterior	Impulsionado por percepções interiores
Pouco sentido	Sentido personalizado
Ausência de autoconsciência	Senso robusto de identidade
Ausência de referencial temporal ou espacial	Episódios nítidos, que são vinculados sequencialmente
Crianças, esquizofrênicos, viciados em jogos de azar, usuários de drogas ou pessoas com IMC alto, que praticam esportes intensos, que têm vida sexual ativa, que dançam ou que estão sonhando	Vida adulta comum
Altos níveis de dopamina	Níveis de dopamina reduzidos
Subfunção pré-frontal	Atividade pré-frontal regular
Mundo isento de sentido	Mundo dotado de sentido
Correlatos menores de junção da consciência	Correlatos maiores de junção da consciência

Conforme exploramos as maneiras pelas quais as tecnologias do século XXI vêm impulsionando as Transformações Mentais, veremos uma série de temas recorrentes, incluindo narrativas, histórias de vida pessoal e a mente enquanto uma entidade física concreta (ou seja, a configuração única de conexões neuronais em cada cérebro). A Tabela 8.1 resume, de forma extremamente simplificada, como nós poderíamos pensar essa mente em relação ao estado de consciência subjetivo, bem como vários recursos do cérebro físico que podemos ter como referencial quando viermos a considerar como as tecnologias digitais podem estar impactando não apenas o cérebro humano genérico, mas também as mentes, as crenças e os estados de consciência individuais. Sim, nós percorremos um longo caminho desde o modelo de plástico rosa, mas a nossa jornada está apenas começando.

9

O *"QUÊ"* DAS REDES SOCIAIS

Eu fico muito incomodada com o fato de as pessoas esquecerem que eu existo. Se eu fui a uma festa ou tirei férias e não documentei nada em meu Facebook, isso realmente aconteceu? Será que isso simplesmente dilacera a minha existência como um ser humano e me força a usar uma capa de invisibilidade? Tenho quase oitocentos amigos no Facebook, mas saio apenas com um punhado de pessoas na vida real. Não é bizarro? Quem são esses 790 amigos? Quando foi a última vez que saímos juntos? Será que ao menos os conheço? Se não, por que eu iria querer que eles me conhecessem? Todas essas perguntas retóricas estão me fazendo querer excluir meu Facebook e ao mesmo tempo verificar se tenho alguma mensagem nova. Independentemente da minha decisão, acho que todos concordamos que o Facebook bagunçou a vida da minha geração de uma forma bastante palpável. Ele tem ditado nossas vidas diárias ao criar novas regras sociais e etiquetas que devemos seguir. Basicamente, nos transformou em uma bagunça neurótica e paranoide, repleta de medo de conexões humanas concretas. Mark, por que você nos despreza tanto?[1]

Esta afirmação é de Ryan O'Connell, escrevendo para o site *Thought Catalog* em maio de 2011. Embora suas palavras sejam carregadas de ironia, essa mentalidade pode estar refletindo vividamente o impacto colossal das redes sociais em nosso modo de vida atual. Caso isso esteja de fato ocorrendo, seria um sinal sinistro de uma sociedade disfuncional que está por vir; ou será que a socialização online apenas fornece uma versão mais frequente e acessível daquilo que nós sempre fizemos? De qualquer forma, no futuro haverá implicações importantes para nossas vidas e cultura. Nunca antes tantas pessoas tiveram a oportunidade de compartilhar músicas, fotos, vídeos e opiniões enquanto postam em blogs com a maior facilidade, muitas vezes recebendo feedbacks quase instantâneos.

Embora as redes sociais já existam desde 1997, em 2015, redes como MySpace, Bebo, Instagram, Tumblr, Facebook, Twitter e LinkedIn eram as mais usadas em todo o mundo, com o Facebook dominando o mercado ocidental de redes sociais. Em comparação a outras redes sociais, os usuários do Facebook são os mais engajados: 52% acessam diariamente, e atrás deles vêm outras redes populares, como o Twitter (33%), o MySpace (7%) e o LinkedIn (6%).[2] O usuário médio do Facebook no smartphone olha seu perfil até quatorze vezes por dia.[3] Assim, embora existam várias redes, grande parte da discussão nesta obra se concentrará especificamente no Facebook, dada a sua popularidade em todo o mundo e a quantidade de pesquisas referentes ao seu uso. O "Mark" desafiado retoricamente por Ryan é, obviamente, Mark Zuckerberg, fundador do Facebook e Pessoa do Ano de 2010 pela revista *Time*. Não surpreende que, para ele, os horizontes sejam, de forma inequívoca, claros e radiantes:

> Há uma enorme necessidade e uma grande oportunidade para incluir todos no mundo conectado, dar-lhes voz e ajudar a transformar a sociedade para o futuro. Pessoas compartilhando mais, mesmo que apenas com amigos próximos ou familiares, criam uma cultura mais aberta e levam a uma melhor compreensão da vida e das perspectivas de outras pessoas. À medida que compartilham mais, têm acesso a mais opiniões

por parte das pessoas em quem confiam sobre os produtos e serviços que utilizam. Isso facilita descobrir os melhores produtos e melhorar a qualidade e a eficiência de suas vidas.[4]

Duvido que a razão principal para a maioria das pessoas entrar no Facebook, especialmente os adolescentes, seja, como sugere Zuckerberg, o objetivo sincero de melhorar a eficiência de suas existências. Mais de 1 bilhão de pessoas no mundo já estão cadastradas nele, e pouco mais da metade o acessa diariamente.[5] Para que a rede social seja tão popular assim entre indivíduos, compreendendo uma gama tão vasta de culturas e origens, ela deve atender a uma necessidade humana muito básica, e deve fazer isso muito bem.

A razão mais comum apresentada para explicar a imensa popularidade de de redes como o Facebook é que elas nos ajudam a nos conectarmos online com nossos amigos offline (do mundo real), tornando mais fácil manter amizades a longas distâncias.[6] No entanto, formas alternativas e ainda populares de comunicação mediadas por computador, como e-mails ou Skype, também são eficazes e simples para possibilitar comunicações a longas distâncias. Portanto, conectar-se com amigos não explica, por si só, toda essa atração pela cibersocialização. Além disso, uma pesquisa recente descobriu que quem acessa o Facebook para conseguir uma grande rede de amigos virtuais afirma ter *mais* satisfação com a vida, em comparação com quem utiliza a rede para manter amizades verdadeiras íntimas e duradouras.[7] Esse estudo descobriu, portanto, e de forma alarmante, que os usuários ficam mais satisfeitos com suas vidas quando seus amigos do Facebook são considerados como uma espécie de público pessoal, com quem interagem unilateralmente, em detrimento das trocas recíprocas mútuas ou de mais relacionamentos offline em suas redes online.

Talvez tudo isso se reduza ao impulso mais básico de todos: o desejo de se sentir bem. Em uma pesquisa, os resultados sugeriram que a oportunidade de desenvolver e manter a conexão social no ambiente online está associada a uma redução na depressão e na ansiedade, bem como a uma maior satisfação com a vida.⁸ Zuckerberg provavelmente concordaria:

> As relações pessoais são a unidade fundamental da nossa sociedade. Relacionamentos são a forma pela qual descobrimos novas ideias, compreendemos o mundo e, por fim, obtemos a felicidade no longo prazo... Já ajudamos mais de 800 milhões de pessoas a mapear mais de 100 bilhões de conexões até agora, e nosso objetivo é contribuir para acelerar essa religação.⁹

Zuckerberg já está apontando, aqui, para um novo tipo de existência, na qual a identidade já não é mais internalizada, senão construída externamente, em estreita conjunção com outras pessoas. Seu uso da palavra "religação" implica que estamos funcionando juntos como módulos em alguma máquina complexa, à qual já estávamos todos previamente conectados (ou, dizendo de outra forma, "ligados"), e que essa nova religação é superior. Nenhum desses pressupostos é válido. Em primeiro lugar, embora o conceito de uma rede global de pensamento (a noosfera) tenha sido desenvolvido, como vimos antes, pelo monge jesuíta Pierre Teilhard de Chardin há quase um século, isso nunca foi considerado por ninguém como a apoteose potencial da humanidade.¹⁰ Em segundo lugar, nunca estivemos todos "conectados" de forma constante, e é por isso que essa nova condição de conectividade é tão popular. E, terceiro, por que deveríamos presumir automaticamente que tudo que o Facebook oferece é superior a todas as formas prévias de comunicação? Precisamos examinar um pouco mais de perto o que está acontecendo.

O lado antitético de estar conectado de algum modo a outra pessoa é não estar conectado de forma alguma — é estar sozinho. Em termos evolutivos, um comportamento que combate a solidão teria serventia para a sobrevivência e, portanto, geraria um prazer subjetivo básico. E, no final das contas, a solidão faz mal à saúde. Por exemplo, mulheres com menos relações sociais sofrem acidentes vasculares cerebrais em uma velocidade duas vezes maior do que as mulheres que se relacionam socialmente, excetuando-se todos os outros fatores possíveis.¹¹ Além disso, análises de DNA identificaram 209 genes relacionados à função do sistema imunológico para combater doenças, que são diferencialmente expressos em indivíduos que relatam ter altos níveis de isolamento social.[12] As células de defesa do sistema imunológico, que são antigas, evolutivamente falando, parecem ter desenvolvido uma sensibilidade às condições socioambientais que pode permitir alterações nos perfis de expressão gênica basal a fim de combater as ameaças variantes de infecção associadas a condições sociais hostis. Além disso, as mudanças na expressão de genes induzíveis se relacionam de forma mais robusta e direta com a experiência *subjetiva* da solidão do que com o tamanho objetivo da teia social. Como se já não bastasse, a solidão ainda pode aumentar a incidência de doenças cardiovasculares por meio da redução dos níveis de ocitocina, o hormônio natural já mencionado aqui, e que normalmente reduz e estabiliza a frequência cardíaca.[13] Como a taxa de ocitocina aumenta durante o contato físico próximo e está associada ao bem-estar, o isolamento compulsivo claramente desativará esse mecanismo de defesa natural.

O número de pessoas que vivem sozinhas dobrou nos últimos vinte anos; no Reino Unido, há um número sem precedentes: um terço de todos os adultos vive em famílias de apenas um membro.[14] Essa tendência é particularmente mais visível na faixa etária de 25 a 44 anos. Mais pessoas morando sozinhas equivalem a um maior potencial de solidão, de forma que a subsequente chegada das redes sociais atendeu a uma demanda clara de um grupo crescente de clientes imediatamente receptivos. As mudanças subsequentes na forma como os adultos socializam transformaram fundamentalmente a interação social ao longo das duas últimas décadas, observando-se os dados até 2015. Em 1987, de acordo com uma estimativa, passávamos em média seis horas por dia em interações sociais presenciais, e quatro por meio de mídias eletrônicas.[15] Em 2007, a proporção havia se invertido, com quase oito horas diárias de socialização por meio de mídias eletrônicas e apenas duas horas e meia de interação social presencial. O advento das redes sociais não apenas atendeu a uma necessidade existente, mas fez isso de forma mais eficaz do que a comunicação interpessoal normal. O neuroeconomista Paul

Zak chegou a sugerir que as redes sociais aumentariam, por si só, os níveis de ocitocina, que, como mencionado, é um hormônio produzido como resultado da proximidade física.[16] Talvez a cibersimulação de estar próximo aos outros seja igual à sensação real, no que diz respeito ao corpo. Então, o que há de errado nisso? Se estamos aumentando nossos níveis de ocitocina, sentindo-nos próximos dos demais e evitando os efeitos da solidão que ameaçam a saúde, o que há para não gostar?

Os dados sobre a relação entre se sentir solitário e as redes sociais são surpreendentemente complexos.[17] Estudos apontam que as pessoas que se envolvem ativamente no Facebook, mandando mensagens para amigos e postando em seus perfis, apresentam níveis mais baixos de solidão do que aquelas que se dedicam principalmente à observação passiva das páginas deles.[18] Pessoas que alegam sentir-se solitárias aparentemente também têm um vínculo emocional mais forte com o Facebook, o que indica que quem usa o site são os mais solitários, para compensar a falta de relacionamentos offline: enquanto isso, quem tem redes saudáveis e já estabelecidas na vida real simplesmente recorrem ao Facebook como um complemento legal de ter.[19] Curiosamente, estudantes mais solitários também afirmam ter mais amigos no Facebook do que aqueles mais sociáveis na vida real.[20] Assim, embora as redes sociais possam ser usadas para se lidar com sentimentos de solidão, elas também podem não ter o efeito desejado, afinal. O futurólogo Richard Watson, por exemplo, tem sérias ressalvas em relação a elas:

> Acredito que um dos principais motivos de o Facebook e o Twitter serem tão bem-sucedidos é o fato de nos sentirmos solitários. Conectividade universal significa que tendemos a ficar sozinhos, mesmo quando estamos juntos. É possível observar isso quando os casais saem para jantar e passam a maior parte do tempo trocando mensagens de texto, ou quando as crianças se reúnem para brincar e acabam sentadas umas ao lado das outras, cada uma imersa em um console de videogame, por horas a fio.[21]

Alguns pesquisadores sugerem que fugir para o meio online para evitar problemas do mundo real pode, na verdade, agravá-los.[22] Um estudo examinou o uso do Facebook a partir da perspectiva da teoria do apego em adultos, que enfatiza o papel do cuidador principal durante a infância.[23] A teoria do apego foi desenvolvida pelo psiquiatra John Bowlby em meados do século XX, quando tratava de crianças com distúrbios emocionais. Bowlby afirmou que o apego pode ser definido como "conexão psicológica duradoura entre seres humanos" e mostrou que os bebês eram "seguros", "ansiosos" ou "evitativos" em seus estilos de apego.[24] O bebê seguro podia até chorar quando a mãe saísse do quarto, mas começaria a brincar novamente assim que ela voltasse. Porém, no caso de bebês ansiosos, quando a mãe voltasse, eles a afastariam e chorariam copiosamente. Em contrapartida, o bebê evitativo agiria como se nada tivesse acontecido, apesar do aumento da frequência cardíaca e dos níveis de cortisol, o hormônio do estresse.

Os adultos também se comportam como bebês. Enquanto as pessoas seguras se sentem confortáveis com a intimidade, os indivíduos evitativos têm muita dificuldade para estabelecer conexões emocionais. Indivíduos evitativos são mais propensos a estar socialmente isolados e a tentar esconder suas necessidades emocionais em relação aos outros. De forma contrária, indivíduos ansiosos se preocupam em ficar sozinhos; temem a rejeição e praticam comportamentos que pensam que fortalecerão seus relacionamentos. Os pesquisadores descobriram que indivíduos com altos níveis de apego ansioso acessam o Facebook com mais frequência, são mais propensos a usá-lo quando se sentem mal emocionalmente e estão mais preocupados com a forma como os outros os percebem nessa rede social.[25] Portanto, parece que o Facebook preenche uma necessidade para quem teve experiências prévias ruins. No entanto, ainda não está claro se utilizar o Facebook pode vir a auxiliar aqueles que apresentam altos níveis de apego ansioso, combatendo seus sentimentos de solidão e reforçando seus relacionamentos.

Mas não são apenas os solitários e os ansiosos que são atraídos pelas redes sociais. A pesquisa também mostrou que os indivíduos com os níveis mais altos de abertura passam mais tempo no Facebook e têm mais amigos lá.²⁶ Essa abertura consiste em uma imaginação ativa, uma vontade de ter novas experiências, uma atenção aos sentimentos interiores, uma preferência pela variedade e ter uma mente curiosa. Dessa forma, ter um grande número de amigos no Facebook está associado a níveis mais elevados de abertura e também, paradoxalmente, a ser mais solitário. Embora pareça contraintuitivo, a abertura e a solidão não são incompatíveis: aquela é um traço da personalidade, enquanto esta é um estado. A combinação do "puxão" de querer ser aberto e do "empurrão" da solidão é um fator poderoso para determinar o quanto você revela sobre si mesmo. E essa autorrevelação é crucial para entender a verdadeira atração exercida pelas redes sociais.

Parece que, enquanto espécie, nós temos um desejo tão grande de nos autorrevelarmos que podemos considerá-lo como uma parte muito basal da psique humana. Cientistas de Harvard demonstraram que compartilhar informações pessoais, tal como ocorre nas redes sociais, ativa os sistemas de recompensa do cérebro da mesma forma que a comida e o sexo.²⁷ Incrivelmente, os participantes desse experimento específico estavam dispostos até a abrir mão de recompensas monetárias em troca da oportunidade de falar sobre si mesmos. Os resultados também apontam que a existência de um feedback cíclico e recíproco para a autorrevelação recompensa e perpetua o compartilhamento de informações pessoais em um nível bioquímico básico. Como consequência, a atração que as redes sociais exercem está enraizada em um impulso biológico que praticamente desconhecemos e que percebemos ser difícil de controlar de forma voluntária.

Embora talvez não o entendamos como uma necessidade biológica básica, o desejo consciente pela expressão pessoal e pela autorrevelação pode ser a chave para entender aquilo que muitos acham interessante no Facebook e em outros tipos de cibersocialização. Embora as redes sociais tornem essa comunicação mais fácil, a socialização em si pode não ser a questão principal. Em vez disso, o *verdadeiro* gancho pode ser a experiência de transmitir informações pessoais em uma escala sem precedentes, já que o Facebook e outros sites semelhantes incentivam a divulgação de informações pessoais a terceiros de uma forma inédita. Quando uma pessoa atualiza seu status narrando algo pessoal, compartilha isso com centenas de amigos no Facebook. Pense nisso. Obviamente, compartilhamos informações pessoais desde o início dos tempos, mas agora fazemos isso com 262 pessoas (o número médio de amigos do Facebook em todas as idades e dados demográficos), em vez de apenas para alguns amigos íntimos.[28] A questão é que, quando informações pessoais no Facebook são compartilhadas, seja por meio de seu perfil, seja como um status, isso é feito com o maior público imediato da história da humanidade.

Sendo assim, a próxima pergunta é: por que estamos dispostos a dar tantas informações pessoais em uma escala nunca antes vista? Talvez as recompensas pela participação em redes sociais e a disposição psicológica para a autorrevelação se reforcem mutuamente. Um dos resultados mais consistentes das pesquisas sobre informática demonstra que a falta de comunicação presencial leva a um aumento correspondente na prática da autorrevelação, porque não temos pistas visuais ou acesso à linguagem corporal adequada para nos desencorajar a fazer isso, nem para nos fazer pensar duas vezes sobre aquilo que revelaremos.[29] Quando encontramos pessoas de carne e osso, apertamos as mãos, olhamos em seus olhos e percebemos sinais por meio da linguagem corporal, construímos confiança e harmonia de maneira gradual; sentimos que conhecemos algo da outra pessoa antes de baixarmos a guarda. Até esse momento, uma linguagem corporal defensiva, evitar o contato visual, manter distância física e o tom de voz podem ser avisos para que a pessoa não se abra tão depressa. A linguagem corporal é um mecanismo evolucionário antigo que nos sinaliza quando devemos baixar nossas defesas ou não. Sem esses sinais de cautela, sem algo que nos impeça de falar ou de escrever indefinidamente, a autorrevelação será muito mais fácil. Pessoas que desejam revelar mais coisas sobre si mesmas utilizarão mais as redes sociais, o que, por sua vez, apenas as incentiva a revelarem ainda mais.

Por exemplo, 488 usuários de redes sociais foram entrevistados na Alemanha duas vezes, em um período de seis meses.[30] Indivíduos com maior disposição para se autorrevelar apresentaram maior tendência a participar ativamente das redes. Ao mesmo tempo, o uso frequente aumentou o desejo pela autorrevelação online, já que comportamentos nesse sentido são reforçados por meio do acúmulo de capital social dentro do Facebook e em ambientes semelhantes. Assim, a pergunta que não quer calar é: por quê? Se a solidão é o principal motor do uso das redes sociais, existem maneiras muito mais eficazes, recíprocas e pessoais de se comunicar com os indivíduos do que a atualização onipresente do próprio status. Mesmo assim, os solitários são os que se sentem mais atraídos pela tela. Por que é tão prazeroso (como o estudo de Harvard claramente demonstrou)[31] divulgar seus sentimentos e pensamentos, não para um único confidente, em situações esporádicas, mas para uma audiência de centenas ou milhares de pessoas diariamente ou mesmo de hora em hora?

Sem dúvida, com a distância e o tempo para se encobrir, você pode se retratar como alguém completamente diferente e mais interessante. A oportunidade de evitar o constrangimento de hesitar e tropeçar nas próprias palavras parece maravilhosa, especialmente porque não haverá chance para dizer nada que não queira nem algo de que possa se arrepender depois. Há um sentimento de segurança e inviolabilidade no prazer tátil que se obtém ao tocar nas teclas e ver as letras dançarem na tela, de forma precisa e de acordo com seu comando e controle. Outra parte da empolgação de estar online advém de estar constantemente conectado. Alguém, em algum lugar, está sempre disponível para interagir com você neste exato momento; afinal, você está conectado de maneira global. Porém, ao mesmo tempo, pode-se dizer o que quiser sem o constrangimento nem o desconforto de uma interação presencial. Não é de se admirar que essa experiência cause uma sensação agradável.

Em 2011, uma pesquisa conjunta italiana e norte-americana teve como objetivo dissecar o tipo de experiência que as pessoas têm ao usar o Facebook.[32] É majoritariamente relaxante ou estressante? Trinta alunos, de 19 a 25 anos, participaram de exercícios curtos nos quais primeiro observavam paisagens panorâmicas (a experiência relaxante), depois passavam três minutos navegando na própria conta do Facebook e, finalmente, passavam quatro minutos concluindo uma tarefa estressante, como resolver um problema matemático. Durante esses testes, seus níveis de estresse fisiológico foram registrados para medir as respectivas intensidades de relaxamento e de estresse. Durante a experiência estressante, os seus sistemas de reação aguda ao estresse foram ativados, resultando em um aumento da respiração, sudorese e dilatação das pupilas, enquanto a experiência relaxante levou à ativação do sistema nervoso parassimpático, que gerou reações opostas. O mais interessante é que navegar pelas páginas pessoais do Facebook pareceu oferecer uma experiência que não era nem relaxante nem estressante, mas uma espécie de estado positivo mais ativo. Os participantes apresentaram uma mistura de respostas fisiológicas, também observadas nas condições relaxantes e estressantes. Os pesquisadores concluíram que o sucesso das redes sociais "pode estar associado a uma experiência específica de estado afetivo positivo pelos usuários". Resumindo, entrar no Facebook é física e/ou fisiologicamente emocionante. Mas que processo biológico de fato desencadeia essa experiência de bem-estar, de gostar mais do Facebook do que, por exemplo, apreciar uma pintura ou dar um passeio?

Vimos, anteriormente, como os neurocientistas há muito são fascinados pelo fenômeno da "autoestimulação", no qual os ratos passam todo o tempo acionando uma barra para estimular as principais regiões do cérebro, excluindo todo o resto, inclusive a alimentação. As áreas que provavelmente fizeram com que os ratos "se sentissem bem" quando estimuladas eram aquelas que liberavam o transmissor dopamina. Além de contribuir para a sensação de prazer, a dopamina desempenha outro papel nos ritmos diurnos do sono e da vigília, nos quais está associada ao estado de alerta elevado. Basta pensar na hiperatividade causada pela anfetamina, uma droga que libera níveis anormalmente altos de dopamina no cérebro. Não é difícil ver que há uma interseção entre sentir-se animado e sentir-se feliz. Muitas atividades estimulantes, como esportes, também são recompensadoras. Em suma, se vários estados cerebrais relacionados à excitação e à recompensa estiverem consistentemente associados a níveis elevados de dopamina, e se as redes sociais forem recompensadoras e estimulantes, é muito provável que estas últimas possam servir como outro gatilho para a liberação de dopamina no cérebro.

A Dra. Susan Weinschenk, psicóloga comportamental que publicou cinco livros sobre a experiência dos usuários com computadores, listou as características específicas do Facebook e de outras redes sociais que podem torná-las desencadeadores da liberação de dopamina.[33] Primeiro, elas concedem uma gratificação instantânea: agora você pode se conectar a alguém imediatamente e talvez obter uma resposta em poucos segundos. Em segundo lugar, elas oferecem uma excitação antecipada. Estudos de neuroimagem mostram maior estimulação e atividade quando as pessoas antecipam uma recompensa do que quando de fato a recebem.[34] Da mesma forma, a expectativa de uma pessoa em ver novos tuítes, atualizações ou comentários em seu perfil impulsiona um fascínio pelas redes sociais e de uma forma mais elevada do que receber informações reais. Terceiro, essas redes oferecem fragmentos de informações. O sistema dopaminérgico é estimulado de maneira mais poderosa quando a informação recebida é pequena e não satisfaz o indivíduo por completo. A capacidade limitada de um tuíte ou de uma curtida é, portanto, ideal para ativar o sistema dopaminérgico. Finalmente, há a questão da *imprevisibilidade*. Esse mecanismo de recompensa/punição é muito estudado e está relacionado a esquemas intermitentes ou variáveis de reforço. Quando você verifica seu e-mail ou suas mensagens ou usa o Twitter/Facebook, não pode saber exatamente quem está entrando em contato nem o que virá dele. Esse mecanismo de feedbacks é muito imprevisível, e é exatamente o que estimula a liberação de dopamina no cérebro. Postar ou receber notificações no Facebook ou no Twitter pode desencadear a liberação de pequenas doses de dopamina, o que pode vir a incentivar uma compulsividade em relação a essa atividade.[35]

Esse feedback quase instantâneo de terceiros, que é diferente de qualquer interação do mundo real, é muito mais predominante quando há mais pessoas no ciberespaço engajadas nisso. Ver um nome piscando confere uma pequena explosão de excitação, uma gotícula de dopamina que garantirá a expectativa da próxima dose; não se pode nunca estar plenamente saciado. Mas por que, então, a mera visão de uma resposta na sua página pessoal, independentemente do conteúdo, desencadeia esse pico de dopamina?

A atenção e a aprovação de adultos estão entre as recompensas mais fortes que experimentamos conforme crescemos. Os bebês precisam de um relacionamento significativo com um adulto carinhoso e presente para sobreviverem, crescerem e prosperarem. Surpreendentemente, acredita-se que o hormônio do crescimento humano seja liberado em proporção à quantidade de carinho e atenção que a criança recebe.[36] Quando os bebês choram para anunciar fome ou outros desconfortos, eles contam que o mundo ao redor e, principalmente, os adultos próximos corrigirão o problema. Essas demandas são necessárias para a sobrevivência; quando atendidas, a existência da criança é reconhecida. Um bebê faminto que grita até que alguém venha com a fonte certa de alimento *sabe* que causa um efeito no mundo. O mundo passa, então, a entender que ele existe. Esse humano pequenino já tem um significado. Um bebê cujas necessidades são ignoradas, por fim, desiste e "deixa de existir". Em casos extremos de negligência — muito raros, felizmente —, esses bebês param de chorar quando estão com fome e literalmente morrem de inanição. O bem-estar emocional de uma criança começa com a atenção dada às suas necessidades físicas básicas. No entanto, essa necessidade vai além: aquele que cuida deve aprová-la e demonstrar aprovação. Uma vez que as necessidades físicas são atendidas, esse impulso adicional por uma validação passa a ser uma das forças motivadoras mais intensas da nossa natureza. Quando não recebemos um feedback positivo, deixamos de nos sentir seguros e protegidos e, com o tempo, ficamos condicionados a implorar por aprovação, não apenas dos nossos pais, mas também de outras pessoas.

A importância desse reconhecimento não diminui com a idade. Ao contrário do mundo real, pode-se sempre confiar no Twitter e no Facebook para prover uma resposta quase instantânea, até mesmo às demandas adultas por atenção. O Facebook pode estar preenchendo prontamente uma lacuna que amigos e familiares não conseguem preencher de forma tão abrangente.[37] Isso, por sua vez, pode explicar por que o usuário obsessivo de redes sociais confia na ilusão da intimidade cibernética, apesar do preço inevitável que é a perda de privacidade. Muitos de nós consideramos a privacidade como algo garantido, até sentirmos que ela está sendo invadida, seja por uma pergunta pessoal intrusiva ou pelo cenário extremo de um helicóptero do Google Maps pairando próximo à janela do quarto. Como afirmou o astro de cinema George Clooney: "Não gosto de compartilhar minha vida pessoal... ela não seria pessoal se eu a compartilhasse."[38] Até agora, a maioria de nós, na maior parte das vezes, sentiu ter controle sobre nossas vidas privadas — de quanto a quem e quando confiamos. No entanto, essas suposições já não se sustentam tanto assim.

É impossível dar uma definição operacional de privacidade, mas a maioria de nós, até agora, tem um forte senso instintivo acerca dela. Em seu primeiro livro de não ficção, *The Blind Giant* ["O Gigante Cego", em tradução livre], o romancista Nick Harkaway pondera o equilíbrio entre as bênçãos e as ameaças da internet:

> A privacidade é uma proteção contra o uso irracional do poder estatal e corporativo. Mas isso é, em certo sentido, uma coisa secundária. Em primeira instância, a privacidade é a declaração em palavras de um entendimento simples, que pertence ao mundo instintivo, e não ao formal, de que algumas coisas são da competência de quem as vivencia e não estão naturalmente abertas ao escrutínio de outros: o cortejo e o amor, com sua nudez emocional; os momentos simples da vida familiar; a terrível crueza da dor.[39]

Por outro lado, em uma conferência de tecnologias que ocorreu em 2010, Mark Zuckerberg defendeu a decisão polêmica, tomada no ano anterior, de alterar as configurações de privacidade que levariam os usuários a revelar mais informações pessoais, dizendo: "Decidimos que essas seriam as normas sociais a partir de agora e fomos em frente." Zuckerberg disse ao público que os usuários da internet, na atualidade, já não se importam tanto assim com privacidade: "As pessoas ficaram realmente confortáveis, não apenas em compartilhar informações de diferentes tipos e em maior quantidade, mas de uma forma mais aberta e com mais pessoas, e essa norma social é apenas algo que evoluiu com o tempo."[40]

E, de fato, a privacidade já parece ser uma mercadoria menos valorizada entre a geração mais jovem dos Nativos Digitais: segundo estatísticas, quase metade dos adolescentes já forneceu informações pessoais a alguém que não conheciam, incluindo fotos e descrições físicas.[41] Enquanto isso, mais da metade dos jovens envia mensagens em grupos para mais de 510 "amigos" ao mesmo tempo (o número de amigos que um jovem médio tem no Facebook),[42] plenamente ciente de que cada um desses contatos poderia, então, repassar essas informações nas *próprias* redes, que contêm centenas de outras pessoas, e por aí em diante. O preço por mais atenção e pela possibilidade de fama é, e sempre foi, a perda da privacidade, e sempre foi difícil encontrar um equilíbrio adequado para isso. Como é possível, então, que antes valorizássemos tanto a privacidade, e que agora a banalizemos cada vez mais? Até então, a privacidade estava vinculada de forma indissolúvel a um senso de identidade gerado internamente; um sempre decorreu do outro. Entretanto, se a identidade agora é construída externamente e é um produto muito mais frágil da interação contínua com "amigos", ela foi dissociada da noção tradicional de privacidade e, portanto, da necessidade desta.

É claro que, para muitas pessoas, as redes sociais são um complemento divertido para uma vida normal que facilita a comunicação com amigos já existentes, feitos no mundo real. No entanto, há mais fatores relacionados à popularidade das redes do que as suas tendências e capacidade de tornar a vida mais fácil sugerem. As redes sociais podem ser vistas como uma espécie de *junk food* para o cérebro: se consumidas com moderação, são praticamente inofensivas; no entanto, quando há exagero, elas têm efeitos deletérios. Pelo visto, o *quê* das redes sociais explora e promove um ciclo bioquímico potencialmente vicioso, por meio do qual as forças biológicas evolutivas garantem que os humanos se sintam bem quando estão combatendo a solidão ao compartilhar informações pessoais com outras pessoas, o que é mediado pela liberação de dopamina no cérebro. Como resultado, a autorrevelação cria uma dose de puro prazer, tão direta quanto a que se tem a partir da comida, do sexo, da dança ou do esporte. Até então, esse desejo natural de se abrir completamente encontrou um contrapeso nos rigores e nas restrições da linguagem corporal presentes na comunicação presencial, o que por sua vez confere uma consciência plena do "eu privado". Essa noção de um indivíduo privado pode ser útil ao ato valoroso que é garantir que não seremos manipulados nem subjugados por fatores externos. Ao restringir, portanto, o desejo natural de divulgar informações sobre nós mesmos para todos, o desejo por privacidade garante que apenas indivíduos confiáveis acessem a sua parte "vulnerável".

No entanto, as redes sociais removem esse tipo de restrição, permitindo que os indivíduos divulguem mais coisas do que nunca. A consequente entrega do direito inato — e antiquíssimo — à privacidade pode implicar que outros venham a respeitar menos o seu "eu real", quando revelado. Mas imagine que esse modo de autorrevelação e feedbacks constantes se torne a norma geral. Pode ser que fique cada vez mais difícil evitar que o seu "eu verdadeiro", com todas as suas fraquezas e falhas, seja remodelado e suplantado por um arquétipo ideal e exagerado, a ser apresentado a um público de centenas de "amigos" e "seguidores". O que aconteceria, então, se essa persona elaborada ciberneticamente começasse a tomar o lugar do seu "eu real"?

10

REDE SOCIAL E IDENTIDADE

"Nos próximos dez anos, as identidades das pessoas provavelmente serão afetadas de forma significativa por vários e importantes fatores de mudança, em particular o ritmo veloz dos avanços tecnológicos."[1] Assim diz a frase de abertura de *Future Identities* ["Identidades do Futuro", em tradução livre], um relatório encomendado por Sir John Beddington, na época conselheiro científico chefe do governo britânico. Seu ponto de partida foi: "O surgimento da hiperconectividade (na qual as pessoas agora podem estar constantemente conectadas online), a disseminação das mídias sociais e o aumento das informações pessoais online são fatores-chave que irão interagir entre si para influenciar as identidades." Será que isso é apenas alarmismo por parte de um figurão do *establishment* ou é um alerta sério e urgente?

As redes sociais evoluíram a partir da versão da internet dos anos 1990, que já fornecia muitas maneiras inéditas de se comunicar e de socializar. Na época, a comunicação mediada por computadores era dominada por fóruns, pelos primeiros jogos online, por salas de bate-papo, *bulletin boards* e assim por diante, todos com uma configuração-padrão de anonimato; cabia ao usuário transformar esses serviços em algo pessoal.[2] Indivíduos logavam e podiam escolher qualquer nickname como alcunha virtual — por exemplo, John_Smith9000. As pessoas que estudaram esse estilo anterior de socialização mediada por computadores acreditavam que o mais importante era esse potencial para o anonimato, visto que permitia que os indivíduos descobrissem suas identidades reprimidas e aprendessem mais sobre si mesmos, supostamente de uma forma bastante segura.[3]

Assim, as pesquisas iniciais sobre a autoapresentação online focaram, em sua maioria, a ausência de identidade em ambientes online anônimos ou pseudônimos. Essas investigações descobriram que os indivíduos tendiam a se envolver em jogos de RPG e comportamentos incomuns em um ambiente que era indiscutivelmente mais saudável do que o mundo real.[4] Por outro lado, hoje em dia o anonimato não é mais uma parte inerente da socialização online. A questão interessante, então, é o que acontece quando não se é anônimo em um ambiente online[5] — as identidades resultantes são muito diferentes.

As especialistas em tecnologia Nicole Ellison e danah m. boyd (que prefere ter seu nome escrito em letras minúsculas) definiram as redes sociais atuais como espaços que permitem a um usuário (1) "construir um perfil público ou semipúblico dentro de um sistema delimitado"; (2) "articular uma lista de outros usuários com os quais compartilham uma conexão"; e (3) "visualizar e analisar sua lista de conexões e outras, organizadas por outros dentro do mesmo sistema".[6] Atualmente, revelar informações pessoais faz parte da configuração de um perfil de rede social: o Facebook exige o nome real do usuário.[7] Embora sempre haja maneiras de contornar isso, a questão é que as redes sociais transformaram a comunicação mediada por computador ao vinculá-la à sua identidade no mundo real. Além disso, uma proporção significativa dos "amigos" de um usuário são pessoas que ele conhece ou conheceu na vida real. Essa é uma transição enorme e importante: a socialização na internet tornou-se extremamente pessoal. A identidade é, portanto, uma questão central, assim como as noções de mudança de identidade em relação às redes sociais.

Porém, a forma como *você* enxerga a si mesmo não precisa ser compartilhada com todos os demais. Sua persona online e o seu *self* verdadeiro, ou seja, o seu "eu verdadeiro", não são necessariamente os mesmos. A ideia de self verdadeiro foi introduzida pela primeira vez em 1951 pelo renomado psicólogo norte-americano Carl Rogers, amplamente considerado um dos fundadores da psicoterapia.[8] Sua teoria afirma que o self verdadeiro é baseado em características existentes que não precisam necessariamente ser expressas por completo na vida social normal, talvez porque não haja, obrigatoriamente, ocasiões em que elas se manifestem; em vez disso, elas são vistas como reações particulares em situações hipotéticas. Cinquenta anos depois, a era digital testemunhou John Bargh e sua equipe desenvolverem o conceito de "self verdadeiro na internet" para se referir à tendência de um indivíduo expressar os aspectos "reais" de si mesmo por meio da comunicação anônima online, ao invés da comunicação presencial.[9] A internet oferece aos indivíduos uma oportunidade única de autoexpressão que incentiva as pessoas a revelarem o seu self verdadeiro, incluindo os aspectos que não são tão confortáveis de expressar cara a cara. Por causa desse efeito, a comunicação cibernética pode ser considerada mais íntima e pessoal do que a comunicação física. Quem faz amizades por meio de redes sociais têm maior probabilidade de valorizar a autorrevelação, na esperança de expressar seu self verdadeiro.

De acordo com Katelyn McKenna, da Universidade de Nova York, as pessoas que acreditam ser mais capazes de expressar seu self verdadeiro na internet têm maior probabilidade de formar relacionamentos aparentemente próximos no ciberespaço.[10] Além disso, pessoas com uma tendência mais forte de expressar o seu verdadeiro eu dessa forma, no mundo cibernético, têm maior probabilidade do que outras de utilizar a internet como um substituto social.[11] Fazer isso, no entanto, implica estabelecer novos relacionamentos com estranhos e ter amigos apenas na internet. Sendo assim, essas pessoas acabam ficando mais propensas a desenvolverem uma paixão compulsiva pelas próprias atividades na internet.

Em uma pesquisa com estudantes universitários, que buscava explorar seus motivos para usar o Facebook, um resultado particularmente interessante revelou que os indivíduos com uma forte tendência a revelar seu self verdadeiro na internet utilizavam a rede social para estabelecer novas amizades e para iniciar ou terminar relacionamentos românticos com uma frequência maior do que aqueles menos preocupados em expressar sua identidade.[12] Portanto, parece que, para um determinado grupo de pessoas, o uso do Facebook é simultaneamente um veículo de autoexpressão e seu principal meio de fazer amizades. Desejar expressar o self verdadeiro por meio do Facebook também está diretamente relacionado ao seu uso obsessivo.[13] E aqui, novamente, ocorre um paradoxo: quem tem uma vontade maior de expressar sua "verdadeira" identidade é precisamente quem depende mais dos relacionamentos no ciberespaço. Portanto, não é que o Facebook seja inerentemente bom ou ruim; o que importa mais é a forma de utilizá-lo, bem como o papel e a importância que essa ferramenta desempenha na vida de alguém.

Ao contrário do mundo real, a identidade do Facebook é implícita, em vez de explícita: o usuário não a verbaliza, mas demonstra-a ao evidenciar os seus gostos e desgostos, em vez de detalhar uma história de vida, suas estratégias e atitudes para lidar com problemas e decepções, e todos os outros aspectos de uma vida normal.[14] Alguém que posta a foto de um bolo de chocolate sem nenhuma explicação deixa para seu público de "amigos" a inferência a respeito da intenção da postagem. Em um relacionamento na vida real, o bolo pode ser um vínculo físico com uma história muito mais profunda e pessoal: pode trazer de volta boas lembranças de uma excursão compartilhada ou a sensação de vitória que surge quando se aprende uma receita nova. Mas, sem associações compartilhadas — experiências ou interesses comuns especiais —, o bolo não terá "significado" algum. O mesmo pode se aplicar às pessoas. Uma estudante e usuária do Facebook com quem pude conversar descreveu isso da seguinte forma:

> Quando você conhece pessoas no Facebook com quem mal teve contato, a princípio pode pensar que as conhece; só que você viu apenas as coisas artificiais, as bandas e os filmes de que essas pessoas gostam — você não sabe como elas reagiriam a situações e crises de uma forma que suas identidades "reais" fossem reveladas para os outros, e até para elas próprias.

A questão mais interessante, no entanto, é esta: será que essa maneira nova e diferente de se expressar pode significar que você vê a si mesmo de uma forma diferente?

Se um perfil de rede social expressa ou não um self "verdadeiro" distorcido ou exibe algo mais comparável ao self real, não há dúvida de que qualquer que seja a identidade que uma pessoa pretenda divulgar, é provável que seja a melhor versão possível. Desmarcar fotos nada lisonjeiras e excluir postagens lamentáveis são apenas dois exemplos de microgerenciamento dos tipos de informações que podem ser vistos por colegas, familiares e amigos. Não é novidade nenhuma que, para os adolescentes, ficar bem na foto é o fator mais importante ao decidirem qual imagem de perfil escolherão para uma rede social.[15] O sociólogo e antropólogo canadense Erving Goffman descreveu como, geralmente, os seres humanos estão sempre atentos às reações de terceiros a si próprios, adaptando continuamente sua atitude externa para se assegurarem de transmitir a melhor imagem possível.[16] Goffman morreu em 1982 e, portanto, nunca viveu para ver o advento do Facebook e do Twitter. Mesmo assim, ele compreendeu como nós ansiamos pela promoção do nosso self "de palco", enquanto o self verdadeiro, "dos bastidores", pedala furiosamente para garantir o desempenho mais impressionante. Esses são desejos que redes sociais como o Facebook e o Twitter atendem de forma soberba atualmente, oferecendo a maior plateia de todos os tempos.

Adaptando essa dicotomia de palco versus bastidores à cultura do Facebook, podemos pensar em uma "identidade conectada", um termo proposto pela primeira vez por danah boyd, que o descreveu da seguinte maneira:

> No MySpace, por exemplo, você precisa se transformar em algo: em outras palavras, precisa criar uma impressão de si mesmo que seja independente. Este é o objetivo principal no desenvolvimento de seu senso de identidade? Claro que não. Mas as expressões online são um subproduto significativo da formação da identidade.[17]

As pesquisas mostram que a identidade retratada no Facebook não corresponde nem ao self verdadeiro, extrovertido e antes exibido em ambientes anônimos mediados por um computador, nem ao self apresentado em interações presenciais, na terceira dimensão.[18] Em vez disso, trata-se de um self propositalmente construído e socialmente desejável ao qual os indivíduos aspiram, mas que ainda não foram capazes de alcançar.[19] Surpreendentemente, as redes sociais agora originaram três "eus" possíveis: o *self verdadeiro,* expresso em ambientes anônimos sem as amarras das pressões sociais; o *self real,* o indivíduo conformado e que é limitado por normas sociais em interações presenciais; e, pela primeira vez, o *self desejado, ideal,* tal como é exibido nas redes sociais.[20]

Contudo, talvez estejamos discutindo o sexo dos anjos. Há pouca diferença entre a avaliação que um observador faz da personalidade de uma pessoa que tem uma página no Facebook, com base no material ali exibido, e as características reais do dono ou dona dessa página.[21] No entanto, a possibilidade de gerenciamento das identidades online admite distorção. Os pesquisadores concordam que, como em uma casa dos espelhos, o self online provavelmente é uma versão exagerada do self real. E esse exagero pode fugir do controle. As redes sociais não foram as primeiras a proporcionar oportunidades de distorcer nossas identidades e, portanto, nossos relacionamentos; no entanto, elas oferecem essa oportunidade de uma forma inédita. Criar e gerenciar um perfil online e interagir por meio dele é uma chance de fazer sua própria propaganda pessoal personalizada sem ser desafiado pelos constrangimentos da realidade, e de ser uma versão editada e idealizada do verdadeiro "você". Embora esse self online seja "uma invenção que, para a maioria das pessoas, é uma aproximação contínua da apresentação do nosso senso de identidade para o mundo",[22] o psicólogo clínico Larry Rosen teme que possa surgir um buraco perigoso entre esse "você" idealizado, de "palco", e o verdadeiro "você" que se encontra "nos bastidores", o que por sua vez pode acabar levando a um sentimento de desconexão e isolamento.

Uma consequência direta disso poderia ser uma obsessão exagerada por si mesmo, uma vez que muitos pesquisadores já comentaram a respeito de como as redes sociais proveem a plataforma ideal para narcisistas.[23] Dada a extensão do controle que se tem sobre a apresentação online e o escopo do público que pode ser alcançado, um relacionamento bidirecional pode não vir como uma surpresa. As redes sociais podem aumentar, comprovadamente, os níveis de narcisismo. Na metanálise mencionada anteriormente, Jean Twenge e seus colegas investigaram mais de 14 mil estudantes universitários, e descobriram que os alunos nascidos no século XXI tiveram pontuações substancialmente mais altas nos questionários de narcisismo em comparação com aqueles que nasceram vinte anos antes.[24] No entanto, o uso do Facebook não se tornou difuso até depois de 2006, o que significa que, para esse estudo, quaisquer efeitos baseados em telas que satisfizessem o ego teriam de ser atribuídos a formas anteriores de redes sociais. Atualmente, no entanto, o Facebook pode estar se aproveitando dessa predisposição existente (e que é outra razão para sua popularidade), alimentando, assim, a tendência à auto-obsessão em um ciclo que se perpetua de maneira automática.[25]

Essa relação entre narcisismo exacerbado e redes sociais, embora bem documentada,[26] parece ter sido embaralhada por uma série de fatores diferentes, como o número de amigos, as atualizações de status e fotos e os tipos de interações com outros usuários. A conexão precisa ser ainda mais descompactada, assim como o próprio narcisismo; é um fenômeno complexo, que pode ser decomposto em uma série de características: exibicionismo, autolegitimidade (acreditar que merece o melhor), exploração (tirar vantagem de terceiros), superioridade (sentir que é melhor do que outras pessoas), autoridade (sentir-se um líder), autossuficiência (valorizar a independência) e vaidade (concentrar-se na própria aparência).[27]

Estudos apontam que adultos que marcam uma pontuação alta em superioridade adoram postar no Facebook. Para a geração mais jovem de estudantes, são as postagens no Twitter que estão associadas à superioridade, enquanto as atividades no Facebook estão vinculadas ao exibicionismo.[28] Já para os adultos, o Facebook e o Twitter são mais usados por quem está focado na própria aparência, mas não como forma de se exibir, como é o caso dos universitários. Essas descobertas complexas são importantes, pois revelam quantos fatores estão envolvidos em diferentes tipos de redes sociais e diferentes grupos de usuários. O mais interessante para as Transformações Mentais é essa diferença geracional entre estudantes e adultos, que sugere que uma vida inteira de exposição precoce às influências do Facebook e do Twitter está produzindo uma mentalidade cultural diferente daquela presente nas gerações anteriores.

Porém, o que segue sendo verídico para diferentes faixas etárias, independentemente das suas características específicas predominantes, é que o uso entusiástico das redes sociais está fortemente ligado ao narcisismo. É claro que os seres humanos sempre foram vaidosos, egocêntricos e propensos a se gabar, mas agora as redes sociais oferecem a oportunidade de se entregar a esse comportamento de maneira ininterrupta. Curiosamente, no entanto, essa forma de agir também pode estar relacionada à baixa autoestima.[29]

Para pessoas de qualquer idade que têm uma rede existente de amizades construída no mundo tridimensional, as redes sociais podem ser uma extensão alegre da comunicação, junto ao e-mail, ao Skype ou às chamadas telefônicas, nos momentos em que o encontro presencial não é viável. O perigo surge quando é possível e tentador ter uma identidade falsa por meio de relacionamentos que *não* são baseados na interação real, tridimensional, e/ou quando as coisas mais importantes da sua vida são as experiências de outras pessoas, vividas indiretamente no lugar das suas próprias. Viver no contexto da tela pode sugerir falsos padrões de vida a serem desejados, repletos de amigos, festas etc. Conforme os seres humanos comuns seguem as atividades desses indivíduos estelares, sua autoestima inevitavelmente despencará; ainda assim, a obsessão narcisista e constante pelo self e suas inadequações será predominante. Podemos imaginar um ciclo vicioso no qual, quanto mais a sua identidade for comprometida devido às redes sociais, e quanto mais inadequado você se sentir por isso, mais atraente será um meio em que não é necessário se comunicar com as pessoas presencialmente.

Indivíduos com baixa autoestima consideram o Facebook um lugar seguro e atrativo para se autorrevelarem, e passam tanto ou mais tempo utilizando o Facebook do que pessoas com alta autoestima.[30] Um mundo de retratos online maquiados pode até parecer um ambiente de baixo risco, ideal para enriquecer relacionamentos e compartilhar coisas que, de outra forma, e por conta da inibição, não seriam compartilhadas. No entanto, pessoas com baixa autoestima tendem a postar atualizações que enfatizam suas características negativas em detrimento das positivas, quando comparadas com quem tem uma autoestima alta. Por consequência, elas são menos "curtidas" do que as pessoas que têm uma opinião melhor sobre si mesmas.[31] Quando indagadas sobre os motivos pelos quais as pessoas deixam de ser amigas umas das outras no Facebook, 41% delas apontaram para as irritantes atualizações de status.[32] Portanto, e um tanto ironicamente, a convicção de que é seguro divulgar seus sentimentos no Facebook pode encorajar pessoas com baixa autoestima a revelarem coisas que levarão à própria rejeição que tanto temem.

Além disso, considerando que a maioria dos "amigos" de um usuário do Facebook não gasta seu tempo em interações presenciais, a impressão que muitos desses "amigos" têm de alguém com baixa autoestima tende a ser negativa, o que por sua vez leva a uma rejeição ainda maior.[33] Em contrapartida, expressar inseguranças em interações presenciais acontece normalmente diante de um amigo próximo, de maneira íntima e confiável. No entanto, a plataforma única das redes sociais pode fazer com que outros usuários entendam a negatividade de um completo estranho, repleto de baixa autoestima, como algo desagradável. Isso cria uma situação em que o contato pelo Facebook pode ser a única maneira de muitos "amigos" se comunicarem; só que, ao mesmo tempo, as pessoas com baixa autoestima que "compartilham demais" no Facebook, ironicamente, impedirão que outras pessoas se tornem mais próximas delas.

Embora muitos vejam o Facebook como uma ferramenta inofensiva, que serve para manter amizades que já existem, um estudo recente constatou que usuários assíduos atribuem muita importância ao tipo e à quantidade de atenção que recebem em sua página do Facebook e, portanto, ficam desapontados.³⁴ A conclusão do estudo é deprimente:

> O Facebook parece ser uma ferramenta para transformar conexões próximas e pessoas desconhecidas em uma plateia para autoexibições individualistas... A autoexibição em sites de redes sociais pode ser uma forma pela qual os jovens atuais atribuem um valor crescente à fama e à atenção... [N]ovas tecnologias de comunicação aumentam o foco individualista no self.³⁵

Os dados do autorrelato e da avaliação do observador mostram que os indivíduos são mais propensos a expressar mais emoções positivas e apresentar um maior bem-estar emocional no Facebook do que na vida real.³⁶ Além disso, o Facebook pode abrir um mundo alternativo no qual eles podem escapar da realidade e ser quem gostariam de ser. Também estamos sendo expostos a vidas "perfeitas" ao lermos sobre pessoas que parecem ter tudo e que estão sempre sorrindo. Essas vidas aparentemente maravilhosas aumentam a pressão para que sejamos perfeitos, admirados e realizados na vida: uma meta inevitavelmente fadada ao fracasso. Talvez seja mais do que uma curiosa coincidência que, nos últimos vinte anos, o número de pessoas alegando não ter ninguém com quem possam discutir assuntos importantes tenha praticamente triplicado.³⁷ Em suma, a cultura das redes sociais pode predispor os usuários a uma mentalidade narcisista que, por sua vez, reforça a baixa autoestima. Ao confiar no Facebook para satisfazer essa necessidade de aprovação, os usuários não apenas pensam cada vez menos em si mesmos, como também desejam desesperadamente que as demais pessoas os notem e interajam com eles. Isso, por sua vez, contribui para o desenvolvimento de uma identidade exagerada ou completamente diferente: o self desejado, ideal.

Embora esse cenário pareça absurdo, é o que pode estar acontecendo agora. A Kidscape, uma instituição de caridade britânica que trabalha na prevenção do bullying e na proteção às crianças, realizou uma pesquisa na qual avaliou a vida cibernética de jovens por meio de um questionário online.[38] Dos cerca de 2.300 entrevistados, com idades entre onze e dezoito anos, oriundos da Inglaterra, da Escócia e do País de Gales, um em cada dois afirmou mentir sobre seus dados pessoais na internet. Neste grupo, um em cada oito jovens que falam com estranhos online têm uma probabilidade maior de não dizer a verdade; 60% deles mente sobre a sua idade, e 40% sobre os seus relacionamentos pessoais. Isso sugere que muitos jovens adotam uma identidade diferente quando estão online. Embora essa pesquisa estivesse especificamente voltada para a segurança online das crianças, também destacou o fato de que elas costumam criar uma persona diferente quando interagem com outras pessoas, especialmente com estranhos, de uma forma que não fariam ou não seriam capazes de fazer no mundo real. A pesquisa revelou que os jovens começam a alterar suas identidades pessoais e a agir de forma diferente online com apenas onze anos de idade — forjando identidades que lhes permitam ser mais rudes, mais sedutores, mais ousados —, e que geralmente assumem comportamentos inadequados. No entanto, saber que as pessoas podem estar de olho no que você faz online, além de julgá-lo de acordo com isso, pode encorajar os jovens a editarem seus conteúdos e a ficarem excessivamente inseguros. Essa nova tendência pode ser apenas uma diversão inofensiva, mas também pode ser o prenúncio de uma sociedade na qual os relacionamentos são baseados em conexões efêmeras entre identidades imaginárias.

As redes sociais parecem estar possibilitando, pela primeira vez, um self irreal e idealizado — ou, parafraseando uma garota de 21 anos, um "alter ego". Às vezes, as pessoas chegam até mesmo a falar de uma dupla personalidade, um self online em oposição a um self offline, como o Dr. Jekyll ocasionalmente se transformando em um Sr. Hyde cibernético. Para o Sr. Hyde, não há restrições de comportamento e, portanto, novas possibilidades são abertas para além da mera "diversão" que o Dr. Jekyll poderia ter sendo apenas ele mesmo.

No que diz respeito ao cérebro, como já vimos, é impossível separar a identidade do ambiente e do contexto. Portanto, é inevitável que a identidade da próxima geração seja formada dentro do contexto de uma cibercultura difusa e em constante mudança. A própria estrutura das nossas vidas implica que as amizades no mundo real entram em competição com aquelas que fazemos nas redes sociais, sempre presentes e convenientes. Para quem não tem relacionamentos duradouros e estáveis, se entregar demais às amizades virtuais pode ter um efeito negativo na identidade. O mais preocupante é o domínio da mentalidade de "palco", na qual se vive principalmente para obter aprovação e reconhecimento de outrem, e tudo o que se faz é avaliado como digno ou não de estar no Facebook. Existe o risco de que pessoas com mentes influenciáveis e com relativa pouca experiência do mundo real se tornem excessivamente preocupadas com suas vidas sociais e definam o sucesso ou a realização pessoal a partir de quantos amigos ou seguidores têm no Facebook e no Twitter.

Chegou-se a cogitar que a rede social é mapeada de forma direta no cérebro físico: o professor Ryota Kanai, da University College London, afirmou que o tamanho da rede social online de um indivíduo está intimamente relacionado a certos aspectos das estruturas cerebrais físicas envolvidas na cognição social.[39] Especificamente, a equipe constatou que a variação no número de amigos no Facebook previa, forte e significativamente, o tamanho de certas estruturas cerebrais. Também descobriu-se que a densidade da massa cinzenta de uma determinada região do cérebro, a amígdala, tem relação com o tamanho da rede social do mundo real e também com a extensão da rede social online de um sujeito.

Mas o que esse resultado aparentemente científico de fato nos diz? Será que o uso de redes sociais pode alterar a estrutura do cérebro, ou, na verdade, quem já tem uma determinada estrutura cerebral será dotado de uma rede social online maior? A dificuldade não reside tanto no que os exames de imagem cerebral mostram, mas antes no perigo de uma interpretação exagerada. Por mais fascinante que esse estudo possa ser, uma simples neuroimagem não pode nos dizer se uma determinada área ativada é um efeito, um efeito colateral ou até mesmo uma causa do comportamento a ser observado. As imagens de diferentes áreas do cérebro são excelentes para que se efetue uma correlação entre o cérebro e o comportamento, mas não significa que essa área seja o centro *desse* comportamento específico. A luz que aparece não representa o seu centro funcional; ela é apenas uma consequência, um mero efeito colateral do seu funcionamento.

Lembre-se de que as regiões do cérebro não têm funções isoladas no mapeamento do comportamento no mundo exterior. Além das regiões cerebrais mais primitivas — como as células especializadas que controlam a respiração —, as áreas mais sofisticadas do cérebro participam de muitas funções diferentes. Não há um chefe ou uma hierarquia de comando. Assim, se uma área específica do cérebro é comparativamente maior ou mais densa, quando vista em um exame de imagem, o que isso quer dizer? Bem, a interpretação e a sua validade dependerão muito da precisão da atividade a ser analisada nas neuroimagens.

Lembre-se dos taxistas londrinos exercitando a memória de trabalho nas ruas de Londres e como isso corresponde às alterações no tamanho de diferentes regiões do cérebro, tal como foi mostrado nos exames. As habilidades utilizadas para saber os melhores trajetos na metrópole são muito mais específicas e definíveis (menos vagas, portanto) do que aquelas utilizadas para fazer amizades. E, novamente, os pianistas novatos que se imaginaram tocando piano estavam executando um conjunto específico de movimentos em suas mentes, não importando se a contração real dos músculos ocorrera de fato ou não. Uma rede de amigos é um conceito muito mais abstrato e, portanto, mais difícil de definir operacionalmente.

Mesmo assim, não devemos deixar a água da neurociência escorrer pelo ralo das interpretações simplistas. Em vez disso, pensemos a respeito das formas complexas pelas quais o cérebro, tão delicado e maleável, responde às redes sociais, desde o instante em que um pulso de dopamina é disparado por uma resposta ao último tuíte até a formação da conectividade entre as células cerebrais no longo prazo, que acabará resultando em um rearranjo vitalício das sinapses no cérebro daqueles que podem vir, posteriormente, a ser considerados narcisistas, ou pessoas com uma baixa autoestima.

No livro *Alone Together,* Sherry Turkle narrou um caso convincente para reforçar o argumento de que, quanto mais conectado você está, mais isolado se sente — o que soa paradoxal.[40] Se uma pessoa está constantemente conectada, ela se torna uma espécie de commodity que pode ser comparada a outras pessoas e considerada insuficiente. Este cenário foi descrito por Oliver James em seu livro *Affluenza,* referindo-se aos bens materiais e a um estilo de vida disfuncional em uma sociedade capitalista: se você acredita que precisa ser mais bonito e mais rico do que qualquer outra pessoa para ter um sentido de vida, e se também enxerga outras pessoas como commodities para aumentar ainda mais a importância que dá a si mesmo, será incapaz de ter o tipo de relacionamento humano que é essencial para a sensação de bem-estar.[41] Cada pessoa é reduzida a uma série de marcas em uma lista, sem qualquer valor próprio, a despeito de todas estarem em um estado constante de comparação. E são precisamente esses aspectos de conectividade e comparação que definem a quintessência das redes sociais.

Essas redes, por sua vez, fornecem uma plataforma inédita para todo tipo de comparação social e inveja.[42] Um estudo de 2013, que investigou a relação entre inveja, satisfação com a vida e uso do Facebook, constatou que o Facebook havia desencadeado mais de 20% de todos os incidentes relacionados a inveja e ciúme. Essa inveja, causada principalmente pela autocomparação com a vida social — e até mesmo com as férias — de outras pessoas, diminuiu, subsequentemente, o seu prazer de viver. No entanto — e como pesquisas anteriores indicaram que a maioria dos indivíduos exibe um estado de contentamento exacerbado ou forjado —, o resultado daí decorrente pode consistir em um ciclo vicioso de querer demonstrar uma felicidade exagerada, sentir inveja da felicidade alheia e experimentar uma necessidade de aumentar falsas demonstrações de bem-estar pessoal.

Essa corrida armamentista cíclica, impulsionada pelos mecanismos cerebrais básicos de vício e recompensa, estaria muito longe das identidades e narrativas de uma história de vida que até agora nos deu propósito, e que vem a exigir, portanto, um contexto cognitivo elaborado, a ser desenvolvido ao longo da vida. Isso não quer dizer que a inveja e a infelicidade, que fazem parte da nossa constituição cognitiva, não interajam com o gancho biológico do ciclo da dopamina; isso ocorre necessariamente. Sendo assim, será que nós estamos, por mais contraditório que possa parecer, nos tornando estranhamente viciados em nos compararmos com os outros o tempo inteiro, mesmo que isso nos torne mais infelizes? Talvez a infelicidade, o sentimento de desapontamento, de vazio, ocorram somente porque você não ganhou dessa vez; tente novamente: gire a roda da fortuna ou lance os dados. Da próxima vez, você terá sorte e impressionará todo mundo. Se for capaz de fazer isso, aí sim terá se tornado "popular".

Mas, afinal, o que define ser "popular" nas redes sociais? No passado, o status era definido pelo seu relógio, seu carro, suas realizações. Por outro lado, atualmente, o status do Nativo Digital não é medido por patrimônios ou por um trabalho de prestígio, mas por sua "fama" (vagamente definida, diga-se de passagem). Curiosamente, a popularidade foi democratizada. Riqueza, gênero e idade não são mais tão relevantes. Não é mais necessário conquistar algo. Basta, simplesmente, ter contatos. Quem decide ter apenas amigos próximos em seu perfil do Facebook pode, por outro lado, ficar em desvantagem, já que o número de amigos na rede é visto como algo atrativo, física e socialmente.[43] (Apenas para fins de comprovação, constatou-se que o número ideal de amigos em relação à atratividade social é 302.)[44]

Para quem procura uma forma rápida e indolor de combater a baixa autoestima e de se promover, a Klout, uma empresa com sede em São Francisco, pode ser a resposta. Ela oferece análises de mídia social para medir a influência de um usuário em sua rede. Essas análises coletam dados derivados de sites como Twitter e Facebook e medem o tamanho da rede de uma pessoa, assim como o conteúdo gerado e como as outras pessoas interagem com esse conteúdo. O resultado é uma "pontuação Klout" que reflete diretamente a sua influência online.[45]

Caso você esteja pensando que uma pontuação Klout seria irrelevante quando se trata do mundo real mainstream, reflita sobre este comentário perturbador, retirado de um artigo de 2011: "Assim como a nota no vestibular é usada para avaliar alunos e uma pontuação de crédito, para julgar a situação financeira de alguém, [o criador do Klout, Joe] Fernandez espera que a pontuação Klout se torne um 'componente' das entrevistas de emprego."[46] Sendo ele o fundador, talvez suas previsões sejam um pouco tendenciosas e demasiadamente empolgadas. Ainda assim, a Klout me deixa enojada. Em primeiro lugar, de acordo com a empresa, o impacto se baseia inteiramente nas atividades realizadas em redes sociais; em segundo lugar, é avaliada a quantidade, e não a qualidade de suas mensagens; terceiro, o engajamento que você gera oferece uma oportunidade de usar sua "influência" para chamar a atenção para diferentes marcas. Além disso, as pessoas podem receber "vantagens Klout" — produtos de graça ou descontos — com base em seus respectivos impactos online.

Embora a Klout negue que haja qualquer obrigação de falar sobre produtos, a possibilidade de receber vantagens como notebooks e passagens aéreas grátis, mesmo sem ter uma pontuação Klout alta, significa que suas amizades viraram um espaço publicitário. E o fato de a sua importância ser medida por meio de redes sociais, dependendo de quanta atenção você atrai e da recompensa que essa atenção pode trazer, dificilmente contribuirá para qualquer tipo de melhoria pessoal. Que lição está sendo aprendida a respeito dos relacionamentos humanos — e a respeito de como cada um enxerga a si mesmo?

Para algumas pessoas que têm uma experiência robusta com relacionamentos na vida real, gastar tempo atualizando redes sociais e se comunicando com amigos pode até melhorar o bem-estar, assim como fofocar ao telefone; mas há também o perigo de que esse "bem-estar" possa agora ser alcançado simplesmente sendo "popular" com os demais usuários do Facebook, ou tendo uma pontuação Klout elevada. Embora em curto prazo o bem-estar seja, obviamente, uma coisa boa, se você começar a questionar em longo prazo uma razão superficial para se sentir feliz — exemplo: uma pontuação Klout alta —, pode começar a sentir que falta algo na sua vida, como a sensação de realização que normalmente é obtida por meio do trabalho árduo, de um desafio real, de uma conquista esportiva ou criativa. De qualquer forma, em um cenário extremo, pense nisto: como qualquer pessoa se sentiria vivendo em uma sociedade futura na qual o objetivo final de um sentimento de contentamento fosse apenas o número total de pessoas que notam a sua presença no ciberespaço?

"Eu deletei o meu Facebook", uma amiga real me confidenciou, "porque parecia que eu tinha voltado ao ensino médio, onde toda garota é mais popular e mais bonita do que você". Embora alguns estejam prontos para quebrar totalmente esse ciclo de felicidade falsa, eles permanecem sendo uma vasta minoria. Em 2011, 100 mil usuários do Facebook no Reino Unido excluíram seus perfis.[47] Em um estudo sobre pessoas saindo da rede social, o principal motivo relatado foi a preocupação com a privacidade. Indivíduos que usam mais a internet demonstraram maior propensão a abandonar o Facebook, indicando que estavam preocupados com o seu uso obsessivo.[48] O próprio ato de sair foi denominado como um "suicídio da identidade virtual" por pesquisadores de redes sociais, o que indica a importância que alguns conferem aos seus perfis no Facebook.

Quando estávamos examinando a neurociência da identidade, sugeri que ela envolve a mente, que é singular e cuidadosamente construída e que interage com um grande número de contextos externos transitórios ao longo do tempo. Esses contextos e essa interação serão extremamente importantes para determinar quem você é e como se percebe. Até agora, a mente adulta era o produto de um diálogo entre o ambiente e o self, e esse diálogo permitia pausas, autorreflexão e o desenvolvimento lento, mas seguro, de uma narrativa interna robusta. Por outro lado, um ambiente incessante vivido em redes sociais apresentará o polo oposto: um cenário que substitui um forte senso interno de identidade por outro, construído e impulsionado externamente. E, como essa identidade seria fortemente dependente das respostas alheias, ela recapitularia as inseguranças e fragilidades do self pessoal desequilibrado, e ainda incipiente, de uma criança.

Até agora, o diálogo contínuo entre o indivíduo e o ambiente tem sido medido por meio de uma história de vida personalizada internalizada e por comentários interiores que, como sugeri, equivalem àquilo que chamamos de identidade. Como acabamos de ver, o impulso básico de compartilhar essa narrativa com outras pessoas tem sido tradicionalmente compensado pelas restrições de base biológica da interação presencial, na qual as amizades são formadas gradualmente e de maneira muito seletiva. No entanto, as redes sociais removem essas precauções evolutivas e pisam fundo na autorrevelação irrestrita, em um contexto no qual os freios usuais aplicados pelo feedback interpessoal convencional estão ausentes. Portanto, ao invés de um pequeno círculo de amigos, o self agora é divulgado para uma plateia de centenas de pessoas — e, como todas as apresentações em público, ele é submetido a um escrutínio e a comentários intermináveis. Como será, então, que essa identidade excessivamente egocêntrica, todavia frágil, se sairá na comunicação interpessoal e nos relacionamentos?

11

REDES SOCIAIS E RELACIONAMENTOS

Mesmo na Grécia antiga, reconhecia-se a importância da interação presencial no lugar de meras palavras em uma página. Sócrates advertiu: "Uma vez escrito, um discurso chega a toda a parte, tanto aos que o entendem como aos que não podem compreendê-lo."[1] Hoje em dia, a tela oferece a oportunidade de abandonar a interação interpessoal em uma escala inédita e, com esse abandono, ocorre uma redução total do risco de constrangimento e de qualquer sensação de mal-estar proveniente de interações sociais. Ninguém pode ver você corar, ouvir sua voz ficar estridente ou sentir as palmas de suas mãos ficando úmidas. No entanto, repito, você também não tem acesso a esses sinais importantes para descobrir como a outra pessoa está reagindo.

Em 2012, o Ofcom, órgão regulatório de comunicações do Reino Unido, produziu seu nono relatório anual sobre o mercado de comunicações. James Thickett, o diretor de pesquisas da Ofcom, estava perfeitamente ciente da importância da queda de 1% no número de chamadas de celular que o relatório daquele ano constatou, bem como da queda de 10% no número de chamadas em telefones fixos. O diretor concluiu:

Em apenas alguns anos, as novas tecnologias mudaram fundamentalmente a forma como nos comunicamos. Falar presencialmente ou ao telefone deixou de ser a forma mais convencional de interagirmos uns com os outros. Em seu lugar, novas formas de comunicação estão surgindo, sobretudo entre as faixas etárias mais jovens, e que não exigem, necessariamente, que falemos uns com os outros. Essa tendência deve continuar à medida que as tecnologias avançam e nós avançamos para a era digital.[2]

O Ofcom relatou, então, que o britânico médio enviava cinquenta mensagens de texto por semana.[3] Um número impressionante de 96% dos jovens de 16 a 24 anos se valia da comunicação por mensagem instantânea (não verbal) — e-mails, mensagens de texto, redes sociais — todos os dias para entrar em contato com amigos e familiares. Enquanto isso, a comunicação verbal por telefone ou pessoalmente se tornou menos popular, com apenas 63% falando diretamente com amigos ou familiares, por dia.[4]

Embora os Nativos Digitais prefiram a comunicação não verbal, por meio de mensagens de texto ou da internet, o suporte emocional que essas formas de comunicação possibilitam acaba sendo muito inferior. Pesquisadores da Universidade de Wisconsin-Madison fizeram a seguinte pergunta: por si só, o conteúdo de uma conversa entre um pai e um filho adolescente, visando o apoio emocional, pode transmitir segurança, ou o tom de voz e/ou a presença física dos pais também contribuem de alguma forma?[5]

No experimento, os adolescentes realizaram uma tarefa estressante e foram consolados pelos pais por telefone, pessoalmente ou por meio de mensagens instantâneas, ou não tiveram nenhum contato com eles. Os níveis salivares de cortisol (um marcador de estresse) e de ocitocina (indicando um estreitamento de laços e de bem-estar) foram medidos posteriormente. Os adolescentes que falaram com seus pais por telefone ou pessoalmente liberaram quantidades semelhantes de ocitocina e mostraram níveis baixos e aproximados de cortisol, indicativos de uma redução no estresse. Em comparação, aqueles que trocaram mensagens instantâneas com os pais não liberaram ocitocina e tiveram níveis de cortisol salivar tão altos quanto aqueles que não interagiram. Assim, embora a geração mais jovem possa preferir modos não verbais de comunicação, quando se trata de suporte emocional, mandar uma mensagem parece o equivalente a não falar com ninguém.

Ainda não foi estabelecido empiricamente até que ponto esse aumento nas comunicações online não é apenas um sintoma, mas uma causa que afeta a capacidade dos jovens de socializarem e de ter empatia em conversas presenciais. Essa relutância em travar contato com alguém, sobretudo um estranho, pode ser produto do medo ou simplesmente da falta de prática deste que é um dos talentos humanos mais básicos. No entanto, nenhuma dessas alternativas é um bom presságio para a sociedade. Imagine que você nunca tenha praticado muita comunicação presencial porque, desde jovem, suas principais interações com outras pessoas aconteciam por meio de uma tela. Neste caso, em vez de linguagem corporal, tom de voz e contato físico, o veículo predominante de expressão são as palavras. Não é de espantar que muitas pessoas se queixem de terem sido mal interpretadas no chat das redes sociais. Por mais que você discuta ou fale sobre suas emoções, declarações simplesmente não se comparam a expressões faciais autênticas.

Mais assustadora ainda é a ideia de que a comunicação não verbal possa ser subvertida por um ciberuniverso paralelo no qual as habilidades de interação interpessoal não são suficientemente treinadas; se for o caso, é improvável que você fique bom nisso. Talvez muitos jovens criados com a opção mais segura de se comunicar por meios online prefiram, portanto, não se arriscar a fazer contato visual, a abraçar alguém ou a ter que lidar com um aumento involuntário no tom de voz. Isso, por sua vez, pode significar que os relacionamentos online são, de fato, muito diferentes dos reais. A casamenteira profissional Alison Green descobriu que enfrenta problemas únicos ao lidar com Nativos Digitais: eles parecem lutar para se comunicar presencialmente e passaram a desenvolver relacionamentos românticos online. São casais que preferem se conhecer primeiro a distância, por trás da segurança dos smartphones.[6]

A grande questão é se essa tendência deve ou não ser acolhida. Sherry Turkle afirmou que o Facebook passa "a ilusão de um companheirismo sem as exigências da amizade".[7] Paul Howard-Jones, por outro lado, conclui, em uma análise de 2011, que, de forma geral, a internet "pode beneficiar a autoestima e a conexão social".[8] Moira Burke, da Universidade Carnegie Mellon, entrevistou, durante dois meses, mais de mil usuários adultos do Facebook que falam inglês em todo o mundo, e que foram recrutados por meio de um anúncio. Ela chegou a uma conclusão semelhante:[9] os resultados demonstraram que, a partir da comunicação direta, o Facebook estreitou laços e reduziu a solidão.

No entanto, e de forma reveladora, quanto mais os usuários consumiam notícias passivamente, mais eles sentiam que tinham menos acesso às novas ideias dos outros. O mais importante de tudo isso é que o sentimento de solidão foi diretamente proporcional à quantidade de conteúdos consumidos. Essas descobertas destacam a possível existência de uma diferença crucial entre sustentar ativamente as amizades existentes e o consumo passivo de notícias sociais de outras pessoas. Resultados positivos provenientes de relacionamentos em redes sociais *parecem se aplicar apenas àqueles que se comunicam com amigos já existentes*. Usar a internet para fazer novas amizades na verdade gera um resultado bastante diverso. Um estudo em longo prazo sobre a relação entre o uso do computador por meninos e meninas adolescentes e seus amigos, bem como a qualidade dessa amizade, revela que usar a internet para fazer novas amizades está associado a níveis reduzidos de bem-estar.[10]

Seguindo o raciocínio e com base em uma amostra de pré-adolescentes e adolescentes, os pesquisadores descobriram que a comunicação online estava relacionada positivamente à aproximação das amizades.[11] Nenhuma surpresa até aí. No entanto, esse efeito se aplicava apenas aos entrevistados que se comunicavam online principalmente com aqueles que já eram seus amigos, e não para aqueles que se comunicavam majoritariamente com estranhos. Os entrevistados com algum tipo de ansiedade social consideravam a internet mais valiosa para a autorrevelação de suas intimidades — percepção que, por sua vez, levava a uma comunicação online ainda mais intensa. Parece, então, que a intimidade social do mundo real e a intimidade mediada pelo Facebook estão longe de ser a mesma coisa — distinção que foi confirmada por uma pesquisa realizada em 2013.[12]

Essa dissociação essencial entre o número de ciberamigos e de amigos reais, com maior envolvimento emocional, também se aplica às gerações mais velhas. Um outro estudo examinou as relações entre o uso de mídias sociais (mensagens instantâneas e redes sociais), tamanho da rede e proximidade emocional em indivíduos com idades entre 18 e 63 anos.[13] Talvez não seja de surpreender que o tempo gasto em mídias sociais tenha sido associado a um grande número de "amigos" online, mas esse tempo *não* foi associado a redes offline mais amplas ou a se sentir afetivamente mais próximo dos seus membros. Então, de modo geral, como a socialização online pode diferir fundamentalmente daquela que ocorre no mundo real? Uma diferença pode residir no desenvolvimento das habilidades de comunicação interpessoal e, consequentemente, na empatia.

A capacidade de se preocupar e compartilhar as experiências afetivas alheias é algo que diferencia de forma evidente os humanos da maior parte do resto do reino animal.[14] Estudos descobriram que mesmo bebês e crianças pequenas exibem um comportamento empático. Uma pesquisa com bebês com apenas 34 horas de vida mostrou que eles choram ao ouvirem outro recém-nascido chorar e que emitem esse ruído em resposta às propriedades vocais do choro alheio. Os bebês expostos ao choro de outro recém-nascido choram com uma frequência mais significativa do que aqueles que estão cercados por silêncio ou aqueles expostos a sons sintéticos de choro, mas reproduzidos na mesma intensidade.[15]

No entanto, o florescer pleno da empatia não é, necessariamente, um direito de nascença garantido. Seria difícil imaginar um traço complexo como esse sendo um produto completamente criado por nossos genes. Por exemplo, embora o trabalho de Ariel Knafo e sua equipe na Universidade Hebraica de Jerusalém aponte para uma contribuição genética significativa — na verdade, uma série de genes é inevitavelmente necessária para a formação dos diversos traços cognitivos de um cérebro humano saudável —, a capacidade efetiva de ter empatia para com os outros continua amadurecendo até os vinte anos.[16] Ou seja, há bastante tempo para que o ambiente e a experiência obtida por relacionamentos desempenhem um papel significativo na determinação de nossa capacidade empática.

O termo "inteligência emocional" tem se infiltrado cada vez mais na linguagem cotidiana para definir a "habilidade, capacidade, aptidão ou autopercepção de identificar, avaliar e gerenciar as emoções em si mesmo, em terceiros e em grupos".[17] Se a inteligência emocional é parte da inteligência mais "convencional" ou difere dela, é uma questão interessante — no entanto, não é a nossa prioridade neste trabalho. De forma sucinta, se a inteligência emocional variar de pessoa para pessoa, como ocorre com a convencional, então ela não poderá ser uma característica determinada no nascimento. Conforme mencionado no Capítulo 4, uma pesquisa com 14 mil estudantes universitários dos Estados Unidos sugere que os níveis de empatia podem estar diminuindo.[18] Embora essa pesquisa, como todas as outras, não seja capaz de fornecer um nexo causal entre a popularidade crescente das redes sociais e o declínio da empatia, sem dúvida vale a pena levar essa correlação um tanto misteriosa em conta.

Miller McPherson realizou uma abordagem particularmente interessante: comparar as noções de amizade em 1985 e em 2004. A equipe de McPherson descobriu que os participantes de 2004 tinham menos pessoas com quem podiam conversar de fato, sendo o seu número de confidentes disponíveis cerca de um terço menor. Outro fato, ainda mais alarmante: a proporção de quem não tinha ninguém com quem discutir assuntos importantes quase triplicou.[19] Embora tenha-se constatado perdas tanto dentro da família quanto em grupos de amigos, os maiores déficits de confidentes foram observados na comunidade e na vizinhança. McPherson e seus colegas levantaram a possibilidade de que os entrevistados possam ter interpretado a pergunta como se ela se referisse a uma discussão estritamente presencial; sendo assim, a mudança da comunicação verbal para a online poderia ser responsável pelo aparente declínio.

É fácil ver como essas duas tendências — uma diminuição na empatia e um aumento nos relacionamentos online — podem ser associadas. Como apontou o psicólogo Larry Rosen, se você fere os sentimentos de alguém, mas não consegue ver sua reação, não terá indicativos suficientes para entender o que fez e se desculpar ou tomar outra atitude compensatória.[20] O aumento da sensação de isolamento pode estar relacionado à facilidade e à rapidez com que as informações pessoais podem ser postadas, o que pode encorajar as pessoas a enviarem para o mundo informações potencialmente prejudiciais e de forma imprudente. Contudo, se a empatia é originada da experiência da comunicação interpessoal presencial, e ao mesmo tempo nós ficamos bons apenas nas coisas que treinamos, então a redução na comunicação presencial reduziria também a nossa capacidade empática.

Conexões empáticas no mundo real podem ser uma boa analogia para a rede de neurônios singulares que ocorre no cérebro (lembre-se das famosas palavras de Hebb sobre os neurônios: "células que disparam juntas permanecem conectadas"). No entanto, caso você sinta que não tem ninguém que se preocupa com você, pode ficar ainda mais tentado a ser indiferente aos outros ou apenas se importar menos por ser assim. E que efeito essa indiferença pode ter sobre a nossa própria visão do que é importante e apropriado compartilhar?

Além da empatia, o uso excessivo da internet pode levar, de maneira mais geral, a uma redução na capacidade de se comunicar de forma eficaz, pois isso tem sido associado à falta de inteligência emocional, incluindo um baixo desempenho na interpretação de expressões faciais.[21] Talvez não cause espanto que as pessoas que passam muito tempo na internet tenham déficits para processar rostos. Um estudo específico utilizou um sistema de detecção visual para comparar estágios iniciais do processamento de informações relacionadas a rostos em jovens que utilizam a internet em excesso, analisando seus eletroencefalogramas.[22] Ao apresentar imagens de rostos e objetos para pessoas, os pesquisadores constataram que as ondas cerebrais provocadas pela visualização de rostos eram geralmente maiores e atingiam um pico antes do que as respostas semelhantes provocadas por objetos. Isso indicava que os rostos tinham mais importância para o observador comum do que os objetos. Por outro lado, usuários assíduos da internet geralmente tinham essa resposta em ondas cerebrais reduzidas, em relação aos indivíduos comuns — fosse olhando para rostos ou para mesas.

Esse resultado sugere que, para esses usuários assíduos, os rostos não tinham uma importância maior do que a dos objetos inanimados. Embora ainda não se saiba se essas deficiências se estenderiam a processos mais profundos de percepção facial, como memória e identificação facial, tais observações indicam que esses usuários apresentam um deficit no estágio inicial do processamento da percepção facial, deficiência que, por sua vez, está associada a uma gama de condições, incluindo psicopatia e autismo.

Somente no Reino Unido, mais de meio milhão de pessoas — cerca de 1% da população — apresentam alguma forma de autismo. Os transtornos do espectro autista são caracterizados por uma tríade de deficiências: (1) dificuldade de comunicação social, tanto verbal quanto não verbal, de modo que os pacientes muitas vezes têm dificuldade em "ler" outras pessoas; (2) dificuldade em reconhecer ou compreender as emoções e os sentimentos de outras pessoas, bem como expressar os seus próprios; e (3) dificuldades referentes à imaginação social, ou seja, a compreender e prever o comportamento de outras pessoas, dar sentido a ideias abstratas e imaginar situações fora de sua rotina diária imediata.

Tradicionalmente, o transtorno do espectro autista é diagnosticado nos primeiros dois anos de vida. Por isso, alguns especialistas afirmam que é impossível vincular estritamente o autismo às redes sociais, uma vez que crianças muito pequenas não têm acesso a elas. No entanto, o Dr. Maxson McDowell, psicanalista, apontou que os indivíduos que usam obsessivamente as redes sociais ainda podem desenvolver traços *semelhantes* aos do autismo, como evitar contato visual. Em bebês, o contato visual precoce inaugura a habilidade de se conectar com as experiências subjetivas dos outros, essencial para a comunicação e a interação social, e que se encontra prejudicada no autismo.[23] Com efeito, a incapacidade que um bebê apresenta em acompanhar com os olhos o rosto da mãe costuma estar associada a um diagnóstico futuro de autismo.

Enquanto isso, Michael Waldman, Sean Nicholson e Nodir Adilov, três acadêmicos da Universidade Cornell, exploraram possíveis associações entre o uso da tecnologia e o desenvolvimento posterior do autismo. Eles analisaram uma variedade de atividades feitas na tela, incluindo assistir à televisão, assistir a vídeos e DVDs, assistir a filmes no cinema e usar computador. Surgiu uma associação entre assistir à TV no início da vida e o autismo. E, se a TV pode ser um fator determinante, não seria de surpreender que o mundo na tela da internet também pudesse causar impacto.[24]

Portanto, se ampliarmos o termo "traços semelhantes ao autismo", as descobertas realizadas na Cornell podem sugerir que não devemos excluir fatores ambientais em alguns casos. As taxas de diagnóstico de autismo têm aumentado rapidamente nas últimas duas décadas, e esse aumento não pode ser atribuído apenas a causas genéticas. Um estudo de Irva Hertz-Picciotto e Lora Delwiche, da Universidade da Califórnia em Davis, demonstrou que, mesmo depois de se levar em consideração as mudanças nos critérios diagnósticos e a expansão do espectro do autismo, ainda não havia justificativa para um aumento significativo de casos de autismo.[25] Não devemos descartar de imediato a possibilidade de haver gatilhos para isso no ambiente, como a exposição prolongada e precoce ao mundo das telas, no qual ninguém faz contato visual. Os humanos têm um comando evolutivo para se adaptar ao seu ambiente e, quando esse ambiente não oferece oportunidades para treinar as habilidades interpessoais essenciais para a empatia, um dos resultados pode ser o desenvolvimento de dificuldades nesse aspecto, semelhantes àquelas presentes no espectro autista.

Curiosamente, David Amodio, da Universidade de Nova York, e Chris Frith, da University College London, mostraram que um dos sintomas do autismo é um córtex pré-frontal subativo.[26] Lembremos o Capítulo 8, que mostrou como essa região do cérebro é essencial para garantir que o cérebro funcione de maneira coesa. Se essa região-chave estiver subativa, pode haver um efeito profundo nas operações integradas do cérebro, criando uma mentalidade, descrita anteriormente, em que o sensorial supera o cognitivo, e nada tem um "significado": simplesmente é. Uma risada, uma carranca, um rubor, um sorriso podem "significar" muito menos: o que se vê é o que se tem. O valor aparente é (quase literalmente) o único que conta.

Independentemente de as tecnologias de tela aumentarem ou não a possibilidade de comportamentos semelhantes aos do autismo, é comumente aceito que o inverso é verdadeiro: que as pessoas que apresentam algum grau de autismo geralmente se sentem mais confortáveis no ciberespaço. Catrin Finkenauer e sua equipe da Universidade de Amsterdã investigaram a ligação entre traços de autismo e uso da internet em um estudo longitudinal; eles demonstraram que as pessoas que tendem a possuir traços de autismo, especialmente mulheres, são mais propensas a usar a internet de forma compulsiva.[27] Essa evidência sugere que existe algum tipo de relação entre a atração pela internet e a insuficiência empática, como também se pôde observar no estudo da falta de distinção valorativa entre rostos e objetos por parte de usuários mais assíduos.

Pelo lado positivo, a afinidade por telas, tal como é constatada em pessoas dentro do espectro autista, já é explorada pela terapia. Um exemplo notável é o Projeto ECHOES, sediado no Reino Unido, que ajuda crianças em idade escolar a experimentar cenários sociais desafiadores. O ECHOES é:

> um ambiente de aprendizagem aprimorado por tecnologias onde crianças de cinco a sete anos inseridas no espectro do autismo e seus colegas em desenvolvimento típico podem explorar e melhorar as habilidades sociais e comunicativas por meio da interação e da colaboração com personagens virtuais (agentes) e objetos digitais. O ECHOES oferece metas e métodos de intervenção adequados ao desenvolvimento e que são significativos para cada criança, e prioriza habilidades comunicativas, tais como a atenção conjunta.[28]

Por que as telas são tão atraentes para alguém que tem dificuldades com a empatia? A resposta mais óbvia é que, neste mundo específico, não há a necessidade de entender o que pode vir a estar acontecendo na mente dos outros — o que se vê é o que se tem. E, como no ambiente online todas as pistas não verbais valiosas que já discutimos estão ausentes, é possível que, dentro dele, todos nós nos comportemos de maneira análoga às pessoas dentro do espectro autista.

Resumindo: há uma relação entre as respostas atípicas das ondas cerebrais no reconhecimento facial prejudicado, característico tanto ao espectro autista quanto a usuários assíduos da internet; uma relação entre os transtornos do espectro e um córtex pré-frontal em subfuncionamento, indicativo de uma visão mais literal do mundo; uma relação entre as experiências iniciais com telas e o desenvolvimento posterior do autismo, e uma relação entre as condições autistas e a atratividade das tecnologias de tela. Embora seja impossível estabelecer uma relação de causa e efeito entre essas várias associações e efetivamente extrair várias conclusões contundentes, parece que há alguns paralelos entre o uso intenso da internet e comportamentos semelhantes àqueles vistos no autismo que merecem uma exploração mais aprofundada.

Essa linha de raciocínio nos leva, invariavelmente, a questionar o que queremos dizer quando falamos de relacionamentos. Para ser um amigo de verdade, certamente é preciso ter uma compreensão real sobre uma pessoa e sobre como ela reagirá a uma série de contextos diferentes. A grande diferença entre relacionamentos online e offline é que, no primeiro caso, você mostra apenas o que deseja mostrar, muitas vezes catalogando o que gosta e não gosta. Ninguém vê como você lida de fato com os problemas ou como sofre em situações estressantes, que têm consequências concretas e permanentes. Por outro lado, não é possível esconder sentimentos genuínos e imediatos de um amigo verdadeiro em uma situação presencial, especialmente se esse amigo for bom em usar todas as pistas tridimensionais e sensoriais necessárias para uma empatia real.

A falta de oportunidade de treinamento das habilidades sociais no meio online pode muito bem antever um declínio nos relacionamentos profundos e significativos. É importante ressaltar que a preferência pela comunicação online, em vez comunicação presencial, pode resultar em uma maior desconfiança nas pessoas. Afinal, a confiança cresce com a empatia, que por sua vez é mais bem estabelecida por meio da comunicação presencial e da linguagem corporal.

O potencial de perder a chance de criar uma intimidade mais profunda com outras pessoas é maior quando o tempo gasto em relacionamentos online substitui o tempo gasto em interações humanas reais. Portanto, precisamos pensar sobre o impacto geral dos relacionamentos de Facebook no nosso estilo de vida. O excesso de redes sociais pode atravessar a fronteira das disfunções e dos danos interpessoais e até mesmo acabar com carreiras e casamentos. Pode retirar o tempo empreendido na manutenção de um relacionamento e aumentar a oportunidade de comunicação com ex-parceiros ou futuros parceiros em potencial, o que por sua vez pode levar à tentação ou ao ciúme nos relacionamentos atuais. Um estudo de 2013 descobriu que altos níveis de uso do Facebook estavam associados a situações negativas nos relacionamentos, levando a um número elevado de traições, términos e divórcios. Esse efeito foi influenciado pela quantidade de conflitos experimentados pelo casal em relação ao Facebook.[29]

Atualmente, as redes sociais expõem os usuários a informações às quais, de outra forma, eles não teriam acesso, como fotos de um ex-parceiro com um novo parceiro. Logo, o Facebook pode estimular o lado inseguro e ciumento da natureza humana.[30] Uma amiga me disse que saiu do Facebook porque o uso começou a deixá-la paranoica, embora ela não fosse uma pessoa inerentemente ciumenta: "De repente, havia uma informação sobre o meu parceiro que eu não queria saber, mas que poderia descobrir se procurasse, de tal forma que não consegui me conter." Existem estudos formais avaliando e reconhecendo exatamente esse tipo de reação. Um desses se baseou em uma descoberta anterior, de que o contato offline contínuo com um ex-parceiro romântico pode interromper a recuperação emocional do término.[31] Resultados obtidos na análise de 464 participantes revelaram que pessoas que permaneceram amigas do ex-parceiro ou ex-parceira no Facebook relataram desejo sexual e saudades em relação a eles, o que se misturava de forma tóxica com uma redução do crescimento pessoal, quando comparadas às pessoas que não tinham esses parceiros nas redes. Os pesquisadores, então, concluíram: "De maneira geral, essas descobertas sugerem que a exposição a um ex-parceiro por meio do Facebook pode obstruir o processo de cura e de superação de um relacionamento anterior."[32]

Naturalmente, isso também é verídico na vida real. É difícil esquecer as pessoas quando se continua a vê-las com frequência. Mas o Facebook torna essa perseverança doentia muito mais acessível e difícil de resistir. Historicamente, nossos relacionamentos se desgastavam de tempos em tempos — por exemplo, pelo fim de uma relação íntima; ou devido a um desentendimento, a uma mudança de emprego, escola ou residência; ou simplesmente por perder contato com alguém. Hoje, graças ao Facebook, podemos transportar com muito mais facilidade toda essa bagagem emocional do nosso passado para o presente.

Além disso, o acesso mais amplo às informações pessoais de outras pessoas levou a uma cultura em que bisbilhotar indivíduos não é apenas permitido — é esperado. O jargão, muito utilizado no Facebook, é *stalking*, mas os especialistas em redes sociais suavizaram o termo para "vigilância social".* Independentemente da semântica, a capacidade de se intrometer de forma livre e anônima na vida das outras pessoas é um problema grave. Basta ver a popularidade das revistas de fofoca de celebridades para perceber que os humanos são intrinsecamente intrometidos. Todavia, essa tendência pode agora ser ampliada por meio das redes sociais, nas quais a vigilância interpessoal é uma prática bastante comum: 70% dos estudantes universitários (o comportamento ocorre independentemente do gênero)[33] relataram usar o Facebook para dar uma olhada em seus parceiros românticos, e 14% relataram fazer isso pelo menos duas vezes por dia.[34] Na realidade, o uso do Facebook em uma intensidade maior já faz com que o ciúme atrelado à rede social seja esperado. Pesquisadores acreditam que esse efeito pode ocorrer devido a um ciclo de feedbacks: o uso do Facebook pode expor as pessoas a informações ambíguas sobre seus parceiros, que não seriam acessadas de

---

* A prática de *stalking*, quando culmina em perseguir alguém reiteradamente por qualquer meio (online ou real), com ameaças ou invasão de privacidade, configura crime de perseguição, recentemente incluído no Código Penal Brasileiro. (N. da T.)

outra maneira; essas informações, por sua vez, incitam o ciúme, além de um uso mais intenso da rede.[35]

Um escritório de advocacia especializado em divórcios alegou que quase um em cada cinco pedidos de divórcio administrados por eles mencionava o Facebook.[36] E-mails e mensagens de flerte vistos em páginas de Facebook estão cada vez mais sendo utilizados como evidência de comportamento irracional. De acordo com o Divorce-Online, uma plataforma de serviços jurídicos britânica, o Facebook esteve ligado a 33% dos rompimentos de casamentos em 2011, contra 13% em 2009. Mark Keenan, presidente da Divorce-Online, comentou:

> Ouvi da minha equipe que muitas pessoas afirmaram ter descoberto coisas sobre seus parceiros no Facebook e decidi ver qual era a frequência disso. Fiquei realmente surpreso ao ver que 20% de todos os pedidos de divórcio continham referências ao Facebook. O motivo mais comum parecia ser pessoas tendo conversas sexuais inapropriadas com pessoas que supostamente não deveriam.[37]

O tempo gasto com a tecnologia é um tempo afastado do mundo real e de pessoas reais. Só é possível tentar entender como os outros se sentem se os virmos e/ou ouvirmos suas vozes. Estar muito tempo concentrado no mundo bidimensional das redes sociais pode, como vimos antes, afetar a capacidade dos jovens de criar empatia, de formar laços significativos e, por fim, de extrair o melhor de seus relacionamentos.

Em um debate em Londres, em fevereiro de 2012, eu comprei briga com Ben Hammersley, o editor da revista *Wired*. O tema era "O Facebook não é seu amigo." Seria injusto com Ben, que não tem voz nas páginas deste livro, tentar resumir todo o intercâmbio de pontos de vista. No entanto, o motivo pelo qual trago isso à tona aqui é que, em suma, Ben alegou que o Facebook era, sim, seu amigo, já que era "só diversão" e, obviamente, não substituía amizades verdadeiras. No calor intensivo do momento, dei início a uma longa réplica; olhando para trás, no entanto, gostaria de ter simplesmente reconhecido que Ben acabara de provar o meu argumento. As redes sociais podem ser tão divertidas, insubstanciais e potencialmente compulsivas quanto junk food. O que parece irrefutável, entretanto, é que essas redes estão tendo um impacto significativo na comunicação interpessoal e, consequentemente, nos relacionamentos. Sendo assim, da mesma forma que acontece com junk food, inevitavelmente haverá repercussões ainda maiores para a sociedade como um todo.

12

REDES SOCIAIS E SOCIEDADE

A questão principal do termo "Transformações Mentais" — que é diferente de, por exemplo "mudança do cérebro", que parece ter saído direto de uma ficção científica — é que ele trata de muitos aspectos que dizem respeito ao modo como nós, enquanto indivíduos, pensamos, sentimos e interagimos uns com os outros conforme vamos vivendo neste ambiente digital sem precedentes. Para que se tenha uma visão mais ampla, é importante pensar não apenas na neurociência que constitui o alicerce para essas transformações, mas também na psicologia, nas ciências sociais e até mesmo na filosofia por trás delas. Do século XVII em diante, grandes pensadores como Thomas Hobbes, John Locke e Jean-Jacques Rousseau divulgaram a ideia do contrato social, que sustenta que os indivíduos consentiram, explícita ou tacitamente, em renunciar a algumas liberdades ou direitos individuais pela própria proteção e bem-estar. Portanto, vamos ver agora o impacto que as redes sociais têm sobre os valores morais aceitos por uma sociedade.

Megan Meier tinha treze anos e morava no Missouri quando, em 2006, começou a se comunicar online com um garoto chamado Josh Evans.[1] No início, Josh parecia atencioso, mas depois foi se tornando cada vez mais crítico e ofensivo; ele disse a Megan que ela era uma pessoa tão terrível que deveria se matar. Na realidade, "Josh" era a mãe de uma ex-amiga de Megan. Essa história não apenas demonstra como é fácil adotar uma persona completamente diferente, mas também expõe os efeitos que esse bullying pode ter: Megan fez o que lhe foi sugerido e se enforcou. De forma preocupante, essas histórias trágicas estão se tornando cada vez mais comuns.

A vulnerabilidade de adolescentes a formas de comunicação mais higienizadas, porém menos ricas e multidimensionais, a propensão para correr riscos que essa idade traz, a disponibilidade das redes sociais 24 horas por dia e seus recortes editados e irreais sobre o que as demais pessoas estão fazendo são fatores que podem acabar sendo um coquetel inebriante para alguns indivíduos que, por sua vez, se comportam de maneiras disfuncionais, com implicações últimas para a sociedade como um todo. Em 2012, uma pesquisa nos Estados Unidos, no Canadá, no Reino Unido e na Austrália constatou um aumento acentuado no número de suicídios resultantes de ciberbullying, com 56% dos casos tendo ocorrido em um período de 7 anos e 44%, nos 15 meses anteriores.[2]

Ciberbullying é quando alguém se vale da internet, de um telefone celular ou de outro dispositivo para ameaçar, assediar, provocar ou constranger outra pessoa. Vários estudos relatam que 20 a 40% dos jovens foram vítimas de ciberbullying.[3] Em 2011, em uma pesquisa com adolescentes norte-americanos, 33% das meninas de 12 ou 13 anos que acessam redes sociais afirmaram que as interações dos seus colegas nas redes são, "em sua maioria, rudes"; 20% das meninas de 14 a 17 anos relataram a mesma coisa.[4] Esses agressores costumam criar um site ou formar um grupo no Facebook para fazer com que as pessoas entrem neles e façam comentários sobre outras. Mas não é justo culpar a internet por isso. O bullying lança, já há muito tempo, sua sombra escura sobre os playgrounds e locais de trabalho, e parece profundamente enraizado em nossa psique.

"Talvez seja apenas da natureza humana infligir sofrimento a qualquer coisa que consiga suportar o sofrimento, quer devido à sua humildade genuína, ou indiferença, ou pura impotência." Esta ideia é de

Honoré de Balzac, e está presente em seu romance *O Pai Goriot*, de 1835.[5] Ousou-se dizer até mesmo que o bullying teria um valor evolutivo, como um fator estabilizante nas lutas inconstantes por status hierárquico nas colônias de primatas.[6] No entanto, embora os valentões tenham sido uma mancha na sociedade desde que Flashman, por exemplo, aprontava no livro *Tom Brown's Schooldays* ["Tom Brown nos Tempos de Escola", em tradução livre], o veículo para eles expressarem suas predisposições desagradáveis mudou. Agora que a internet e as redes sociais removeram a maioria dos limites estabelecidos pela responsabilidade, é possível que essa tecnologia origine comportamentos e situações que antes não seriam possíveis.

Alguns argumentarão que os efeitos da cultura digital sobre o ciberbullying não são exatamente um problema, porque o meio e irrelevante. Por exemplo, Dan Olweus, que dirige um programa de prevenção de bullying na Universidade Clemson, descobriu que, entre um grupo de adolescentes mais jovens, havia uma grande interseção entre os praticantes de bullying tradicional e os de ciberbullying. No entanto, 12% das novas vítimas ou agressores no grupo dos EUA sofreram apenas ciberbullying e não eram nem vítimas nem agressores do bullying convencional. Olweus argumenta que esta é uma "porcentagem muito pequena" e complementa:

> Esses resultados sugerem que as novas mídias eletrônicas, na verdade, criaram poucas vítimas e poucos agressores "novos". Sofrer ou praticar ciberbullying com outros alunos parece, em grande medida, parte de um padrão geral de bullying em que o uso dessas mídias é apenas uma das formas possíveis e que, além disso, tem uma ocorrência consideravelmente baixa.[7]

No entanto, os 12% de adolescentes que participam ativamente ou que são vítimas do bullying não deveriam ser considerados uma "porcentagem muito pequena". Além disso, precisamos perguntar não apenas se a internet incentiva esse tipo de comportamento, mas também se o ciberbullying pode afetar mais a vítima do que o bullying tradicional, o que constitui um dado importante. Afinal, a escala do público que pode testemunhar o bullying é muito maior agora do que era em um cenário de bullying tradicional, e as evidências do assédio podem existir permanentemente na internet. Um estudo recente descobriu que tanto os ciberagressores quanto as vítimas estavam significativamente mais propensos a internalizar problemas, conforme evidenciado por sintomas depressivos e comportamentos suicidas, se comparados àqueles envolvidos no bullying tradicional. Portanto, o meio pode afetar tanto a vítima quanto o agressor, e de uma forma muito mais grave.[8]

Especialistas têm afirmado que a internet cria um mundo único que adiciona um "desengajamento" frente a ações imorais.[9] O processo de desengajamento moral descreve como um indivíduo é capaz de desativar os controles morais internos que, de outra forma, inibiriam seu comportamento.[10] Esse desligamento pode ser um pré-requisito para o ciberbullying: sinais visuais, como a angústia da vítima, estão ausentes, na medida em que a distância criada pela tela suprime quaisquer sentimentos de culpa e vergonha. Além disso, como os jovens associam o uso da tecnologia a jogos online, a chats com amigos e ao envio e recebimento de fotos, o ciberbullying costuma estar intimamente relacionado a outros meios de entretenimento.[11] Essa descoberta se alinha com as pesquisas que mostram que ciberagressores têm menos remorso, o que ocorre, em parte, devido à falta de contato direto entre agressor e vítima. Sonja Perren e Eveline Gutzwiller-Helfenfinger, duas pesquisadoras da Universidade de Zurique, não encontraram relação entre o desengajamento moral e o ciberbullying.[12] Isso sugere que a tela pode desumanizar as vítimas a tal ponto que os agressores nem mesmo precisam suprimir seus valores morais; logo, eles não precisam nem sequer se desengajar antes de tentarem prejudicar outras pessoas online.

A difusão e a diluição da responsabilidade são outras causas do comportamento de ciberbullying.[13] Assim como o bullying praticado por um grupo permite que a responsabilidade pelo ato seja diluída, o ciberbullying geralmente ocorre no meio de uma multidão virtual. A internet concede o anonimato de uma multidão e, portanto, a oportunidade de se comportar de uma forma mais imoral do que pessoalmente. O Dr. Graham Barnfield, pesquisador de mídias e conferencista da University of East London, disse ao programa de TV britânico *Tonight with Trevor McDonald* que os *happy slappings* — um tipo de bullying no qual um agressor, o *slapper*, bate na vítima, filma e faz o upload do vídeo pela internet — podem ser vistos pelos seus praticantes como um atalho para conseguir "fama e notoriedade". É um tipo completamente novo de mentalidade, que só se tornou possível devido à internet.

Há outro fenômeno que, assim como o bullying, também parece trazer à tona o que há de pior na natureza humana e, tal como o happy slapping, só poderia acontecer de fato na internet. O ato de "trollar" é predominante em salas de chat, streams no Twitter e blogs. "Trollar" geralmente se define da seguinte forma: alguém adota uma postura ofensiva ou controversa para irritar os outros ou provocar uma resposta inflamada.[14] Usuários maduros e experientes da internet podem encarar os comentários dos trolls colocando uma pitadinha de sal neles, especialmente se forem mais espirituosos do que rancorosos, mas os usuários mais sensíveis ou as vítimas mais jovens e influenciáveis podem se ofender ou ter sua autoestima e confiança prejudicadas.

É possível, obviamente, que uma determinada pessoa desagradável goste naturalmente de ofender a tudo e a todos, e que tenha encontrado na internet apenas um outro canal. Mas é difícil imaginar como os trolls se expressariam caso estivessem cara a cara com suas vítimas, no mundo real. Por exemplo, em um caso terrível, alguns trolls contataram uma mãe enlutada, pela internet, fingindo ser sua filha morta ligando do inferno.[15] Por mais extremo que esse exemplo seja, ele ilustra como um ambiente global de amplo acesso, responsabilidade reduzida e anonimato, combinado com a falta de experiência em relacionamentos interpessoais, levou o ato de trollar a novos patamares — ou, melhor dizendo, a níveis extremamente baixos.

John Newton, diretor de uma escola em Devon, escreveu sobre suas preocupações em um jornal britânico, o *Daily Telegraph,* afirmando que as redes sociais representam uma ameaça séria porque confundem os limites entre boatos e fatos antes que os alunos aprendam a reconhecer a diferença entre eles.[16] Newton alertou que as redes sociais são "uma arma muito mais poderosa nas mãos dos nossos filhos do que nós gostaríamos". Sobre o Facebook, ele indagou:

> É uma colmeia social significativa que produz boa vontade e reúne velhos amigos ou é um paraíso de boatos que está infestando o mundo com insinuações, meias verdades e insultos? Se os jovens, especialmente, postarem comentários online de modo leviano, podem não se dar conta das consequências irreversíveis para a reputação de alguém... Eles não necessariamente compreendem o que compõe um boato nem se dão conta da destruição causada por uma palavra ofensiva, belicosa; tudo o que importa é ter uma opinião malformada.

Essa imagem de uma sociedade mais maliciosa e menos moral impulsionada por redes sociais pode não se aplicar a todas as sociedades, devido às diferenças na forma como as culturas utilizam essas redes. Uma pesquisa comparou o uso de redes sociais em uma cultura coletivista, a China, e em uma individualista, os Estados Unidos.[17] Mais de quatrocentos estudantes universitários foram selecionados em uma universidade do Sudoeste da China, e um número equivalente foi recrutado em uma universidade do Centro-oeste dos Estados Unidos. Os participantes responderam a um questionário sobre o uso de redes sociais, incluindo o tempo gasto com elas, sua importância para eles e os motivos para sua utilização. Havia diferenças culturais claras. Os usuários norte-americanos passam mais tempo em redes sociais, consideram-nas mais importantes e têm mais amigos virtuais do que os chineses. Essas descobertas sugerem que, em culturas coletivistas, a importância da família e dos amigos pode ser parcialmente responsável pelos laços mais tênues dos usuários chineses com as redes sociais. Em contraste, as culturas individualistas podem dar menos suporte a amizades íntimas e duradouras, resultando em uma maior utilização do Facebook e afins. Dadas as evidências até agora apresentadas de que as redes sociais promovem um foco individualista, certamente não espanta que o mundo ocidental pareça utilizá-las de um modo diverso ao das culturas orientais.

Apesar de acumular evidências do lado sombrio das redes sociais,[18] o potencial de espalhar informações a uma velocidade vertiginosa em países onde elas podem ser reprimidas ou controladas é uma ferramenta vital. O uso do Facebook e do Twitter por ativistas desempenhou um papel fundamental nos levantes da Primavera Árabe, em 2011.[19] Além disso, as redes sociais podem ser um meio eficaz de aumentar a consciência global entre os usuários — por exemplo, para encorajar os jovens nos Estados Unidos a votar ou para promover a conscientização acerca das dificuldades humanitárias. Por sua vez, grandes somas de dinheiro podem ser (e foram) arrecadadas por crowdfunding, um esforço coletivo de indivíduos que montam uma rede e juntam dinheiro por intermédio da internet para apoiar esforços iniciados por outros em favor de uma ampla variedade de atividades, desde o socorro a vítimas de catástrofes até a criação de startups.

Qual é o efeito desse "ativismo de internet"? Por exemplo, curtir ou compartilhar o vídeo *Kony 2012* para impedir o criminoso de guerra Joseph Kony teve algum efeito positivo em algum usuário? A taxa de participação das pessoas no movimento Cover the Night, que foi proposto no vídeo, foi significativamente menor do que o previsto, considerando a imensa popularidade do vídeo. Uma questão importante no ativismo de internet envolve transformar o que está na tela em atitudes no mundo real.[20] As redes sociais podem nos dar grandes quantidades de informações a respeito de diversas questões mundiais; ao mesmo tempo, o ativismo de internet não exige praticamente nenhum esforço, ainda que faça com que os usuários se sintam satisfeitos. Outros, ainda, chamaram essa preocupação passiva e confortável de "ativismo de sofá". De fato, devido à pesquisa mencionada anteriormente, que demonstrou que a tela pode higienizar a comunicação interpessoal e desumanizar indivíduos, ver crises humanitárias por meio de uma rede social pode ter menos impacto do que se um usuário for exposto a essa situação offline. O ativismo de internet pode, portanto, reduzir o incentivo para que se cause um impacto convincente em questões humanitárias, já que o usuário sente que o fato de curtir e compartilhar uma causa é o suficiente.

Com base em entrevistas com adolescentes e jovens adultos, um estudo explorou até que ponto o modo como os jovens encaravam a vida online incluía ponderações morais ou éticas.[21] Os dados revelaram que o pensamento individualista foi o foco principal ao tomar decisões online; o pensamento centrado na comunidade foi menos prevalente. Além disso, quase todos os indivíduos que participaram do estudo puderam identificar pelo menos um momento em que banalizaram os elementos morais das atividades online, indicando que têm uma "maior tolerância para a conduta antiética online". Talvez estejamos realmente correndo o risco de esquecer os famosos versos de John Donne:

A morte de qualquer homem me diminui,
Porque sou parte do gênero humano,
E por isso não perguntai: Por quem os sinos dobram;
Eles dobram por vós.[22]

O Facebook, o Twitter e outras redes similares prometem uma conectividade constante; prometem que você será desejado, admirado e até mesmo amado. Essas redes trouxeram interpretações de identidade e de relacionamentos para a nossa sociedade que vêm desafiando os valores e a moralidade atuais de uma forma que seria inconcebível há apenas uma década.

13

O *QUÊ* DOS JOGOS ELETRÔNICOS

Não há muito sentido em se divertir. No entanto, estar inteiramente concentrado em uma atividade em progresso é um fim em si mesmo, e isso faz *todo* o sentido. Porém, esse cenário pode ser um tanto mais complexo. Desde o início dos tempos, as sociedades humanas valorizam a importância da diversão, muitas vezes em eventos culturalmente institucionalizados, como festas e banquetes. Vinho, mulheres e música, bem como sexo, drogas e rock and roll, suas releituras contemporâneas, nos deixam livres para viver o momento, para que nossos sentidos, em sua forma mais crua, sejam estimulados diretamente, sem tempo para reflexões abstratas nem para qualquer tipo de introspecção autoconsciente. E toda essa diversão pode ter, de fato, um valor evolutivo impactante. A imersão no momento presente, impregnado de sensações, favoreceria a participação nas alegrias materiais e imediatas da reprodução e da nutrição, essenciais para a sobrevivência.

E não para por aí. Talentos treinados em mesas de jogos ou nas charadas de uma noite chuvosa levam diretamente a uma proficiência na interpretação da linguagem corporal, em saber como empregar contato visual e em aprender a ter empatia com os processos racionais e com as emoções de modo geral, bem como em desenvolver habilidades cognitivas importantes, como raciocínio e memória. Brincar de boneca antecipa o cuidado com bebês, e todos os esportes desenvolvem o trabalho em equipe, a saúde física e as habilidades competitivas que na savana primitiva teriam garantido a sobrevivência do mais apto. No entanto, os videogames, em particular, podem, pela primeira vez, estar dissociando a diversão de qualquer um dos requisitos de valor de sobrevivência que os jogos tradicionais cumprem. Em vez de servir como uma resposta do século XXI às necessidades ancestrais, a mera experiência do jogo pode ser um fim em si mesma, e não um meio de prosperar no mundo real.

O advento dos smartphones transformou ainda mais a experiência: em 2013, 36% dos jogadores norte-americanos acessavam jogos em seus smartphones,[1] e parece que essa tendência aumentará ainda mais no futuro, já que os celulares vêm se tornando cada vez mais personalizados. Esses avanços tecnológicos significativos tornam as experiências dos videogames mais ricas e diversificadas e têm contribuído para a sua crescente popularidade. Curiosamente — e ao contrário das tendências anteriores —, os jogos eletrônicos estão se tornando populares entre as gerações mais velhas com mais rapidez. A idade média de um jogador, em 2013, era estimada em cerca de 30 anos, e 45% dos gamers eram mulheres.[2] Seja como for, os videogames prontamente entregam algo que agrada a pessoas de todas as idades, origens e culturas, algo que o mundo real e os jogos tradicionais raramente fazem.

Nicole Lazzaro é a fundadora e presidente da XEODesign, "a primeira empresa de consultoria de design de experiência do jogador do mundo", e pesquisadora líder em "emoção e diversão nos jogos". Autoridade em emoções e videogames, Lazzaro identificou quatro tipos diferentes de diversão, com os videogames mais vendidos oferecendo pelo menos três em cada quatro da lista. A *diversão difícil* consiste em desafios somados à promessa de maestria completa; a *diversão fácil* entrega o prazer simples da experiência do jogo em si. A *diversão séria* vivifica tarefas que, de outro modo, seriam monótonas; e a *diversão grupal* é o resultado inevitável de sair com os amigos.[3] É raro que a vida real ofereça mais de uma ou duas dessas oportunidades ao mesmo tempo, e sem dúvida não sob demanda; os videogames, no entanto, são meticulosamente projetados para fazer exatamente isso.

No entanto, nem todos os jogos são criados da mesma forma. Eles podem variar não apenas de plataforma (por exemplo, PC, consoles, celulares), mas também em seu modo (por exemplo, *single player* ou *multiplayer*, offline ou online). Os jogos de tiro em primeira pessoa continuam populares nos modos online e offline; um dos títulos mais procurados em 2012, da série Call of Duty, vendeu mais de 27 milhões de unidades nos primeiros 6 meses de lançamento.[4] Embora os incentivos para jogar difiram de acordo com gênero, idade, atributos de personalidade e humor do jogador, alguns elementos comuns na atratividade dos videogames poderiam ser classificados como determinantes. Os jogadores citam, muito frequentemente, as oportunidades de "conquistar", "fugir da realidade" e de "socializar" como razões para entrar nesses mundos irreais.[5]

Os videogames existem há mais de meio século, mas apenas nas últimas duas décadas se tornaram experiências online colaborativas e inesgotáveis, muitas vezes com milhares de outros jogadores humanos interagindo simultaneamente. Conhecidos como *massively multiplayer online role-playing games* ("Jogos de representação de papéis online, multijogador e em massa", em tradução livre — MMORPGs), eles se concentram na progressão do personagem controlado pelo jogador — um avatar em um mundo de fantasia. Ao contrário do que ocorre nos jogos típicos de tiro em primeira pessoa, os jogadores de MMORPG têm controle total sobre as características físicas, o desenvolvimento e os atributos de seu avatar. Sua progressão é realizada por meio de combates, exploração, aquisição de itens, desenvolvimento de habilidades, socialização e narrativas. O mundo do MMORPG no qual essa ação se desenrola é muito maior do que os mundos dos jogos de tiro em primeira pessoa, com um grande número de jogadores capazes de interagir no mesmo mundo virtual simultaneamente. Além disso, esse tipo global de jogo funciona de forma ininterrupta, de modo que, independentemente de o jogador estar ou não logado, o mundo virtual continua a girar na ciberesfera, atualizando-se e evoluindo. Em contrapartida, em geral os jogos de tiro em primeira pessoa são compostos de cenários puramente "momentâneos", nos quais o enredo existe apenas durante a jogatina e pode ser reiniciado desde o ponto de partida um número infinito de vezes.

Essa distinção é importante. Em um artigo de 2012 que tratava das descobertas sobre jogos de videogame, os autores Daria Kuss e Mark Griffiths concluíram que, dadas as possibilidades inesgotáveis desses novos mundos online, sua natureza social e a possibilidade de o jogador desenvolver apego ao seu avatar, os MMORPGs eram o tipo mais viciante de jogos eletrônicos.[6] Um amigo cujo filho ficou viciado em videogames, de modo a parar de fazer diversas outras coisas e que viu com os próprios olhos a atratividade dos games (e sua vulnerabilidade a eles), disse: "Os games são projetados para sugar o jogador para dentro deles, garantindo que cada nível será recompensado pelo próximo, que o jogo nunca parará naturalmente e que, se você fizer uma pausa, sofrerá punições no próprio jogo ou se sentirá desolado como consequência da falta de um gameplay emocionante e recompensador."

Esse apego pessoal e esse investimento emocional em um "eu" alternativo dentro de um game aumentam sua atratividade exponencialmente. As experiências são projetadas para fornecer emoção e sentido como um meio de manipular o comportamento. Como designer do Gamasutra, um site fundado em 1997 que abrange todos os aspectos do desenvolvimento de videogames, John Hopson foi capaz de analisar essa atratividade com base na teoria comportamental estabelecida, na qual o condicionamento é utilizado para ensinar aos humanos e animais novas informações e condutas. Por exemplo, os ratos podem ser controlados ao serem recompensados com ração ou punidos com choques mediante um comportamento simples, como acionar uma barra. Hopson afirmou que, da mesma forma que um rato, um gamer pode ser manipulado para continuar a jogar quando uma recompensa é dada em circunstâncias específicas. Ao seguirem certos esquemas de ações, os ratos não apenas evitam o desconforto, como também são fisgados pela incerteza de não saber quando uma recompensa virá; eles apenas sabem que ela lhes será dada em algum momento.[7] Para os gamers, pode haver uma recompensa após uma série de ações terem sido concluídas (esquema de razão fixa) ou, alternativamente, após um número específico de ações, cujo número varia a cada repetição (esquema de razão variável). Em seguida, há aquilo que chamamos de esquemas em cadeia, com várias etapas para atingir um objetivo, nas quais o jogador precisa responder rapidamente. Os jogos eletrônicos são, portanto, veículos excelentes para manipular o processamento do cérebro a um nível muito básico.

Em 2002, o cientista social Nick Yee conduziu uma pesquisa seminal com quase 4 mil jogadores para obter mais informações sobre o comportamento nos jogos.[8] Ele descobriu que bem mais da metade de todos os gamers confessaram jogar MMORPGs continuamente por 10 horas ou mais em uma única sessão online, e mais de 15% relataram sentir-se ansiosos, irritados ou com raiva se não conseguissem jogar. Quase 30% admitiram que continuaram a jogar mesmo quando ficaram frustrados ou chateados, ou quando já tinham parado de apreciar o jogo; 18% deles afirmaram que o jogo já havia lhes causado problemas acadêmicos, de saúde, financeiros ou de relacionamento.

Muitos de nós temos nossas próprias histórias para contar. Um pai me disse:

> Tendo um filho que perdeu um ano de universidade jogando World of Warcraft, acredito que o fato de ele ter abandonado aquele jogo e agora ter uma carreira de sucesso (por enquanto, e que continue assim!) não significa que ele esteja livre do vício em videogames. Não está, e duvido que algum dia esteja.

Esse pai, um amigo meu, quase chorou na primeira vez em que me contou sobre a situação do filho e, por alguns meses, esse foi o único assunto que tínhamos quando nos encontrávamos. Ele e a mãe do rapaz se sentiam culpados e sem chão: quando e como isso aconteceu?

Qualquer comportamento pode ter qualidades viciantes, ou seja, pode ser caracterizado por uma compulsão de se envolver continuamente em uma ação até que ela tenha um efeito negativo grave e persistente no bem-estar físico, mental, social e/ou financeiro de um indivíduo. Em maio de 2013, o "transtorno de dependência da internet" foi incluído na quinta edição do *Manual Diagnóstico e Estatístico de Transtornos Mentais* (DSM-5) como uma condição "recomendada para estudos adicionais", inserida na Seção III. Essa mudança adia o reconhecimento total e a inclusão do transtorno até que os critérios uniformes necessários para um diagnóstico psiquiátrico robusto possam ser acordados.[9] Por mais de uma década, no entanto, vários estudos produziram evidências de que o uso excessivo da internet e de recursos relacionados, como os próprios jogos eletrônicos, podem ser considerados vícios comportamentais comparáveis aos jogos de azar patológicos.[10] Há, entretanto, uma questão: nem todas as atividades na internet envolvem games, e vice-versa.[11]

Ainda assim, quando pesquisadores estudam características específicas do uso excessivo da internet, os games online são o assunto mais explorado. Apesar das várias maneiras pelas quais podemos conceituar o tempo de jogo excessivo e medir o comportamento, existem dois sintomas que aparecem consistentemente: problemas significativos resultantes da jogatina em excesso e uma incapacidade de controlar isso. Alguns traços distintivos do vício em games incluem mentir sobre quanto tempo é gasto jogando; sentimentos intensos de prazer ou de culpa; gastar cada vez mais tempo jogando para obter o mesmo prazer; afastar-se de amigos, família ou cônjuge; vivenciar sentimentos de raiva, depressão, mau humor, ansiedade ou inquietação quando não estiver jogando; gastar quantias significativas de dinheiro em serviços online, upgrades de computador ou sistemas de jogos; e pensar obsessivamente sobre jogar, mesmo quando está fazendo outras coisas.[12]

Algumas pessoas argumentam que essas experiências baseadas na tela são apenas um meio pelo qual uma atividade viciante é acessada.[13] Em outras palavras, o viciado em jogos de azar que vai dirigindo ao cassino todos os dias é viciado em jogos de azar, não em dirigir. Da mesma forma, a pessoa que usa a internet para jogar jogos de azar é viciada neles, e não na internet. No entanto, embora os jogos de azar online tenham uma opção alternativa no mundo real, os games, por definição, não têm: ao contrário dos jogos de azar, eles são um fenômeno específico da tecnologia digital. Assim, qualquer comportamento anormal associado aos videogames não pode ser dissociado do meio, que é a tela, nem da experiência ímpar que ela proporciona. Consequentemente, embora muitas atividades na internet possam abranger os games, devemos lembrar que o vício neles será sempre um vício específico, e não um vício em alguma outra coisa.

As estatísticas sobre o vício em internet variam amplamente entre as culturas e dependem da forma de avaliação utilizada.[14] No entanto, os números relativos ao vício em jogos eletrônicos parecem ser muito mais consistentes. Com base em uma amostra dos EUA, Douglas Gentile descobriu que 8% dos jogadores entre 8 e 18 anos foram considerados viciados,[15] enquanto uma outra avaliação, de 2012, dava uma estimativa de 2 a 12%.[16] Além disso, um valor aproximado de pouco menos de 10% parece ser consistente em todos os continentes: em um estudo longitudinal de dois anos realizado com uma população geral de escolas primárias e secundárias em Cingapura, incluindo cerca de 3 mil crianças na terceira série, a prevalência de "gaming patológico" foi semelhante à de outros países — 9%.[17] No entanto, e deixando de lado questões conceituais, confluência com outras atividades da internet, estatísticas e a atratividade complementar das interações online, podemos dizer, com alguma segurança, que jogar é viciante?

Aviv Weinstein, da Hadassah Medical Organization, em Jerusalém, acredita que a ânsia por jogar online e aquela que se tem pela dependência de alguma substância podem muito bem compartilhar do mesmo mecanismo neurobiológico.[18] Weinstein argumenta que os adolescentes podem jogar por mais tempo, dar prioridade a pensar em games em detrimento de outros assuntos importantes, jogar para escaparem de lidar com problemas emocionais, ter dificuldades com o trabalho acadêmico e com a socialização e ocultar de sua família que estão jogando. Indivíduos com esse padrão de comportamento e que experimentam uma irritabilidade intolerável quando param de jogar estão exibindo as características clássicas de uma obsessão e, até mesmo, de um vício. Mas será que as semelhanças comportamentais do vício convencional e das jogatinas intensas podem ser vinculadas ao mesmo estado cerebral?

Em um estudo específico de neuroimagem, indivíduos saudáveis no grupo de controle exibiram uma redução no número de alvos moleculares (receptores) para o neurotransmissor dopamina em uma região cerebral chave (o corpo estriado ventral), depois de jogarem um jogo de computador de motociclismo. Em um contraste notável, ex-usuários crônicos de ecstasy não tiveram nenhuma alteração em seus receptores depois de jogar este jogo.[19] Para os não adictos que experimentaram a emoção do jogo, houve um aumento na liberação de dopamina que "dessensibilizou" seus receptores (lembremos a analogia do aperto de mão no Capítulo 7, e como uma mão ficava dormente quando apertada por muito tempo ou com muita intensidade). Porém, o cérebro dos viciados em ecstasy contava uma história diferente. Nesse caso, o uso crônico da droga acostumou o cérebro a grandes quantidades de dopamina, e os videogames não causaram nenhum estímulo adicional por funcionarem por meio do mesmo mecanismo. *Parece que, no que diz respeito ao cérebro, tomar ecstasy e jogar videogame são experiências comparáveis.*

Outra forma de demonstrar que os jogos liberam altos níveis de dopamina no cérebro é observar as mudanças no tamanho efetivo das estruturas cerebrais. Você se lembra de como o hipocampo é maior nos taxistas de Londres, pelo fato de eles dependerem constantemente da memória operacional enquanto dirigem? Parece que o mesmo princípio pode se aplicar aos gamers e a seus sistemas dopaminérgicos. Em jogadores jovens, a imagem do cérebro exibe um aumento em uma de suas regiões (o corpo estriado ventral),[20] na qual o neurotransmissor dopamina é liberado.[21] Curiosamente, uma característica semelhante também é observada nos cérebros de viciados patológicos em jogos de azar, que sofrem de outro vício comportamental.[22] Portanto, parece que, se estamos falando sobre vício em drogas, jogos de azar ou games, todas essas três condições estão associadas à liberação excessiva de dopamina no estriado ventral.

A questão que se apresenta, então, é se os indivíduos com cérebros que apresentam um estriado ventral dilatado têm predisposição a jogar games em excesso ou se é o excesso de games que literalmente deixa sua marca no cérebro. Trata-se de um dilema complicado de quem vem primeiro, o ovo ou a galinha, que normalmente assombra as pesquisas referentes ao cérebro: uma característica incomum do cérebro causa um comportamento incomum ou um comportamento incomum altera o cérebro, devido à sua plasticidade?

Vamos começar com a galinha vindo primeiro: os jogos eletrônicos, assim como toda experiência de vida, deixam a sua marca no cérebro, que é plástico e influenciável. O trabalho da equipe de Simone Kühn na Universidade de Gante, na Bélgica, sugere que seja este o caso. A equipe demonstrou que jogar games pode estar associado a um aumento no tamanho do corpo estriado, refletindo a plasticidade neural adaptativa por meio da liberação prolongada de dopamina.[23] Em outras palavras, quanto mais tempo você joga, mais pronunciada é a expansão do corpo estriado. Isso sugere que o primeiro causou o último.

Mas e se o ovo vier primeiro? Neste caso, a ideia seria de que um estado cerebral preexistente poderia predispor os indivíduos a jogar games de forma compulsiva. Kirk Erickson, da Universidade de Illinois, encontrou uma correlação entre o volume de outra região-chave do cérebro — o corpo estriado dorsal — e um treinamento posterior bem-sucedido em um game.[24] Erickson também descreveu uma relação, novamente observada por meio de neuroimagens, entre a ativação do corpo estriado antes do treinamento e a subsequente aquisição de habilidades enquanto se jogava o game. Essas descobertas destacam a importância do corpo estriado, uma rica fonte de dopamina, e como isso pode ter uma associação consistente com a ideia de que alguns cérebros são mais suscetíveis ao fascínio gerado pelos jogos. Assim, indivíduos que possuíssem um corpo estriado maior poderiam sentir a experiência de jogar como algo mais gratificante. Essa configuração neurológica, por sua vez, poderia facilitar a aquisição de habilidades e levar a mais recompensas pelo ato de jogar.

Então, o que veio primeiro, o ovo ou a galinha? Uma experiência intensa e constante moldou o cérebro, ou um certo tipo de cérebro já estava predisposto a responder prontamente a essa experiência? Uma pista importante para a resposta é a composição anatômica do corpo estriado em si. Essa estrutura pode ser dividida em duas partes: uma zona superior (dorsal) e uma inferior (ventral). Esta libera mais dopamina do que a primeira.[25] Portanto, não causa espanto que as duas regiões tenham sido associadas a diferentes tipos de funções: o corpo estriado dorsal coordena as funções sensório-motoras para *alcançar* um objetivo, enquanto a dopamina liberada pela parte ventral *aumenta o impacto* da recompensa efetiva que resultará disso.[26] Uma forma de resolver esse dilema, portanto, é dizer que um cérebro predisposto a uma coordenação sensório-motora eficaz, com um corpo estriado dorsal ativo, terá uma predisposição para games, e são eles que alteram a forma pela qual o corpo estriado ventral reagirá à recompensa. No entanto, a neurociência quase nunca é tão simples e direta assim; decerto a pesquisa nessa área ainda está engatinhando.

Em todo caso, a situação em que a galinha vem primeiro — na qual jogar games compulsoriamente impacta diretamente os estados cerebrais — não necessariamente exclui o cenário de um cérebro especificamente predisposto em que o ovo vem primeiro. A questão mais significativa, aqui, é a contribuição da dopamina. Neurocientistas do Hammersmith Hospital, em Londres, mostraram que jogar videogames resulta diretamente na liberação desse neurotransmissor.[27] No entanto, assim como é impossível estabelecer uma ligação causal entre, por exemplo, os mecanismos bioquímicos conhecidos do Prozac, que aumentam a disponibilidade de serotonina e aliviam a depressão, também é muito difícil conceitualizar como a liberação de dopamina no cérebro, enquanto observada de forma objetiva, pode vir a causar os efeitos subjetivos de felicidade extrema.

Não há nada mágico preso dentro da molécula da dopamina. Em vez disso, o que determina o seu efeito final integrado é a região específica do cérebro junto ao contexto ambiental no qual opera. Em suma, níveis elevados de dopamina estão consistentemente associados a vários estados cerebrais relacionados à excitação, à recompensa e ao vício. Além disso, a ideia de que o ovo e a galinha não são excludentes — que podem, na verdade, estar se reforçando mutuamente — seria um ótimo exemplo de como o cérebro e o ambiente estão em um diálogo bidirecional intenso e contínuo.

Por que, então, algumas pessoas se tornam viciadas em videogames e outras não? Talvez a capacidade de excitação de um indivíduo seja um fator determinante. Como a dopamina está ligada a uma alta estimulação, como pode ser visto com a droga anfetamina (que causa a liberação de dopamina no cérebro), a ideia é bastante lógica. Uma pesquisa encontrou diferentes padrões de excitação em diferentes tipos de gamers. Quem jogou jogos de tiro em primeira pessoa em excesso teve níveis significativamente mais altos de excitação durante a atividade, mas que diminuíram imediatamente após o término da sessão;[28] por outro lado, gamers que não jogaram excessivamente permaneceram "pilhados" mesmo após o término da sessão. Jogadores de MMORPG que ficaram logados e jogando excessivamente apresentaram uma significativa *diminuição* na sua estimulação fisiológica, uma que aumentou novamente logo após encerrarem a atividade. Enquanto isso, os jogadores de MMORPG que não jogaram excessivamente tiveram aumentos normais na estimulação durante o jogo e, em seguida, depois de encerrarem a prática, atingiram uma estagnação.

Essas diferenças na estimulação dos gamers que jogam gêneros diferentes são comparáveis àquelas relatadas na literatura científica sobre o vício patológico em jogos de azar. Existem os viciados impulsivos em busca de emoção, que tomam substâncias estimulantes ou se engajam em comportamentos de alto risco; em contrapartida, existem os escapistas, os viciados frequentemente deprimidos que não procuram por uma alta estimulação.

Para esse segundo tipo de jogador, que experimenta baixa estimulação, o tempo gasto em MMORPGs e a natureza sem sentido da atividade podem ter implicações em longo prazo no estado mental. Obviamente, mais uma vez ocorre o dilema de quem vem primeiro: será que esses distúrbios na regulação da estimulação podem ser uma causa do vício em games ou uma consequência dele? No entanto, a descoberta de que a atividade afeta fisiologicamente os jogadores compulsivos de uma forma diferente daqueles que não jogam em excesso é uma consideração importante a se ter em mente.

No entanto, e no fim das contas, o que vem a determinar, de fato, o nível de estimulação de um indivíduo e se ele, ou ela, se torna viciado em um ou em outro tipo de jogo eletrônico? É impossível responder precisamente, assim como a questão do porquê de certos indivíduos terem predisposição a ser gentis, tímidos ou engraçados e outros, não. Pode haver algumas predisposições extremamente indiretas, geneticamente baseadas. Por exemplo: uma possível vulnerabilidade ao vício em videogames, adquirida geneticamente, foi relatada em estudos sobre os genes que codificam para um subtipo de receptor de dopamina.[29] Isso, por sua vez, poderia influenciar os efeitos da dopamina liberada no cérebro, mas mesmo nesse caso o nexo causal seria impossível de estabelecer. Lembre-se de que é muito improvável que haja apenas um único gene para qualquer característica cognitiva complexa.

É impossível, também, descobrir uma sequência de causa e efeito de eventos conforme o cérebro interage com o ambiente; consequentemente, é difícil prever com um mínimo de precisão se alguém se tornará viciado em videogames. É provável que haja efeitos cumulativos de fatores de risco, como baixo nível socioeconômico, depressão e criminalidade dos genitores, ou abuso de álcool e de outras substâncias por parte deles, além da violência doméstica e outros fatores, que poderiam ser compensados em maior ou menor grau por fatores de proteção. No entanto, no caso do meu amigo de classe média e do seu filho, que teve uma educação de alto custo, nenhum desses fatores de risco se aplicava.

Uma perspectiva mais plausível seria a de que o que se passa no cérebro dos viciados em games não difere do que acontece no cérebro dos menos obsessivos em um caráter *qualitativo*, e sim *quantitativo*. Por que outro motivo os jogos eletrônicos seriam, por definição, recompensadores para cada pessoa que os joga? Parece que os jogos podem induzir uma produção suficiente de dopamina para que o usuário fique se sentindo bem, mas não o suficiente para dessensibilizá-lo completamente a esse efeito. No entanto, o chamariz do jogo opera não apenas no nível bioquímico mecanicista da dopamina cerebral, mas também no nível mais cognitivo das relações sociais.

A compulsão por games deve envolver não apenas as maquinações internas do cérebro, *como também a interação do cérebro em uma relação contínua, de mão dupla, com a tela*. A própria natureza desse ambiente da tela é crucial para manter o indivíduo jogando. Os jogos são barulhentos e têm cenas visualmente fascinantes, tal como em um filme de ação. Além disso, eles são imersivos, causando não apenas forte estimulação sensorial, mas também um tipo de "fluxo", que se reflete na capacidade de um jogador se perder no mundo do jogo, envolvendo-se totalmente.

"Jogar [World of Warcraft] me faz sentir como um deus... Tenho controle total e posso fazer o que quiser, com poucas repercussões reais. O mundo real faz com que eu me sinta impotente... um defeito no computador, o choro de uma criança, a bateria do celular descarregando de repente — o menor obstáculo na rotina parece profundamente enfraquecedor."[30] Esta afirmação é do professor de inglês Ryan Van Cleave, relembrando uma época em que jogava videogame por cerca de sessenta horas semanais. Observe que Ryan não menciona nada sobre "se divertir", e que sua mentalidade se direcionava a algo mais profundo. O World of Warcraft foi, para ele, o refúgio de um mundo real onde se sentia inadequado.

Olivia Metcalf, da Australian National University, estudou a psicologia da compulsividade por games e explica que talvez a atratividade que eles exercem não venha de um efeito positivo, propriamente, mas sim da possibilidade de fuga de uma vida real sem propósito e sem sentido que esses jogos proporcionam:

> Talvez os jogos eletrônicos sejam mais do que apenas uma diversão de escape; eles dão aos jovens desiludidos a chance de satisfazer aquelas necessidades tão intrínsecas ao ser humano: competência, propósito, sucesso, realização e assim por diante. De fato, as pesquisas sugerem que essas são algumas das motivações para se jogar videogame: a chance de se destacar em algo quando, na vida real, provavelmente somos bastante medianos.[31]

O desafio "humano" de interagir com outros jogadores projetados por meio do ciberespaço talvez crie uma compulsão ainda maior para muitos jogadores. Assim, os games online acabam possuindo um potencial de dependência maior do que os games offline. Especificamente, acredita-se que os MMORPGs tenham uma série de características únicas que lhes dão um maior potencial de dependência do que outros gêneros. O Dr. Daniel King, pesquisador associado sênior da Faculdade de Psicologia da Universidade de Adelaide, conduziu uma análise extensiva da pesquisa mundial referente a comportamentos de jogatinas considerados "patológicos" e prejudiciais, e descobriu que a interação social é importante no desenvolvimento da compulsão por jogos eletrônicos. Jogos com avatares que os jogadores podem controlar e com os quais podem se identificar estão associados a um maior potencial de dependência; essas características explicam por que essa compulsão é tão comumente vista em MMORPGs. King também descobriu que os gamers valorizam excessivamente as conquistas obtidas em jogos, e afirma que a estrutura de recompensa embutida nos games influencia o desenvolvimento dessa compulsão.[32]

Embora os MMORPGs tenham sistemas intrincados de recompensa embutidos neles, com os gamers tentando constantemente chegar ao próximo nível, aparentemente é a interação social com outros jogadores que constitui o verdadeiro "a mais" nessa história toda. Talvez o que os atraia tanto seja o fato de não estarem jogando apenas um game, mas uma vida idealizada que é simultaneamente excitante e segura, tanto física quanto mentalmente. O mundo real é confuso e ambíguo: as pessoas de verdade nunca são totalmente boas ou totalmente ruins; elas sempre têm pensamentos ou segredos íntimos, e as ações sempre têm consequências, ainda que indiretas, com repercussões em longo prazo que não podem ser revertidas. Além disso, no mundo real, feedbacks — especialmente os positivos — sobre suas realizações são muito difíceis de obter. E quanto aos objetivos de vida? Para a maioria de nós, eles estão longe de serem bem definidos e, geralmente, são muito complexos e provisórios para serem especificados de forma categórica. De acordo com Nicole Lazzaro (que claramente gosta de listas de quatro itens), os jogos eletrônicos removem muito daquilo que é difícil e confuso na vida real, uma vez que (1) simplificam o mundo; (2) suspendem as consequências; (3) amplificam os feedbacks; e (4) definem metas claras.[33] Esse inventário pode se somar ao *quê* crucial dos videogames, que os torna uma fuga muito sedutora das incertezas e complexidades do mundo real.

Às vezes, de um modo geral, o mundo real não é o melhor lugar para estar. Em alguns casos, os games podem criar rotinas calmantes para pessoas incapazes de lidar com a incerteza frenética da vida além das telas. Ao contrário dos jogos tradicionais do mundo real, os games oferecem uma fuga total de um mundo monótono e difícil para outro, que não somente é mais emocionante e sensacional (ou seja, atraente para os sentidos), mas onde existem resultados claros e previsíveis nos quais o jogador pode participar em sua melhor forma. As pesquisas mostram que, quando as pessoas estão infelizes ou insatisfeitas com suas vidas, criam avatares muito diferentes de si mesmas.[34] Pessoas felizes e satisfeitas, por outro lado, criam avatares parecidos com si próprias. O prazer obtido em jogar é inversamente proporcional à semelhança entre avatar e pessoa; ou seja, indivíduos que estão infelizes e criam um avatar muito diferente de si próprios acabam aproveitando mais o mundo do jogo. Eles estão literalmente explorando uma nova identidade para si mesmos neste mundo virtual, escolhendo um avatar melhor, mais rápido, mais apto, mais forte, mais magro, mais alto, mais bonito e/ou mais inteligente do que realmente são ou do que poderiam ser. Talvez seja este o ponto crucial da razão pela qual os jogos eletrônicos podem ser tão prejudiciais. Para a maioria das pessoas, eles seguem como uma forma de entretenimento, ao mesmo tempo em que abrem um universo totalmente novo, no qual tudo é melhor do que a vida real — o que é particularmente atraente para quem tem vulnerabilidades psicológicas. E isso pode incluir quase todos nós.

Vimos, anteriormente, que a identidade não se resume a ter uma mente totalmente desenvolvida — e que isso permite conferir sentido ao mundo —, mas também envolve uma próxima etapa, que é importantíssima: como você reage ao interagir com o mundo em um contexto e em um momento específicos. No caso dos games, entretanto, em vez de ser a *sua* família, o *seu* time de futebol, o *seu* coral ou os *seus* colegas, esse contexto momentâneo e essencial, que é acumulado por meio do encadeamento de causa e efeito de uma história de vida única, será mais padronizado. Os gamers se tornam muito emocionalmente dependentes de seus avatares. Com efeito, eles são tão apegados a eles e aos seus grupos quanto alguém no mundo real se apegaria a seus relacionamentos. Nesses casos, o contexto momentâneo foi alterado, no ambiente online, para um mundo artificial. E o que ocorre quando grande parte da sua história de vida não tem linearidade nem consiste de uma sequência de eventos, mas — assim como acontece nos jogos de tiro em primeira pessoa — de um conjunto atomizado e fragmentado de experiências que não têm consequências no mundo real? Nesse caso, você pode começar a se sentir inseguro em relação a quem realmente é.

Essa insegurança pode se agravar por um sentimento traiçoeiro de que suas atividades carecem de qualquer significância ou significado efetivos. E esse significado, como já sugeri, pode ser interpretado pelo prisma da neurociência como a criação de conexões — o ato de ver uma coisa em termos de outra. E isso também pode se aplicar a conexões causais ao longo do tempo. Essa conectividade, como vimos, tem um paralelo correspondente no cérebro, à medida que as conexões neuronais são forjadas e reforçadas por meio da notável plasticidade do cérebro humano. Assim como uma aliança de casamento, um simples objeto de ouro, pode adquirir um significado complexo pelas associações desenvolvidas em torno dele, sua significância pode ser atribuída a uma relação de causa e efeito.

Se você subir em uma árvore, cair e quebrar a perna, uma lesão que leva tempo para cicatrizar, todo o episódio será significativo, mesmo porque é irreversível. É claro que a sua perna poderá ficar totalmente saudável de novo, mas o evento da fratura, em si, não poderá ser apagado. Afinal, isso tem consequências duradouras ao alterar para sempre, de uma forma ou de outra, sua visão a respeito de escalar árvores. Por outro lado, se você deixar um pedaço de papel cair no chão e então recuperá-lo, talvez seja o mais próximo que poderá chegar de voltar no tempo no mundo real. Também seria uma conduta consideravelmente desprovida de significado.

Sendo assim, o significado pode estar diretamente relacionado às consequências ao longo do tempo. Mas se, de acordo com Lazzaro, jogar não pode ter consequências, trata-se de uma atividade que pode ser considerada como um passatempo sem sentido. E, se alguém vai passar todo o tempo livre em uma atividade isenta de sentido, isso pode comprometer, em longo prazo, qualquer significância que essa pessoa venha a atribuir futuramente, não apenas a essa atividade, mas sobretudo a si mesma. No entanto, para o jogador que não se incomoda com essas potenciais preocupações existenciais em longo prazo, existe a oportunidade de seguir a rota mais simples e aperfeiçoar-se dentro do ambiente imediato, sentindo-se melhor dentro dele. O *quê* dos jogos eletrônicos é que eles criam um mundo onde você se sente bem não só porque está se divertindo, mas também porque está excluindo os tipos de experiência que normalmente fariam com que se sentisse triste, ansioso ou inútil. Você entra em um mundo projetado para atender às suas necessidades psicológicas; haverá, portanto, uma gama complexa e vasta de efeitos agindo sobre como você pensa e se sente em longo prazo. Daphne Bavelier, especialista nessa área de atuação pela Universidade de Rochester, conclui: "O que sabemos é que, na área da tecnologia, temos um conjunto de ferramentas capazes de modificar drasticamente o comportamento humano", inevitavelmente modificando o cérebro.[35] Ela acredita que é preciso uma forma de garantir que a tecnologia seja especialmente projetada para atingir os resultados desejados. Porém, talvez isso seja mais fácil de falar do que fazer.

Vimos que os jogos eletrônicos podem estar afetando os processos mentais de maneiras complexas e diversas. Há uma série de questões diferentes que precisam ser resolvidas separadamente. Por exemplo, se as programações de recompensas do jogo estiverem travadas em uma iteração rápida de estímulos e respostas, que efeitos o ato de jogar por períodos ainda mais prolongados poderia causar na atenção das pessoas? Além disso, será que, sabendo que os games violentos compreendem 50% ou mais de todas as vendas, o ato de jogá-los aumentará os índices de comportamentos agressivos no mundo real?[36] E finalmente, se não há um significado permanente para o mundo de escape dos games, já que suas ações não têm consequências duradouras, isso poderá resultar em pessoas se tornando mais imprudentes na vida real? Vamos explorar cada uma dessas questões separadamente.

14

JOGOS ELETRÔNICOS E ATENÇÃO

"Os sons do silêncio são uma vaga lembrança agora, assim como o mistério, a privacidade ou dar atenção a uma coisa ou pessoa de cada vez", escreveu Maureen Dowd, colunista do *New York Times*, com olhos melancólicos voltados para outra era.[1] Talvez não devêssemos ficar muito surpresos pelo fato de que, se hoje em dia acabamos envolvidos por horas a fio em atividades que nos bombardeiam com estímulos em um ritmo acelerado, então o nosso cérebro humano, primorosamente adaptável, se adaptará de forma obediente a esse ambiente de um meio que não requer atenção prolongada. E, quanto mais a estimulação fluir, menor será o período de atenção que pode ser alocado para cada entrada. Será que os jogos eletrônicos, devido ao seu conteúdo vívido e veloz, podem estar afetando a atenção de uma forma inédita e única quando comparados a todas as distrações costumeiras e mais silenciosas da vida real?

Antes mesmo de pensarmos em responder a essa pergunta, precisamos tratar de uma queixa comum e compreensível: a internet em geral, e mais especificamente os games, serem responsáveis por uma série de problemas que também podem ser transportados de forma geral para a natureza humana, o mundo moderno como um todo, ou pelo menos para qualquer tecnologia baseada em telas, como a boa e velha TV. Essas críticas têm razão. Por exemplo, no Hospital Infantil de Seattle, Dimitri Christakis examinou mais de mil crianças com um ano de idade, e mais ou menos a mesma quantidade de indivíduos com idade de três anos.[2] Ele descobriu que 10% das crianças do grupo tinham problemas de atenção aos sete anos de idade, diretamente relacionados ao número de horas por dia assistindo à TV entre as idades de um e três anos. Assim, embora encurtar o período de atenção obviamente não seja uma coisa boa, os games não terão um impacto *adicional* em comparação com outras experiências, mais antigas, baseadas em telas... ou será que sim?[3]

Edward Swing e sua equipe na Universidade Estadual de Iowa conduziram o primeiro estudo em longo prazo sobre os efeitos específicos do videogame em crianças do ensino fundamental.[4] O projeto envolveu 1.323 crianças entre 6 e 12 anos que, junto dos pais, gravaram sua exposição à televisão e aos videogames em quatro momentos durante um período de treze meses. Professores mediram problemas de atenção relatando as dificuldades que os participantes tiveram para permanecer concentrados na tarefa e para prestarem atenção, e também se uma criança interrompia com frequência a atividade de outra. Descobriu-se que aqueles que passavam mais de duas horas na frente da tela (televisão e videogames combinados) diariamente tinham maior probabilidade de terem problemas de atenção. Não obstante, os resultados também revelaram que jogar tinha uma relação específica com um maior risco de desenvolver problemas de atenção e que de fato era um indicador mais robusto desses problemas do que simplesmente assistir à televisão. Mesmo tendo em conta o efeito da exposição prolongada à TV, bem como quaisquer problemas anteriores de atenção que a criança já apresentava, a quantidade de tempo gasto por cada uma delas jogando videogame apontou precisamente para um aumento nos problemas de atenção pouco mais de um ano depois.[5] Sendo assim, os jogos parecem ter um efeito prejudicial específico.

Pesquisas subsequentes investigaram mais detalhadamente as relações entre games e problemas de atenção, e chegaram a conclusões semelhantes. Na Universidade Estadual de Iowa, Douglas Gentile e sua equipe acompanharam um grupo de mais de 3 mil crianças e adolescentes ao longo de três anos.⁶ Crianças que passavam mais tempo jogando tiveram mais problemas de atenção, mesmo quando dados como casos anteriores de perda de atenção, sexo, idade, raça e status socioeconômico foram controlados estatisticamente. Curiosamente, crianças que eram mais impulsivas ou tinham mais problemas de atenção subsequentemente passaram mais tempo jogando videogame, indicando um possível efeito bidirecional dos jogos sobre os problemas de atenção: um potencializa o outro.

Essas pesquisas fornecem a evidência mais forte, até o momento, de que a relação entre jogar videogame e ter problemas de atenção não é coincidente, mas causal. Essa possível inter-relação tem implicações potencialmente interessantes para as Transformações Mentais, já que demonstra claramente como o cérebro e o ambiente estão em um diálogo constante tão intenso que muitas vezes é difícil separar o ovo da galinha, como já vimos. Alguém que é impulsivo e se distrai facilmente pode encontrar nos jogos eletrônicos o veículo perfeito para sua predisposição; assim, criar o hábito de passar o tempo em um mundo que exige reações rápidas e feedbacks instantâneos garantirá que o cérebro se adapte a esse ambiente acelerado.

Os games modernos, com sua riqueza visual e seus movimentos acelerados, provavelmente inserem demandas visuoespaciais e cognitivas bastante significativas em um jogador; essas demandas, por sua vez, deixarão sua marca no comportamento subsequente do indivíduo devido à plasticidade de seu cérebro — isso, entretanto, não tem, necessariamente, consequências negativas. Estudos apontam que gamers são excelentes pilotos de drones e que chegam a até mesmo superar pilotos profissionais em certas tarefas.⁷ Na mesma toada, os cientistas da Faculdade de Medicina de Duke analisaram a eficácia com que gamers habilidosos podem se tornar, no futuro, pilotos de drones altamente proficientes, em comparação com seus colegas estudantes que não jogavam games de ação.⁸ Greg Appelbaum, professor assistente de psiquiatria, deu aos participantes uma tarefa de memória visual para verificar a eficiência deles ao lembrar informações que tinham acabado de registrar pela primeira vez. Os gamers experientes venceram os colegas novatos, provando que podiam responder a estímulos visuais de maneira muito mais rápida. Isso se deveu às habilidades exigidas em jogos de tiro em primeira pessoa, nos quais os jogadores precisam decidir, de segundo a segundo, o que "atacar". "Gamers enxergam o mundo de forma diferente. Eles são capazes de extrair mais informações de uma cena visual. Além disso, precisam de menos informações para chegarem a uma conclusão probabilística, e o fazem rapidamente", conclui Applebaum.[9]

Alguns pesquisadores sugeriram que, na verdade, são as *motivações* dos gamers que podem vir a estabelecer as diferenças entre jogadores e não jogadores, em vez de possuir ou não habilidades visuoespaciais mais aprimoradas.[10] Pense nisto: quem é fã de games passa as horas vagas usando computadores ou consoles para cumprir as missões que o jogo oferece, seja por diversão, seja por competitividade, enquanto os não jogadores que foram recrutados para diferentes estudos obviamente não têm preferência por tais atividades se outras opções estiverem disponíveis. Assim, pode ser que os gamers simplesmente tenham uma determinada mentalidade que os torna mais competitivos, ou que faz com que tenham mais apreço por tarefas realizadas em um computador, ou até mesmo mais incentivo para obter um melhor desempenho em situações que resultem em melhorias visuoespaciais.

Uma série de diferentes processos e funções, como visão e controle motor, parecem ser aprimorados pelos games comuns.[11] Em comparação com não jogadores, os gamers experientes em jogos de ação têm comprovadamente uma melhor coordenação óculo-manual e habilidades visuomotoras, como resistência à distração, sensibilidade a informações na visão periférica e capacidade de contar objetos apresentados brevemente. Com o desenvolvimento do PlayStation Move, do Kinect e do Wii, os jogos eletrônicos passaram a ser capazes de argumentar de forma persuasiva que podem desenvolver habilidades motoras, incentivando o movimento do corpo todo.

Um dos principais estudos que mostram os efeitos benéficos dos jogos ocorreu em 2003, quando Shawn Green e Daphne Bavelier, da

Universidade de Rochester, investigaram o impacto dos games de ação na visão. Eles estavam interessados em saber se o aprendizado poderia melhorar o desempenho em tarefas diferentes daquelas nas quais o treinamento se concentrava. Os experimentos iniciais confirmaram as melhorias esperadas: em diferentes aspectos da atenção visual (a capacidade de focar uma parte do campo visual), os gamers mais experientes superaram os novatos. Todavia, o mais significativo foi que, em um experimento final, os não jogadores que foram subsequentemente treinados em um videogame de ação mostraram uma melhora marcante que foi transferida para habilidades muito além do treinamento. Green e Bavelier concluíram: "Portanto, embora jogar videogame possa parecer um tanto irracional, é também algo capaz de alterar radicalmente o processamento atencional."[12]

Posteriormente, vários estudos confirmaram que jogar certos videogames confere ao jogador uma ampla e diversa gama de benefícios, incluindo melhorias na visão de baixo nível, atenção visual e velocidade de processamento, entre outros.[13] O fato de uma série de estudos devidamente controlados terem demonstrado repetidamente uma relação causal entre jogar videogames e o aprimoramento dessas habilidades prova que são os jogos eletrônicos, e não algum tipo de dom sobrenatural dos jogadores, que vêm causando essa melhoria. Tampouco a experiência de jogar deve resultar apenas em uma vantagem imediata nas tarefas atuais. Parece que o seu benefício efetivo envolve a capacidade ainda mais impressionante de aprimorar a maneira como os gamers aprenderão tarefas completamente novas. Esses talentos recém-descobertos têm aplicações subsequentes no mundo real. Incluem, por exemplo, a capacidade superior de ver pequenos detalhes, o processamento mais rápido de informações apresentadas velozmente, maior capacidade na memória de curto prazo e no processamento de vários objetos simultaneamente, e uma alternância flexível entre tarefas — e tudo isso é útil em uma variedade de trabalhos que exigem precisão. Cirurgiões laparoscópicos que têm o hábito de jogar, por exemplo, revelaram-se melhores profissionais do que seus pares que não jogam, tanto em termos de velocidade de execução quanto de confiabilidade.[14]

O tempo gasto em jogos eletrônicos não é um simples treinamento de uma habilidade específica; ele pode ser notavelmente empregado em outras situações e em uma alta variedade de habilidades e comportamentos inesperados. Não espanta, portanto, que a Nintendo tenha feito sua propaganda do Big Brain Academy como um jogo que "treina o cérebro com uma carga de atividades surpreendentes em cinco categorias: pensar, memorizar, analisar, computar e identificar".[15] Além disso, uma das promessas é que, em comparação com os métodos tradicionais de treinamento, o jogo pode ser envolvente e divertido.

E não é apenas o cérebro do Nativo Digital normal e saudável que parece se desenvolver. As evidências de que os jogos podem ter efeitos benéficos e corretivos em um grande rol de deficiências são convincentes, incluindo aí uma reversão do declínio cognitivo em idosos. Em um determinado estudo, pesquisadores treinaram adultos mais velhos em um videogame por um total de 23,5 horas.[16] Eles avaliaram os participantes com uma bateria de tarefas cognitivas — incluindo testes de controle executivo e habilidades visuoespaciais — antes, durante e após o treinamento de videogame. Os indivíduos apresentaram melhoras no desempenho dentro do game, mas o mais importante foi que também apresentaram uma melhora clara em funções de controle executivo, como a alternância de tarefas, memória operacional, memória visual de curto prazo e raciocínio. Mais especificamente, os participantes treinados no videogame foram capazes de alternar entre duas tarefas com menos esforço ou custo de atenção do que o grupo de controle, e também apresentaram melhorias de curto prazo na recordação das tarefas de função executiva em que foram testados, antes e depois do período de treinamento.

Quando usados para tratar pacientes com uma série de distúrbios cerebrais, os jogos eletrônicos parecem oferecer uma experiência verdadeiramente benéfica e agradável. Por exemplo, eles foram eficazes na redução dos sintomas delirantes em pacientes esquizofrênicos depois de apenas oito semanas.[17] Em um estudo-piloto com adolescentes com transtornos do espectro autista, houve mudanças visíveis nos exames de imagem cerebral em resposta a palavras afetivas e a emoções durante um período de seis semanas com jogos pró-sociais.[18] Na reabilitação de vítimas de acidentes automobilísticos com transtorno de estresse pós-traumático, a experiência de realidade virtual de dirigir ou de andar de carro em um jogo de computador ajudou a melhorar os sintomas e a promover a recuperação.[19] Os jogos eletrônicos que atendem a necessidades psicológicas específicas em certos transtornos podem oferecer opções de tratamento complementar eficazes, como no caso de quem tem problemas de controle de impulsos.[20] Enquanto isso, os neurocientistas têm usado jogos populares do iPhone, como Fruit Ninja (no qual você simplesmente corta frutas ao meio com o dedo), para ajudar na reabilitação de vítimas de derrame.[21]

Jogar videogames também pode ter efeitos positivos em aspectos mais abstratos da função cerebral, como o desenvolvimento social e o bem-estar psicológico. Por exemplo, jogar videogame com os pais tem sido associado a níveis reduzidos de agressividade e a um aumento nos níveis de comportamento pró-social, embora apenas em meninas.[22] No entanto, a mesma pesquisa descobriu que os períodos de jogatina, em geral, estavam associados a um aumento da agressividade e a uma redução do comportamento pró-social. Portanto, os efeitos benéficos, nesse caso, podem ocorrer mais devido à atividade conjunta com os pais do que à ação que se passa na tela. Até mesmo os estereótipos de gênero podem desempenhar um papel. Os autores especulam que, como os meninos jogam mais do que as meninas, o tempo que passam jogando sozinhos pode ter diluído os efeitos benéficos do tempo que passariam jogando com os pais. Além disso, eles sugerem que os meninos normalmente jogam jogos inadequados para a idade em maior proporção do que as meninas, o que também pode eclipsar os benefícios de jogar com os pais.

Como já vimos no caso das redes sociais, os mundos dos jogos eletrônicos podem ser um reino onde os jogadores podem explorar livremente suas identidades.[23] Pesquisas mostram que explorar o potencial de liderança em MMORPGs pode transbordar para o potencial do local de trabalho.[24] Talvez esses jogos possam ajudar a desenvolver novas técnicas de treinamento organizacional, ou seja, pode ser que um gamer com potencial para ser um líder em um jogo seja um líder no mundo real, enquanto os perdedores no mundo real continuam perdendo em um jogo. Ainda é discutível se os jogos eletrônicos servem como uma lição útil para a vida real ou como uma válvula de escape dela. De fato, eles podem demonstrar ao jogador que fazer escolhas pode ser difícil às vezes, como nas ocasiões em que os gamers estão tentando atingir uma meta e devem pesar as consequências, os benefícios e a força do seu conjunto de habilidades individuais ao se decidirem por enfrentar ou evitar um determinado problema. Por outro lado, as experiências no mundo real ensinarão isso de qualquer maneira. Afinal, se não houvesse diferença entre a vida real e os jogos, qual seria o objetivo destes, em primeiro lugar? Mas se *de fato* houver uma diferença, a experiência do jogo realmente teria aplicações concretas na vida real?

Quase todas as tarefas da vida real podem ser consideradas enfadonhas quando comparadas a jogos bem projetados e altamente estimulantes, e essa diferença pode ter consequências seriamente negativas. Kira Bailey e seu grupo de pesquisa na Universidade Estadual de Iowa observaram com cautela que, embora alguns jogos possam ter efeitos pedagógicos e terapêuticos positivos, seus dados sugeriram, de forma geral, que "níveis elevados de experiências com videogames podem estar associados a uma redução nos processos de eficiência que dão suporte ao controle cognitivo proativo, que por sua vez permite manter o processamento de informações direcionado a um objetivo em contextos que não prendem naturalmente a atenção".[25] Simplificando: jogar videogame pode ser prejudicial para uma atenção prolongada.

Embora uma pesquisa extensiva tenha mostrado como os jogos de ação podem melhorar o foco na tela, esse ganho pode ter um custo. Os jogos eletrônicos recompensam os jogadores por modificarem rapidamente seu comportamento quando ocorre um conflito, e esse recurso específico dos jogos de ação pode ter efeitos diferenciais no controle proativo e reativo. Pense no *controle reativo* como o tipo de resposta imediata a um estímulo, que é usada apenas quando necessário, enquanto o *controle proativo* seria implantado de forma consistente e em antecipação a estímulos futuros, indicando a capacidade de um indivíduo de decidir no que prestará atenção e o que ignorará.[26] Embora os jogadores frequentes (mais de quarenta horas por semana) sejam bem treinados para responder instantaneamente a estímulos apresentados de forma repentina (controle reativo), sua capacidade de manter a atenção proativa durante uma tarefa inteira é menos impressionante. Os jogos eletrônicos podem treinar um indivíduo para responder rapidamente a estímulos apresentados de forma súbita, mas talvez não ajudem em nada na sua capacidade de manter o foco durante tarefas rotineiras.[27]

Não obstante, outro estudo recente sugere que gamers habituais podem ser mais persistentes do que jogadores esporádicos para fixar a atenção em quebra-cabeças complexos, que envolvem anagramas e enigmas.[28] Jogadores contumazes passam mais tempo em problemas não resolvidos quando comparados com os esporádicos. Esses resultados foram considerados como uma prova de que jogar videogames pode gerar uma maior perseverança em diversas tarefas. Porém, reitere-se, pode ser que diferentes traços de caráter sejam responsáveis pela diferença chave dentro de um protocolo experimental. Esses jogadores podem ser mais competitivos do que não jogadores, e uma tarefa proposta em análise laboratorial para medir habilidades de qualquer tipo motivará automaticamente um jogador habituado a querer vencer. Além disso, os jogadores nesse estudo podem ter visto o quebra-cabeça como um game, e não como uma tarefa enfadonha. Portanto, se os jogadores habituais têm em geral uma capacidade melhor para prestar mais atenção, ou não, é uma questão que permanece em aberto, independentemente da tarefa a ser realizada.

Como podemos, então, conciliar conclusões divergentes a respeito das melhorias ou prejuízos à atenção causados pelos games? A resposta pode estar no *modelo* de atenção necessário para o sucesso em jogos de ação. Existem vários termos técnicos que tentam descrever o sistema da atenção humana. A *atenção seletiva* ou *focada,* que consiste na capacidade de focar um conjunto específico de estímulos, é um tipo de atenção normalmente direcionado por motivações internas. A *atenção sustentada,* por sua vez, é a capacidade de manter o foco por longos períodos de tempo e muitas vezes é necessária durante uma atividade tediosa.

Enquanto os jogos eletrônicos podem treinar e, portanto, serem benéficos ao tipo de atenção que requer o processamento de estímulos seletivos, a manutenção da atenção por longos períodos de tempo na ausência de uma estimulação rápida a cada novo momento pode ser reduzida. Assim, os jogadores podem ter problemas com a atenção sustentada, em vez da seletiva.

Uma questão interessante referente a esses bloqueios na atenção é a possível conexão deles com a prevalência do transtorno de déficit de atenção e hiperatividade.[29] Para alguns, a ideia de que distúrbios de atenção possam estar ligados aos games é mera especulação. Em uma revisão que avalia o impacto das tecnologias digitais no bem-estar humano, Paul Howard-Jones concluiu: "Não sabemos [se] o uso de tecnologia digital por crianças é um fator causal no desenvolvimento de TDAH."[30]

Posteriormente, Alison Parkes e sua equipe na Universidade de Glasgow realizaram um estudo com mais de 11 mil crianças e relataram que os games não afetaram o seu desenvolvimento psicossocial, incluindo aí os problemas de atenção.[31] O tamanho do grupo estudado aqui pode parecer impressionante e, por causa disso, seus resultados são bem conclusivos. Mas existem algumas desvantagens na metodologia subjacente. Em primeiro lugar, o estudo investigou crianças com idades entre cinco e sete anos, enquanto quase todo o resto da literatura se concentra em crianças mais velhas, que têm mais oportunidades de jogar games de ação estimulantes, violentos ou imprudentes, que normalmente não estão disponíveis para os mais jovens. Em segundo lugar, os possíveis sintomas de TDAH foram avaliados apenas por meio de relatos subjetivos de pais que não são nem um pouco imparciais (daí o tamanho da amostra incomumente grande, já que os dados foram relativamente fáceis de coletar); não obstante, outros estudos utilizaram ferramentas de avaliação mais abrangentes, demoradas e objetivas. Terceiro ponto: o projeto da Glasgow mediu apenas jogatinas que ocorreram em dias úteis, e podem haver muito mais horas de jogatina durante os fins de semana. Ou seja, a pesquisa não oferece um panorama completo do tempo dedicado aos games.

Em todo caso, antes que possamos ter certeza de uma relação direta entre problemas de atenção e o ato de jogar videogames, várias outras questões precisam ser resolvidas. Diversos estudos investigaram a associação entre o uso excessivo da internet como um todo e os sintomas de TDAH.[32] Uma grande ressalva, no entanto, é que os games e o uso excessivo da internet são duas atividades distintas: uma pode estar relacionada ao TDAH, enquanto a outra, não. Outro fator que dificulta as coisas é que certos gêneros de jogos podem ter efeitos diferentes no que se refere ao TDAH. Na verdade, os MMORPGs estão associados a níveis mais baixos de impulsividade e sintomas do transtorno, ao mesmo tempo em que estão relacionados a níveis elevados de ansiedade e isolamento social.[33] Além disso, a relação entre TDAH e jogos eletrônicos pode depender da frequência com que se joga, o que não necessariamente será levado em consideração, e qualquer relação entre o uso excessivo da internet e o TDAH pode ser atribuída a um estado de dependência, e não à atividade em si. Dito isso, e dado que muitos usuários compulsivos da internet são gamers, a relação entre o seu uso excessivo e o TDAH precisa ser explorada.

Considerando tudo o que foi exposto e levando em conta que não há uma "causa" única para o TDAH, ainda há evidências convincentes de que jogar em excesso pode estar efetivamente associado a transtornos de atenção. Em 2006, Jee Hyun Ha e seus colegas estudaram um grande número de crianças na Coreia do Sul em dois estágios. O primeiro consistiu na triagem de todos os participantes para transtorno de dependência de internet e, em seguida, dentre aqueles triados positivamente, selecionou-se aleatoriamente um grupo menor para uma avaliação psiquiátrica completa. Obviamente, as crianças viciadas em internet a utilizam sobretudo para jogar. Mais da metade desses jovens (com idades entre nove e treze anos) apresentaram um diagnóstico de TDAH.[34] Um ano depois, uma pesquisa de comorbidade psiquiátrica com mais de 2 mil estudantes taiwaneses do ensino médio, com idades entre 15 e 23 anos, relatou que 18% dos alunos foram classificados como viciados em internet, e que o vício estava fortemente associado aos sintomas de TDAH.[35]

Assim como a descoberta de que a restrição da exposição das crianças à TV e aos videogames reduzia a probabilidade de problemas de atenção nas aulas, um estudo realizado por Philip Chan e Terry Rabinowitz no Rhode Island Hospital descobriu que, se os adolescentes jogassem videogame por mais de uma hora por dia, apresentariam mais características do TDAH, incluindo desatenção.[36] No entanto, esses autores também destacaram o famoso dilema do ovo e da galinha: "Não está claro se jogar videogame por mais de uma hora causa um aumento nos sintomas de TDAH, ou se adolescentes com sintomas de TDAH passam mais tempo jogando videogame."[37]

Embora haja uma associação significativa entre o nível de sintomas de TDAH e a gravidade do vício infantil em internet, também parece que a condição de TDAH em uma criança pode indicar uma probabilidade maior de desenvolver vício em jogos. Em um estudo envolvendo jovens com e sem TDAH, com idades entre seis e dezesseis anos, não houve diferenças na frequência ou na duração da jogatina entre os dois grupos.[38] No entanto, o grupo com TDAH apresentou um grau significativamente mais alto de propensão ao vício em jogos, indicando que crianças com TDAH podem experienciar atividades envolvendo games com mais intensidade do que crianças sem o transtorno e, portanto, talvez sejam vulneráveis de uma forma específica ao vício em jogos eletrônicos. Portanto, se o uso da internet e a compulsão por games estão se influenciando mutuamente, pode ser que um não esteja causando o outro, mas que ambos apresentem sintomas do mesmo estado cerebral comum: dois lados da mesma moeda mental. Uma pista sobre o que pode vir a ser esse estado cerebral encontra-se na observação um pouco mais aproximada de um medicamento utilizado no tratamento do TDAH.

O metilfenidato, talvez mais conhecido por uma de suas marcas, Ritalina, é uma droga estimulante amplamente administrada para tratar distúrbios de atenção. No Reino Unido, o número de prescrições de metilfenidato disparou de 158 mil em 1999 para 661.463 em 2010.[39] Nos Estados Unidos, Benedetto Vitiello, do National Institute of Mental Health, documentou prescrições de estimulantes entre 1996 e 2008 e descobriu que o número de receitas para crianças com menos de dezenove anos aumentou significativamente em doze anos.[40] Crianças entre seis e doze anos receberam o maior número de prescrições, mas adolescentes com idades entre treze e dezoito anos apresentaram os maiores *aumentos* nas prescrições. Uma tendência semelhante foi vista na Austrália, onde o uso de drogas estimulantes para tratar o TDAH em crianças aumentou muito, com as prescrições de Ritalina e seus equivalentes aumentando em 300% entre 2002 e 2009.[41]

Claro, pode ser que esses aumentos colossais nas prescrições em três continentes diferentes não tenham nada a ver com um aumento no TDAH em si — pode ser que se devam mais a uma tendência clínica atual de medicalizar um determinado comportamento e/ou uma maior disposição a prescrever medicamentos para doenças.[42] No entanto, a associação atual entre medicamentos para TDAH e períodos de atenção anormalmente curtos traz à tona nossa velha amiga dopamina, já que o metilfenidato resulta em um aumento desse mensageiro químico no cérebro. O porquê de essa droga ser eficaz no tratamento de quem tem períodos de atenção curtos segue sendo um enigma para os neurocientistas.

Quando a dopamina atua no cérebro, o indivíduo fica mais estimulado, mais excitado. O aparente paradoxo de uma droga estimulante como a Ritalina, que combate de maneira eficaz a hiperexcitação, pode ser explicado pela sua capacidade de dessensibilizar os alvos químicos usuais da dopamina. Como já discutimos, a interação desses alvos químicos (receptores) com seus respectivos neurotransmissores cerebrais se assemelha a um aperto de mão molecular. Mas se o aperto de mão for persistente e forte, a mão (o receptor) ficará dormente, menos sensível (dessensibilizada). O resultado é que a dopamina no cérebro será menos eficaz e a pessoa ficará menos hiperativa. Assim, em um indivíduo que não tem TDAH, a droga pode prolongar o tempo de atenção, o que pode ser visto como um "aprimoramento cognitivo" desejável.

O modafinil, um novo agente que favorece o estado de atenção, tem um perfil farmacológico semelhante ao dos estimulantes convencionais, como o metilfenidato. O psicólogo Trevor Robbins e sua equipe em Cambridge estavam interessados em avaliar se o modafinil poderia oferecer potencial semelhante como intensificador cognitivo em pessoas perfeitamente normais.[43] Sessenta voluntários jovens adultos do sexo masculino receberam uma única dose oral de um placebo (uma substância inerte que os participantes pensaram que teria efeitos benéficos) ou de modafinil antes de realizarem uma variedade de tarefas destinadas a testar a memória e a atenção. Apenas o modafinil melhorou significativamente o desempenho em vários testes cognitivos, incluindo memória de reconhecimento de padrões visuais, planejamento espacial e tempo de reação. Os participantes também disseram que se sentiram mais alertas, atentos e enérgicos com a substância. Outro efeito aparente foi a redução da impulsividade. Será, então, que drogas como o modafinil podem nos dar uma ideia da relação entre o TDAH e a jogatina em excesso?

Em 2009, o professor associado de psiquiatria Doug Hyun Han e sua equipe da Universidade de Utah estudaram prospectivamente um grande número de adolescentes, em sua grande maioria do sexo masculino. Todos tinham histórico de TDAH, além de um registro de uso excessivo de videogames. A ideia era examinar se jogar videogame, bem como o uso do metilfenidato, eram fatores que aumentavam a liberação da dopamina de uma forma que permitisse aos adolescentes se concentrarem melhor. Han administrou Concerta XL (semelhante à Ritalina) e acompanhou o desempenho dos indivíduos após oito semanas. Houve uma redução nos indicadores de vício em internet e no seu tempo total de uso, indicando que o metilfenidato poderia reduzir esse comportamento obsessivo em indivíduos com TDAH co-ocorrente ao uso excessivo de games. Embora os autores não tenham esclarecido quanto dessa atividade na internet era composta de jogos eletrônicos, eles chegaram à fascinante conclusão de que, se o TDAH e os games realmente são dois lados da mesma moeda — do mesmo estado cerebral —, então, "jogar na internet pode ser um meio de automedicação para crianças com TDAH".[44]

Se os jogos eletrônicos forem, de fato, uma espécie de automedicação para quem sofre de TDAH, o fator comum mais óbvio seria a liberação excessiva de dopamina no cérebro, por sua vez relacionada ao vício, à recompensa e à excitação. Paul Howard-Jones, da Universidade de Bristol, chegou a sugerir que esse processo poderia ser controlado ao permitir que as crianças jogassem; assim, elas ficariam mais estimuladas e aprimoradas cognitivamente na sala de aula.[45] Então, nas condições certas, talvez os videogames possam até ser uma ferramenta valiosa para os professores. No entanto, embora as quantidades de dopamina endógena liberadas naturalmente no cérebro como consequência dos jogos provavelmente não levem ao mesmo nível de dessensibilização do receptor que poderia ocorrer com as dosagens usuais de modafinil ou Ritalina, será mesmo que nós queremos que os alunos fiquem em um estado permanente de alta excitação? Afinal, isso não seria tão diferente de dar doses baixas de anfetamina a eles.

De forma mais imediata, parece haver uma relação clara entre jogar videogames e a atenção como um todo. No entanto, embora a atenção visual *seletiva* para que a pessoa se concentre em um objeto na tela ou em um avatar possa ser melhorada em curto prazo por meio dos jogos eletrônicos, isso pode prejudicar, em longo prazo, a importantíssima atenção *sustentada*, necessária para refletir e compreender algo em profundidade.

Além disso, a implicação da dopamina como um agente central no cérebro dos gamers pode estar oferecendo uma perspectiva verdadeiramente útil para que se entenda a atratividade dos jogos eletrônicos, quando comparados com a vida real. Contudo, será que uma mentalidade acostumada a experimentar recompensas seguras, geralmente obtidas com facilidade, poderia também estar se inclinando à agressividade e à inconsequência?

15

JOGOS ELETRÔNICOS, VIOLÊNCIA E INCONSEQUÊNCIA

Parece incrível que o videogame protótipo Pong tenha sido criado em 1975. Mas foi somente na década de 1990 que jogos como Double Dragon e Mortal Kombat trouxeram atos mais violentos para a brincadeira. A resolução pictórica desses primeiros jogos foi medida em polígonos por segundo e pode ser um bom indicador de quão rápido essa tecnologia se desenvolveu. Por exemplo, a resolução do primeiro modelo do PlayStation era de 3.500 polígonos por segundo, mas em 2001 o Xbox já possuía uma qualidade gráfica de 125 milhões de polígonos por segundo. Atualmente, os jogos eletrônicos têm resoluções gráficas surpreendentes, alguns com mais de 1 bilhão de polígonos por segundo! Como resultado, a violência ilustrada na tela dos videogames tornou-se mais detalhada e vívida. Os jogadores atuais estão expostos com mais frequência, e de forma mais vívida do que nunca, a várias formas de matar e testemunhar a morte no ciberespaço.

A questão de como os videogames gráficos podem ter consequências desagradáveis revive o argumento, hoje bem famoso, de que as atividades baseadas na internet — e, de forma mais específica, os jogos — estão sendo desproporcionalmente demonizados, enquanto tecnologias mais antigas, como a TV, sempre foram igualmente prejudiciais. Mas não é bem assim. Hanneke Polman e sua equipe da Universidade de Utrecht exploraram a diferença entre jogar videogame e outra experiência, mais parecida com a da TV: assistir passivamente a jogos violentos.[1] Após serem expostos aos videogames, os alunos tiveram duas sessões jogando livremente, após as quais responderam a um questionário referente a comportamentos agressivos; os atos seriam rotulados como agressivos apenas se a intenção fosse considerada hostil. Então, a equipe holandesa descobriu que, especialmente para os meninos, jogar um determinado jogo violento levava a uma agressividade mais acentuada do que apenas assistir passivamente ao mesmo jogo.

A diferença crucial entre observar passivamente a violência em uma determinada mídia e jogar um jogo violento é, obviamente, a interatividade. Em muitos games, o jogador está "imerso" no jogo e usa um controle que aprimora a experiência; isso poderia intensificar sentimentos agressivos. Mas, reitera-se, os jogos violentos apenas afetariam o comportamento no mundo real se o jogador acabasse confundindo os dois mundos. Se uma pessoa jogasse apenas Super Mario Bros., nos preocuparíamos com a possibilidade de ela começar a acreditar em cascos de tartaruga que podem derrubar as pessoas ou em penas que fazem alguém voar?

Este é um argumento *ad absurdum*. Em primeiro lugar, ninguém está afirmando que os jogos eletrônicos violentos são a única e exclusiva influência na conduta de qualquer indivíduo. Seres humanos não existem no vácuo. Mesmo os gamers mais ávidos vivem uma vida para além de seus consoles: vão à escola e aprendem a respeito de outras coisas com seus pais e colegas. Em segundo lugar, comparar a violência dos desenhos animados com uma violência gráfica e hiper-realista é exagerado. É menos provável que as pessoas sejam influenciadas por um jogo completamente desprovido de realidade, como Super Mario Bros., do que por um que imita a realidade, como Grand Theft Auto V. A violência do jogo eletrônico explora esquemas mentais estabelecidos que já possuímos em torno da agressividade e da violência no mundo real. Os cascos de tartaruga, as penas e a capacidade de voar não têm esses pontos de apoio estabelecidos em nossas mentes, ao passo que pessoas estranhas e que podem ser potenciais agressores, junto aos nossos subsequentes sentimentos de hostilidade e desconfiança em relação a elas, sim. Além disso, pesquisadores que estudam o tema questionam o verdadeiro nível de violência presente em jogos cartunescos como Super Mario Bros.[2] A maioria dos estudos se concentrou na violência de humano versus humano altamente gráfica e realista, com jogos modernos apresentando cenas vividamente detalhadas e horríveis, incluindo até mesmo decapitações — e um ponto realmente importante é que esse tipo de violência realista *parece* ter um impacto nos níveis de agressividade subsequentes.

Elly Konijn e seu grupo na Universidade de Amsterdã testaram a hipótese de que games violentos são especialmente propensos a aumentar a agressividade quando os jogadores se identificam com personagens violentos.[3] Um grande grupo de meninos adolescentes foi aleatoriamente designado para jogar um jogo dotado de violência realista, outro de fantasia ou um terceiro, não violento. Em seguida, eles competiram com um aparente parceiro em uma tarefa de tempo de reação na qual o vencedor poderia fazer o outro ouvir um barulho muito alto por meio de fones de ouvido, o que serviu como medidor da violência. Os participantes foram informados, de forma propositalmente errônea, que altos níveis de ruído poderiam causar danos auditivos permanentes. Como esperado, os participantes mais agressivos se revelaram como aqueles que jogaram um jogo violento e que desejavam ser como os personagens violentos. Esses participantes usaram níveis de ruído que acreditavam ser altos o bastante para causar danos auditivos permanentes em seus parceiros, mesmo que estes não os tivessem provocado. Os resultados sugerem que a identificação com personagens violentos de jogos eletrônicos torna os jogadores agressivos de maneira mais proativa, mesmo depois de controlar estatisticamente a exposição habitual aos videogames, o caráter agressivo e a busca por novas sensações. Os jogadores se mostraram especialmente propensos a se identificar com personagens violentos em jogos realistas e em outros nos quais se sentiam imersos. Parece, então, que os meninos não estavam apenas treinando respostas violentas estereotipadas, mas assumindo uma mentalidade mais conflituosa.

E há aqueles que ainda questionam se os jogos eletrônicos podem, de fato, levar à violência. Eles argumentam que a experiência de jogo não pode ser de fato prejudicial, porque os humanos têm uma capacidade inerente de reconhecer o certo e o errado. Mas vimos várias vezes, nestas mesmas páginas, como somos moldados por nossas experiências individuais e como o cérebro humano sempre se adapta ao ambiente. Se esse ambiente é, por muitas horas do dia, uma guerra intergaláctica, ou heróis sobrenaturais com poderes mágicos, então essa ficção pode conformar cada vez mais a compreensão do cérebro sobre a realidade e, em última análise, sobre o bem e o mal. E, de fato, esse parece ser o caso.

Evidências recentes sugerem que, a despeito da consciência que o jogador tem de os mundos dos jogos não serem reais, ele ainda tem uma resposta humana real aos seus eventos. Andrew Weaver e Nicki Lewis, da Universidade de Indiana, desenvolveram um projeto para descobrir como os jogadores fazem escolhas morais em games, e que efeitos essas escolhas têm nas suas respostas emocionais durante a jogatina.[4] Setenta e cinco participantes preencheram um "questionário de fundamentos morais" e depois jogaram todo o primeiro ato do jogo de ação Fallout 3. A maioria dos jogadores chegou a decisões morais e, quando se encontraram com personagens não jogáveis, se comportaram como se esses momentos fossem interações interpessoais reais. Os jogadores sentiram culpa quando se envolveram em um ato imoral em relação a um personagem de videogame (não humano), mas, de uma forma reveladora, essa culpa não interferiu nos seus níveis de prazer. Certamente é estranho que as pessoas se sintam culpadas por um personagem que sabem que não é humano e que não existe de fato. Além disso, mesmo se as decisões fossem, naquele momento, "morais", a coexistência entre prazer e culpa sugere que, embora se sentir culpado possa muito bem implicar um certo nível de empatia, em última análise, ainda há uma dissociação interessante entre compreender o sofrimento de alguém e se importar o suficiente com isso a ponto de modificar suas atitudes.

No entanto, pode-se usar o mesmo argumento com livros. Podemos sentir laços emocionais e empatia para com os personagens e isso não diminuir, de forma alguma, a nossa apreciação do romance, propriamente. Em que sentido os jogos eletrônicos seriam diferentes? Bem, além da oportunidade de escape em ambos os casos, o prazer dos livros pode se dever aos insights que o leitor adquire ao vivenciar a vida de outras pessoas em momentos e lugares diferentes, dando-lhe a oportunidade de ajustar pontos de vista, e quiçá até servir como um gatilho para novas ideias. Tal alegação não cabe para os games, nos quais, como vimos anteriormente, boa parte do prazer vem da liberação de dopamina em uma experiência diretamente interativa e acelerada, que não ocorre durante a leitura de um livro. O mais importante é que, por mais envolvente que seja um romance, ninguém o confundiria com o mundo real ao seu redor, como pode ocorrer com os jogos eletrônicos. Por meio do seu avatar, você pode viver outra vida. Apesar de saberem que este mundo é uma ficção, os gamers parecem *realmente* confundir fantasia com realidade em jogos violentos.[5]

Craig Anderson, professor e catedrático de psicologia da Universidade Estadual de Iowa e um importante pesquisador no campo da violência em jogos eletrônicos, está preocupado com o fato de que, embora os games violentos não causem comportamentos violentos extremos e criminosos, eles aumentam a agressividade de baixo nível. Ele está convencido de que tem, junto a outros que trabalham neste campo:

> uma imagem nítida de como a violência midiática aumenta a agressividade em contextos de curto e longo prazo. Imediatamente após a exposição à violência em mídia, há um aumento nas tendências de comportamento agressivo devido a vários fatores. 1) Os pensamentos violentos aumentam, o que por sua vez aumenta a probabilidade de uma provocação branda ou ambígua ser interpretada de forma hostil. 2) Os efeitos da agressividade aumentam. 3) A excitação geral (por exemplo, a frequência cardíaca) aumenta, o que tende a aumentar também a predisposição a um comportamento dominante. 4) Às vezes ocorre a imitação direta de comportamentos agressivos observados recentemente.[6]

A sugestão de Anderson é que o vínculo entre violência e games implica uma relação indireta e generalizada. Na verdade, é bastante plausível que inclinações subconscientes para a violência possam se converter em abertamente conscientes por meio dos jogos e se tornar automáticas, padronizadas, devido à repetição. A chave é o treino, a própria repetição, pois o jogador está imerso em narrativas fantásticas que se repetem indefinidamente. Se comparado à mera observação de uma cena violenta, no decorrer de um jogo eletrônico você tem uma persona cujas ações violentas são amplamente recompensadas, o que por sua vez desencadeia uma onda de dopamina no cérebro; sua mentalidade violenta, portanto, e de certa forma, se torna a regra. O indivíduo que se envolve com games violentos pode acabar perdendo a autoconsciência e o discernimento pelo fato de a tendência a uma disposição agressiva ter se tornado um forte hábito.

Já mencionamos a afirmação do psicólogo visionário Donald Hebb, feita há mais de sete décadas, de que os neurônios que "disparam juntos, permanecem conectados". Mais recentemente, o pesquisador de videogames Douglas Gentile fez eco a esse tema, apontando que "tudo o que praticamos afeta repetidamente o cérebro e, se praticarmos maneiras violentas de pensar, sentir e reagir, então vamos ficar melhores nisso".[7] O conteúdo violento dos jogos de computador pode dessensibilizar os jogadores ao comportamento violento em relação a outras pessoas, e isso se dá, em parte, com a diminuição do limiar de resposta à provocação, e também da empatia com outras pessoas. Por exemplo, se alguém esbarrar em você no corredor, pode ser que você reaja de forma exagerada e hostil, respondendo algo do tipo: "Olha por onde anda, idiota!"

Em um estudo recente, Youssef Hasan e sua equipe, da Universidade Pierre-Mendès-France, mostraram que os jogos violentos aumentam efetivamente as expectativas de que a outra pessoa aja com hostilidade ou agressividade, provavelmente como resultado da experiência repetitiva em jogos com personagens hostis.[8] Estudantes universitários franceses jogaram um jogo violento ou não violento por apenas vinte minutos. Depois, leram enredos ambíguos de histórias sobre potenciais conflitos interpessoais e listaram o que achavam que os personagens principais fariam, diriam, pensariam ou sentiriam no desenrolar da narrativa. A violência foi medida utilizando um jogo de computador competitivo em que o vencedor, aparentemente, poderia fazer o perdedor ouvir um barulho muito alto por meio de fones de ouvido. Os resultados mostraram que os jogadores de games violentos esperavam respostas mais agressivas dos personagens principais apresentados na história; além disso, eles optaram por ruídos significativamente mais altos e duradouros contra seus oponentes humanos no jogo. Como previsto, a violência presente nos jogos aumentou o viés de expectativa hostil, que por sua vez aumentou a violência efetiva. Quais serão as implicações, em longo prazo, desse estado de coisas?

Uma das sugestões é que pode haver alguns aspectos positivos. Por exemplo, games violentos podem fornecer uma espécie de catarse segura à agressividade e à frustração.[9] Partindo dessa premissa, a pesquisa de 2010 conduzida por Cheryl Olson e sua equipe no Centro de Saúde Mental e Mídias do Hospital Geral de Massachusetts indica que os jogos violentos ajudam os alunos a lidar com o estresse e a agressividade. Aparentemente, mais de 45% dos meninos e 29% das meninas utilizam jogos violentos, por exemplo, Grand Theft Auto IV, como válvula de escape para a raiva.[10] Mas há poucas evidências de que a violência seja um imperativo biológico gerado internamente, semelhante à fome ou ao sono — um impulso que se acumula no corpo, aconteça o que acontecer, como uma necessidade natural que, mais cedo ou mais tarde, deve ser saciada. Além disso, raiva não é o mesmo que violência, embora a primeira às vezes possa levar à segunda. Em qualquer caso, pode ser que existam maneiras mais eficazes de ajudar alguém a lidar com a raiva do que oferecer uma oportunidade de aplicar a violência, por mais simulada que seja.

A única "prova" de que os jogos violentos podem ter efeitos positivos, de acordo com Olson e muitos outros aficionados por jogos eletrônicos, parece ser que a taxa de crimes violentos está diminuindo enquanto a popularidade dos games violentos só aumenta. Mas as reduções nos índices de criminalidade provavelmente são produto de uma série de fatores socioeconômicos complexos. E, o que é fundamental, ninguém jamais demonstrou, de fato, uma relação direta entre videogames violentos e uma redução da criminalidade, tampouco sugeriu o contrário — que tais jogos podem levar os jogadores diretamente a uma fúria incontrolável.

Contudo, a transição para uma disposição mais agressiva que resulta dos jogos eletrônicos parece ser um fenômeno global definitivo em diversas culturas. Um estudo longitudinal recente, realizado para explorar os efeitos em longo prazo de jogos violentos na mentalidade de jovens norte-americanos e japoneses em idade escolar, constatou que, em apenas três meses, a alta exposição a games violentos aumenta a violência física, a exemplo de dar socos, chutes ou entrar em brigas corpo a corpo.[11] Outros estudos semelhantes na Alemanha[12] e na Finlândia[13] observaram efeitos parecidos.

Embora o estudo sistemático de videogames seja relativamente novo, as evidências parecem ser fortes o suficiente para provar uma ligação direta entre jogar videogames e uma mentalidade agressiva. Uma das metanálises mais abrangentes se baseou em 136 artigos, detalhando 381 análises de associação independentes realizadas em um total de 130.296 participantes de pesquisas, e descobriu que jogar games violentos levava a aumentos significativos na dessensibilização, na excitação fisiológica, na cognição agressiva e no comportamento agressivo, ao mesmo tempo em que revelava uma redução no comportamento pró-social.[14]

Assim como ocorre na literatura científica revisada por pares, esse relatório foi imediatamente criticado por uma série de falhas metodológicas, em particular pela sua parcialidade na seleção dos estudos incluídos e por tamanhos de efeito pretensamente triviais.[15] Os autores originais, Brad Bushman e seus colegas, foram capazes de refutar essas acusações e negaram que houvesse qualquer evidência de parcialidade em sua seleção de dados[16]. Também argumentaram que os efeitos observados, longe de serem triviais em tamanho, foram maiores do que muitos efeitos considerados grandes o suficiente para justificar ações na área médica. Portanto, o principal argumento contra os efeitos potencialmente prejudiciais dos jogos violentos se apega a detalhes (as implicações desses efeitos no mundo real, sua magnitude e a metodologia para avaliá-los), mas *não* discute a sua não existência.[17]

Além do comportamento agressivo com terceiros, os games violentos claramente *têm* um efeito demonstrável no cérebro e no corpo. Pesquisas relacionaram jogos eletrônicos violentos a mudanças no sistema de "luta ou fuga", que evoluiu de forma a preparar o corpo para agir, a exemplo de bombear sangue mais rapidamente, colocar a digestão em espera, resfriar a pele com o suor e assim por diante. Parece que os jogadores podem se habituar a esse pico de adrenalina, de modo que viver uma experiência violenta realista não mais venha a desencadear uma reação tão forte.[18]

Nicholas Carnagey, psicólogo da Universidade Estadual de Iowa, demonstrou que uma breve exposição a games violentos influencia a ativação da parte do sistema nervoso que geralmente faz o coração disparar automaticamente.[19] Os participantes jogaram um jogo violento ou um não violento por vinte minutos e, logo depois, assistiram a um videoclipe de dez minutos de violência real no mundo (não eram reproduções de Hollywood) — por exemplo, uma briga na prisão em que um prisioneiro era esfaqueado repetidamente — enquanto sua frequência cardíaca e condutância da pele eram medidas. Quem jogou o game violento demonstrou uma menor alteração na frequência cardíaca e menos suor nas palmas das mãos ao assistir ao vídeo, em comparação com aqueles que jogaram o não violento. O game violento, portanto, tornou os sujeitos menos afetados e incomodados pela violência do mundo real.

As consequências de tal dessensibilização fisiológica podem ser bastante significativas: quando os indivíduos são dessensibilizados por jogos eletrônicos violentos, ficam menos propensos a ajudar uma vítima de violência.[20] Em um estudo específico de Brad Bushman e Craig Anderson na Universidade Estadual de Iowa, os participantes jogaram games violentos ou não violentos antes de uma luta falsa ser encenada fora de um laboratório, ao fim do estudo. Em comparação aos participantes que jogaram o game não violento, aqueles que jogaram o violento ficaram menos propensos a relatar terem ouvido a luta, julgaram o evento como menos grave e ofereceram ajuda com uma urgência menor.

Talvez não espante que jogar games violentos tenha efeitos correspondentes e que podem ser observados no próprio cérebro. A atividade cerebral monitorada durante o ato de jogar mostra que existem correlações neuronais definidas para o comportamento na vida real. Os investigadores registraram a atividade cerebral de jogadores experientes (que normalmente jogavam por uma média de quatorze horas semanais) enquanto jogavam um jogo de tiro em primeira pessoa.[21] Assistir a cenas violentas causou uma mudança na atividade de certas regiões de seus cérebros, e mais especificamente em uma: o córtex cingulado anterior rostral. Esta região normalmente está ativa durante a detecção de discrepâncias nas informações recebidas, tal como ocorre no teste Stroop, quando o tempo de reação é mais lento porque o nome de uma cor (por exemplo, azul) é impresso em uma cor diferente — vermelho, digamos. Jogar videogame também foi correlacionado com a desativação da amígdala, uma região do cérebro normalmente ligada à memória emocionalmente carregada, de forma que a diminuição da atividade nessa região levaria à supressão do medo e a uma queda geral das emoções. Os cérebros dos jogadores foram, portanto, menos sensíveis e menos reativos emocionalmente a ações discrepantes, como a violência repentina. É importante notar que o padrão de ativação refletiu uma sequência da própria interação cérebro-ambiente do indivíduo, em vez de apenas registrar o que estava acontecendo.

Em um segundo experimento de imagem, jogadores regulares do sexo masculino experimentaram um jogo de tiro em primeira pessoa; então, suas ações no jogo, bem como seus exames de imagem cerebral correspondentes, foram analisadas.[22] Os resultados mostraram que regiões do cérebro ligadas à emoção e à empatia (novamente, o córtex cingulado e a amígdala) ficavam menos ativas durante a jogatina de games violentos. Os autores sugerem que essas áreas são suprimidas durante essas experiências, assim como o seriam na vida real, a fim de que se possa agir de forma violenta sem qualquer hesitação. Além disso, houve ativação de áreas associadas à agressividade e à cognição, paralelamente à ativação que ocorre durante a violência na vida real.

Isso significa, então, que o cérebro não consegue distinguir entre um ato de violência virtual e um do mundo real? Ora, isso seria o mesmo que perguntar se os indivíduos (que, afinal, *são* seus próprios cérebros) podem fazer tal distinção. Já vimos que os jogadores podem confundir a realidade com o mundo virtual. Se o oposto fosse verdade, se houvesse algum tipo de verificação da realidade neuronal, seria difícil ver onde, e como, isso funcionaria no cérebro físico enquanto mecanismo capaz de conferir objetividade, independentemente de todos os outros processos cerebrais. Se, como venho sugerindo, a mente é a personalização do cérebro por meio da conectividade neuronal própria de cada um, nós teremos, em todo caso, perspectivas únicas e muito distintas de qualquer realidade externa. Seria temerário supor que o cérebro humano *sempre* sabe a diferença entre fantasia e realidade. O neurocientista Rodolfo Llinás, do NYU Medical Center, chegou a argumentar que nossa consciência-padrão é gerada internamente, modificada apenas em maior ou menor grau pela absorção intermitente de uma realidade externa.[23] Enquanto isso, a ideia extrema de que toda a realidade é ilusória e os objetos externos existem apenas quando são percebidos remonta a séculos, chegando ao filósofo George Berkeley. Este não é um espaço próprio para discutir a natureza da realidade física, mas basta dizer que não há nenhuma chave automática no cérebro para detectá-la nem para assumir de antemão que se trata um conceito simples, facilmente distinguível da imaginação, que nós podemos tomar como certo, quanto mais definir.

Embora tenhamos nos concentrado em jogadores compulsivos, que podem ser obsessivos, se não verdadeiramente viciados, a imagem que está surgindo é a de uma relação clara entre jogos violentos e o aumento de pensamentos, sentimentos e comportamento agressivos. Mas o que isso significa efetivamente para a vida além da tela? Sabemos, por meio de vários estudos de laboratório bem planejados, que jogar games violentos pode nos fazer responder de forma mais agressiva a estímulos. Mas ainda não está claro por quanto tempo esses efeitos duram e se eles inevitavelmente se traduzem em situações reais.

Nossa exploração dos jogos eletrônicos começou com a ideia de que, neles, treinamos muitas das habilidades úteis para a sobrevivência no mundo real. A possível relação entre violência e games ainda é debatida, mesmo após 25 anos de pesquisa, porque termos como "agressividade", "comportamento agressivo", "raiva", "hostilidade" e até "cognição agressiva" são frequentemente mal definidos, medidos indiscriminadamente e utilizados de forma indistinta. Todavia, acima de tudo, precisamos saber distinguir "raiva", "agressividade" e "violência". Não há evidências de que os jogos eletrônicos conduzam diretamente à violência em um nível criminal, mas um grande conjunto de dados indica fortemente que eles induzem a uma disposição mais agressiva na vida cotidiana. Isso é particularmente preocupante à luz das estatísticas recentes de que jogos violentos correspondem a cerca de 60% das vendas de games.[24] Além disso, no momento em que este livro foi escrito, os cinco jogos mais populares (Grand Theft Auto V, Batman: Arkham Origins, Assassin's Creed IV: Black Flag, Call of Duty: Ghosts e Battlefield 4) apresentam, todos eles, conteúdos extremamente violentos.

Como vimos ao longo destas páginas, os seres humanos são obrigados, pela evolução, a se adaptar ao meio ambiente. As crianças sempre aprenderam melhor observando o comportamento e depois testando-o por si mesmas. As consequências dessas incursões experimentais, então, determinam se eles repetirão um determinado comportamento ou se nunca mais terão essa conduta. Toda mídia violenta, independentemente do tipo, tem o potencial de ensinar comportamentos violentos específicos, bem como de realçar as circunstâncias em que tais comportamentos parecem apropriados e úteis. Dessa forma, roteiros de comportamentos violentos são aprendidos e armazenados na memória. Os jogos eletrônicos, por sua vez, fornecem um ambiente ideal para aprender a violência, já que colocam os jogadores no papel de agressores e frequentemente os recompensam por comportamentos violentos bem-sucedidos. Esses jogos permitem aos jogadores ensaiar uma narrativa inteira, passando pela provocação, pela escolha de uma resposta violenta, e chegando até a resolução do conflito. Os jogadores são incentivados a reencenar esses cenários repetidamente e por longos períodos de tempo para melhorar suas pontuações e avançar para níveis mais altos. Inevitavelmente, essa repetição aumenta sua eficácia, além da probabilidade de tal comportamento se repetir. Como consequência, comportamentos mais agressivos são adotados. A transição potencial para um padrão de comportamento e de atitude mais agressivos ao longo do tempo pode afetar a sociedade como um todo, e também aquilo que esperamos uns dos outros, possivelmente reduzindo as nossas expectativas de respeito e tolerância e aumentando a nossa desconfiança de terceiros, além da nossa percepção da necessidade de autopreservação.

Qualquer sobrecarga de hostilidade implica uma diminuição no autocontrole regular e um aumento na imprudência, a despeito das consequências. Se for solicitado a um neurocientista que fale algo a respeito de assumir riscos excessivos, ele pode começar apontando para síndromes neurológicas nas quais o mau funcionamento do cérebro é caracterizado por correr muitos riscos — lembremos o Capítulo 8 e o caso de Phineas Gage, que era extremamente impulsivo, infantil e impaciente quando reprimido. Lembre-se também de que esse é um perfil comportamental observado em outras populações, como pessoas obesas, viciados em jogos de azar, esquizofrênicos e, é claro, crianças. Estes são grupos muito diferentes, mas que compartilham uma preferência pelo imediatismo que supera a ponderação das consequências em longo prazo. Quem come demais sabe o que vai acontecer, mas, para quem tem alto índice de massa corporal (peso em relação à altura), a euforia do sabor da comida supera as consequências que se acumularão como calorias. Da mesma forma, estudos mostraram que pessoas obesas são mais imprudentes em tarefas envolvendo jogos de azar e que podem ser comparadas a viciados nessas atividades — pessoas que acreditam que a emoção do cavalo cruzando a linha de chegada ou o lançamento dos dados supera a consequente perda de todo o dinheiro.[25] E quanto aos esquizofrênicos, que podem não ser nem obesos, nem jogadores compulsivos?

Uma incursão detalhada à esquizofrenia está fora do escopo da nossa discussão atual, mas a principal característica a ser assinalada é que os esquizofrênicos depositam uma ênfase maior no mundo sensorial exterior, que frequentemente pensam estar implodindo dentro deles. Eles acham que estranhos podem ver e ouvir seus pensamentos, uma vez que não há barreiras de proteção entre seus cérebros, ou melhor, suas mentes, e a inundação de estimulações sensoriais que os atinge. Vimos que, à medida que nos desenvolvemos, o mundo sensorial vai sendo superado por outro, mais cognitivo, no qual associações personalizadas, *significados*, dominam nossas interpretações da realidade. Na esquizofrenia, essa transição é muito menos enfática, e, como os sentidos são predominantes, as pessoas esquizofrênicas são distraídas com maior facilidade por novos estímulos e têm períodos de atenção mais curtos.[26] Esquizofrênicos também têm dificuldades com ditados populares e pensamentos metafóricos, como já vimos anteriormente pela interpretação caracteristicamente literal da afirmação "Quem não tem teto de vidro que atire a primeira pedra" como "Se o teto da sua casa é de vidro e alguém joga uma pedra, ele quebra". Os esquizofrênicos têm dificuldade em entender uma coisa com base em outra, porque a capacidade de fazer tais associações geralmente se funda em uma conectividade funcional robusta entre as redes neuronais, uma que vai crescendo e sendo personalizada ao longo da vida.[27]

Outro grupo de pessoas que vê o mundo de forma literal e atribui a ele um valor nominal e sensorial é o de crianças. Uma criança instruída a não chorar sobre o leite derramado pode se sentir perdida e um tanto confusa pela ausência de um copo quebrado ou coisa do tipo. Crianças pequenas podem ser comparadas a adultos com esquizofrenia por terem períodos de atenção mais curtos, serem distraídas com mais facilidade e por serem significativamente mais imprudentes. Elas também têm um córtex pré-frontal hipoativo, que só amadurece completamente no final da adolescência ou no início dos vinte anos de idade.[28]

Como vimos anteriormente, o fator comum subjacente à obesidade, à esquizofrenia, à inconsequência nos jogos de azar e à infância é como o presente sensorial vem a superar as consequências em longo prazo: a pressão do ambiente imediato é extraordinariamente determinante. E essa supressão do passado e do futuro em favor do momento presente parece estar relacionada a um córtex pré-frontal hipoativo. Quer dizer que, apesar de todas as advertências de saúde, presentes nos capítulos anteriores, contra considerarmos regiões específicas do cérebro enquanto minicérebros independentes, o córtex pré-frontal seria, de fato, um tipo específico de quartel-general para a cognição e pensamentos elevados para além do momento? De forma alguma. Longe de ser uma espécie de incrível minicérebro autônomo, o córtex pré-frontal tem mais conexões com as outras áreas corticais do que qualquer outra região do córtex e, portanto, desempenha um papel fundamental na coesão cerebral operacional. Portanto, se essa área essencial estiver hipoativa por qualquer motivo, pode haver um efeito profundo nas operações integradas do cérebro, que normalmente são funcionais para acessar memórias e planejar o futuro. Um efeito interessante decorrente de danos ao córtex pré-frontal pode ser a "amnésia de origem", em que a memória ainda está intacta, mas é mais genérica e removida de um contexto ou episódio específicos.[29] O paciente não fica vinculado a uma narrativa contínua de eventos específicos, e sim inserido em um presente indefinido e nebuloso.

Quando a dopamina acessa o córtex pré-frontal, inibe a atividade dos neurônios na região[30] e recapitula, assim, o estado imaturo do cérebro da criança, do jogador imprudente, do esquizofrênico distraído ou do viciado em comida, de algumas formas diferentes. Assim como as crianças são altamente emocionais e impressionáveis, os adultos nessa condição também são mais reativos às sensações do que calmos e proativos. Não é de se admirar que esse transmissor tão citado aumenta a excitação, que por sua vez costuma estar ligada ao prazer, tanto em esportes radicais quanto em drogas, sexo ou rock and roll. É um estado cerebral dominado pelo momento sensacional intensificado para o receptor passivo. Então, quando você "enlouquece" ou "arrepia os cabelos", também suspende temporariamente o acesso à personalização das conexões neuronais desenvolvidas ao longo de uma vida individual que caracteriza a sua singularidade proativa. Durante esse momento, tais conexões não estão sendo totalmente acessadas, seja por causa de drogas psicoativas, seja por um ambiente com poucos conteúdos cognitivos, já que os sentidos estão sendo estimulados de forma rápida e intensa, como acontece em um contexto de esportes, sexo ou raves.

Como esse cenário se aplica aos jogos eletrônicos? Um personagem no qual você acabou de atirar em um game pode se tornar um morto-vivo. Talvez a maior diferença entre os jogos e a vida real é que, nos primeiros, as ações não têm consequências irreversíveis. Você pode se dar ao luxo de ser imprudente de uma forma que teria resultados terríveis no mundo tridimensional. A natureza livre de consequências do jogo é uma parte básica do seu etos (lembre-se de que um dos critérios essenciais de Nicole Lazzaro para um jogo de sucesso é "suspender as consequências").[31] Dependendo do jogo, às vezes você será recompensado por se comportar de maneira inconsequente enquanto joga. Esse mundo paralelo não apenas facilita a inconsequência como, dependendo do jogo, às vezes até mesmo a recompensa. E essa irresponsabilidade cibernética pode ter sérios efeitos no mundo real. Depois de jogar um game em que a direção imprudente — colidir com outros carros, subir o veículo na calçada, dirigir em alta velocidade — é parte intrínseca, os jogadores ficaram mais propensos a se comportar de forma inconsequente e a correr riscos em uma situação de direção simulada.[32] Um estudo longitudinal descobriu que jogar jogos violentos e que estimulam o risco — incluindo Grand Theft Auto — estava associado a autorrelatos de direção de risco, mesmo após o controle estatístico de outras variáveis que influenciam esse tipo de comportamento.[33] Este jogo, especificamente, foi associado a acidentes de trânsito, a ser parado pela polícia e a hábitos de direção considerados prejudiciais, incluindo excesso de velocidade, conduzir sem tomar distância de quem está à frente e dirigir alcoolizado.

Com os videogames modernos, a mera experiência da imprudência, em si, pode ser divertida. Já vimos que os jogos geralmente fornecem uma experiência excitante e acelerada, associada a altos níveis de dopamina no cérebro.[34] Sabe-se muito bem que esse neurotransmissor inibe o córtex pré-frontal. Assim, o cérebro dos jogadores teria uma atividade reduzida nessa região crucial? Vários estudos relacionaram a jogatina compulsiva a reduções na atividade do córtex pré-frontal.[35] Um relatório recente da China encontrou anomalias estruturais no córtex pré-frontal dos cérebros de pessoas viciadas em internet (e, como visto no Capítulo 14, a maioria dos estudos desse tipo de vício envolve indivíduos cujo principal comportamento viciante é o jogo), o que sugere que o vício em internet pode gerar alterações estruturais do cérebro.[36] O estudo observou, por meio de neuroimagens dos cérebros de adolescentes que jogaram, em média, dez horas de videogames online diariamente por quase três anos, e comparou os resultados com exames de indivíduos que jogaram muito menos. Nos jogadores compulsivos, as imagens revelaram anomalias na substância branca do cérebro, as fibras que conectam regiões do cérebro envolvidas no processamento emocional, na atenção, na tomada de decisão e no controle cognitivo.[37]

Anomalias microestruturais semelhantes foram observadas no cérebro de pessoas viciadas em substâncias como álcool e cocaína. Além da ativação reduzida no córtex pré-frontal, pesquisas recentes com viciados em videogame constataram uma redução alarmante da atividade em regiões do cérebro associadas a processos visuais e auditivos.[38] Os pesquisadores sugerem que jogar por um tempo prolongado pode diminuir a capacidade de resposta das regiões visuais e auditivas do cérebro. Talvez jogar games demais em um mundo visual e auditivamente estimulante reduza nossas reações ao — relativamente monótono — mundo real, já que os nossos cérebros vão sendo recalibrados para o mundo dos videogames, que passa a ser o padrão.

Pense no seguinte ciclo possível de eventos envolvendo alguém que joga games de ação. A experiência contida em uma tela dinâmica, vívida e interativa é estimulante, e por isso a dopamina é liberada. Ela, então, inibe o córtex pré-frontal, inserindo o cérebro em uma mentalidade na qual o imediatismo supera a ponderação das consequências futuras, tornando as sensações aceleradas da tela ainda mais atraentes quando comparadas ao mundo real, que é um tanto lento e maçante. Conforme o jogador prossegue, mais dopamina é liberada, dessensibilizando ainda mais os seus receptores. Agora, mais dopamina é necessária para causar o mesmo nível de excitação experimentado inicialmente, de modo que o comportamento que produziu aquele pico de dopamina será perpetuado em maior ou menor grau. Em cerca de 10% dos indivíduos, esse ciclo será extremo o suficiente para ser considerado um comportamento obsessivo ou viciante.

Podemos estar vivendo, agora, em uma era inédita, na qual um número crescente de pessoas está treinando e aprendendo uma nova mentalidade-padrão para lidar com o mundo, uma que envolve a agressividade de baixo grau, a atenção curta e a obsessão imprudente com aquilo que é mais imediato. Porém, embora o excesso de jogos possa aumentar os níveis de excitação e sentimentos de recompensa, isso ocorre apenas no contexto cognitivo dos jogos online. E talvez esse contexto simulado possa vir a se tornar a nova narrativa que, em casos extremos, substituirá o enredo menos simples, menos bem-sucedido e menos divertido que é a vida real do jogador.

UM CICLO CONTÍNUO?

1. Estimulação intensa na tela: reação rápida
2. Alta excitação, liberação de níveis altos de dopamina
3. Comportamento viciante em busca de recompensas
4. A dopamina é liberada
5. A dopamina causa a hipoatividade do córtex pré-frontal
6. Mentalidade infantil, esquizofrênica, de obesos, de viciados em jogos de azar
7. Ações sem consequências
8. Impulso: sensações acima da cognição
9. Atratividade maior do ambiente de tela?

Figura 15.1 Um ciclo contínuo de estimulação, excitação e recompensa no vício que pode ser responsável pela compulsão de jogar. As respostas típicas no jogo eletrônico são rápidas e emocionantes, levando a um nível mais alto de excitação e liberação de dopamina, que também está na base de experiências gratificantes e vícios, de forma que o comportamento persiste e ainda mais dopamina é liberada. Esse excesso do neurotransmissor inibirá o córtex pré-frontal, levando a uma ênfase no momento imediato e a uma desconsideração pelas consequências futuras. Jogar videogames atende particularmente bem a esse impulso por mais experiências sensoriais imediatas. E assim o ciclo continua.

16
O *QUÊ* DA NAVEGAÇÃO

"Eu queria algo que expressasse o quanto eu me divertia usando a internet, bem como salientasse a habilidade e a resistência necessárias para utilizá-la bem. Eu também precisava de algo que evocasse uma sensação de aleatoriedade, caos, e até mesmo perigo. Queria algo capcioso e que fisgasse as pessoas, talvez parecido com uma rede. Algo náutico."[1] Essas reminiscências são da bibliotecária Jean Polly, que afirma ter sido a primeira a usar o termo *surf*,* em 1992, quando "procurou uma metáfora" para o título de um artigo. Mas muitos acham essa versão dos eventos difícil de acreditar. É mais provável que o termo tenha evoluído a partir da noção de surfar por canais de televisão, como um comentário irônico sobre o quão não esportivo, seguro e sedentário é o ato de mexer no controle remoto de uma TV, em comparação com pegar ondas de verdade. Por outro lado, talvez a navegação nos canais e na internet se assemelhe à navegação real, no sentido de que nenhum dos navegadores virtuais tem muito interesse no que está acontecendo em suas camadas mais profundas — eles apenas

---

* A expressão equivalente em inglês para "navegar na internet" é *surf (on) the internet*. Adotou-se o termo "navegar" como regra para a tradução da obra. (N. da T.)

gostam de seguir em frente, onde quer que isso os leve. Em todo caso, a própria palavra *surf* [bem como navegar] evoca entusiasmo, saúde, juventude e velocidade à medida que você desliza sem esforços por sites, trechos de filmes e informações. Trata-se de uma atividade exclusiva da cibercultura.

Pela primeira vez, uma vasta massa da humanidade tem acesso fácil a uma quantidade efetivamente infinita de informações por meio de mecanismos de pesquisa e sites: podemos ver qualquer quintal do mundo por meio de sites como o Google Earth e, se necessário, obter atualizações instantâneas sobre eventos mundiais enquanto eles estão acontecendo. As noções tradicionais de espaço e tempo não têm mais a mesma relevância e não impõem mais as mesmas restrições em nossas vidas, enquanto a maioria dos governos que tentam monitorar seus meios de comunicação estatais não tem mais um controle irrestrito sobre o que seus cidadãos podem ou não acessar. No entanto, há um lado sombrio para tudo isso: as oportunidades muito menos agradáveis de, por exemplo, aprender como fazer um artefato explosivo improvisado, definir a maneira mais eficaz de cometer suicídio ou, inacreditavelmente, encontrar o melhor método para cozinhar carne humana. Qualquer pessoa, em qualquer lugar, pode acessar esse tipo de site.

Essa aquisição de informações rápida, casual e gratuita se aplica até mesmo à educação mais formal, com aulas e palestras de todo o mundo. Desde 2001, por exemplo, o Massachusetts Institute of Technology (MIT) disponibiliza abertamente na internet os materiais para quase todos os seus cursos, enquanto a Khan Academy criou 2.700 microtutoriais de alta qualidade na web (www.khanacademy.org — conteúdo em inglês); jogos de computador desenvolvidos por Marcus du Sautoy, um matemático da Universidade de Oxford, estão permitindo que as crianças tenham contato com problemas complexos que outrora as pessoas considerariam avançados demais para elas.[2]

Mas a navegação pode envolver muito mais do que uma aprendizagem formal. "Sem o Google e a Wikipedia eu sou estúpido, e não apenas ignorante."[3] Assim afirmou o jornalista e pesquisador visitante de Harvard, John Bohannon, que passou a falar do "efeito Google", o fenômeno em que a internet se torna um banco de memória pessoal, substituindo os esforços coletivos dos membros da família enquanto fonte primária de lembranças. Bohannon chegou a sugerir que muitos "transformaram a internet em seu cônjuge" — frase impactante, que descreve como algumas pessoas atualmente presumem que o Google complementará seus processos de memória de uma forma que antes seria feita por uma companheira ou companheiro. Será que Bohannon é apenas um esquisitão exagerado ou será que está apontando para uma tendência em expansão?

As preocupações de Bohannon sobre o efeito Google se basearam nos resultados de experimentos planejados por Betsy Sparrow e seus colaboradores, Daniel Wegner, de Harvard, e Jenny Liu, da Universidade de Wisconsin. Suas descobertas ilustrando esse fenômeno e seus impactos no desempenho cognitivo chegaram às manchetes em 2012, com um artigo na revista de grande impacto *Science*.[4] Os participantes leram declarações simples como "O olho de um avestruz é maior do que seu cérebro". Testou-se um grupo de indivíduos que acreditava que as falas seriam salvas (ou seja, que estariam acessíveis posteriormente, como acontece na internet), a fim de verificar se eles memorizariam o que foi dito; o outro grupo passou pelo mesmo teste, mas acreditando que as falas seriam deletadas posteriormente. Talvez não surpreenda tanto que os participantes que pensaram que as informações estariam prontamente acessíveis não tenham memorizado muito bem os fatos. Eles tiveram um desempenho pior no teste de memória do que o grupo que acreditava que a informação não estaria disponível e que, portanto, teve que contar com seus próprios recursos cerebrais desde o início.

Antes de prosseguirmos e falarmos sobre o impacto do Google na memória, precisamos classificar os diferentes tipos de memória que podem ou não ser afetados.[5] A memória *não declarativa* (também chamada de *implícita* ou *processual*) envolve o conjunto de habilidades assimiladas que permite que uma pessoa ande de bicicleta ou aprenda a nadar; esse tipo de recordação não seria afetado em alguém que confiasse no Google para rememorar fatos. O outro tipo de memória é denominado memória *declarativa,* ou *explícita,* para o qual o processo de recordação ativa é episódico ou semântico. As memórias *episódicas* têm coordenadas de espaço-tempo específicas e, portanto, podem ser vinculadas a outros eventos e fatos, personalizados para cada episódio individual. Desta forma, por exemplo, embora o ataque de 11 de setembro ao World Trade Center em Nova York tenha ocorrido em um horário e local específicos, a memória real deste incidente será muito diferente para cada um de nós, dependendo de nossas próprias circunstâncias e histórico pessoal, bem como da estrutura contextual individual na qual cada um está inserido.

Por outro lado, os experimentos de Sparrow lidavam principalmente com a memória *semântica*: fatos objetivos e autônomos que, na opinião de muitas pessoas atualmente, não precisam mais obstruir nossas sinapses porque podem ser acessados externamente. Embora apenas você possa acessar suas memórias pessoais, a ideia é que o Google, ou qualquer outro mecanismo de busca, possa eventualmente realizar uma espécie de terceirização desse tipo de rememoração dos fatos objetivos.

Sparrow elaborou um teste subsequente para explorar se haveria uma diferença entre a memória para as informações, propriamente, e a memória para onde as informações podem ser encontradas. Quando foi solicitado que se lembrassem dos nomes de pastas, os participantes o fizeram com maiores taxas de sucesso do que quando solicitados a se lembrar de seu conteúdo trivial efetivo. A análise revelou que as pessoas não necessariamente se lembram de *onde* encontrar certas informações, quando podem memorizar *quais* são elas; inversamente, elas tendem a se lembrar de onde encontrar as informações quando não conseguem se lembrar dela, propriamente. Sparrow e seus colegas resumiram isso da seguinte forma:

> O advento da internet, com seus sofisticados mecanismos de busca algorítmicos, tornou o acesso às informações tão fácil quanto erguer um dedo. Não precisamos mais fazer esforços dispendiosos para encontrar as coisas que queremos. Podemos "dar um Google" no antigo colega de classe, encontrar artigos online ou procurar o nome do ator que estava na ponta da nossa língua.[6]

Essa nova estratégia deixará rapidamente sua marca no cérebro. Gary Small e seus colegas da UCLA estudaram 24 indivíduos de meia-idade, dos quais 12 tinham experiência mínima em mecanismos de busca na internet (o grupo "novato" na internet) e 12 tinham mais experiência (o grupo "sagaz" na internet).[7] Os cientistas fizeram exames de imagem nos cérebros desses indivíduos durante uma tarefa insólita de busca na internet e durante uma tarefa controle que envolvia a leitura de um texto em uma tela de computador formatada para simular o layout prototípico de um livro impresso. Enquanto os cérebros dos dois grupos mostraram padrões semelhantes de ativação durante a tarefa de leitura do texto, os padrões de ativação variaram significativamente durante a tarefa de pesquisar na internet. As imagens cerebrais do grupo novato na internet exibiram um padrão de ativação semelhante ao da tarefa de leitura do texto, enquanto o grupo mais sagaz demonstrou aumentos significativos na atividade em regiões adicionais que controlam as tomadas de decisão, o raciocínio complexo e a visão. Ainda assim, surpreendentemente, depois de apenas cinco dias passando algumas horas na internet, o grupo outrora novato estava mostrando padrões de ativação do cérebro semelhantes aos de seus colegas mais experientes. Mais uma vez, podemos ver a poderosa adaptabilidade do cérebro humano. No entanto, não está claro se essa mudança aparentemente eficiente para o novo ambiente da internet é algo tão positivo. Os novos padrões cerebrais indicaram uma mudança na estratégia de ler efetivamente o que era exibido na pesquisa rápida, o que por sua vez sugere que o sucesso em uma pesquisa no Google não depende de um escrutínio detalhado ou de uma reflexão profunda, mas sim de avaliações rápidas com base em um valor nominal.

Obviamente, o uso de dicionários, tabelas de registro e enciclopédias também requer avaliações mais rápidas. Ao contrário do efeito Google, todavia, esses recursos mais tradicionais nunca representaram uma ameaça comparável à memória; eles sempre foram o complemento de um grande número de fatos mais comumente conhecidos e já presentes no cérebro. O problema potencial está em como uma dependência cada vez maior da internet pode corroer a linha entre os fatos que podemos presumir que quase todo mundo sabe e aqueles que podem muito bem não ser de conhecimento geral, e que sempre demandarão pesquisa. Por exemplo, se dois adultos no mundo ocidental desenvolvido se conhecessem hoje, pode-se presumir que ambos saberiam o que é e onde fica Barcelona, ou quem foi Napoleão, ou Shakespeare, sem precisarem pesquisar em seus celulares. Eles seriam capazes de ter uma conversa interessante, supondo que compartilhassem de uma quantidade suficiente de determinados fatos básicos — uma estrutura conceitual comum que estabelece um ponto de partida para o desenvolvimento de ideias.

O que temos em comum com os outros já determina em grande parte o escopo das nossas interações e conversas, mas levemos isso a um extremo. Imagine que, no futuro, as pessoas se tornem tão acostumadas ao acesso externo a qualquer forma de referência que elas passarão a não internalizar qualquer fato, quanto menos inseri-los em um contexto para apreciar seu significado e compreendê-los. Qualquer discussão, nesse cenário, seria pontuada por longas pausas enquanto cada interlocutor pesquisaria por um nome ou uma frase em um dispositivo digital.

Obviamente, algumas pessoas sempre têm mais conhecimento do que outras. Nunca houve um limite evidente sobre aquilo que podemos presumir que todos sabem e aquilo que é considerado enigmático e, portanto, aceitável para que se admita ignorância a respeito. Porém, se a balança pender mais para um lado do que o outro, talvez as conversas presenciais, convencionas e imediatas (já ameaçadas, em certa medida, pelas redes sociais), possam ser rebaixadas para trocas mais simplificadas — nas quais se presume um conhecimento geral mínimo —, ou até mesmo desaceleradas, de tal maneira que conversas via texto ou e-mail se tornem ainda mais a regra.

A facilidade de pesquisar algo em um mecanismo de busca já está transformando não apenas as estratégias de memória, mas os nossos próprios processos de pensamento. Atualmente é difícil pensar na época dos ambientes repletos de dúvidas e com poucas respostas, quando muitos de nós ainda éramos estudantes — um mundo no qual precisávamos folhear enciclopédias pesadas e volumosas, ou planejar uma viagem demorada a uma biblioteca em busca de referências. Nada vinha de forma rápida ou fácil: havia uma luta constante e árdua para obter as informações exatas que se procurava, e era preciso concentrar-se no que era realmente essencial. Quando você tenta encontrar uma resposta para uma pergunta, está em uma procura, em uma jornada com um objetivo muito bem definido: cada etapa está sequencialmente ligada a um caminho linear que acaba levando a um destino específico e diverso. Como vimos, é assim que o processo do pensamento difere de um sentimento instantâneo grosseiro: por meio do sentido de uma narrativa ao longo do tempo. E é essa experiência de uma passagem do tempo direcionada a um objetivo que, acredito eu, dá a cada um de nós uma história de vida única e um significado ímpar aos eventos e pessoas dentro dela. Como T. S. Eliot tão eloquentemente descreveu no poema *Little Gidding*:

Não cessaremos nunca de explorar
E o fim de toda a nossa exploração
Será chegar ao ponto de partida
E o lugar reconhecer ainda, como da primeira vez que o vimos[8]

Este último verso é o ponto principal: o lugar original encontra-se, agora, em um espaço diferente. O próprio esforço que investimos na jornada da descoberta, no tempo gasto juntando os pontos e fazendo conexões por meio de redes neuronais, confere uma importância, um significado àquilo que aprendemos, para que possamos ver as coisas de uma nova maneira. Hoje em dia, contudo, corremos o risco de entrar no cenário inverso, um mundo que, indiscutivelmente, tem poucas dúvidas, no qual nossos cérebros são bombardeados até o ponto da saturação por respostas, mas também no qual é difícil não se distrair e perder de vista o que se desejava saber no início.

James Thurber, o autor e cartunista norte-americano falecido em 1961 e aclamado por sua perspicácia, muito antes de "navegar" significar qualquer outra coisa que não envolvesse transpor muralhas imponentes de água salgada, disse, certa vez: "É melhor fazer algumas perguntas do que saber todas as respostas."[9] A experiência de navegar sem fim em um mar infinito de respostas pode suplantar o objetivo original de articular uma pergunta a fim de encontrar uma resposta determinada e definitiva. Essa nova maneira fácil e simples de lidar com informações novas pode, por sua vez, ter efeitos inéditos no cérebro humano, sempre adaptável. Para investigar essa possibilidade, precisamos desvendar o que pode acontecer com a mente quando é inundada por tanto conteúdo. Não tem a ver apenas com a quantidade de conteúdo disponível, mas sim com a velocidade (o que talvez seja o ponto essencial) e, consequentemente, com a facilidade que temos para interagir com, e manejar, esse material.

Nos dias de hoje, graças ao Google e a outros mecanismos de pesquisa, passamos da articulação de perguntas a ficar à deriva em um oceano de respostas. A internet apresenta um fluxo interminável de fatos, mas os questionamentos profundos e interessantes permanecem sendo menos patentes. Veja o exemplo do estudo de Sparrow, mencionado anteriormente: "O olho de um avestruz é maior do que o seu cérebro." Pode ser que você nunca tenha pensado em aprender muito sobre avestruzes, mas que, no decorrer de uma pesquisa no Google por, digamos, "olhos", esse fato tenha surgido. Por si só, o fato não o ajudará a entender como os olhos funcionam, se esta realmente tinha sido a sua pergunta original, mas certamente irá distraí-lo, fazendo-o parar por um instante e pensar "Uau"; em seguida, isso ficará armazenado em sua memória como um fato isolado e desconexo que você poderá tirar da cartola em uma conversa de bar ou no intervalo do trabalho. Na melhor das hipóteses, interromperá uma linha linear de pesquisa que visava saber mais a respeito dos olhos; na pior, o deixará confuso a respeito de quais seriam os fatos mais relevantes sobre o tema.

O problema atual não envolve tanto a dependência exacerbada de uma fonte externa para acessar os fatos, mas o ato de permitir que essa mentalidade de coletar informações isoladas substitua o processo de fazer uso desses fatos, de ligar os pontos, como normalmente aconteceria em uma estrutura conceitual internalizada. Em uma pesquisa de 2013, Malinda Desjarlais, da Universidade Brock, encarregou seus alunos de graduação com níveis variados de atenção sustentada a navegar na internet por vinte minutos para aprender sobre como os ciclones tropicais se formavam — tema sobre o qual tinham pouco conhecimento. Em seguida, um teste foi realizado.[10]

Os alunos com altos níveis de atenção sustentada orientaram seu aprendizado de maneira linear com mais frequência, alternando entre os resultados do mecanismo de busca e os links que apareciam primeiro. Esses alunos raramente selecionavam hiperlinks inseridos nos próprios links, e tiveram melhor desempenho no teste. Os alunos com baixos níveis de atenção sustentada, por sua vez, normalmente aproveitavam a oportunidade para saltar entre várias fontes de informação. Enquanto alternavam entre os resultados do mecanismo de pesquisa e os links que apareciam primeiro, esses alunos se engajaram muito mais na exploração dos hiperlinks apresentados do que o outro grupo. No entanto, as fontes desses hiperlinks eram quase sempre irrelevantes. Assim, quem apresentava períodos curtos de atenção teve um desempenho inferior no teste em relação àqueles que conseguiam se concentrar por mais tempo.

Essas variações no desempenho podem ser ainda mais notáveis quando observamos as faixas etárias. David Nicholas, diretor da CIBER Research, estudou como diferentes gerações utilizam a internet para pesquisar informações, e também a confiança que têm em suas habilidades de pesquisa. Comparou-se a geração do Google (nascida depois de 1993), a Geração Y (nascida entre 1973 e 1994) e a Geração X (nascida até 1973) acerca de suas habilidades de buscar informações na internet. As gerações mais jovens gastaram menos tempo do que a geração mais velha procurando respostas para perguntas simples e complexas; contudo, como eles próprios admitiram, tinham menos confiança nas respostas que encontravam, como se pôde observar pelo fato de terem visualizado menos páginas, visitado menos domínios e realizado menos pesquisas em comparação ao grupo mais velho. Além disso, as respostas que forneceram para problemas simples e complexos foram, em maior frequência, copiadas e coladas. Também se revelou uma memória operacional menor e menos competência em multitarefa na geração mais jovem, a despeito de uma maior dedicação. Os pesquisadores chegaram à conclusão de que "a propensão a se apressar, a confiar em respostas rápidas e que aparecem primeiro no Google, associada a uma crescente falta de vontade de se esforçar para encontrar nuances e incertezas ou à incapacidade de avaliar as informações, mantém os jovens especialmente presos na superfície da era da 'informação', muitas vezes sacrificando a profundidade pela amplitude".[11]

Essas descobertas têm implicações profundas para os Nativos Digitais e na capacidade de pesquisarem informações na internet e, de forma mais ampla, para o aprendizado em geral, para o sucesso geral na vida, portanto. Quem tem mais fatos à disposição imediata pode erguer construtos mais ricos da realidade e, assim, ter uma visão de mundo informada por um contexto que permite uma compreensão mais profunda — ter mais *sabedoria*. Embora a quantidade de fatos internalizados não garanta isso automaticamente, eles constituem os pontos fundamentais que você liga, interpreta e insere em seus esquemas pessoais para dar-lhes significado. Entretanto, caso você apenas consiga se lembrar dos lugares em que deve procurar as respostas, então nem mesmo esses pontos serão aprendidos e, portanto, não poderão se ligar a outros para formar uma perspectiva individual do mundo.

Outra experiência inédita oferecida por mecanismos de pesquisa que pode impactar nossos aprendizados tanto em forma quanto em conteúdo é o YouTube.[12] Assistir a vídeos no YouTube ou sites semelhantes é uma forma de aprender em um sentido mais genérico, já que assistir a um vídeo envolve o processamento de um estímulo que chega ao seu cérebro a partir da tela. Afinal, você adquiriu um pequeno fragmento de informação, e agora sabe algo que não sabia antes, ainda que seja o fato de existir um cão ciclista, que está bem e que se apresenta em Ohio. Todavia, muitas pessoas assistem a vídeos no YouTube sem nenhuma motivação explícita para adquirir novas informações.

O atrativo do YouTube é que a plataforma apresenta informações visuais — atos animados, em vez de palavras. Ações realmente falam mais alto que palavras, e observar coisas raras, emocionantes ou engraçadas acontecendo prende você a esse momento, pois o que se vê é o que se tem. O YouTube também abre espaço para comentários, e seus links são frequentemente compartilhados entre amigos, de modo que as redes sociais também podem florescer em torno de um vídeo, assim como ocorre com um filme ou livro. A grande diferença é que, como um vídeo geralmente é limitado a uma média de quinze minutos, ao contrário de um filme ou livro, os vídeos do YouTube normalmente têm uma história mais curta e, portanto, menos complexa a contar.

Um vídeo de um cachorro andando de bicicleta ou de humanos fazendo dancinhas tem um valor nominal bem específico; não é necessário representar ou simbolizar nada, a menos que ele se situe em uma estrutura conceitual elaborada de uma história na qual o comportamento tem associações a acontecimentos anteriores ou personagens específicos que darão a ele uma relevância especial, não intrínseca às características físicas daquele evento em si. É muito raro que narrativas muito elaboradas ou complexas sejam reproduzidas no YouTube; em contrapartida, a televisão abre mais espaço para elas. Mesmo assim, embora houvesse, em meados de 2009, certa evidência de substituição do consumo de vídeos na internet pela televisão, o tempo dedicado a eles — em média 6,8 horas por semana — excedeu em muito a visualização semanal da televisão comum, que é de apenas sete minutos,[13] e o tempo geral gasto em mídias audiovisuais pela internet (televisão e sites de transmissão) aumentou em quase quatro horas semanais, o que talvez seja o dado mais importante a ser considerado.

Na vida real, as ações sempre têm consequências e, como sabemos muito bem, não podem ser desfeitas. Ao contrário dos videogames, ninguém pode voltar à vida; matar alguém é, portanto, um ato altamente expressivo e significativo. Não obstante, como já discutimos, deixar algo cair no chão para então recolhê-lo imediatamente não faz sentido: a ação foi completamente desfeita. A maior parte da vida, no entanto, se desenrola entre esses dois extremos: muito do que fazemos parece sem sentido no momento em que é executado, mas, ao refletirmos, percebemos que isso desencadeou uma cadeia de reações de causa e efeito, que por sua vez gerou um determinado resultado. Até mesmo lançar uma moeda no ar e pegá-la pode levar a um dado resultado, ainda que seja simplesmente gerar um estranhamento nas pessoas que viram isso acontecer.

Por outro lado, as ações podem levar não apenas a um efeito imediato previsível, mas a outro, com muitos desdobramentos indiretos. Essa sequência intrincada de causa e efeito, de consequências indiretas, certamente caracteriza aquilo que cria uma boa história. Quanto mais imprevisível (embora seja necessário haver um retrospecto compreensível) a sequência de causa e efeito — por exemplo, em um homicídio misterioso —, mais chamativo é o enredo. Se, para além disso, os personagens também possuírem uma significância intrínseca em virtude do que fizeram no passado ou simplesmente devido à associação com outros personagens, então a história fica ainda melhor: é tal como a vida real. Por outro lado, um personagem em um vídeo do YouTube geralmente não tem uma história de fundo complexa e nenhum relacionamento pessoal, e suas ações não têm consequências de longo prazo; ele está congelado em um pequeno intervalo de tempo. O que se assiste não *significa*, necessariamente, algo.

Mas será que essa afirmação também se aplicaria à moldura estática de uma pintura? Decerto que não, pois uma pintura exibe o mundo a partir do olhar altamente subjetivo e idiossincrático do artista, provavelmente fazendo brotar novas ideias e perspectivas a partir daí. Talvez uma analogia melhor seria, no mínimo, uma foto ou uma série de fotos de pessoas, objetos e eventos com os quais você não tem conexão alguma. Levando em consideração os milhões de vídeos hospedados no YouTube, talvez a competição entre eles pela sua atenção, além da facilidade e velocidade com que podem ser divulgados, sugira que a quantidade supera a qualidade, e que a brevidade está interligada com um período de atenção mais curto — com um nível mais baixo de envolvimento ou de deduções pessoais, portanto.

Sendo assim, pode parecer desconcertante, triste, preocupante ou até perfeitamente compreensível para alguns que as pessoas desejem passar o tempo assistindo a algo de forma passiva, algo que não precise necessariamente de uma história, mas que as faça sorrir, suspirar, balançar a cabeça negativamente ou chorar, ainda que apenas por um momento.

Talvez essa seja a atividade mais reduzida de todas as que estão associadas às tecnologias digitais: por alguns instantes, o mundo exterior é substituído pelo cibernético, sem propósito, sem demandar respostas, sem fazer nada além de capturar brevemente sua atenção passiva. Então, é claro, você pode reproduzi-lo sem parar, quantas vezes quiser.

Talvez o fato de dar um tempo da vida real — não ser preciso fazer nenhum esforço, dar nenhuma contribuição e, possivelmente, nem mesmo pensar em nada — seja o seu maior atrativo. Se este for o caso, nós progredimos bastante desde a memorização de fatos e o aprendizado, de modo que possamos traduzir informações em conhecimento.

> O que eu... achei fascinante [sobre perguntar às pessoas em que ambiente elas pensavam melhor] foi que apenas uma pessoa respondeu "no escritório", e elas responderam "bem cedinho"... em outras palavras, no momento em que o prédio ainda não estava funcionando como um escritório. Curiosamente, nenhuma pessoa falou das tecnologias digitais... A tecnologia, ao que parece, é boa para divulgar e desenvolver ideias, mas não tem muita serventia na incubação delas.[14]

Novamente, a declaração pessimista vem do futurista Richard Watson. Contudo, como nossa sociedade passa cada vez mais tempo navegando, nadando ou se afogando no Google, ou no YouTube, talvez Watson tenha razão. O *quê* mágico da navegação pode não ser o valor de conteúdos infinitos, a velocidade sem precedentes e a facilidade de acesso. Talvez a oportunidade de uma experiência que possa ser um fim em si mesma e que é impossível de ser obtida em outro lugar seja a verdadeira atratividade. E essa experiência online poderia facilmente superar o motivo principal que leva à navegação, antes de mais nada: descobrir algo. Nesse caso, estamos prestes a testemunhar uma mudança radical na maneira como a próxima geração pensa.

17
A TELA É
A MENSAGEM

Em 1964, Marshall McLuhan afirmou em sua obra lendária, *Understanding Media* ["Entendendo a Mídia", em tradução livre], que a tecnologia não era um canal neutro, mas por si só teria impacto nos processos mentais: "O meio é a mensagem."[1] McLuhan, então, desenvolveu uma distinção entre mídia "quente" e "fria". A mídia "quente" faz a maior parte do trabalho para você; com a TV, o rádio ou mesmo uma simples fotografia, você não passa de um receptor passivo. Em contraste, a mídia "fria", como um desenho animado ou um telefone, requer algum tipo de contribuição sua, em resposta a uma oferta muito menor. Curiosamente, as experiências cibernéticas podem ser consideradas quentes, porque as telas cada vez mais exóticas e surpreendentes não abrem espaço para a imaginação, e também frias, já que sua enorme atratividade vem da experiência interativa e participativa que oferecem. O próprio meio das tecnologias digitais — a tela, propriamente, e o que está por trás dela — atualmente pode estar conduzindo nossos processos de pensamento em uma direção inédita. A diferença física entre uma tela e um livro, a disponibilidade de hipertexto e a oportunidade de ser multitarefa ou de se envolver em regimes de treinamento cerebral são todos inéditos no que se refere ao possível impacto sobre os processos cerebrais.

A primeira e mais óbvia característica física da tela é que o texto é iluminado em uma superfície sólida, em vez de impresso em uma página delicada. Em 2001, Abigail Sellen e Richard Harper apontaram no livro *The Myth of the Paperless Office* ["O Mito do Escritório sem Papel", em tradução livre] que o bom e velho papel continuaria a desempenhar uma função importante na vida do escritório.[2] A base do raciocínio era o fascinante conceito de *affordance,* ou seja, a ideia de que as propriedades físicas de um objeto "permitem", ou possibilitam, certas atividades. A ideia é que o papel, que pode ser fino, leve, poroso e opaco, possibilita atividades como agarrar, carregar, dobrar, escrever e assim por diante. As permissões do notebook e do telefone celular, por sua vez, serão muito diferentes disso.

Anne Mangen, da Faculdade de Ciências Aplicadas da Universidade de Oslo e Akershus, começou a explorar a importância da possibilidade de tocar no papel, comparando o desempenho de quem lê no papel com o de quem lê na tela.[3] Conclusão: a leitura eletrônica gerava uma compreensão mais pobre, resultante das limitações físicas do texto, que obrigavam os leitores a rolar para cima e para baixo e interrompiam, assim, sua leitura com uma instabilidade espacial.[4] Este é um fator importante, já que ter uma boa representação espaço-mental da configuração física do texto leva a uma melhor compreensão da leitura. Aqueles que têm facilidade de compreensão, quando comparados com quem interpreta mal os textos, são significativamente melhores em lembrar e realocar a ordem espacial das informações em um texto; pode-se dizer, então, que há uma ligação entre o layout físico daquilo que se está lendo e quão bem o seu conteúdo é absorvido.[5]

Outro fator a se considerar na leitura em tela é o maior potencial de fadiga ocular. As diferenças entre a página impressa e a tela têm consequências significativas para a ergonomia visual. Os processos perceptuais visuoespaciais de leitura dependem da legibilidade do texto, que por sua vez depende da detecção de letras e identificação de palavras, fonte de luz, luminosidade do ambiente, tamanho dos caracteres, tempo de exibição, espaçamento entre linhas e assim por diante. Cada um desses processos afeta o desempenho de leitura, a fadiga visual e o tempo de busca textual. Mesmo entre diferentes tipos de meios eletrônicos, a iluminação é um fator diferenciador.[6]

Hanho Jeong, da Universidade Chongshin de Seul, teve como objetivo avaliar a usabilidade de e-books e livros comuns com medidas objetivas, tais como fadiga ocular, percepção e compreensão da leitura em alunos do sexto ano do ensino público.[7] Os resultados mostraram um "efeito de livros" significativo nas pontuações dos questionários: em comparação com a leitura de e-books, a leitura dos livros impressos resultou em uma compreensão maior da leitura. Além disso, em comparação aos livros impressos, os alunos tiveram uma fadiga ocular significativamente maior ao lerem e-books e, embora estivessem "satisfeitos" com estes, afirmaram ter preferência pelos livros físicos. A maioria deles eventualmente se cansou de ler na tela, algo que pode ter um efeito adverso na compreensão da leitura e na percepção dos e-books: uma análise mais aprofundada das respostas dos usuários mostrou que muitas das observações críticas foram baseadas na tela, no tamanho ou na clareza do texto, e não no e-book em si.

Uma segunda característica particular da tecnologia digital é a tentação e a oportunidade que ela oferece para a multitarefa. Nicholas Carr, no livro *A Geração Superficial,* não tem dúvidas quanto aos efeitos potencialmente prejudiciais: "A internet captura nossa atenção apenas para dispersá-la. Nós nos concentramos intensamente no próprio meio, na tela piscando, mas somos distraídos pela entrega rápida de mensagens e de estímulos concorrentes."[8] A multitarefa das mídias pode ser definida, operacionalmente, por cenários muito familiares e irritantes, como alternar entre ver e-mails e trocar mensagens instantâneas com alguém, enviar mensagens enquanto assiste à televisão ou pular de um site para outro rapidamente. Em uma pesquisa realizada com 2 mil crianças com idades entre 8 e 18 anos, o tempo gasto em multitarefas entre mais de um meio de tecnologia, em 1999, foi de 16%; dez anos depois, esse número praticamente dobrou para 29%.[9] Em uma pesquisa com estudantes universitários dos EUA, 38% disseram que não podiam passar mais de dez minutos estudando sem checar seu notebook, smartphone, tablet ou e-reader.[10]

Como a multitarefa de mídias envolve, por definição, alternar a atenção entre várias fontes, muitas pesquisas se concentraram em como, e com que eficiência, a informação pode ser retida quando os indivíduos entram nesse ritmo multitarefa. Um estudo submeteu alunos a uma série de três testes. Em cada um deles, os indivíduos foram divididos em dois grupos: os que se engajaram com regularidade e frequência em uma multitarefa de mídias e os que não fizeram isso. Os três testes fizeram os indivíduos olharem para formas, números ou letras; a tarefa era lembrar algo sobre apenas algumas das imagens na tela, e ignorar as outras.

Em todos os três testes, quem estava habituado a multitarefas parecia incapaz de ignorar as formas indesejadas; eles não conseguiam filtrar o que era considerado irrelevante para aquela tarefa específica. Em todos os casos, quem realizou poucas multitarefas superou os colegas mais acostumados a ela. Os pesquisadores, inicialmente, queriam saber mais sobre os benefícios que a multitarefa conferia, mas Eyal Ophir, o principal autor do estudo e pesquisador do Laboratório de Comunicação entre Humanos e Multimídia Interativa de Stanford, concluiu o seguinte: "Ficamos procurando aquilo em que eles eram melhores, mas não encontramos." A explicação de Ophir foi que "quem está habituado a multitarefas está sempre absorvendo todas as informações à sua frente. Eles não conseguem manter as coisas separadas em suas mentes".[11] Um psicólogo chamado Anthony Wagner ampliou ainda mais essa ideia: "Quando eles [pessoas que realizam multitarefas com frequência] estão em situações em que há várias fontes de informação vindas do mundo externo ou emergindo da memória, não são capazes de filtrar o que não é relevante para seu objetivo atual. Essa falha na filtragem significa que eles ficam mais lentos por causa dessas informações irrelevantes."[12]

A multitarefa também foi citada como a razão pela qual o tempo de leitura de um e-book é significativamente maior do que o de um livro físico.[13] A pesquisa também mostra que os estudantes universitários realizam multitarefas por aproximadamente 42% do tempo de aula.[14] Um estudo experimental sobre multitarefa e compreensão de palestras descobriu que a compreensão era significativamente prejudicada quando os alunos eram designados a tarefas de pesquisa simples no Google, YouTube ou Facebook, que ocupavam apenas 33% do tempo da aula.[15] Em suma, os alunos que realizaram multitarefas em um terço da aula tiveram pontuação 11% menor em um teste de compreensão após ela. Uma resposta a essa conjuntura aparentemente desanimadora é bastante simples, na verdade: os alunos que desejam aprender o farão, enquanto quem fica entediado ou desmotivado durante as aulas se desligará. No entanto, os pesquisadores deram um passo além e descobriram que, para os alunos que não realizavam multitarefas, a mera presença visível de outros alunos realizando multitarefas durante uma aula teve um efeito significativamente negativo em sua compreensão. Os alunos que estavam observando diretamente um aluno multitarefa acessar o Facebook, o Google ou o YouTube tiveram um desempenho 17% pior no teste de compreensão subsequente, indicando que o efeito de distração das tecnologias de computadores pessoais na sala de aula teve um impacto não apenas nos alunos entediados, mas também nos mais motivados.

E fora da sala de aula? Será que a multitarefa durante períodos de estudo também afeta o desempenho acadêmico? Os pesquisadores observaram alunos do ensino fundamental, médio e superior envolvidos em trabalhos acadêmicos por apenas quinze minutos em suas casas.[16] Eles levaram em conta a presença de outras tecnologias e janelas de computador abertas no ambiente de aprendizagem antes de estudar, e conduziram uma avaliação minuto a minuto do comportamento na tarefa e do uso da tecnologia fora dela. Surpreendentemente, os alunos passaram, em média, *menos de seis minutos* na tarefa antes de alternar sua atenção, na maioria das vezes como resultado de distrações tecnológicas (incluindo redes sociais e mensagens de texto); além disso, eles tinham uma preferência autorreferida por essa alternância. Ser favorável à tecnologia não afetou o cumprimento da tarefa durante os estudos; no entanto, aqueles que preferiram alternar entre as tarefas tinham mais tecnologias de distração disponíveis e eram mais propensos a sair da tarefa do que os outros. Não é nenhuma surpresa que a concentração seja a chave, e que a multitarefa possa ser contraproducente.

As mensagens instantâneas se tornaram uma das formas mais populares de comunicação mediada por computador para estudantes universitários, por meio de programas como Skype e pelo chat do Facebook. Sem nenhuma surpresa, em uma pesquisa baseada na internet com uma grande amostragem de estudantes universitários, mais da metade deles relatou que trocar mensagens instantâneas durante os estudos teve um efeito prejudicial em seu desempenho acadêmico.[17] De forma análoga, dois estudos constataram que há uma relação negativa entre a quantidade de tempo gasto no Facebook e a média de notas.[18] Os usuários do Facebook também relataram passar menos horas por semana estudando, em comparação com não usuários.[19]

Embora os alunos possam estar cientes do efeito prejudicial da multitarefa, uma investigação mais formal foi estabelecida para medir a sua eficiência ao realizar um teste quando estavam em multitarefa durante os estudos. Em uma pesquisa, a previsão era que os alunos que se engajassem em mensagens instantâneas enquanto liam um texto de psicologia online demorariam mais para ler e teriam um desempenho pior em um teste de compreensão.[20] Atribuiu-se aleatoriamente aos participantes uma destas três condições: mandar mensagens instantâneas antes da leitura, durante a leitura ou não ter contato com nenhuma mensagem instantânea. Os alunos demoraram muito mais para ler a passagem quando estavam trocando mensagens instantâneas, e isso sem contar o tempo gasto para enviá-las. Os pesquisadores alertaram que os alunos poderiam sentir que estavam produzindo mais em um curto período de tempo durante a multitarefa, o que, evidentemente, não era o caso.[21]

Em resumo, embora a capacidade de estar envolvido com várias coisas ao mesmo tempo pareça maravilhosa para que se acompanhe o ritmo de vida do século XXI, o preço a ser pago pode ser alto. Têm se acumulado evidências sobre os efeitos negativos da tentativa de processar diferentes fluxos de informação simultaneamente, e os resultados atuais indicam que a multitarefa acarreta um aumento no tempo necessário para atingir o mesmo nível de aprendizagem, bem como um aumento de erros durante o processamento de informações, quando comparada com pessoas que processam as mesmas informações sequencialmente, ou em série.

A terceira característica básica da tela, que o livro impresso nunca poderá oferecer, é o hipertexto. Embora todas as diferenças individuais entre os leitores — como a capacidade de memória de trabalho e conhecimento prévio — desempenhem um papel na qualidade da leitura final, o aumento da demanda de hipertexto na tomada de decisão e no processamento visual pode ter um efeito prejudicial na eficiência dos alunos.[22] O hipertexto é, no fim das contas, um desvio do caminho do pensamento linear, uma tangente que pode ou não ser uma pista falsa, mas é apenas depois de tomar o desvio que isso se desvendará. Indubitavelmente, um desvio no hipertexto, e que pode levar a um desvio ainda maior da jornada intelectual inicial, apresenta mais uma distração do caminho do pensamento linear do que, por exemplo, uma nota de rodapé tradicional, que é limitada e não o conduzirá para mais longe. Além disso, a conexão do hipertexto não foi criada pelo usuário, e não necessariamente terá espaço na linha ímpar de raciocínio e na estrutura conceitual posterior. Portanto, ela não trará, obrigatoriamente, auxílio à leitura, em um ritmo que possibilite a compreensão e a absorção do que está sendo lido.

Essa ideia de ler no ritmo pessoal é uma parte importante daquilo que é conhecido como metacognição, ou seja, a capacidade de monitorar e estar ciente do próprio desempenho cognitivo. A metacognição se alinha de modo estreito com uma boa compreensão da leitura. Rakefet Ackerman e Morris Goldsmith, do Technion–Israel Institute of Technology e da Universidade de Haifa, compararam o desempenho de leitura no aprendizado por telas e no papel, e descobriram que eles não diferem significativamente sob condições de teste fixas. No entanto, quando o tempo de estudo era autorregulado, a leitura na tela gerava um desempenho pior do que a sua contraparte em papel.

O desempenho inferior daqueles que utilizaram a tela foi acompanhado por um excesso significativo de confiança em relação à qualidade de leitura prevista, ao passo que os sujeitos que aprenderam no papel monitoraram o aprendizado com mais precisão. Ackerman e

Goldsmith chegaram à conclusão de que as pessoas parecem perceber o meio impresso como o mais adequado para o aprendizado empenhado, enquanto o meio eletrônico, neste caso um computador, seria mais adequado para a "leitura rápida e superficial de textos curtos, como notícias, e-mails e notas de fóruns... A percepção comum da apresentação da tela como uma fonte de informação destinada a mensagens superficiais pode reduzir a mobilização de recursos cognitivos necessários para uma autorregulação eficaz".[23]

Isso nos leva ao quarto e mais importante problema de todos: o motivo de pegar um livro ou abrir um e-book. Uma pesquisa recente, que analisou o comportamento de leitura no ambiente digital nos últimos dez anos, revelou que a diminuição da atenção sustentada está caracterizando, cada vez mais, as habilidades e os hábitos de alfabetização das pessoas.[24] Com a quantidade crescente de tempo despendido na leitura de documentos eletrônicos, um novo perfil de comportamento de leitura baseado em telas está surgindo, um que é caracterizado por um tempo maior gasto navegando, pesquisando e também na localização de palavras-chave, em leituras únicas, não lineares e mais seletivas; enquanto isso, menos tempo é dedicado a leituras aprofundadas e concentradas. Assim, ler em uma tela pode tanto demorar mais do que ler um livro (devido ao potencial de distrações como links de hipertexto) quanto encorajar uma estratégia mais voltada para a navegação. O livro ou a tela — com qual dos dois é mais difícil trabalhar?

Na Universidade Johannes Gutenberg, na Alemanha, a equipe de Franziska Kretzschmar mediu as ondas cerebrais (via eletroencefalograma) e o rastreamento ocular para avaliar o esforço cognitivo envolvido na leitura em cada meio.[25] Os resultados replicaram as descobertas anteriores, visto que os participantes escolheram de forma esmagadora o papel, em vez de um e-reader ou tablet, como veículo de leitura preferido. No entanto, o esforço cognitivo real não diferiu entre as mídias, indicando que, embora os leitores classifiquem subjetivamente os dispositivos digitais como mais trabalhosos, os resultados objetivos em termos de compreensão ou cognição foram indistinguíveis. Essa percepção subjetiva pode explicar por que os livros eletrônicos ainda não são muito populares entre os estudantes universitários. Os livros didáticos serão lidos por motivos diferentes e com estratégias diferentes dos romances, por exemplo.[26]

Seguramente, habilidades além da compreensão e da cognição podem florescer mais rápido como resultado da leitura de livros físicos. Por exemplo, uma pesquisa da Universidade de Sheffield acompanhou os alunos enquanto estes identificavam bichinhos-de-conta; um grupo usou um guia de identificação convencional, impresso, e o outro usou a mesma chave em um computador.[27] Descobriu-se que o grupo que utilizava livros convencionais estava mais curioso e questionava mais as informações. Talvez um livro possua um senso de permanência e estrutura imediata que permita aos alunos se sentirem mais seguros e confiantes para fazer perguntas. Alternativamente, eles podem sentir que têm mais tempo para refletir, que não é necessário ter pressa para apertar uma tecla e ver a próxima informação que surge na tela. Talvez, então, esse senso de exploração pessoal em um ritmo individual esteja por trás da preferência subjetiva dos alunos, como se pôde observar em outros estudos.

No entanto, há um paradoxo: apesar da atratividade dos livros impressos, a leitura está se tornando uma experiência cada vez mais digitalizada. As vendas de livros eletrônicos estão aumentando rapidamente, enquanto as de livros tradicionais desaceleraram.[28] Em 2012, nos Estados Unidos, as vendas de e-books ultrapassaram as de livros de capa dura pela primeira vez.[29] O lento crescimento da venda de livros físicos terá consequências inevitáveis para os varejistas. Livrarias independentes no Reino Unido vêm fechando as portas, uma após a outra; seus números caíram em um terço desde 2005.[30] Fatores socioeconômicos e estilos de vida predominantes, tais como a novidade, o baixo custo e a acessibilidade dos e-books, são claramente determinantes, e estão superando outros aspectos, mais intelectuais. Livros e telas oferecem tipos de experiência muito diversos e, como consequência, fomentam desempenhos, respostas e prioridades analogamente diversos.

Talvez o maior atrativo do livro impresso — e que, todavia, não é valorizado quando as ponderações costumeiras sobre dinheiro e conveniência são levadas em conta — seja o seu simbolismo cultural. Os livros físicos têm espaço e tempo fixos, e sua permanência oferece uma segurança reconfortante, que nenhum e-book pode oferecer. Olhando para o meu escritório, que possui estantes que cobrem três das suas quatro paredes, tento imaginá-las desnudas e, no lugar dos livros, um pequeno estoque de pen drives. Ver e poder tocar os livros — alguns em capa dura, outros em brochura, em cores e tamanhos diferentes e em vários graus de degradação — é algo como estar rodeado de velhos amigos. Em muitos casos, lembro-me de uma época em minha vida na qual adquiri determinado livro e devorei os fatos que ele continha ou fiquei atordoada com as ideias que ele apresentava. Mesmo que o conteúdo de alguns possa ter se tornado obsoleto, a perspectiva de jogar qualquer um deles, ou qualquer outro livro, fora me parece quase uma espécie de assassinato.

Além do valor funcional oferecido pelas propriedades particulares da página impressa e para além das memórias pessoais, há também a poderosa iconografia dos livros físicos. Em 10 de maio de 1933, estudantes nazistas queimaram mais de 25 mil volumes de livros "não alemães", incluindo os escritos por Albert Einstein, bem como autores efetivamente não alemães, como Ernest Hemingway. Na Berlim atual, nessa mesma localidade, um vão coberto de vidro no solo de paralelepípedos daquela praça revela uma área escavada, com grandes paredes tomadas por estantes vazias em um testemunho simples, mas assustador... do quê? Os livros representam o conhecimento, as novas ideias e a inventividade do espírito e da imaginação humanos. Será que o Nativo Digital, no futuro, apreciará o valor inerente de um objeto não interativo, com seu tempo e espaço fixos, sua história imutável guardada entre páginas frágeis?

As obras impressas sempre podem ter algo de especial a oferecer, apesar das nossas mudanças de estilos de vida, objetivos e mentalidades. Livros e telas podem se tornar objetos complementares em vez de rivais, da mesma forma que os livros e filmes, o rádio e a TV ou a bicicleta e o carro desempenham papéis diferentes que se complementam nas nossas vidas. E uma nova parte da vida, atualmente, atravessa a aquisição de fatos por meio de dispositivos digitais. Será, então, que essa mudança no meio mudará a maneira como nós, *efetivamente*, processamos esses fatos — como nós aprendemos, lembramos e pensamos?

Além dos fatores mais genéricos do hipertexto e da multitarefa, as tecnologias digitais podem oferecer oportunidades pedagógicas formais únicas. Existem muitos produtos de treinamento cerebral que afirmam melhorar a função cognitiva por meio do uso regular de exercícios baseados em telas, e efeitos modestos, mas positivos, de seu uso foram relatados em alguns estudos com indivíduos mais velhos e com crianças em idade pré-escolar.[31] Adrian Owen e seus colegas em Cambridge e na King's College de Londres, entretanto, não estavam convencidos de que havia evidências empíricas suficientemente sólidas de sua eficácia.[32] Eles resolveram investigar, então, uma questão-chave: se os benefícios acumulados durante o treinamento seriam transferidos para outras tarefas não treinadas ou se de fato levariam a qualquer melhoria genérica no nível de funcionamento cognitivo.

Durante um estudo online de seis semanas, eles monitoraram cerca de 11 mil participantes treinados várias vezes por semana em tarefas cognitivas destinadas a melhorar o raciocínio, a memória, o planejamento, as habilidades visuoespaciais e a atenção. As melhorias foram aparentes em cada uma das tarefas cognitivas em questão, como era de se esperar, mas a observação crucial foi a de que não havia qualquer evidência da transferência desses efeitos para tarefas não treinadas, mesmo quando estas estavam intimamente relacionadas em termos de processos de pensamento necessários.

Mas espere um instante: não vimos, agora há pouco, na discussão sobre jogos eletrônicos, o exato oposto — que havia, de fato, evidências robustas de que as habilidades aprendidas durante o jogo poderiam ser transferidas para contextos mais generalizados? Qual é, então, ao pé da letra e sem aprofundar os méritos relativos dos jogos e dos regimes de treinamento específicos, a diferença fundamental entre eles? Com todas as ressalvas habituais contra estereótipos, pode ser que os videogames estejam, por definição, proporcionando uma experiência que é mais excitante e estimulante do que o mundo monótono e tridimensional. Por outro lado, o treinamento do cérebro raramente é vendido como se fosse empolgante. Afinal, se estivermos pensando em termos sérios de aquisição de conhecimento e em vender isso como um produto, é a aquisição em longo prazo que precisa ser enfatizada para o cliente, e não um momento de diversão frívola e em curto prazo. A motivação para comprar um programa de treinamento cerebral é o autoaperfeiçoamento. Por outro lado, o principal motivo para que se opte por jogar um game não é aprender, mas sim se divertir.

No cérebro, a diferença entre a sensação de curto prazo e a melhora cognitiva em longo prazo é novamente determinada, pelo menos em parte, pela participação do nosso velho e fiel amigo, o neurotransmissor dopamina. Ainda que hipoteticamente, a presença ou a ausência de altos níveis de dopamina seria um diferencial na aplicação ou não de uma habilidade aprendida em uma tarefa para outros afazeres e atividades? Por mais simplista que possa parecer, uma das possibilidades surge do fato de a dopamina operar como uma fonte no cérebro, emanando das partes mais evolutivamente básicas para amplas extensões das regiões cerebrais "superiores". Ela também pode servir como um modulador — um agente que pode predispor as células cerebrais a serem mais sensíveis às estimulações assim que elas surgem. Situações em que a dopamina é liberada como consequência de uma maior excitação e recompensa — a exemplo de jogar jogos eletrônicos — podem permitir que mais circuitos cerebrais sejam aproveitados e, portanto, que o aprendizado seja mais generalizado.

Nunca devemos subestimar a importância da satisfação. Parte da atratividade de estudar está em seu potencial para interações sociais, na sensação de pertencimento, de que fazemos parte da multidão, de que não estamos sendo deixados de fora. A interatividade em rede é um dos fatores essenciais que diferenciam os jogos educacionais online mais recentes dos jogos tradicionais offline.

Kwan Min Lee e seus colegas da Universidade do Sul da Califórnia analisaram como a interatividade em rede influenciou os resultados de aprendizagem dos usuários de jogos em quizzes educacionais online, offline e em palestras tradicionais em sala de aula.[33] Os pesquisadores descobriram que a interatividade em rede nos jogos de quiz online melhorou a avaliação positiva dos usuários do jogo em relação à aprendizagem, ao desempenho no teste e aos sentimentos de presença social. Análises posteriores indicaram que o que fez diferença nos diversos resultados de aprendizagem foi o *sentimento* da presença social em uma rede interativa. Portanto, ao promover a sensação de estar conectado com outras pessoas, as tecnologias de tela atuam como um reforço positivo. Não é de surpreender que o melhor ambiente de aprendizagem seja aquele no qual você se diverte e interage com outras pessoas, não importando se esses ingredientes principais são providos por meio de uma tela ou de um cenário mais tradicional.

Embora as telas possam oferecer prontamente um regime de treino mais rigoroso para o processamento mental do que as pessoas ou o papel jamais poderão, será que isso significa que nós aprendemos de maneira mais *efetiva* por meio delas? É claro que as tecnologias assistidas por computador têm sido empregadas nas salas de aula há décadas, e o seu uso moderado continua a aprimorar a experiência de aprendizagem dos alunos. O caso dos dispositivos de tela no processo pedagógico, em particular, parece mais conclusivo para alunos com necessidades especiais, sejam eles deficientes visuais, disléxicos ou dotados de alguma outra dificuldade de aprendizado. Até o momento, o uso de softwares "sem erros", em que não há respostas certas ou erradas, tem se mostrado uma das melhores abordagens. Com este software, tentativa e erro, bem como a exploração, são recompensados com ruídos divertidos, animações humorísticas, gráficos vívidos, músicas e falas com som natural. Para crianças com necessidades especiais de aprendizagem, esse tipo de software interativo sem julgamento, com seus displays coloridos e rápidos, é notadamente mais motivacional do que um simples livro impresso.[34]

Os tablets, com telas touch, certamente parecem ser benéficos para uma grande variedade de alunos com deficiências de desenvolvimento. Uma avaliação analisou quinze estudos cobrindo cinco domínios: acadêmico, comunicação, emprego, lazer e transição em ambientes escolares.[35] Os estudos em questão relataram resultados de participantes que variavam entre 4 e 27 anos de idade e que apresentavam um diagnóstico de transtorno do espectro do autismo e/ou deficiência intelectual. A maioria dos estudos envolveu o uso de iPods ou iPads e teve como objetivo fornecer comandos instrucionais por meio dos dispositivos ou ensinar o indivíduo a operar o dispositivo para acessar seus estímulos preferidos. O último objetivo também incluiu operar o dispositivo para gerar discursos como uma forma de solicitar os estímulos mais desejados. Juntos, os resultados foram amplamente positivos, sugerindo que o iPod, o iPod Touch, o iPad e outros dispositivos similares constituem auxílios tecnológicos viáveis para indivíduos com deficiências de desenvolvimento.

Os benefícios da tecnologia de tela também são evidentes no aprendizado convencional. Por exemplo, uma metanálise de 46 estudos originais diferentes envolvendo um total de 36.793 alunos mostrou efeitos positivos significativos do uso do computador no desempenho em matemática.[36] Da mesma forma, uma análise recente em grande escala revisou como os programas de software educacional afetam os resultados de leitura em um total de 84 estudos envolvendo mais de 60 mil alunos.[37] As descobertas sugeriram que vários programas de leitura, predominantemente executados em computador, em geral produziram um efeito positivo, embora pequeno, nas habilidades de leitura. No entanto, qualquer aplicação de tecnologia inovadora ou intervenção integrada de alfabetização exibiu resultados mais positivos quando houve o apoio de um professor. Portanto, a maior promessa dos dispositivos digitais não reside tanto no software e na tela em si, e sim no seu uso paralelo a uma estreita conexão com os esforços dos professores.

Para quem já leu *A Primavera da Srta. Jean Brodie* ou *Adeus, Mr Chips*, essa informação não é nenhuma novidade. Nada supera um professor inspirador e empolgante. No entanto, o ensino presencial está diminuindo no ensino superior. Os professores também observaram outra tendência nos cursos universitários: 55% do corpo docente acadêmico relatou recentemente que a frequência às aulas havia diminuído como resultado das suas apresentações passarem a ser gravadas.[38] Em 2006, um dos principais motivos que os estudantes universitários deram para não assistir às aulas foi a disponibilidade de materiais online.³⁹ Nessa mesma linha, quando questionados por que não as assistiam, quase 70% dos alunos de uma universidade australiana de elite relataram que poderiam aprender a partir de gravações de áudio digital com a mesma eficácia com que assistiam pessoalmente às respectivas aulas.

No entanto, um relatório constatou que os alunos de economia que aprenderam o conteúdo da disciplina virtualmente tiveram um desempenho muito pior em comparação com aqueles que assistiram às aulas convencionais.⁴⁰ Embora os dois grupos não diferissem em sua compreensão de conceitos básicos, o grupo que aprendeu virtualmente ficou para trás na compreensão de materiais complexos. Isso indica que ideias sofisticadas não podem ser transferidas pela tela de forma tão eficaz quanto presencialmente. Outro estudo observou resultados semelhantes, favorecendo a aula presencial no que se refere ao desempenho acadêmico.⁴¹ Quando os alunos universitários de um grande curso introdutório de microeconomia foram designados aleatoriamente para aulas presenciais ou apresentações em vídeo, quem assistiu às aulas presenciais teve uma média de notas mais altas nos testes.

Parece que os benefícios do diálogo, da discussão de temas e da resolução de problemas presencialmente, com outras pessoas, ainda excedem os benefícios da comunicação virtual. Quando se trata de educação, sempre há argumentos sólidos para salas de aula de verdade, com professores reais, supervisionando diálogos reais, independentemente do número de telas e do tempo passado na frente delas. Estudos recentes sugerem que e-books e tablets podem ser ferramentas educacionais úteis — mas apenas quando utilizadas sob a supervisão de um adulto, essencialmente. Ofra Korat e Adina Shamir, da Faculdade de Educação da Universidade Bar-Ilan, analisaram os efeitos dos e-books nas habilidades de leitura de crianças de cinco e seis anos.⁴² Enquanto o primeiro grupo leu um e-book de forma independente, o segundo fez isso com o acompanhamento de adultos, o terceiro leu um livro impresso acompanhado por adultos e o quarto leu um livro impresso de forma independente. Os resultados demonstraram que a atividade de leitura do e-book com a assistência de adultos produziu um maior progresso no reconhecimento de nomes de letras, na leitura de palavras à primeira vista e no nível geral de leitura à primeira vista, em comparação a todos os outros grupos. Nesse caso, o e-book pode ser superior a um livro tradicional, *desde que um adulto esteja por perto.*

A educação não ocorre em uma bolha, mas é parte integrante da vida e dos relacionamentos de uma pessoa. Estilos de vida diferentes, portanto, também desempenham seu papel em determinar se, e em que medida, a tela pode fazer a diferença para o aprendizado. Outro fator associado a pontuações mais altas em matemática e em leitura, por exemplo, é ter um computador em casa, mesmo depois de levar em conta a renda familiar e o capital cultural e social.[43] No entanto, a computação doméstica pode gerar um "Efeito Sésamo", por meio do qual uma inovação que seria uma grande promessa para que crianças mais pobres alcançassem as crianças mais ricas em termos educacionais, na verdade, amplia a lacuna educacional entre ricos e pobres, entre meninos e meninas e entre grupos étnicos minoritários e brancos. Essa lacuna pode crescer à medida que diferentes dispositivos digitais indispensáveis (ou seja, caros) são lançados em um ritmo cada vez mais rápido.

Atualmente o iPad é um pilar da educação e entretenimento para muitas crianças. Embora a maioria das escolas nos Estados Unidos não tenha verba para dar iPads a todos os seus alunos, as crianças que os *possuem* ganharam o aparelho de suas famílias e de outros adultos, que supostamente também os utilizam. O iPad desempenha um papel cada vez mais importante no sistema educacional norte-americano. Em uma lista de 2011 das cem maiores empresas com as maiores implementações de iPad em todo o mundo, em quase 70% constavam escolas dos EUA.[44] Em 2013, a Apple assinou um acordo de US$30 milhões com o Distrito Escolar Unificado de Los Angeles, o segundo maior distrito escolar público dos Estados Unidos, para dar um iPad a todos os alunos até 2014.[45] Outros países ocidentais também estão integrando zelosamente a tecnologia do iPad ao sistema de educação formal.

Escolas em todo o mundo estão adotando salas de aula contendo apenas tablets (conhecidas como "salas de aula um para um", uma ideia totalmente apoiada pela Apple, cujas implicações comerciais não devem ser ignoradas) para alunos a partir do jardim de infância. Uma escola primária no Arizona equipou uma sala de aula apenas com iPads, apelidando-a de "iMaginarium".[46] Se tentaremos avaliar como a cibercultura recém-difundida afeta a forma de adaptação do cérebro a diferentes estilos de aprendizagem, a introdução em larga escala de iPads na sala de aula pode ser um bom lugar para começarmos.

Veja, por exemplo, um e-mail que recebi recentemente de uma mãe preocupada, que também é médica:

> A escola da minha filha na Austrália está introduzindo o aprendizado digital de maneira agressiva desde o quinto ano. Eles não usarão nada além de um computador a partir dos nove ou dez anos de idade, que também tem acesso à internet. Como profissional de saúde, eu mesma fiz extensas pesquisas online e ainda não consegui encontrar qualquer evidência dos benefícios para além da "opinião de especialistas" e das anedotas. Você conhece alguma evidência científica sobre os efeitos neurofisiológicos do uso exclusivo de computadores para o aprendizado?

Uma entusiasta típica do iPad é Lisa Wright, diretora de uma escola em Essex, no Reino Unido, que afirma que a flexibilidade do currículo escolar indica que os iPads podem ser utilizados em todo o ensino primário. Wright se converteu totalmente à ideia:

> As crianças do quarto ano [de oito ou nove anos de idade] utilizaram os aparelhos nas aulas de matemática e as crianças do jardim de infância jogaram alguns jogos de matemática e fonética... Os alunos do primeiro ano [de quatro ou cinco anos] usaram-nos na aula de educação religiosa, e os alunos do quinto e sexto ano [de nove a onze anos] têm usado iPads em seus trabalhos, como para aprender sobre o *Titanic* acessando a internet... Compramos os iPads por serem muito flexíveis e versáteis. Temos um lindo espaço ao ar livre aqui para que as crianças possam levá-los para fora da sala e até mesmo usá-los para tirar fotos. Queremos que o aprendizado seja divertido para elas. Os iPads são usados o tempo todo. Se você andar pela escola, sempre haverá uma criança em algum canto ou um grupo usando um iPad, e é isso mesmo que eu quero ver.[47]

Embora a Sra. Wright também insista que os livros e métodos convencionais de ensino, como lápis e papel, são igualmente importantes, em muitas salas de aula um para um, o tablet substituiu todos os métodos tradicionais de ensino.

Em contraste com esse voto de confiança tão esmagador, um relatório afirmou que milhões de dólares foram gastos em tablets que ficaram guardados nos armários das escolas britânicas, como resultado do entusiasmo excessivo dos professores em comprar essa nova tecnologia sem qualquer evidência de que ela realmente melhoraria os resultados pedagógicos.[48] Com frequência, presumimos que qualquer nova tecnologia seja automaticamente superior ao que veio antes; avanços em conhecimento e compreensão são atribuídos ao próprio dispositivo. Tal visão é frequentemente baseada na disponibilidade e na novidade, mas não em outros fatores, como o tipo de supervisão que está sendo dada ou a capacidade do professor de inspirar os alunos. Mais especificamente, no entanto, retomo a pergunta que a mãe médica australiana dirigiu a mim: quais são as evidências existentes de que iPads e outros recursos digitais realmente fazem uma grande diferença?

Um fator essencial e potencialmente confuso para se ter em mente é a formidável atratividade física do iPhone e do iPad. David Furió e sua equipe da Universidade Politécnica de Valência compararam os resultados de aprendizagem e as preferências de crianças de oito a dez anos de idade que jogaram um jogo educacional em sua forma tradicional ou em um iPhone.[49] Noventa e seis por cento das crianças relataram que gostariam de jogar o jogo do iPhone novamente, e 90% indicaram preferência pela experiência com o jogo do iPhone, em vez do tradicional. O próprio design físico do aparelho constitui um fator importante.

Um resultado semelhante foi observado em um estudo de 2013, comparando computadores de mesa e iPads.[50] Os alunos receberam uma aula multimídia online em um iMac, dentro de um laboratório, ou no iPad, em um pátio externo. Depois, foi ministrada uma aula em slides contínuos, sem títulos, ou uma aula mais aprimorada, na qual cada slide tinha um título proveitoso, e o aluno podia passar de um para o outro apertando um botão. Em ambos os casos, talvez sem surpresas, o grupo que recebeu a lição aprimorada superou o grupo da lição-padrão. No entanto, independentemente do tipo de aula recebida, o grupo do iPad se considerou mais disposto a continuar aprendendo do que o grupo do iMac. Como a mudança para salas de aula baseadas em iPads presume cegamente que os materiais de ensino tradicionais são inferiores, essa tendência atual é muito preocupante. Até que tenhamos evidências científicas sólidas de que os iPads têm poderes pedagógicos superiores, em vez de serem simplesmente mais atraentes, parece imprudente substituir os métodos de ensino tradicionais — que podem ser de fato mais eficazes, embora menos chamativos — por esses dispositivos.

Curiosamente, uma reação contra a adoção prematura de tecnologias nas salas de aula está ganhando impulso na Califórnia, com muitas escolas optando por métodos de ensino de baixa tecnologia. "O verdadeiro engajamento é sobre o contato humano, com o professor, com os colegas", diz um pai de três filhos que também é funcionário de uma empresa de alta tecnologia. Enquanto isso, Paul Thomas, um ex-professor do ensino regular e professor associado de pedagogia na Universidade Furman, que escreveu doze livros sobre métodos educacionais públicos, salienta que "ensinar é uma experiência humana. A tecnologia é uma distração quando precisamos de alfabetização, aritmética e pensamento crítico".[51]

Nos Estados Unidos, existem 160 escolas Waldorf, que seguem uma filosofia de ensino focada na atividade física e no aprendizado por meio de tarefas criativas e práticas. Na verdade, essas escolas proíbem todos os dispositivos digitais, pois seu credo é que os computadores inibem o pensamento criativo, o movimento, a interação humana e a capacidade de atenção. Notavelmente, o *New York Times* narrou que a escola Waldorf em Los Altos era popular entre os pais do Vale do Silício, que estavam imersos nas indústrias digitais.[52] Esta parece ser uma tendência particularmente fascinante, não apenas para a educação, mas para as Transformações Mentais como um todo. Se as mentes sábias por trás dos games, das redes sociais e dos tablets têm medo de mergulhar os próprios filhos nessas tecnologias, talvez um ceticismo crescente quanto aos seus benefícios educacionais seja justificado.

Uma consequência extrema do uso de metodologias de alta tecnologia em salas de aula é o seu efeito potencial na alfabetização. Se a informação é cada vez mais transmitida por meio da palavra falada e das imagens, talvez tenhamos que enfrentar a possibilidade de que a alfabetização seja cada vez menos relevante no nosso estilo de vida futuro. Por que aprender a ler ou escrever se a comunicação do dia a dia pode ser realizada tão facilmente sem nenhuma dessas habilidades? Os padrões de alfabetização já estão diminuindo: pesquisas apontam que muitas crianças têm mais chances de possuírem um telefone celular do que um livro.[53] Outro estudo, realizado por acadêmicos da Universidade de Dundee, constatou que os adolescentes atuais preferem leituras mais fáceis, como a série Harry Potter e Crepúsculo.[54] Surpreendentemente, o livro ilustrado clássico de Eric Carle, *The Very Hungry Caterpillar* ["A Lagarta Esfomeada", em tradução livre], que mapeia a transformação de uma lagarta em borboleta ao longo de uma semana, tornou-se o livro mais popular entre as meninas de quatorze a dezesseis anos.

O júri permanece decidido a respeito do valor da difusão de tecnologias digitais na educação; teremos de esperar até que os pré-adolescentes de hoje consigam seus primeiros empregos. Hoje em dia, parece que qualquer impacto de curto ou médio prazo dependerá do contexto em que as telas aparecem: o que está sendo ensinado, por quem e onde. De maneira mais geral, essas poderosas tecnologias de telas interativas não são apenas experiências empolgantes para todos nós, mas sim ferramentas críticas que remodelaram nossos processos cognitivos e continuarão a fazê-lo, o que por sua vez trará seus respectivos benefícios e problemas. A diferença entre silício e papel, as distrações da multitarefa e do hipertexto e a tendência de navegar ao invés de pensar a fundo — tudo isso sugere mudanças fundamentais na maneira como os nossos cérebros vêm sendo solicitados a operar atualmente.

18

PENSANDO DIFERENTE

Quando Niels Bohr, o físico ganhador do Prêmio Nobel, criticou seu colega por ser meramente lógico, em vez de pensar, que talento específico do kit de ferramentas cognitivas humanas o grande pioneiro intelectual sentiu que estava sendo negligenciado? Supõe-se que nada menos que a atividade mental quintessencial, que permitiu à nossa espécie investigar o sentido de nossa existência e expressar essas percepções por meio da ciência e das artes. No entanto, na cultura digital de hoje, com ênfase na computação, existe o perigo de que cada vez mais pessoas sigam o caminho mais retilíneo e pensem cada vez mais como um computador, interagindo e se adaptando ao modo algorítmico de funcionamento.[1]

Às vezes, esse pensamento lógico é necessário apenas para resolver um problema específico. Claro, problemas surgem em todas as formas e tamanhos, desde simples testes de QI e jogos de sudoku até resolver uma crise econômica, tentar reacender a vacilante Primavera Árabe ou lidar com crises pessoais aparentemente impossíveis de solucionar. Mas é mais fácil começar com quebra-cabeças mais diretos, nos quais, ao contrário da vida real, os problemas apresentados têm uma solução clara e inequívoca. As habilidades necessárias nesses casos consistem no processamento computacional ágil que é medido nos testes de QI.[2]

Embora muitos admitam que a inteligência possa ser definida e expressa de muitas maneiras, os mais aficionados por TI, como o físico Ray Kurzweil, se concentram em uma definição de inteligência em sentido estrito, que eles chamam de *g*, e assumem que esse fenômeno multifacetado pode ser expresso como um processo computacional.[3] Ao contrário da crença popular, um QI alto ou baixo pode não ser algo que simplesmente vem de nascença. O maior estudo genético já realizado com crianças mostrou que apenas uma faixa entre 20 e 40% de *g* é herdada.[4] Deixando de lado a questão da precisão de uma medição das proezas mentais pela pontuação no QI, o forte impacto do ambiente pode ser evidenciado pelo aumento significativo e prolongado do QI observado nos últimos cinquenta a sessenta anos.[5] Esse aumento, conhecido como "Efeito Flynn", pode ser causado por uma série de fatores, e o próprio James Flynn sugeriu que pode se dever ao ambiente mais estimulante dos tempos modernos.[6]

Outra explicação possível para o aumento na proficiência do teste de QI pode ser o aumento do treinamento de habilidades específicas do teste. Desde o início do século XX, a expansão explosiva dos filmes, da televisão, dos videogames e da internet nos expôs a um número maior de mídias visuais, permitindo que nos tornássemos cada vez mais adeptos da análise de imagens. Uma variante do teste de QI, o Teste de QI de Matrizes Progressivas de Raven, enfatiza as habilidades visuoespaciais; notavelmente, o aumento nessas pontuações foi muito acentuado. Steven Johnson, autor de *Tudo que É Ruim É Bom para Você,* trabalha com a ideia de que jogar games e a competência em testes de QI exercem os mesmos processos mentais. Como resultado da maior interação com a tela, os Nativos Digitais estão desenvolvendo melhor certas habilidades em relação às gerações anteriores, que foram criadas com livros.[7] Essa sugestão parece persuasiva quando comparamos os tipos de habilidades necessárias para um bom desempenho em testes de QI com aquelas que são treinadas em jogos de computador. Ambos são processos abstratos, que exigem a capacidade de enxergar conexões e anomalias e, acima de tudo, de detectar regras independentemente de um contexto mais amplo ou de qualquer conhecimento prévio. Johnson também sugere que a cultura das telas está desenvolvendo mentes mais bem adaptadas a uma complexidade maior e que têm maior proficiência em multitarefas. Essa capacidade de resolver problemas observando várias regras e contingências (memória operacional) é melhorada pelos jogos eletrônicos, que nos treinam para resolver ou lidar com vários problemas em um ritmo mais acelerado.[8]

Provavelmente esse é o tipo de inteligência que a nossa cibercultura em evolução mais ajuda a nutrir, uma habilidade computacional já superada pelos aparelhos de silício e que impressiona tanto Ray Kurzweil que o físico prevê que os dispositivos digitais um dia substituirão o cérebro humano. No entanto, ele ignora o fato de que o processamento computacional requer um ponto final específico — uma solução clara para um problema específico. O tipo de inteligência aprimorado por uma interação prolongada com as telas envolve padrões de discernimento e conexões de processamento para que a solução correta seja alcançada dentro de um determinado tempo. Em contraste, outras manifestações de inteligência, como escrever *Guerra e Paz* ou imaginar como o cérebro pode vir a gerar consciência, são infinitamente mais abertas. Quando o problema é encontrar a solução para um quebra-cabeça específico, ou pesquisar um fato, acessar as telas será extremamente útil. Mas, se o problema for, por exemplo, analisar o sentido da vida, então fazer várias coisas ao mesmo tempo e ter perícia audiovisual serão fatores de pouca utilidade.

"Os jogadores não estão absorvendo conselhos morais, lições de vida, nem ricos panoramas psicológicos", Steven Johnson admite prontamente.[9] Então, que habilidade permite à mente humana progredir para além do mero raciocínio, para escapar da mentalidade computacional, tão admirada por Kurzweil, mas advertida por Bohr?

Embora as pontuações de QI tenham aumentado, outras habilidades permaneceram na mesma faixa. Não houve um aumento concomitante de percepções sobre a situação econômica, por exemplo; nenhum aumento realmente perceptível nas artes criativas nem mesmo nos horizontes da neurociência, em comparação com as décadas anteriores. No entanto, é importante ter em mente que o efeito Flynn reside principalmente na faixa intermediária de habilidades, dentro do grupo de pessoas que geralmente não ganham um Prêmio Nobel, não compõem sinfonias nem mesmo se aventuram na política ou chegam às imediações da pesquisa acadêmica.

John Newton, diretor da Taunton School, em Somerset, teme que "criaremos uma geração que não gosta de aprender, e que simplesmente verá a tela como uma fonte de opiniões ou fragmentos de informação mal digeridos que atenderão aos seus pontos de vista sem que se ateste a veracidade". Newton acredita que, assim como a memorização mecânica difere do verdadeiro aprendizado, o pensamento crítico requer "equilíbrio e uma sólida compreensão dos fatos e contextos, para evitar que se saia do rumo certo".[10] Eu selecionei deliberadamente esta citação, dentre muitas outras semelhantes ditas por professores em todo o mundo, porque Newton destaca dois termos cruciais, "fatos" e "contexto".

> Ora, eis o que quero: Fatos. Ensinem a esses meninos e meninas os Fatos, nada além dos Fatos. Na vida, precisamos somente dos Fatos. Não plantem mais nada, erradiquem todo o resto. A mente dos animais racionais só pode ser formada com base nos Fatos: nada mais lhes poderá ser de qualquer utilidade. Esse é o princípio a partir do qual educo meus próprios filhos, e esse é o princípio a partir do qual educo essas crianças. Atenha-se aos Fatos, senhor![11]

Por mais extrema que essa visão, expressa por Thomas Gradgrind no livro *Tempos Difíceis*, de Charles Dickens, possa parecer, talvez ela esteja mais próxima dos rumos da mentalidade atual do que gostaríamos de admitir.

> "Bitzer", disse Thomas Gradgrind, "sua definição de um cavalo".
> "Quadrúpede. Graminívoro. Quarenta dentes, a saber, vinte e quatro molares, quatro caninos e doze incisivos. Troca a pelagem na primavera; em regiões pantanosas, também troca os cascos. Cascos duros, mas que requerem ferraduras. Idade conhecida por marcas na boca."

Todos os fatos estão aí expostos, de forma exata. Acontece que os pontos não se ligaram em nenhum nível, do literal ao metafórico. A didática de Gradgrind confunde o processamento de informações eficiente com a compreensão real: o discernimento e o conhecimento que caracterizam uma mente talentosa envolvem mais do que ser uma metralhadora de fatos. Você pode treinar um cérebro (em certos casos, até mesmo o de um papagaio) para dar as respostas certas a uma determinada pergunta, recitar poesia ou responder a perguntas factuais com respostas factuais. Mas a inteligência real requer uma síntese de fatos, contextos e significados que abrange muito mais do que respostas precisas.

Embora possamos acessar as informações de maneira eficiente, e até mesmo pô-las para fora quando solicitado, o sucesso em atividades como o jogo de tabuleiro Trivial Pursuit ou participar de um bar quiz* não é considerado nem mesmo pelos seus fãs mais entusiasmados como o auge do esforço intelectual. Os fatos, por si só, não são suficientes! Enquanto coletar informações envolve recolher fatos, é o conhecimento que os une, que traz a observação de uma coisa com base em outra e que, portanto, compreende cada componente como parte de um todo. Quanto mais conexões você puder fazer em uma gama de conhecimentos cada vez mais ampla e díspar, mais profundamente compreenderá algo. Mecanismos de busca e jogos eletrônicos não oferecem esse recurso; nada, além do seu próprio cérebro, faz isso.

Mesmo quando você lê a ideia de outra pessoa, seja em um livro, seja de uma forma condensada no Google, é somente ao incorporá-la à *sua* própria estrutura conceitual que poderá se originar uma opinião própria sobre o que quer que seja. Por isso, *sua* interpretação, *sua* avaliação, *sua* compreensão serão, inevitavelmente, individuais, e diferentes das de todas as outras pessoas. Essa estrutura conceitual é algo que se desenvolve desde que somos pequenos. Suas experiências, as histórias que ouve das outras pessoas e lê, os fatos que lhe foram ensinados, tudo isso se transforma em um sistema cada vez mais complexo de referências

---

* Jogo de trívia comum nos bares e pubs britânicos, no qual participantes competem respondendo a perguntas sobre conhecimentos gerais. (N. da T.)

cruzadas.¹² Essa conectividade, alcançada por meio da plasticidade das conexões neuronais durante o desenvolvimento, pode ser a característica chave que define a aprendizagem real, que coloca o cérebro humano acima e além do processamento de informações de um computador. É por isso que o conceito de *contexto,* para além dos meros fatos, é tão importante.

Quando intentamos medir o tipo de inteligência que se aplica quando o problema que precisamos resolver exige que levemos o contexto em consideração — isto é, quando a questão requer uma inteligência "cristalizada", conforme discutido no Capítulo 7 —, então o aumento na pontuação de QI, que chamamos de "efeito Flynn", começa a se dissipar. O efeito Flynn é mais visível em testes de QI que medem um tipo mais computacional de agilidade mental — a inteligência "fluida", discutida anteriormente.¹³ Testes como o de Raven, de matrizes da Noruega, de formas da Bélgica, de Jenkins e de Horn são todos projetados para medir a inteligência fluida. Eles enfatizam a resolução de problemas e minimizam a dependência de habilidades específicas ou a familiaridade com palavras e símbolos. Esses são os testes que tiveram, em média, um aumento de cerca de quinze pontos por geração.¹⁴ No entanto, testes como o de Wechsler e o de Stanford-Binet, que medem habilidades verbais e também habilidades mais diretas para a resolução de problemas, mostram um aumento menor em suas pontuações e seriam menos aprimorados diretamente por uma facilidade com jogos eletrônicos.

Venho sugerindo que o *significado* é uma associação entre pelo menos dois elementos, sejam eles objetos, sejam pessoas, sejam eventos, sejam emoções. Uma aliança de casamento tem um significado especial se for sua, embora pareça bastante genérica. As associações que este objeto específico, e nenhum outro, evoca imbuem-no com uma associação especial para você mesmo, que não é aparente para mais ninguém nem é intrínseca aos atributos físicos do anel.

Portanto, quanto maior a capacidade de criar essas ligações, maior será a nossa *compreensão*. À medida que construímos essas associações, reunimos dois elementos anteriormente díspares e independentes, e podemos observar uma coisa com base em outra; por exemplo, quando o ato de apagar uma vela significa a extinção de uma vida. Conforme vivemos nossas vidas enquanto indivíduos, a associação de certos objetos, pessoas e ações com objetos, pessoas, ações e emoções anteriores nos imbui com uma qualidade cognitiva em vez de uma qualidade meramente sensorial — um significado que não é compartilhado por ninguém mais, que é exclusivo para nós mesmos. Quando encontramos uma pessoa ou um objeto, criamos um significado pessoal, e quando vinculamos essa pessoa ou objeto a uma estrutura mais ampla, nossa compreensão se torna mais rica e mais profunda. Finalmente, à medida que desenvolvemos uma sequência ao longo do tempo que associa essas coisas significativas em uma sequência linear causal, o significado original e a compreensão mudam e se adaptam. Esse é o tipo de processo de pensamento que caracteriza a mente humana madura.

O trabalho do falecido neurocientista educacional John Geake oferece evidências concretas para esse argumento. Os estudos de Geake com imagens cerebrais de crianças superdotadas revelaram que seus cérebros mostraram uma interconectividade maior do que aquelas que possuem uma capacidade cognitiva média.[15] Mais especificamente, os resultados levaram à ideia de que a superdotação está ligada ao "raciocínio analógico" (por exemplo, a analogia da vela se apagando com a morte de alguém), um tipo de raciocínio que identifica e compara semelhanças entre conceitos estabelecidos e, em seguida, usa essas semelhanças para obter uma compreensão de novos conceitos. Essa capacidade de fazer conexões onde antes não existiam, de ligar os pontos, pode ser responsável por talentos em várias áreas acadêmicas, incluindo filosofia, matemática, ciências e música.[16]

Um padrão semelhante parece se aplicar em adultos. Em Pequim, o professor Ming Song e seus colegas da Academia Chinesa de Ciências demonstraram que as imagens cerebrais podem exibir correlações entre uma inteligência elevada e a força da conectividade funcional amplamente distribuída pelo córtex.[17] Os autores concluíram que essas observações eram mais uma prova de uma "visão da inteligência em rede" e que essa conectividade operava mesmo no estado de repouso e na ausência de quaisquer tarefas cognitivas explícitas.

Portanto, se as conexões permitem uma compreensão mais profunda, o processo de realizar essas conexões pode ser denominado vagamente como "pensar". No Capítulo 1, sugeri que a distinção fundamental entre um sentimento puro e um pensamento é um lapso temporal. O simples fato de estar consciente, algo que qualquer bebê ou animal não humano pode alcançar, sempre acarreta algum tipo de sentimento subjetivo, revelado por abanar o rabo, ronronar, gorgolejar ou sorrir. Mas nunca, em nenhum momento, esse animal se transforma subitamente em um autômato ou em um zumbi. É impossível separar a consciência desse estado subjetivo de sentir. Na verdade, eu diria que eles são praticamente sinônimos.

Não obstante, embora todos os animais tenham graus de consciência e, portanto, sentimento, nem todos são capazes de fazer aquilo que reconhecemos como processos de pensamento. É uma habilidade que até os humanos precisam desenvolver com o passar dos anos. O que, então, uma fantasia, um argumento racional, uma memória, uma esperança, uma queixa, um plano de negócios e uma piada têm em comum? Você parte de um lugar e termina em outro, e essa sequência de etapas lineares se desdobra ao longo do tempo, com um começo, meio e fim claros. Ao contrário de um sentimento puro, o processo de pensamento transcende o momento presente; e precisa transcender, visto que liga um passado a um futuro.

No que tange ao cérebro, o córtex pré-frontal é, novamente, essencial. Já vimos como um córtex pré-frontal subdesenvolvido se relaciona a uma compreensão subdesenvolvida, tanto da linguagem figurativa quanto da capacidade de conectar ações presentes a consequências futuras. Pode não ser surpreendente, portanto, que essa parte do cérebro, quando totalmente funcional, desempenhe um papel em como os humanos experienciam lapsos temporais e a própria passagem do tempo. Danos ao córtex pré-frontal podem, além de muitos outros déficits, levar à "amnésia da fonte" — que não se trata exatamente da perda de memória, mas da perda de como e quando uma memória foi criada.[18] As memórias agora flutuarão livremente, não mais ancoradas a nenhum contexto pessoal. Se você tiver amnésia da fonte, portanto, todas as suas memórias ficarão confusas, em vez de serem compartimentadas em incidentes específicos. Você pode se lembrar de um fato, mas não como e quando o aprendeu. Suas lembranças seriam mais como as de uma criança pequena ou de um animal não humano, vagamente ciente do passado na medida em que ele colore o presente, mas sem qualquer tipo de ordem ou cronologia e, portanto, sem qualquer significado. Sua história de vida detalhada não fará sentido, nem mesmo para você.

A noção de história da vida, ou mesmo de qualquer história, é atraente para a maioria das pessoas, talvez por representar uma amplificação do processo básico do pensamento humano. O costume tradicional de ler histórias para dormir tem sido a melhor maneira de ajudar as crianças a desenvolver as habilidades cognitivas de imaginação, atenção, empatia e percepção da mente de outras pessoas. Uma pesquisa da Universidade Estadual de Nova York, em Buffalo, mediu o impacto sobre a empatia de alunos de graduação lendo passagens dos livros da saga Harry Potter, de J.K. Rowling, e da série Crepúsculo, de Stephenie Meyer. Após isso, os participantes responderam a perguntas destinadas a analisar como eles se identificavam com os mundos sobre os quais estavam lendo. Os resultados mostraram que os participantes que leram os capítulos de Harry Potter se identificaram como bruxos, enquanto os participantes que leram os capítulos de Crepúsculo se identificaram como vampiros. E, o que é ainda mais fascinante, a participação nessas comunidades fictícias proporcionava o mesmo humor e satisfação com a vida que as pessoas obtêm de afiliações a grupos na vida real. As autoras do estudo, Shira Gabriel e Ariana Young, concluíram, então: "Os livros oferecem a oportunidade de conexão social e a bem-aventurança de quando alguém se torna parte de algo maior, ainda que por um momento precioso e fugaz."[19]

Embora esse estudo específico se concentrasse em estudantes universitários, o poder das histórias e da narrativa se estende igualmente aos adultos. Keith Oatley, professor do Departamento de Desenvolvimento Humano e Psicologia Aplicada da Universidade de Toronto e também romancista, expande este argumento:

Acho que a razão pela qual a ficção tem o efeito de melhorar a empatia é porque trata principalmente de "eus" interagindo com outros no mundo social. O tema recorrente da ficção é: por que ela fez tal coisa, ou, se for o caso, o que ele deve fazer agora, e assim por diante... Na ficção, também, somos capazes de compreender as ações dos personagens desde o seu ponto de vista interior, adentrando suas situações e mentes, ao invés da visão mais exteriorizada habitual.[20]

Um romance pode ser tanto uma ferramenta de aprendizado quanto um livro didático, o que não é surpresa alguma. Precisamos das ficções, das histórias de outras pessoas, para compreender nossos próprios fatos. Os personagens têm um significado porque podem ser associados a uma estrutura conceitual, a um contexto, a outros e a eventos passados, assim como em nossas próprias vidas. Quando lemos ficção, somos transportados para o mundo dos personagens e passamos a nos conectar com eles, com as experiências que vivenciam e com as decisões que tomam, o que acaba não ocorrendo na não ficção. Podemos sentir emoções positivas ou negativas em relação a eles como pessoas e nos preocupar profundamente com o que acontece com eles de uma forma que seria muito menos provável com um personagem em um jogo eletrônico, que é pouco mais do que um ícone. O jornalista Ben Macintyre resume isso muito bem:

> A partir do momento em que tomamos consciência dos outros, exigimos que nos contem histórias que nos permitam conferir sentido ao mundo, habitar a mente de outra pessoa. Na velhice, contamos histórias para fazer pequenos museus de memória. Não importa se elas são verdadeiras ou imaginárias. A narrativa, seja oral, seja escrita, é um marco em todas as culturas do mundo. Mas as histórias exigem tempo e concentração; a narrativa não se limita a transmitir informações, mas convida o leitor ou ouvinte a testemunhar o desenrolar dos acontecimentos.[21]

Ao observar aquilo que acontece, ao seguir o caminho linear de uma história, podemos converter informações em conhecimento de uma forma que a ênfase nas respostas rápidas e na estimulação constante não pode. A meu ver, a questão principal é a *narrativa*. Em uma narrativa, há uma sequência — uma cadeia de causa e efeito em uma sequência estritamente ordenada e não aleatória. Qualquer narrativa, de alguma forma, ecoará uma história de vida. As histórias organizam os eventos em um contexto, em uma estrutura conceitual, e essa ordem cria o significado. Embora as narrativas sejam a condição *sine qua non* dos livros, elas estão longe de terem um espaço assegurado na internet, onde escolhas paralelas, hipertexto e participação aleatória são mais típicos. Embora a empatia possa ser desenvolvida a partir da leitura de livros, pode não ser automaticamente presumida em um estilo de vida digital que favorece os apressados, os superficiais e os incoerentes.

Entretanto, os mecanismos de pesquisa poderiam nos liberar tempo para questões mais desafiadoras e pensamentos mais profundos do que jamais poderíamos ter imaginado ser possível, do mesmo modo que a imprensa fez ao expandir o acesso ao conhecimento para mais pessoas. Pode ser que sim, mas primeiro precisamos ter alguns roteiros já definidos. Sem uma estrutura conceitual personalizada que nos permita usar a internet para enquadrar e pensar sobre questões abertas e difíceis, corremos o risco de sermos passivamente guiados por fatos isolados conforme saltamos de uma experiência incrível e isolada nas telas para outra. Como mencionei antes, é importante notar que até mesmo o presidente do Google, Eric Schmidt, acredita que sentar e ler um livro "é a melhor maneira de aprender algo de forma efetiva".[22] Precisamos de tempo para pensar e compreender o mundo que nos rodeia. A sequência de passos, o "movimento confinado ao cérebro", não acontece em um instante, mas dentro de um período de tempo, como uma linha de raciocínio. Parece que a cibercultura não incentiva o desenvolvimento da capacidade de atenção necessária para um pensamento profundo e, portanto, se dependermos exclusivamente dessa cultura digital, não conseguiremos construir a estrutura conceitual adequada que confere sentido ao mundo que nos rodeia.

A leitura de histórias deve ser a melhor maneira possível de desenvolver as habilidades cognitivas de imaginação, atenção, percepção e empatia nas mentes dos outros, bem como de nos fornecer uma compreensão de conceitos abstratos. Afinal, como você passaria a ideia de honra, por exemplo, por meio de um símbolo? No entanto, qualquer um lendo *A Morte de Arthur*, de Thomas Malory, tem uma noção do que significa honra. Portanto, um romance pode ser uma ferramenta de aprendizado, tanto quanto um livro didático. Precisamos da ficção para entender os fatos. Sendo assim, os mecanismos de busca não são os melhores veículos para obter compreensão ou adquirir conhecimento. A questão crítica que enfrentamos é como realizar a transição do antigo ambiente rico em perguntas e pobre em respostas do século XX para dar sentido — e de fato sobreviver e aproveitar ao máximo — ao ambiente atual, que por sua vez é pobre em perguntas e rico em respostas, cortesia de um ritmo tecnológico acelerado. Na minha opinião, existem três fatores essenciais que são frequentemente esquecidos na educação atual, e que certamente não são inspirados pelo estilo de vida digital atual. O primeiro é ter um forte senso da própria identidade individual (e respeitá-la nos outros). O segundo é ter um senso de realização individual. O terceiro é ser útil à sociedade. Mas como esses objetivos, um tanto abstratos, podem ser alcançados?

Existe uma coisa que preenche todos os três requisitos: criatividade. Por criatividade, não me refiro necessariamente a escrever uma sinfonia ou ter algum insight novo e grandioso em ciências, ou a respeito da condição humana, embora isso também se aplique é claro. Em um nível mais básico, a essência da criatividade é simplesmente enxergar algo de uma nova maneira, seja reorganizar a mobília do quarto ou interpretar uma situação social de um ângulo diferente. Vamos descompactar ainda mais essa ideia.

A criatividade é frequentemente associada a crianças pequenas, em específico. Também é associada por alguns, como o psicólogo clínico Louis Sass da Rutgers,[23] à esquizofrenia, e por outros (geralmente os próprios indivíduos), ao uso de drogas recreativas. Mas nem todas as crianças, esquizofrênicos ou usuários de drogas são abertamente criativos, tampouco as pessoas criativas necessariamente são jovens, têm psicopatologias ou estão dopadas. O segredo, nesse caso, pode residir no fato de que algumas das características exibidas por crianças, esquizofrênicos e usuários de drogas podem ser um requisito necessário, mas não suficiente, para a criatividade. Enquanto isso, a mesma condição de criatividade pode muito bem ser atingida por pessoas que não se enquadram em nenhuma dessas três categorias. Qual poderia ser, então, esse primeiro requisito?

As crianças pequenas, como vimos, têm uma conectividade cerebral esparsa, de modo que não podem ver prontamente uma coisa com base em outra qualquer. Os esquizofrênicos se assemelham às crianças por entenderem o mundo literalmente e por não serem capazes de interpretar provérbios; em ambos os casos, o que se percebe é o que é real. Por fim, como consequência do prejuízo das substâncias psicoativas à conectividade neuronal, muitos usuários de drogas têm problemas no seu potencial associativo. Para eles, o significado é frágil e idiossincrático. Então, seria o primeiro passo crucial para o processo criativo — mas apenas o primeiro — a capacidade de dissociar elementos anteriormente conectados de forma convencional? Esse tipo de desconstrução é familiar na arte, na qual o segredo é reduzir a visão cognitiva de uma imagem, como um vaso de flores, a um conglomerado sensorial abstrato de cores, formas e texturas que se tenta reproduzir. Da mesma forma, na ciência, o primeiro passo essencial é desafiar o dogma, como Barry Marshall fez com a ideia de que as úlceras não eram causadas por estresse, mas por uma bactéria.

No entanto, é importante não apenas desafiar o dogma, mas também substituí-lo por uma alternativa, uma *nova* associação que nunca foi tentada antes: palavras combinadas de uma forma especial, uma determinada convergência de cores e formas, um objeto familiar ou pessoa em um contexto inesperado, ou uma ligação entre duas características do mundo físico não relacionadas previamente, como os paralelos entre o sistema imunológico e a ideia da sobrevivência darwiniana do mais apto, apontados pela primeira vez pelo brilhante imunologista australiano Frank Burnet.[24]

Mas tal processo de desconstrução e reconstrução não garante, necessariamente, um ato criativo, fato que pode ser afirmado por qualquer pessoa testando ingredientes estranhos em uma nova aventura culinária. Outro exemplo seria a pintura de uma criança, na qual pode haver cores ou formas incomuns retratando um animal ou uma pessoa, mas cujo trabalho final não se qualificaria para exibição em uma galeria de arte. O passo final e crucial em direção à criatividade, a meu ver, é que o trabalho ou ideia deve significar algo, que deve contribuir para que se veja o mundo de uma nova maneira. Seja por meio da ciência, arte, literatura ou qualquer outro, novas conexões são estabelecidas no cérebro, o que por sua vez dá um novo significado ao mundo. Como vimos, no entanto, para que as conexões tenham significado, elas não podem ser apenas aleatórias: precisam se vincular a estruturas conceituais cada vez mais amplas e que dão um significado respectivo cada vez mais profundo.

O pensamento criativo não pode ser comprado, baixado ou assegurado, mas pode ser promovido com o ambiente correto. O desenvolvimento de estruturas conceituais individuais para compreender e interpretar o mundo também significa encorajar os indivíduos a ter confiança para questionar e desconstruir dogmas e visões tradicionais, para ter a coragem de fazer novas associações sem medo das opiniões ou do cinismo dos outros. Não é um cenário muito feliz imaginar um mundo povoado por indivíduos que têm uma coordenação sensório-motora brilhante, que podem realizar multitarefas e obter altas pontuações em testes de QI, mas que são incapazes de pensamento reflexivo e compreensão, quanto menos de ideias originais.

Em 1964, na Feira Mundial de Nova York, o escritor de ficção científica Isaac Asimov apresentou esta previsão apropriada e muito presciente dos cinquenta anos subsequentes:

> Mesmo assim, a humanidade sofrerá muito com a doença do tédio, uma doença que se espalha mais amplamente a cada ano e que só faz crescer em intensidade. Isso terá graves consequências mentais, emocionais e sociológicas, e ouso dizer que a psiquiatria será de longe a especialidade médica mais importante no ano de 2014. Os poucos sortudos que poderão estar envolvidos no trabalho criativo de qualquer espécie serão a ver-

dadeira elite da humanidade, pois apenas eles farão mais do que servir a uma máquina.[25]

Sendo assim, reitero que talvez, para as pessoas do futuro, as prioridades dos pensadores antigos, de visionários como Asimov, e certamente de Imigrantes Digitais típicos, como eu, parecerão tão obsoletas, tão risíveis e tão inadequadas para a agenda de meados do século XXI quanto a mentalidade dos vitorianos era para a do século XX. Mesmo assim, não podemos ignorar o mundo real. Por mais que as tecnologias digitais nos atraiam para o seu corredor de espelhos frenético e pixelado, este mundo ainda serve como um paralelo ao ambiente tridimensional sempre presente, volumoso, no qual até os tecnófilos mais geeks ainda precisam existir.

# 19

AS TRANSFORMAÇÕES MENTAIS PARA ALÉM DA TELA

Na época de Shakespeare, alguém com quarenta anos de idade era considerado velho. Em um contraste espantoso, um bebê nascido hoje tem uma chance em três de viver até os cem anos de idade, pelo menos em nosso mundo privilegiado e desenvolvido.[1] Doenças como poliomielite e difteria atualmente são fantasmas do passado, e novos avanços na medicina aumentam ainda mais nossa expectativa de ter uma saúde boa. Enquanto isso, novos ramos da medicina, como a terapia genética[2] e a medicina regenerativa,[3] estão abrindo possibilidades maravilhosas.

Como a existência dessas tecnologias médicas pioneiras impactará a mentalidade do século XXI? As próximas gerações provavelmente considerarão esses avanços garantidos, assim como nós, baby boomers, nunca consideramos a poliomielite ou a tuberculose como ameaças sérias à saúde, como nossos pais consideravam. E, voltando ainda mais no tempo, nas primeiras décadas do século XX, a maioria das pessoas teria aceitado o desconforto, na melhor das hipóteses, e a dor, na pior delas, fosse por causa de um dente podre, catarata, dor nas articulações ou infecções. Doenças menores e irritantes fariam parte da vida, e o cérebro teria se adaptado, como é seu comando evolutivo, a qualquer situação que se apresentasse. Mas, de novo, se o padrão fosse sentir-se fisicamente desconfortável, as pessoas não seriam capazes de refletir com tanta rapidez sobre si mesmas e sobre suas vidas, como é possível hoje em dia. Além disso, a altíssima probabilidade de alguma doença veloz e implacável acabar repentinamente com sua vida ou com a de alguém próximo a você lançaria uma sombra sobre o seu cotidiano. Hoje em dia, esses temores estão diminuindo e, no futuro, as tecnologias biomédicas poderão encorajar ainda mais a crença de que uma saúde boa é um direito de nascença da espécie humana.

No entanto, existe uma doença, ou melhor, uma gama de doenças envolvendo especificamente um sintoma temido, que é mais devastador do que qualquer outro. Se estamos preocupados com as Transformações Mentais, também precisamos pensar sobre a perda dela — não apenas por meio de atividades irracionais na tela, mas de uma forma mais permanente, por meio de doenças cerebrais ou demência, que é, literalmente, a "perda da mente". Como mencionado antes, se a mente pode ser considerada como a personalização das conexões neuronais, então o desmantelamento gradual dessas conexões seria o processo físico por trás da confusão e da perda de memória que caracteriza doenças como o Alzheimer. Apenas no Reino Unido, em meados do século XXI, 2 milhões de pessoas sofrerão do mal de Alzheimer, que é responsável por cerca de 70% dos casos de demência.[4] Pense em quantas pessoas no mundo amam você. Para facilitar o cálculo, digamos que são 10; isso significa que haverá 20 milhões de vidas viradas de cabeça para baixo, ou seja, cerca de um terço da população britânica. Em 2010, estimou-se que 35,6 milhões de pessoas viviam com demência em todo o mundo, número que deve praticamente dobrar a cada 20 anos — para 65,7 milhões em 2030 e 115,4 milhões em 2050.[5] Em um estudo norte-americano de 2013, a demência surgiu como um fardo econômico mais caro para a sociedade do que as doenças cardíacas ou câncer.[6]

A demência é uma condição particularmente cruel, que devasta inúmeras vidas. Embora doenças cardíacas, por exemplo, ou câncer, possam ser doenças fatais, o paciente ainda é a mesma pessoa que sempre foi, ainda sabe quem é seu marido ou esposa, mãe ou pai, irmão ou irmã, e, portanto, ainda nutre relacionamentos significativos, apesar da doença. Com a demência não é bem assim.[7] Conforme a doença cobra seu tributo implacável, com a perda lenta, porém contínua, de células cerebrais, o cuidador pode passar por uma angústia indescritível, pois um pai ou cônjuge aflito pode acabar negando qualquer tipo de relacionamento. A sensação de perda pode ser extremamente aguda, como se um ente querido tivesse realmente morrido ou sido assassinado. Os cuidadores muitas vezes passam por todos os sinais e estágios do luto, sem receber a consideração e as condolências que a sociedade normalmente oferece a quem sofre uma perda pessoal.

Atualmente, não há tratamento eficaz para o espectro de doenças neurodegenerativas caracterizadas por demência.[8] Mas vamos supor, e de fato esperar, que mais cedo ou mais tarde alguém possa fazer uma grande descoberta. Imagine que você vai ao médico para fazer um exame de sangue de rotina, da mesma forma que faria para checar seus níveis de colesterol, e o médico olha diretamente nos seus olhos e diz: "Bem, tenho boas e más notícias. A má notícia é que você tem um biomarcador elevado para neurodegeneração no sangue. Isso significa, de acordo com o gráfico, que, no seu caso, em cerca de dois anos, alguns sintomas aparecerão: dificuldades de memória de curto prazo ou dificuldade de encontrar a palavra certa para um objeto comum. No entanto, a boa notícia é que agora temos um medicamento de via oral que impedirá a morte de mais células cerebrais. Portanto, comece a tomar esses comprimidos hoje. Você vai precisar tomá-los todos os dias a partir de agora, e enquanto fizer isso não terá nenhum sintoma, porque teremos interrompido a rota do processo neurodegenerativo." Essa situação hipotética pode ser uma realidade no futuro, ao invés de uma fantasia. O essencial que ainda está faltando é saber o que faz com que células específicas no cérebro embarquem no ciclo de morte celular, que chamamos de neurodegeneração.[9] A identificação desse mecanismo básico subjacente ao Alzheimer e a outras doenças relacionadas é o Santo Graal que levará a um diagnóstico precoce (e idealmente pré-sintomático) e à importantíssima medicação que prevenirá a morte de mais células.

Vamos, então, supor que essa perspectiva maravilhosa se concretize e que a demência futuramente se junte a outras doenças do passado, que eram, ou pareciam ser, sentenças de morte, mas hoje em dia podem ser contidas graças a novas estratégias biomédicas. Na segunda metade deste século, muitos de nós desejaremos ter uma vida longa e saudável. Também teremos uma aparência mais jovem, como resultado de hábitos mais saudáveis, e seremos capazes de nos reproduzir por muito mais tempo, talvez por toda a vida. À medida que a tecnologia é aprimorada, uma mulher congelar óvulos quando está no auge reprodutivo para posteriormente serem descongelados, talvez até mesmo quando ela estiver no período pós-menopausa, a fim de que possa ter um filho, ainda que por fertilização in vitro, pode se tornar a regra. Vamos levar esse cenário a um extremo. Por mais inusitado e exagerado que possa parecer, não está além da expectativa científica razoável que, no futuro, qualquer pessoa, independentemente de sexo, idade ou orientação sexual, possa ter um filho com outra pessoa. Se for possível extrair o material genético de qualquer célula do corpo e combinar metade dele com o de outra pessoa, não haverá mais necessidade de espermatozoides nem de óvulos.[10] Seria necessário apenas um óvulo removido e um útero, que poderiam ser de pessoas diferentes. Futuramente, portanto, e a princípio, uma criança poderia ter seis pais: os doadores genéticos, a doadora do óvulo, a doadora do útero e os dois pais que a criariam. O ponto principal é que, de uma forma ou de outra, qualquer um pode ser pai na vida adulta, cuidando de um bebê pequeno.

Por fim, a questão do trabalho. Tradicionalmente, o trabalho remunerado ocorria fora de casa e muitas vezes implicava boa forma física. Agora que a economia do conhecimento e o mundo cibernético tornaram possível trabalhar em casa, e a força física e a mobilidade não são mais essenciais, há um argumento crescente contra uma idade fixa de aposentadoria; na verdade, atualmente esse é o caso em muitas organizações e sociedades. Se refletirmos ainda mais, com a noção de que a estimulação do cérebro é muito melhor para você do que o desligamento passivo do mundo exterior, então o trabalho pode até ser vendido à sociedade como algo bom para o cérebro. Em suma, se temos um setor cada vez mais envelhecido, mas mentalmente ágil e saudável, aposentar-se com remuneração para jogar golfe ou sudoku será a exceção, e não a regra.[11]

Quando você conhece alguém pela primeira vez, provavelmente o classifica, de forma inconsciente, de acordo com uma geração específica baseado em (1) quão saudável essa pessoa aparenta ser, o que terá impacto sobre (2) sua aparência, (3) seu estado reprodutivo e (4) se essa pessoa está ou não trabalhando. Se as tendências impulsionadas pela biotecnologia que acontecem hoje seguirem as conclusões lógicas delineadas anteriormente, aplicando-as em todas essas quatro áreas cruciais de nossas vidas, uma tal compartimentalização de pessoas em uma ou outra geração não será tão fácil.

Lá se vai o mundo externo mutável — baseado em uma boa e velha realidade física 3-D, ao contrário da cibervida em 2-D. No entanto, imagine se os dois se fundissem. E se as tecnologias digitais anteriormente confinadas à tela pudessem afetar a maneira como você experimenta o mundo real? Ninguém quer ficar preso a um teclado desconfortável e a uma tela separada e incômoda hoje em dia. Os smartphones, por outro lado, são computadores portáteis que também possuem a função de telefone; e há uma preferência crescente por dispositivos móveis em vez de notebook que oferecem todos os tipos de aplicativos e jogos eletrônicos. As novas gerações de smartphones já exploram a disponibilidade crescente de sensores físicos incorporados e a capacidade de troca de dados. Como consequência, os celulares começaram a registrar seus dados pessoais e se adaptaram para antecipar as informações que você precisa com base em suas intenções e localização.[12] Além de monitorá-lo, o celular monitora também os arredores e revela informações sobre qualquer coisa ou qualquer lugar para o qual você apontá-lo.

Agora imagine a vida atual, em que o recurso valorizado e seguro das mensagens de texto vem sendo gradativamente substituído pelos áudios. Você evita a dificuldade e o constrangimento de interagir diretamente com alguém, mesmo no celular, gravando mensagens que são acessadas com a mesma rapidez e facilidade das mensagens de texto. Não precisa nem ser alfabetizado. Isso cria um firewall entre você e o contato humano sórdido, real e imediato, somando-se ao crescente descontentamento com as habilidades laboriosas de leitura e escrita. Bem-vindo ao mundo do Google Glass.[13]*

Na aparência, o Google Glass se parece com um par de óculos normais com um pequeno retângulo preto na parte superior de um lado, que mostra informações, por meio do qual você pode acessar a internet através de comandos de voz simples. Nele, é possível gravar tudo o que vir, sem usar as mãos, e compartilhar em tempo real com outras pessoas. Além disso, pode obter instruções e saber tudo sobre sua localização, traduzir o que é dito e receber informações de onde estiver, sem nem mesmo perguntar de forma explícita.

Até agora, jogar games, usar as redes sociais e navegar na internet eram coisas que cessavam em um dado momento. Você sempre pode desligar o aparelho e voltar ao mundo real. O Google Glass e outras tecnologias semelhantes, por sua vez, tornam a maioria dessas atividades possíveis a qualquer momento. Assim como é comum, atualmente, ver transeuntes com fios serpenteando em seus ouvidos e falando alto consigo mesmas — elas, que antes pareciam totalmente malucas —, a perspectiva era a de que essas mesmas pessoas se transformassem em uma espécie que utiliza óculos sem aro praticamente imperceptíveis, vivendo na "realidade aumentada" do Google Glass.[14] Essa tecnologia funciona *realçando* a percepção atual da realidade e, portanto, não deve ser confundida com a realidade virtual, que substitui o mundo real por outro, simulado. Em vez disso, a realidade aumentada é uma visão contínua de um ambiente físico do mundo real, cujos elementos são "aumentados" por entradas sensoriais geradas por computador, como som, vídeo, gráficos ou dados de GPS.[15] Dessa forma, as informações "artificiais" sobre o meio ambiente e o que ele contém serão constantemente sobrepostas ao mundo real.

O plano era que o Google Glass fosse lançado em 2014. Em qualquer caso, as implicações da adoção em massa dessa nova maneira de ver o mundo são tão diversas quanto profundas. As previsões para a compu-

---

* O Google Glass acabou não sendo comercializado em larga escala, e o seu projeto, o Google Explorer, foi descontinuado em janeiro de 2015. (N. da T.)

tação vestível, a exemplo do Google Glass ou do iWatch, proposto pela Apple, foram de que eles se tornariam a regra para a maioria de nós em cinco anos, com 485 milhões de remessas anuais de dispositivos até 2018.[16]

Assim que você estiver totalmente conectado a uma realidade aumentada, imagine como será terrível estar sozinho, como seria difícil abandonar esta nova dimensão e simplesmente desligar tudo. A maioria das pessoas que têm celulares já está emocionalmente ligada a eles. Em um estudo de 2012 com usuários de smartphones nos Estados Unidos, 73% disseram que se sentiram "em pânico" quando perderam seus celulares; 14% disseram que se sentiram "desesperados"; enquanto 7% se sentiram "mal".[17] No Reino Unido, 66% dos usuários relataram ter medo de perder seus aparelhos, algo que ganhou até um nome específico, "nomofobia".[18] Se esse tipo de atitude já existe, então contemplar o apego emocional que podemos criar com dispositivos intensamente integrados que fornecem mais entretenimento, respostas mais rápidas e uma socialização ainda mais higienizada, tudo de forma impecável, é algo impressionante.

É difícil entender como o cérebro humano vai absorver esse tsunami de informações. Com o Google Glass, você teria os fatos bem diante da sua face, sem a necessidade de tentar descobrir a resposta sozinho. Se os mecanismos de busca já estão oferecendo uma opção mais rápida e fácil do que conduzir seu cérebro por um treinamento necessário, você agora correria o risco de ficar mentalmente flácido de uma forma que nem mesmo seria possível hoje em dia, já que navegar em um celular, tablet ou notebook ainda requer certa digitação ou toques proativos. Você não estará mais gerenciando o que vê: a tela fará isso para você. A característica mais imediata do Google Glass foi a interatividade, com ênfase no tempo real e em constante atualização. Esse mundo literal em constante movimento prenderia permanentemente os usuários em um presente infinito e hiperconectado. Não haveria nada específico para lembrar ou antecipar.

O Google Glass também poderia ser o golpe fatal na privacidade. Andrew Keen, que se descreve como "um empresário britânico-americano, cético profissional e autor de *O Culto do Amador* e *Vertigem Digital*", alertou rapidamente sobre esse problema. "Esses óculos, uma espécie de substituto digital para nossos olhos, são estranhos de um modo assustador, hitchcockiano, como em *Janela Indiscreta*", escreve ele. "Ou da mesma forma que as câmeras onipresentes do Grande Irmão eram em *1984*, de George Orwell. Assim como parece estranho um futuro no qual empresas de dados 'prometeicas', como o Google, governam o mundo." Ele continua:

> Mas o Google Glass abre uma frente inteiramente nova na guerra digital contra a privacidade. Esses óculos, que foram projetados especificamente para registrar tudo o que vemos, representam um salto de desenvolvimento na história dos dados, que é comparável à mudança da bicicleta para o automóvel. É o tipo de transformação radical que pode acabar destruindo completamente nossa privacidade individual no século XXI, digital. Quando utilizamos esses dispositivos de vigilância, todos nos tornamos espiões, ou bisbilhoteiros anônimos, de tudo e de todos ao nosso redor.[19]

Temos, então, um futuro totalmente novo, tirado diretamente da ficção científica, no qual as obsessões hoje incipientes relacionadas a monitorar a vida de outras pessoas e a transmitir cada momento da própria existência estão sendo, por fim, libertadas em sua totalidade do teclado e da tela sensível ao toque. Em vez disso, você está efetiva e diretamente conectado a um dispositivo digital: é uma extensão do seu corpo. Minha preocupação não é apenas com a ética e a legalidade da possível perda de privacidade, do mesmo modo que Keen, mas também com o que tal perda poderá significar para nós enquanto entidades individuais independentes, como temos sido até então.

Os usuários do Google Glass poderiam se sentir pressionados a entrar no mundo cibernético hiperconectado o tempo todo, por medo de ficar de fora ou deixados para trás. O preço por divulgar o que se está fazendo a cada minuto do dia é, como sempre foi, a perda da privacidade. Até agora, ela foi preciosa, por ser o outro lado da moeda de nossas identidades. Vemos a nós mesmos como entidades individuais, sem dúvida em contato com o mundo exterior, mas simultaneamente sempre distintos dele. O senso de privacidade mantém essa separação. Não revelamos certos fatos sobre nós mesmos, não porque sentimos vergonha ou constrangimento deles, mas simplesmente porque achamos que nem todo mundo deve saber tudo aquilo que estamos sentindo ou pensando. *Ao nos contermos, preservamos um senso de nós mesmos distinto do exterior.* A privacidade delimita isso: impede que sejamos transparentes. É por isso que a maioria de nós fecha as cortinas à noite para evitar que estranhos olhem para dentro de nossas casas. Interagimos com o mundo exterior, sim, mas sempre em diálogo com nosso cérebro, que é algo só nosso. Assim, sempre temos uma narrativa interna, um processo de pensamento contínuo que é apenas nosso, uma vida *secreta* — até agora.

Se você está atualmente preso ao presente, atendendo constantemente às demandas do mundo externo, essa narrativa interna pode ser mais difícil de sustentar. Seu senso secreto de identidade pode se tornar cada vez menos importante, menos significativo, por não ter um contexto, que é de suma importância — a estrutura conceitual interna na qual um evento, uma pessoa ou um objeto se relaciona com outro de acordo com a sua estrutura de conectividade ímpar. O *você* que seria externamente construído pelo Google Glass pode não deixar muito tempo vago ou dar uma oportunidade para que memórias internas e reflexões secretas se desenvolvam e floresçam completamente. Mas se a privacidade fosse necessária apenas para proteger essa consciência interior, se não houvesse mais uma vida secreta, então ela não teria sentido. Entretanto, se você se define pelo grau de atenção que recebe dos outros, a perda de privacidade é bem-vinda para permitir algo completamente novo: a identidade conectada.

Vamos dar um passo adiante. E se você estivesse integrado com o mundo exterior o tempo todo? Talvez isso levasse a um tipo de vida em que a emoção oriunda de fatores externos como relatar, postar e receber feedbacks superaria completamente a própria experiência. Sua identidade, agora, está paradoxalmente *online*, momento a momento, mas essencialmente *offline,* no sentido de que sua importância reside no ato de relatá-la. O ânimo sentido não é gerado pela experiência em primeira mão, mas pela reação ligeiramente atrasada, indireta e contínua, vinda de outras pessoas.

Se vivemos em um mundo onde a interação presencial se torna desconfortável e onde a identidade pessoal é cada vez mais definida pela aprovação de um público virtual, a maioria das relações pessoais também pode ser alterada. Para um indivíduo acostumado a uma plateia de quinhentos "amigos" que compartilham uma inundação coletiva de consciência, será uma transição difícil passar a um relacionamento de longo prazo com uma pessoa, algo que é exclusivo e completamente privado. Curiosamente, dois dos países mais avançados tecnologicamente hoje — Japão e Coreia do Sul —, e que possuem uma mentalidade mais inclinada ao coletivo, estão enfrentando enormes problemas com o declínio das suas taxas de natalidade.[20] É claro que qualquer declínio nas habilidades interpessoais para lidar com parcerias profundas e significativas não implica, necessariamente, um declínio análogo nos atos sexuais; pode ser um processo relativamente simples extrapolar o estímulo sensorial das aventuras sexuais em um jogo eletrônico para experiências semelhantes na vida real. O sexo seria mais casual, menos significativo e altamente transitório.[21] Por outro lado, talvez o sexo em si, com todas as suas questões envolvendo autoestima, confiança e vulnerabilidade, até mesmo no nível do ato básico, também pode se tornar uma aversão. Mais uma vez, as evidências do Japão e da Coreia indicam uma falta de interesse por sexo, ou mesmo por namoro, entre as gerações mais jovens. É notável que quase metade das mulheres japonesas com idades entre 16 e 24 anos "não se interessa ou despreza o contato sexual", e que quase um quarto dos homens pense da mesma forma.[22]

Outra ramificação das tecnologias em andamento será o abandono do estilo de vida cibernético sedentário. Uma tendência que já podemos observar é que a vida na tela pode estar levando a uma subestimulação não apenas do tato, mas também do paladar e do olfato, o que, por sua vez, pode ser um fator que leve a cada vez mais condescendência pessoal com o ato de comer e beber demais. A prevalência da obesidade na Inglaterra mais do que triplicou nos últimos 25 anos. Dados da Health Survey for England mostram que na Inglaterra, em 2010, 62,8% dos adultos (com dezesseis anos ou mais) estavam com sobrepeso ou obesidade, e 30,3% das crianças (com idades entre dois e quinze) estavam com sobrepeso, com 26,1% de todos os adultos e 16% de todas as crianças entrando na obesidade.[23] Embora existam muitas razões complexas para esse aumento alarmante, incluindo uma dieta pobre e barata de junk foods rica em açúcar e calorias, outro fator definitivo é a insuficiência de exercícios físicos, que pode estar relacionada a passar a vida sentado em frente a uma tela. Nesse caso, pelo menos as tecnologias móveis certamente oferecem a vantagem óbvia de uma redução da obesidade por meio do aumento da movimentação. Uma perspectiva alternativa, no entanto, é que a pulsão para a estimulação dos sentidos do tato, paladar e olfato, não cumprida pela tela, e que seria arriscada demais de obter em um relacionamento físico íntimo, pode ser satisfeita ao comer mais, o que acabaria com essa capacidade potencial das tecnologias móveis de reduzir a obesidade.

Então aí está você, ziguezagueando entre as multidões, mas alheio a elas. Pelo menos uma de suas mãos está segurando algo que se come com facilidade e em seu ouvido há um fluxo incessante, talvez de música, mas mais provavelmente de mensagens de áudio gravadas anteriormente, ou talvez informações sobre onde você pode comprar os produtos mais recentes que seu histórico de tráfego pessoal revelou serem ideais para você. O ciberespaço não se limita mais à tela bidimensional, mas se estende a três dimensões, transformando, assim, a realidade. Seu mundo se assemelha mais a uma bolha. Do lado de fora, outras pessoas estão passando, mas você está protegido delas pelo escudo transparente que envolve seu espaço virtual, sua nova dimensão. Você pode tocar e cheirar as coisas, bem como ouvi-las e vê-las, mas nunca estará sozinho, nunca será independente. Sempre haverá uma voz em seu ouvido, sua melhor amiga, agindo como intermediária e, portanto, paradoxalmente distanciando você de tudo e todos ao mesmo tempo em que o conecta.

Tenha em mente que você não terá uma noção forte de quem você é, nenhuma noção de passado ou futuro, apenas o momento atomizado. Você estará em um estado contínuo de ânimo elevado, desejando novidades e estimulação conforme cada entrada vai sendo avaliada em termos puramente (literalmente) sensacionais e, portanto, logo se enfraquece. Você será muito vulnerável à manipulação, tanto na forma como vê o mundo quanto em como reage a ele. Como uma criança pequena, obedecerá e se conformará prontamente, visto que se adaptou para esperar e priorizar a aprovação constante dos outros. Assim, você ficará grato pela voz amiga, talvez um pouco confuso por não ter mais uma estrutura conceitual para entender o que está acontecendo ao seu redor. Somado a esse desfoque do self e do mundo exterior, haverá uma confusão de fatos e fantasias. Como não está apenas usando seus sentidos, tudo acabará tendo o auxílio e o estímulo do seu melhor amigo cibernético, e os limites da realidade serão cada vez mais borrados, assim como seu status geracional, que será ambivalente graças aos avanços na biotecnologia. As três distinções antiquíssimas que formaram as construções básicas das nossas vidas — self interior privado versus pessoas do meio externo, fato versus fantasia e filho versus pais versus avós — podem, pela primeira vez, começar a se desgastar.

Um cenário extremo e exagerado? Claro. No entanto, nenhuma dessas novidades do futuro é uma fantasia de ficção científica equivalente à viagem no tempo, por exemplo, ou a máquinas de movimento perpétuo. *Tudo isso está começando a acontecer agora.* Essas e outras tecnologias semelhantes terão implicações enormes e de longo alcance sobre como as próximas gerações se comportarão e, o mais importante, como pensarão durante suas vidas longas e saudáveis. Como eu disse, o problema grave que nós enfrentamos é o da transição. Como faremos para não somente compreender, mas prosperar na atual nevasca tecnológica, com poucas perguntas e muitas respostas? Para quem nasceu na segunda metade do século XX, os avanços extraordinários em recursos, saúde e cultura aumentaram nossa expectativa de vida em comparação com quem nasceu na geração anterior. Como resultado, porções maiores do mundo desenvolvido têm mais opções, mais privilégios e mais tempo para explorar todo o seu potencial. Como, então, poderemos garantir um futuro em que nossas tecnologias não frustrem, e sim estimulem ativamente, o pensamento profundo, a criatividade e a verdadeira realização pessoal?

20
CRIANDO CONEXÕES

Pense em duas décadas atrás, quando não havia nem Facebook nem Twitter, e quando a Wikipédia tinha menos de 50 mil artigos, em vez dos 4,5 milhões disponíveis hoje. Será que alguém do início da década de 1980 poderia prever que, em apenas algumas décadas, 6 dos 7 bilhões de pessoas no mundo teriam acesso a um telefone celular, enquanto apenas 4,5 bilhões teriam acesso a um banheiro funcional?[1] O passado era de fato um país estrangeiro, como L.P. Hartley observou: as coisas eram diferentes. Então, como será o novo país de meados do século XXI? Será mais significante, da forma que nós gostaríamos?

Alguns zombam de qualquer tentativa de prever o futuro. A aparente arrogância das gerações anteriores pode parecer ridícula e ingênua para alguém experiente e visionário. Um exemplo frequentemente citado (e apócrifo) é o de Thomas J. Watson, ex-chefe da IBM, que previu que, na melhor das hipóteses, poderia haver mercado para cinco computadores no mundo.[2] Embora isso mostre que as previsões sobre as consequências em longo prazo de determinadas invenções são incertas, levar *conceitos* científicos básicos um passo adiante pode levantar questões interessantes sobre o mundo que estamos criando. Embora talvez não sejamos capazes de prever o entusiasmo dos consumidores, podemos contemplar para onde as novas tecnologias podem nos conduzir, caso sejam levadas ao extremo. Por exemplo, George Orwell, na sua obra *1984*, imaginou um mundo de vigilância e manipulação do pensamento, onde um Grande Irmão onipresente governava de forma absoluta. Este livro continua sendo um clássico porque traça paralelos assustadores com o nosso mundo atual.

"[O homem poderia se tornar] um mero parasita de máquinas, um apêndice do sistema reprodutivo de engenhosidades enormes e complicadas que usurparão sucessivamente suas atividades?" Você pode pensar que esta é uma citação de Richard Watson, Nicholas Carr, Larry Rosen ou outro dos pensadores atuais citados nestas páginas. Na verdade, ela foi retirada de um artigo de 1923 do brilhante biólogo J.B.S. Haldane, entregue à Heretics Society, na Universidade de Cambridge.[3] Haldane intitulou seu artigo *Dédalo*, em homenagem ao pai de Ícaro na mitologia grega, arquiteto do Labirinto, lar do Minotauro. O objetivo de Haldane era destacar as terríveis consequências da nossa própria inteligência.

Ainda se recuperando dos horrores da carnificina mecanizada da Primeira Guerra Mundial, ele explorou o futuro da ciência, que descreveu como "a atividade livre das faculdades divinas da razão e da imaginação do homem". Muitas das previsões presentes em *Dédalo* não apenas são assustadoramente visionárias, mas também articulam medos que fazem ressonância às preocupações que exploramos nos capítulos anteriores. Embora ele tenha afirmado que a química continuaria a transformar a vida com explosivos, pigmentos e drogas, foi na biologia aplicada que Haldane previu as grandes transformações. Olhando com atenção para o movimento eugênico emergente à época, ele se perguntou se isso poderia resultar em "fiscais da eugenia" e em "casamentos por números".[4] Essas são perspectivas que podem acabar se concretizando com o advento do rastreamento genético e do namoro online, respectivamente.

Além de prever nossa capacidade de curar muitas doenças infecciosas, Haldane também falou sobre o desenvolvimento de uma planta "fixadora de nitrogênio", antecipando os alimentos geneticamente modificados. Talvez ainda mais impressionante seja o fato de ele ter profetizado, efetivamente, o desenvolvimento da fertilização in vitro e a completa dissociação entre sexo e reprodução. Essas ideias eram tão perturbadoras e fascinantes que inspiraram Aldous Huxley a escrever seu famoso romance distópico, *Admirável Mundo Novo,* que antecipou o Centro de Incubação e Condicionamento de Londres Central para bebês, além das piores consequências da manipulação genética. Haldane também acertou em cheio ao prever a terapia de reposição hormonal: "Essa mudança parece se dever a uma falha repentina de uma determinada substância química produzida pelo ovário. Quando pudermos isolar e sintetizar este corpúsculo, seremos capazes de prolongar a juventude de uma mulher e permitir que ela envelheça tão gradualmente quanto o homem comum." Sua previsão abordou até mesmo as drogas de alteração de humor, "para controlar nossas paixões por meio de um método mais direto do que o jejum ou a flagelação". Essa ideia também foi apropriada por Huxley: os cidadãos de sua distopia sempre tomavam pílulas da droga "soma" para ficar imediata e incondicionalmente extáticos.

Em *Dédalo,* Haldane listou as grandes questões da ciência que ainda nos acompanham: "primeiro, do espaço e do tempo" (em nossa terminologia, o Big Bang), "em seguida, da matéria como tal" (para nós, a peculiaridade persistente de teoria quântica e o sonho da nanociência), "depois, do próprio corpo [do homem] e dos outros seres vivos" (certamente a síntese de diferentes ramos da ciência biomédica), junto com a grande questão de como um cérebro pode vir a gerar a experiência subjetiva da consciência, "e, por fim, da subjugação dos elementos obscuros e malignos na própria alma [da humanidade]". Desde então, a maior questão é como devemos usar esse conhecimento para desvendar o grau do determinismo biológico, a questão fundamental referente ao livre-arbítrio na era digital.

Tudo bem, podemos não ser capazes de prever as tecnologias exatas e os produtos de consumo do futuro. No entanto, como Haldane, Huxley e Orwell mostraram, *é possível* articular a ideia científica subjacente, observar sua manifestação atual e prever para onde essa tecnologia pode ser direcionada em seu possível impacto sobre a existência humana, a sociedade e a mentalidade. Os capítulos anteriores deram recortes da nossa conjuntura atual, mas a questão mais importante de todas é aonde esses novos avanços podem nos levar se continuarem impassíveis e sem foco. Sonambular rumo ao desconhecido, orgulhosamente despreparados, e apenas torcer pelo melhor, decerto, é a opção mais perigosa. Ao permitirmos que nossa imaginação se desenvolva, olhando, assim, para horizontes mais distantes, reconhecemos correr o risco de cair na mera especulação: mas o pensamento proativo nos permite fazer um balanço fundamental do nosso mundo atual, colocando-nos na melhor posição possível para traçar uma estratégia rumo a um futuro ideal.

A humanidade sempre teve uma relação de amor e ódio com o "progresso" e, na mesma medida, fica deslumbrada com a conveniência que uma nova invenção traz, além de ficar preocupada que ela possa simplesmente roubar alguma de nossas qualidades quintessenciais. Cerca de quatrocentos anos antes do nascimento de Cristo, Sócrates estava preocupado com a possibilidade de a escrita destruir as proezas mentais, com argumentos assustadoramente semelhantes aos que exploramos aqui com relação à internet. Ele afirmou que escrever

> tornará os homens esquecidos, pois deixarão de cultivar a memória; confiando apenas nos livros escritos, só se lembrarão de um assunto exteriormente e por meio de sinais, e não em si mesmos. Logo, tu não inventaste um auxiliar para a memória, mas apenas para a recordação. Transmites para teus alunos uma aparência de sabedoria, e não a verdade, pois eles recebem muitas informações sem instrução e se consideram homens de grande saber, embora sejam ignorantes na maior parte dos assuntos. Em consequência, serão desagradáveis companheiros, tornar-se-ão sábios imaginários ao invés de verdadeiros sábios.[5]

Essas preocupações perenes foram dramaticamente inflamadas no início do século XX, quando a adoção em massa da automação se tornou uma força reconhecida em nossas vidas, junto com a eletricidade que a movia. A trama subjacente talvez seja óbvia e prontamente vista como romântica: apesar dos benefícios que traz, a mecanização de alguma forma nos roubará todas as características menos tangíveis, embora mais básicas, que prezamos em nossa espécie — a saber, nossas emoções.

Uma das primeiras ilustrações de desconfiança do robô impiedoso é vista no filme expressionista alemão de 1927 de Fritz Lang, *Metropolis*, que joga com o medo de que a tecnologia nos desumanize. No filme (uma obra-prima visual que combina o estilo art déco com o imaginário industrial), vemos os horrores da mecanização pelos olhos de Freder, o filho mimado do dono da grande cidade industrial, ao descobrir como os trabalhadores são efetivamente tratados como máquinas.

Outra visão turva do futuro é evocada no poema de 1952 de Edwin Muir, *The Horses* ["Os Cavalos", em tradução livre], que descreve as consequências imediatas de um mundo destruído pela tecnologia e como os sobreviventes abraçam o antigo modo de vida tradicional. Os palestrantes se recusam a voltar para

> *Aquele velho mundo cruel que deglutiu seus filhos rapidamente*
> *Em uma única grande mordida...*
> *Os tratores jazem em nossos campos; à noite*
> *Parecem monstros marinhos aquosos, prostrados e à espreita.*
> *Deixamos-lhes onde estão e permitimos que enferrujem:*
> *"Se findarão em mofo e serão como as demais terras argilosas."*[6]

Um terceiro cenário fictício, e talvez o mais familiar, em que a tecnologia representa uma ameaça para a humanidade, é o do robô HAL no clássico de 1968, *2001: Uma odisseia no espaço,* de Stanley Kubrick. HAL é capaz de falar, possui reconhecimento de fala e facial, processamento de linguagem natural, leitura labial, apreciação de arte, raciocínio, jogo de xadrez e, o mais perturbador de tudo, sabe interpretar e reproduzir emoções. Quando finalmente o astronauta Dave começa a remover seus módulos um a um, a consciência de HAL se desintegra lentamente de uma forma que parece dolorosamente humana, remontando às canções da infância:

> Dave, tenho medo. Estou com medo, Dave. Dave, minha consciência está se esvaindo. Estou sentindo. Estou sentindo. Minha consciência está se esvaindo. Tenho certeza absoluta. Estou sentindo. Estou sentindo. Estou sentindo. Estou... com medo... Boa tarde, cavalheiros. Sou um

computador HAL 9000. Tornei-me operacional na fábrica de HAL de Urbana, Illinois, no dia 12 de janeiro de 1992. Meu instrutor foi o Sr. Langley, e ele me ensinou a cantar uma canção. Se quiser ouvir, posso cantá-la para você.

Na vida real, o cenário inverso também pode causar um calafrio na espinha: não as máquinas tentando ser humanas e falhando, mas sim humanos tentando escapar da devastação das emoções ao tentarem ser máquinas. Em 1959, o psicólogo infantil Bruno Bettelheim publicou *Joey: O menino máquina*, um caso clínico de um menino com um grave transtorno que se converteu em uma entidade robótica como forma de se defender contra o mundo. No final do artigo, após um tratamento bem-sucedido, Joey faz um banner para o desfile do Memorial Day com os dizeres "Os sentimentos são mais importantes do que qualquer coisa sob o sol." "De posse deste conhecimento, Joey entrou na condição humana", concluiu Bettelheim.[7]

Mas será que este pode ser o rumo que estamos tomando atualmente — o de um futuro mecanizado, desprovido de todas as qualidades humanas que prezamos? Se o entusiasmo por tecnologias foi usualmente moderado nas gerações anteriores, com a preocupação de que ela pudesse ser desumanizante, parece que os Nativos Digitais não ligam muito para isso. Resumindo os capítulos anteriores: as redes sociais podem piorar as habilidades de comunicação e reduzir a empatia interpessoal; identidades pessoais podem ser construídas externamente e refinadas à perfeição tendo como prioridade a aprovação de um público, algo mais parecido com uma arte performática do que com um crescimento pessoal robusto; jogar compulsivamente pode levar a uma inconsequência maior ainda, uma capacidade de atenção menor e um temperamento cada vez mais agressivo; a dependência exagerada de mecanismos de busca e o fato de preferir navegar a pesquisar pode resultar em um processamento mental ágil à custa de um conhecimento e compreensão mais profundos.

Esses recortes podem parecer um pouco injustos; por serem sucintos, isso reduz as diferenças complexas entre culturas, gerações e indivíduos em caricaturas simplistas; ao mesmo tempo, eles podem ser úteis para refletirmos sobre aonde podem nos levar. Curiosamente, o perfil emergente desta lista *não é* o de um robô implacável, mas o de uma mentalidade muito humana, amplificada em toda sua fragilidade e vulnerabilidade, almejando atenção como um indivíduo único e, ao mesmo tempo, de um modo paradoxal, ansiando desesperadamente por pertencimento e por ser acolhido por uma identidade e mentalidade coletivas. Quando os sentimentos e as emoções são amplificados e constantemente mantidos em alta, não é de admirar que os Nativos Digitais não tenham as preocupações de outrora quanto à mecanização roubar-lhes a humanidade. Sendo assim, o que, exatamente, é problemático em uma cultura que explora necessidades biológicas tão arraigadas?

A dificuldade surge quando, graças à natureza inédita do estilo de vida digital, essas tendências naturais se tornam amplificadas como nunca antes. A primeira necessidade humana básica é ser reconhecido como alguém especial. Vimos como o narcisismo está aumentando graças às redes sociais. Na verdade, em 2013 relatou-se que uma palavra teve um aumento de 17.000% na frequência de seu uso desde que foi utilizada pela primeira vez em 2002: *selfie*, uma foto de você mesmo.[8] Sem o freio de mão da linguagem corporal que geralmente restringe a comunicação interpessoal e com acesso a uma comunidade maior do que qualquer grupo de amigos da vida real jamais poderia ser, o desejo de ser alguém especial pode sair do controle e, até mesmo, se tornar obsessivo.

A vida cibernética oferece gentilmente um meio inédito de alcançar status, que pela primeira vez não é medido por patrimônio, talento ou cargo. Sem dúvida, a ostentação excessiva desses sinais convencionais e culturalmente reconhecidos de status pode ser perniciosa e prejudicial, como Oliver James afirmou de forma convincente no livro *Affluenza*;[9] atualmente, no entanto, esse status é medido simplesmente por quão "cool" é uma pessoa e por quantos seguidores e amigos ela pode atrair no ciberespaço — não mais por suas habilidades ou realizações efetivas. Adicione a essa mistura a oportunidade inédita de ocultar o verdadeiro eu, e as possibilidades de um indivíduo nunca se sentir à vontade em relacionamentos presenciais significativos acabam sendo ainda maiores.

A resposta, em vez disso, é recuar para o mundo seguro da tela em busca de aprovação, tendo pouco feito para conquistá-la e, na verdade, nem mesmo existindo da mesma forma que as pessoas no mundo real.

O segundo desejo humano natural é ser aceito como membro da tribo, ser uma pequena parte de uma identidade coletiva maior. Novamente, o mundo da tela pode atender a essa necessidade em uma escala inédita, já que você pode se juntar a outras pessoas sem o esforço ou as habilidades normalmente exigidas no mundo real para estar em um coral ou em um time de futebol; não é necessário nem mesmo fazer o esforço físico para ir como torcedor a uma partida. No entanto, ao passo que times de futebol e corais geram um produto final objetivo, e até mesmo despedidas de solteira ou solteiro têm uma finalidade, uma comunidade de internet apresenta uma incomensurabilidade de tempo, de membros e de não responsabilização, podendo desenvolver, de forma autossuficiente, uma identidade coletiva, que pode ou não ser benéfica. Bertrand Russell observou, em sua resposta a Haldane — denominada *Ícaro* —, que "as paixões coletivas dos homens são, principalmente, más";[10] os comportamentos no 4chan, por exemplo, foram comparados por um fã de carteirinha do site àquele dos alunos transformados em selvagens no livro *Senhor das Moscas*, de William Golding. Um exemplo de mentalidade coletivamente negativa online foi o caso da mulher ameaçada de estupro no Twitter em 2013, não apenas por um homem perturbado, mas por muitos seguidores. O crime dela? Sugerir que, como não há nenhuma mulher figurando em notas de dinheiro na Inglaterra, Jane Austen, a escritora globalmente aclamada, deveria agraciar a última edição da nota de £10. Com o aumento do engajamento público, uma mentalidade de rebanho tomou forma.[11]

Um último e terceiro aspecto do ser humano, que também é amplificado no ciberespaço, é a nossa impulsividade, o desejo por gratificação instantânea. Vimos que um dos principais atrativos dos jogos eletrônicos é que as ações executadas neles não têm consequências em longo prazo, mas isso é apenas a ponta do iceberg hedonístico. O prazer puro, não somente de jogar, mas também de assistir a vídeos no YouTube ou de revelar tudo sobre si mesmo no Facebook, supera qualquer implicação em longo prazo. Algo que denota complacência com isso, e que na verdade dá uma desculpa ao fim de qualquer relato de ações inconsequentes, e muitas vezes impensadas, é o emprego, em países de língua inglesa, do termo "YOLO" [*you only live once* — só se vive uma vez], junto a uma narrativa de um comportamento ultrajante ou excessivo, como justificativa ou explicação.[12] Ao se concentrar no momento, ao ser o receptor passivo de uma ocasião sensacional, você "se deixa levar". A grande diferença entre o deixar-se abandonar recreativo dos dias atuais e o das gerações anteriores é que hoje você pode fazer isso com muito mais frequência, sob demanda — quase o tempo todo, se quiser.

Pode ser que a cibercultura permita que você satisfaça todas essas três unidades básicas *combinadas* de forma mais completa e fácil do que em qualquer outro momento da história humana.[13] Pense no cenário ilustrado no Capítulo 19 acerca das tecnologias móveis. Primeiro, vem a forte estimulação sensorial das empolgantes entradas audiovisuais, que o distraem de pensamentos sobre o futuro ou de reflexões sobre o passado (YOLO). Em segundo lugar, você estará simultaneamente conectado, e cada vez mais hiperconectado, por um dispositivo como o Google Glass; assim, será sempre membro de uma tribo. Terceiro, você está agindo e reagindo constantemente como a única pessoa diante de seu público: você exige feedbacks constantes da parte dele e, paradoxalmente, vive a vida de uma forma indireta, pela experiência externa e offline, mas em um modo online de monitoramento constante para o qual, se você for "cool", terá o status reconhecido como o de alguém especial.

Entretanto, em vez de a era digital ser como as tecnologias anteriores, impondo a velha ameaça de nos desumanizar, favorecendo o medo perene de que o progresso científico e tecnológico venha a nos transformar em ciborgues semelhantes a zumbis, acredito que a situação seja *diametralmente oposta*. Alguns dos piores aspectos de ser humano demais — querer status independentemente do talento, ter mentalidade de rebanho, ser inconsequente e indiferente — agora estão totalmente à solta em todo o território não mapeado do ciberespaço. O que podemos, ou devemos, fazer?

No *Guia do Mochileiro das Galáxias,* de Douglas Adams, um grupo de seres pandimensionais hiperinteligentes exige do supercomputador Pensador Profundo a "Resposta à Grande Pergunta sobre a Vida, o Universo e Tudo o Mais". O Pensador Profundo, por sua vez, precisou de 7,5 milhões de anos para calcular e comprovar a resposta, que é 42. Porém, observe que nem mesmo nesse caso a Grande Pergunta é especificada. Embora muitas pessoas tenham articulado pensamentos ambiciosos equivalentes sobre o sentido da vida ao longo dos séculos, elas ainda representam uma pequena minoria privilegiada que pode se dar ao luxo de continuar a contemplar o sentido de quem eram e o que faziam, enquanto menos pessoas ainda tiveram a oportunidade de expressar suas reflexões em literatura, música, arte ou ciência. Entretanto, agora estamos potencialmente entrando em uma época de oportunidades reais de expansão em massa, na qual cada um de nós percebe seu real potencial de fazer grandes perguntas e desenvolver soluções originais e empolgantes.

Antes de nos deixarmos levar pela perspectiva de um futuro tão promissor, precisamos decidir primeiro quais são nossas prioridades, em que tipo de sociedade queremos viver e que tipo de características individuais valorizamos. Para isso, as mídias impressa e de radiodifusão tradicionais poderiam dar o pontapé inicial. Afinal, elas podem acessar a maior gama de pessoas diversas, e não apenas a blogosfera superaquecida; além disso, ao contrário de quem vive reclamando no ciberespaço, elas precisam, por obrigação legal, ser verídicas. Debates e entrevistas profundas com diversos especialistas garantiriam que todos tivessem acesso ao maior número possível de pontos de vista e conhecimentos. Talvez alguém possa até pensar em fazer um filme. Afinal, foi *Uma Verdade Inconveniente* que despertou a maioria de nós — até então omissa — para a mudança climática.

O segundo passo seria checar a pulsação das sociedades em todo o mundo. Seria muito útil ter pesquisas formais de opiniões das partes interessadas, como pais e professores, psiquiatras e neurocientistas, bem como dos próprios Nativos Digitais. Conforme visto no Capítulo 1, os tipos de pesquisa publicados até agora têm sido principalmente números, estatísticas e dados demográficos simples. Hoje em dia, nós precisamos de pesquisas que vão além das estatísticas brutas para coletar as opiniões de todos os setores da sociedade. As Transformações Mentais abarcam questões que podem ser tão complexas e variadas quanto aquelas que envolvem as mudanças climáticas. Todavia, uma grande diferença entre elas é que, embora a maioria das pessoas prefira que o planeta não superaqueça, os resultados possíveis e desejados das Transformações Mentais podem variar muito, de acordo com diferentes gostos e predileções; por isso, precisamos olhar para todo o espectro de perspectivas existentes.

A próxima questão-chave é espinhosa: as evidências. Embora experimentos específicos no laboratório possam e tenham sido planejados para responder a questões específicas, ainda é necessário que haja mais financiamento e recursos dos setores público e privado para pesquisas básicas em laboratório, estudos epidemiológicos e abordagens psicológicas e sociológicas; isso constitui a terceira etapa. Como mencionado nos capítulos anteriores, o método científico pode ser complicado, e as descobertas podem gerar mais perguntas do que respostas. São necessários muito mais esclarecimentos e detalhes, bem como mais dados; simples assim. Apenas estudando todos os níveis, do molecular ao social, de como o cérebro humano está se desenvolvendo ao longo de meses e anos, é que poderemos avaliar o impacto real em longo prazo das novas tecnologias sobre o pensamento e os sentimentos de um indivíduo. Quanto mais esperarmos antes de custear esse tipo de trabalho, menos opções teremos e mais estreito será o escopo disponível no futuro. Precisamos começar imediatamente.

Além disso, não há razão para que as tecnologias discutidas aqui não façam parte da solução. A quarta etapa seria a invenção de um software completamente novo que tentasse compensar e equilibrar quaisquer possíveis deficiências decorrentes da existência excessiva baseada em telas.[14]

É claro que essas quatro etapas não são etapas de fato, pois uma não depende da outra. Em vez disso, essas estratégias, muito diferentes entre si, podem ser implementadas de forma simultânea.

Voltamos à famosa citação de H.L. Mencken: "Para todo problema complexo, existe sempre uma solução simples, elegante e completamente errada." Isso nunca foi tão verdadeiro quanto agora, para a situação complexa que a cibercultura onipresente do início do século XXI gerou. Os recortes dispostos nestas páginas, que, em conjunto, constituem as Transformações Mentais, compõem um fenômeno cujo enorme tamanho e impacto o tornam comparável às mudanças climáticas. Tanto esta quanto aquelas estão em nossas mãos; em ambos os casos, cabe a nós sermos proativos e tomarmos uma atitude.

No entanto, há outra diferença essencial. Para as Transformações Mentais, não há uma resposta definida, porque não há uma pergunta ou objetivo claro. Ao contrário da agenda inequívoca definida pelas mudanças climáticas, as Transformações Mentais dependem do que cada um de nós deseja e para onde queremos ir como indivíduos. Além disso, embora as mudanças climáticas envolvam, na melhor das hipóteses, a limitação de danos, o mesmo não se aplica para as Transformações Mentais. Com estas, temos a oportunidade de aproveitar as poderosas tecnologias que ela abrange para fins positivos e inéditos, embora ainda não especificados. Nas palavras do falecido futurologista Jim Martin, se não desejamos perguntar o que acontecerá no futuro, mas sim moldá-lo proativamente, então não devemos esperar por nenhuma resposta maniqueísta rápida, nenhum bordão, nenhuma frase de efeito, nenhuma doutrina coletiva fácil. Não podemos prever que tecnologias novas e maravilhosas surgirão, nem mesmo os avanços e a taxa de progresso daquelas que já estão em andamento, como no caso das móveis. Mas nós *podemos* sim emular Haldane, Russell, Huxley e Orwell no discernimento das tendências sobre como nós, humanos, nos adaptamos a essa tecnologia e como ela transforma a nossa maneira de enxergar o mundo.

O tema da conectividade pode fornecer um bom ponto final para esta jornada atual. Anteriormente, afirmamos que, ao conectar neurônios em uma configuração única, o cérebro físico é personalizado e moldado em uma mente individual. São essas conexões, a associação pessoal entre objetos e pessoas específicos, que dão a esses objetos e pessoas um significado especial. Nossas experiências ao longo do tempo dão episódios significativos a cada um de nós, que, por sua vez, contribuem para uma narrativa linear, uma história pessoal cujo próprio desenrolar ecoa o processo do pensamento em si. Mas, à medida que nos tornamos cada vez mais hiperconectados no ciberespaço, nosso ambiente global não poderia começar a refletir e a espelhar a rede em nosso cérebro físico individual? Assim como a conectividade neuronal permite a geração e a expressão em evolução de uma mente humana única, a hiperconectividade do ciberespaço pode se tornar um poderoso agente para mudar essa mente, tanto para o bem quanto para o mal. Descobrir o que essa conectividade pode significar e o que decidimos fazer a respeito é certamente o maior e mais empolgante desafio de nosso tempo.

NOTAS

CAPÍTULO 1. TRANSFORMAÇÕES MENTAIS: UM FENÔMENO GLOBAL

1. *Transformações Mentais* apresenta e responde a perguntas usando evidências empíricas, epidemiológicas, testemunhais e anedóticas. Embora todos esses tipos de evidência estejam incluídos neste livro, os três últimos são usados principalmente para desenvolver perguntas, ao passo que um peso significativo é dado à pesquisa empírica para respondê-las. Não se afirma que a pesquisa coletada aqui seja uma revisão sistemática ou exaustiva da literatura. Foram selecionados estudos publicados até julho de 2013. Foi dada preferência a metanálises e publicações em periódicos revisados por pares nos casos em que o campo de pesquisa do tema foi estabelecido. Foi dada preferência a periódicos de alto nível, quando aplicável. Para áreas de pesquisa totalmente novas e para as quais ainda existem poucas publicações revisadas por pares, consultou-se literatura menos robusta, como anais de conferências e relatórios técnicos. É importante lembrar que o campo científico está aquém dos avanços tecnológicos e que a velocidade de mudança do mundo cibernético traz desafios significativos para essa área de pesquisa. Sempre que possível, foi dada preferência a estudos que utilizaram as formas de tecnologia mais atuais. Ao longo desta obra, as notas contêm referências e comentários adicionais sobre vários temas. Os leitores são fortemente encorajados a buscar e citar os artigos discutidos aqui e além, visto que *Transformações Mentais* é projetado apenas como um recorte da literatura.
2. Uma editora digital australiana, a Sound Alliance, encomendou recentemente uma pesquisa nacional com cerca de 2 mil pessoas com idades entre 16 e 30 anos: (Mahony, M. [22 abr. 2013]. Sound Alliance reveals results of national youth research project [postagem em blog]. Disponível em: http://thesoundalliance.net/blog/sound-alliance-reveals-results-of-national-youth-research-project). Entre os participantes, que normalmente tinham graduação ou ensino médio completo, até a idade de 18 anos, 53% procuravam as mídias sociais, em vez da TV ou dos jornais, para acessar notícias, enquanto 93% usavam o Facebook diariamente, embora 22% deles pensassem ser uma "perda de tempo". Em paralelo, 89% dos entrevistados disseram que ainda não haviam encontrado uma paixão ou propósito na vida, mas ainda estavam procurando. É claro que essa busca contínua pode muito bem se aplicar à maioria da humanidade, mas talvez mais revelador é que o "FOMO" (*fear of missing out* — medo de ficar de fora) e o "FONK" (*fear of not knowing* — medo de não saber) são os fatores que os levam constantemente a olhar o celular para checar o Facebook, o Instagram, o feed do Twitter, novos e-mails e mensagens. Stig Richards, o diretor de criação da Sound Alliance, resumiu: "Eles têm tanta in-

formação chegando por meio de agregações, principalmente o Facebook, que estão tendo muita dificuldade para acompanhar esse fluxo constante. Assim, não são capazes de atribuir tempo e energia a paixões específicas, de um jeito que talvez fosse possível antes das mídias sociais. Os jovens de hoje estão vivendo suas vidas com um quilômetro de largura e um centímetro de profundidade." (Munro, K. [20 abr. 2013]. Youth skim surface of life with constant use of social media. Disponível em: http://www.smh.com.au/digital-life/digital-life-news/youth-skim-surface-of-life-with-constant-use-of-social-media-20130419-2i5lr.html).
3. World Economic Forum. (2013). *Global risks report 2013* (8° ed.). Disponível em: http://reports.weforum.org/global-risks-2013.
4. Department for Work and Pensions. (2011). *Differences in life expectancy between those aged 20, 50 and 80 in 2011 and at birth*. Disponível em: http://statistics.dwp.gov.uk/asd/asd1/adhoc_analysis/2011/diffs_life_expectancy_20_50_80.pdf.
5. World Health Organization. (2008). *WHO report on the global tobacco epidemic, 2008: The MPOWER package*. Disponível em: www.who.int/tobacco/mpower/mpower_report_full_2008.pdf.
6. Schwartz, M. (3 ago. 2008). The trolls among us. Disponível em: http://www.nytimes.com/2008/08/03/magazine/03trolls-t.html?pagewanted=all&_r=0.
7. Nisbett, R. E.; Wilson, T. D. (1977). Telling more than we can know: Verbal reports on mental processes. *Psychological Review* 84, 231–259. Reimpresso em: D. L. Hamilton (Ed.) (2005). *Social cognition: Key readings*. Nova York: Psychology.
8. Prensky, M. (2001). Digital natives, Digital Immigrants: Part 1. *On the Horizon* 9, 1–6. doi:10:1108/10748120110424816.
9. Keen, A. (2007). *The cult of the amateur*. Londres: Nicholas Brealey, pp. xiii–xiv.
10. Selwyn, N. (2009). The Digital Native—myth and reality. *Aslib Proceedings: New Information Perspectives* 61, no. 4, 364–379. doi:10:1108/00012530910973776.
11. KidScape. (2011). *Young people's cyber life survey*. Disponível em: http://www.kidscape.org.uk/media/79349/kidscape_cyber_life_survey_results_2011.pdf, p. 1.
12. Kang, C. (10 dez. 2013). Infant iPad seats raise concerns about screen time for babies. *The Washington Post*. Disponível em: http://www.washingtonpost.com/business/economy/fisher-prices-infant-ipad-seat-raises-concerns-about-baby-screen-time/2013/12/10/6ebba48e-61bb-11e3-94ad-004fefa61ee6_story.html.
13. Grubb, B. (16 dez. 2013). iPad holder seat for babies sparks outcry. Disponível em: http://www.nydailynews.com/life-style/baby-seat-ipad-holder-sparks-outcry-article-1:1544673.
14. O debate completo sobre o impacto da tecnologia na mente pode ser encontrado em: http://www.publications.parliament.uk/pa/ld201011/ldhansrd/text/111205-0002.htm.
15. Rideout, V. J., Foehr, U. G. e Roberts, D. F. (2010). *Generation M2: Media in the lives of 8to 18-year-olds*. Disponível em: http://kaiserfamilyfoundation.wordpress.com/uncategorized/report/generation-m2-media-in-the-lives-of-8-to-18-year-olds.
16. Teilhard de Chardin, P. (1964). *The future of man*. Londres: Collins, p. 159.
17. Badoo. (2012). Generation lonely? 39 percent of Americans spend more time socializing online than face-to-face. Disponível em: http://corp.badoo.com/he/entry/press/54.

CAPÍTULO 2. TEMPOS INÉDITOS

1. Watson, R. (21 out. 2010). Lecture to the Royal Society of Arts [postagem em blog]. Disponível em: http://toptrends.nowandnext.com/2010/10/21/lecture-to-the-royal-society-of-arts.
2. Em meados de 2013, 56% dos adultos norte-americanos possuíam um smartphone e 34% possuíam um tablet (Smith, A. [2013]. *Smartphone ownership: 2013 update*. Disponível em: http://pewinternet.org/Reports/2013/Smartphone-

Ownership-2013.aspx). No mesmo ano, 51% dos lares dos EUA possuíam um console de jogos dedicado (Entertainment Software Association. [2013]. *The 2013 essential facts about the computer and videogame industry*. Disponível em: www.theesa.com/facts/pdfs/ESA_EF_2013.pdf), enquanto 39% dos adultos dos EUA, em 2012, relataram passar mais tempo socializando online do que presencialmente (Badoo. [2012]. Generation lonely? 39 percent of Americans spend more time socializing online than face-to-face. Disponível em: http://corp.badoo.com/he/entry/press/54). O crescimento do uso da tela entre os jovens é equivalente. Em 2012, 37% de todos os jovens norte-americanos com idades entre 12 e 17 possuíam smartphones, contra apenas 23% em 2011 (Madden, M., Lenhart, A., Duggan, M., Cortesi, S. e Gasser, U. [2013]. *Teens and technology 2013*. Disponível em: http://www.pewinternet.org/Reports/2013/Teens-and-Tech.aspx). Vinte e três por cento do mesmo grupo possuíam um tablet. A partir de 2013, o domicílio norte-americano médio com conexão à internet passou a conter 5,7 dispositivos conectados à internet, e eles em geral estão sendo usados simultaneamente (Internet connected devices surpass half a billion in U.S. homes, according to the NPD group [2013]. Disponível em: http://www.prweb.com/releases/2013/3/prweb10542447.htm). Uma pesquisa de 2013 descobriu que os Nativos Digitais alternam entre dispositivos digitais em horários não úteis a cada dois minutos (27 trocas por hora), enquanto os Imigrantes Digitais trocam dezessete vezes por hora (Moses, L. [31 mar. 2013]. What does that second screen mean for viewers and advertisers? Disponível em: http://www.adweek.com/news/technology/what-does-second-screen-mean-viewers-and-advertisers-148240).

3. Em 2010, jovens norte-americanos com idades entre oito e dezoito anos relataram passar mais de 7,5 horas por dia em frente a uma tela assistindo à TV, ouvindo música, navegando na web e nas redes sociais e jogando videogames (Rideout, V. J., Foehr, U. G. e Roberts, D. F. [2010]. *Generation M2: Media in the lives of 8to 18-year-olds*. Disponível em: http://kaiserfamilyfoundation.wordpress.com/uncategorized/report/generation-m2-media-in-the-lives-of-8-to-18-year-olds). Houve um salto significativo do grupo de crianças de 8 a 10 anos, que passam em média 7,51 horas no mundo cibernético, para os mais velhos, de 11 a 14 anos, que passam espantosas 11,53 horas, e de 15 a 18 anos, com 11,23 horas. Embora assistir à TV ainda supere, na média, o uso da internet no caso dos adultos (Pew Internet. [2012]. *Trend data [adults]*. Disponível em: http://pewinternet.org/Trend-Data-%28Adults%29/Online-Activites-Total.aspx), nos mais jovens, entre doze e quinze anos, a taxa de uso da TV em relação à internet, no Reino Unido, em 2012, ficou páreo a páreo (17 horas semanais em cada atividade) (Ofcom. [2012]. *Children and parents: Media use and attitudes report*. Disponível em: http://stakeholders.ofcom.org.uk/binaries/research/media-literacy/oct2012/main.pdf). Enquanto isso, os dados de 2013 para jovens e adultos nos EUA mostram que o uso de TV está diminuindo, com as maiores diferenças sendo observadas em pessoas de 20 a 24 anos, que assistem a menos de 3 horas de TV por semana em comparação com os dados de 2011 (Marketing Charts. [2013]. Are young people watching less TV? Disponível em: http://www.marketingcharts.com/wp/television/are-young-people-watching-less-tv-24817). Além disso, em 2012, pela primeira vez em vinte anos, o número de residências nos Estados Unidos com TVs diminuiu (Stelter, B. [3 maio 2011]. Ownership of TV sets falls in U.S. *The New York Times*. Disponível em: http://www.nytimes.com/2011/05/03/business/media/03television.html?_r=0&adxnnl=1&ref=business&adxnnlx=1396530217-uFZGwm27zoGqpRH-f4pOFog). A pobreza é uma das razões apontadas para esse efeito, além do crescente número de jovens que foram criados com notebook, se tornaram jovens adultos e formaram suas próprias famílias, para as quais o computador oferece o mesmo que uma TV, e muito mais.

4. IDC. (2013). *Always connected: How smartphones and social keep us engaged*. Disponível em: https://fb-public.box.com/s/3iq5x6uwnqtq7ki4q8wk.

5. Rapoza, K. (18 fev. 2013). One in five Americans work from home, numbers seen rising over 60 percent. *Forbes*. Disponível em: http://www.forbes.com/sites/

kenrapoza/2013/02/18/one-in-five-americans-work-from-home-numbers-seen-rising-over-60.
6. Pew Internet, 2012.
7. Office for National Statistics. (2013). *Internet access—households and individuals, 2012 part 2*. Disponível em: http://www.ons.gov.uk/ons/dcp171778_301822.pdf.
8. Entertainment Software Association, 2013.
9. Nielsen. (2011). *State of the media: The social media report*. Disponível em: http://cn.nielsen.com/documents/Nielsen-Social-Media-Report_FINAL_090911.pdf.
10. Bohannon, J. [6 jun., 2013]. Online marriage is a happy marriage. Disponível em: http://www.smh.com.au/comment/online-marriage-is-a-happy-marriage-20130606-2ns0b.html.
11. Moss, S. (2010). *Natural childhood*. Disponível em: http://www.nationaltrust.org.uk/document-1355766991839.
12. Frost, J. L. (2010). *A history of children's play and play environments: Toward a contemporary child-saving movement*. Nova York: Routledge, p. 2.
13. Palmer, S. (2007). *Toxic childhood: How the modern world is damaging our children and what we can do about it*. Londres: Orion. A lista é: 1. Escalar uma árvore; 2. Descer rolando uma colina bem grande; 3. Acampar no mato; 4. Construir uma toca; 5. Jogar uma pedra em uma superfície d'água; 6. Correr na chuva; 7. Soltar pipa; 8. Pescar um peixe com uma rede; 9. Comer uma maçã direto da árvore; 10. Jogar *conkers;** 11. Jogar bolas de neve; 12. Caçar tesouros na praia; 13. Fazer uma torta de lama; 14. Represar um riacho; 15. Andar de trenó; 16. Enterrar alguém na areia; 17. Organizar uma corrida de caracóis; 18. Se equilibrar em uma árvore caída; 19. Se balançar em um balanço de corda; 20. Deslizar na lama; 21. Comer amoras silvestres; 22. Dar uma olhada no interior de uma árvore; 23. Visitar uma ilha; 24. Sentir-se como se estivesse voando no vento; 25. Fazer uma corneta de grama; 26. Procurar fósseis e ossos; 27. Observar o nascer do sol; 28. Subir uma colina enorme; 29. Ficar atrás de uma cachoeira; 30. Alimentar um pássaro com a mão; 31. Caçar insetos; 32. Encontrar girinos; 33. Pegar uma borboleta com uma rede; 34. Rastrear animais selvagens; 35. Descobrir o que há em uma lagoa; 36. Imitar uma coruja; 37. Ver os bichos diferentes de uma poça de marés; 38. Criar uma borboleta; 39. Pegar um caranguejo; 40. Fazer um passeio pela natureza à noite; 41. Plantar, cultivar e comer; 42. Nadar em águas naturais; 43. Praticar rafting; 44. Acender uma fogueira sem fósforos; 45. Se guiar com um mapa e uma bússola; 46. Tentar fazer escalada; 47. Cozinhar em uma fogueira; 48. Tentar fazer rapel; 49. Encontrar uma geocache; 50. Descer um rio de canoa.
14. Moss, S. (2010). *Natural childhood*. Disponível em: http://www.nationaltrust.org.uk/document-1355766991839.
15. Moss, 2010, p. 6. In: Byron, T. (2008). Safer children in a digital world: the report of the Byron Review. Disponível em: http://media.education.gov.uk/assets/files/pdf/s/safer%20children%20in%20a%20digital%20world%20the%202008%20byron%20review.pdf?

CAPÍTULO 3. UM TEMA CONTROVERSO

1. Byron, T. (2008). *Safer children in a digital world: The report of the Byron Review*. Disponível em: http://media.education.gov.uk/assets/files/pdf/s/safer%20children%20in%20a%20digital%20world%20the%202008%20byron%20 review.pdf.
2. Howard-Jones, P. (2011). *The impact of digital technologies on human wellbeing: Evidence from the sciences of mind and brain*. Disponível em: http://www.nominettrust.org.uk/sites/default/files/NT%20SoA%20-%20The%20impact%20of%20digital%20technologies%20on%20human%20wellbeing.pdf, p. 5.

---

* Brincadeira inglesa em que duas crianças seguram fios com uma castanha-da-índia amarrada em uma das pontas e tentam quebrar a castanha do oponente.

3. Rosen, L. D. (2012). *iDisorder: Understanding our obsession with technology and overcoming its hold on us.* Nova York: Macmillan.
4. Turkle, S. (2011). *Alone together: Why we expect more from technology and less from each other.* Nova York: Basic Books.
5. Batty, D. (24 fev. 2012). Twitter co-founder says users shouldn't spend hours tweeting. Disponível em: http://www.theguardian.com/technology/2012/feb/23/twitter-cofounder-biz-stone-tweeting-unhealthy.
6. Schonfeld, E. (7 mar. 2009). Eric Schmidt tells Charlie Rose Google is "unlikely" to buy Twitter and wants to turn phones into TVs. Disponível em: http://techcrunch.com/2009/03/07/eric-schmidt-tells-charlie-rose-google-is-unlikely-to-buy-twitter-and-wants-to-turn-phones-into-tvs.
7. Michael Rich, professor associado da Harvard Medical School, avisa: "Os cérebros [dos Nativos Digitais] são recompensados não por permanecer na tarefa, mas por saltar para a próxima. A preocupação maior é estarmos criando uma geração de crianças na frente de telas, cujos cérebros criarão conexões de forma diferente" (Richtel, M. [21 nov. 2010]. Growing up digital, wired for distraction. Disponível em: http://www.nytimes.com/2010/11/21/technology/21brain.html?pagewanted =all). Jordan Grafman, chefe de ciência cognitiva do National Institute of Neurological Disorders and Stroke, afirma: "Em geral, a tecnologia pode ser boa (para o desenvolvimento cognitivo das crianças) se usada com cautela. Mas se ela for usada de uma forma não moderada, moldará o cérebro de uma forma que, penso eu, será negativa... Muito da atratividade de todos esses tipos de comunicações instantâneas vem de sua rapidez. E rapidez não implica reflexão. Portanto, acredito que elas podem produzir uma tendência para o pensamento superficial. Isso não liquidará o pensamento profundo e ponderado sobre as coisas, mas dificultará esse processo." (Whitman, A. e Goldberg, J. [2008]. *Brain development in a hyper-tech world.* Disponível em: http://www.dana.org/media/detail.aspx?id=13126).

A Academia Americana de Pediatria informou que duas horas ou mais por dia de uso do computador aumentam a probabilidade de problemas emocionais, sociais e de atenção, uma visão confirmada em descobertas relatadas recentemente por Angie Page e colegas da Universidade de Bristol, que concluíram que o fato de crianças ficarem olhando para telas está relacionado a dificuldades psicológicas, independentemente de haver ou não atividade física. Os participantes, em um total de 1.013 crianças com uma idade média de quase 11 anos, relataram suas respectivas horas médias diárias de televisão e uso do computador em um questionário. Page descobriu que o uso mais intensivo da televisão e do computador estava relacionado a maiores pontuações de dificuldade psicológica. Crianças que passam mais de duas horas por dia assistindo à televisão ou usando um computador — que parecem constituir uma maioria no Reino Unido e nos Estados Unidos — apresentaram maior risco de terem altos níveis de dificuldades psicológicas, risco que aumentava se elas também não conseguissem atender às diretrizes de atividade física (Page, A. S., Cooper, A. R., Griew, P. e Jago, R. [2010]. Children's screen viewing is related to psychological difficulties irrespective of physical activity. *Pediatrics* 126, no. 5, e1011–e1017. doi:10:1542/peds.2010-1154).

Michael Friedlander, chefe de neurociência do Baylor College of Medicine, afirmou: "Se uma criança está fazendo o dever de casa enquanto está no computador, em salas de bate-papo, ouvindo música no iTunes e assim por diante, acho que há o risco de nunca haver profundidade nem tempo gasto o bastante em qualquer um dos componentes para que ela vá tão fundo ou tão longe quanto é capaz. Todas essas coisas podem ser realizadas de maneira satisfatória, mas a qualidade do trabalho ou da comunicação pode não atingir o nível ideal, que seria alcançado se ela dedicasse

atenção total a isso. Existe o risco de ela ter um quilômetro de largura e um centímetro de profundidade." (Whitman e Goldberg, 2008: v. *supra*).
8. Bavelier, D., Green, C. S., Han, D. H., Renshaw, P. F., Merzenich, M. M. e Gentile, D. A. (2011). Brains on videogames. *Nature Reviews Neuroscience* 12, no. 12, 763-768. doi:10:1038/nrn3135, p. 766.
9. Pearson UK. (2012). New "Enjoy Reading" campaign and support materials launched to help parents and teachers switch children on to reading for life. Disponível em: http://uk.pearson.com/home/news/2012/october/new-_enjoy-reading-campaign-and-support-materials-launched-to-he.html.
10. Purcell, K., Rainie, L., Heaps, A., Buchanan, J., Friedrich, L., Jacklin, A.,... e Zickuhr, K. (2012). *How teens do research in the digital world*. Disponível em: http://www.pewinternet.org/Reports/2012/Student-Research.aspx, p. 2.
11. Os signatários desta declaração foram um grupo diversificado de pessoas famosas, a exemplo do autor de best-sellers infantis Philip Pullman, o influente psicólogo Oliver James, bem como a fundadora da Kids' Company, instituição de caridade para jovens sem-teto, Camilla Batmanghelidjh. A diversidade de setores representados certamente deixou claro o alcance das questões envolvidas — afinal, o estilo de vida dificilmente consiste em uma única atividade ou tema, monopólio de qualquer campo restrito de especialização (Erosion of childhood: Letter with full list of signatories. [23 set. 2011]. Disponível em: http://www.telegraph.co.uk/education/educationnews/8784996/Erosion-of-childhood-letter-with-full-list-of-signatories.html).
12. Anderson, J. Q. e Rainie, L. (2012). *Millennials will benefit and suffer due to their hyperconnected lives*. Disponível em: http://www.elon.edu/docs/e-web/predictions/expertsurveys/2012survey/PIP_Future_of_Internet_2012_Gen_Always_ON.pdf.
13. Vinter, P. (1 set. 2012). Zadie Smith pays tribute to computer software that blocks Internet sites allowing her to write new book without distractions. Disponível em: http://www.dailymail.co.uk/news/article-2196718/Zadie-Smith-pays-tribute-software-BLOCKS-internet-sites-allowing-write-new-book-distractions.htm.
14. World Economic Forum. (2013). *Global risks report 2013* (8th ed.). Disponível em: http://reports.weforum.org/global-risks-2013, pp. 23-24. O relatório afirma: "A internet continua sendo um território desconhecido e em rápida evolução. As gerações atuais são capazes de se comunicar e compartilhar informações instantaneamente e em uma escala maior do que nunca. As mídias sociais permitem cada vez mais que as informações se espalhem pelo mundo a uma velocidade vertiginosa. Embora os benefícios disso sejam óbvios e bem documentados, nosso mundo hiperconectado também permite a rápida disseminação viral de informações que são ou não intencionalmente enganosas ou provocativas, o que pode trazer graves consequências... É igualmente concebível que o autor original de um determinado conteúdo ofensivo nem mesmo esteja ciente de seu uso indevido ou da deturpação por terceiros na internet, ou que tenha sido provocado por um erro na tradução de um idioma para outro. Podemos pensar em tal cenário como um exemplo de um incêndio digital." Um exemplo disso ocorreu em 2012, quando alguém que se passou por um parlamentar russo tuitou que o presidente sírio Bashar al-Assad havia sido morto ou ferido. Os preços do petróleo bruto aumentaram em resposta a isso antes que se revelasse que o tuíte era uma farsa (Howell, L. [8 jan. 2013]. Only you can prevent digital wildfires. Disponível em: http://www.nytimes.com/2013/01/09/opinion/only-you-can-prevent-digital-wildfires.html?_r=0).
15. Greenfield, S. (12 fev. 2009). Children: Social networking sites. U.K.Parliament, House of Lords. Disponível em: http://www.publications.parliament.uk/pa/ld200809/ldhansrd/text/90212-0010.htm.
16. Ivo Quaritiroli, em *The Digitally Divided Self* (http://www.amazon.com/The-Digitally-Divided-Self-Relinquishing/dp/8897233007), aponta que "afirmações tais como 'não é científico' ou 'não temos dados suficientes' são defesas típicas que pessoas com

orientação tecnológica utilizam para neutralizar críticas ou expressões de preocupação" (Capítulo 1, seção "Technology can't be challenged").
17. Um paradigma é, nas próprias palavras de Kuhn, "o que os membros de uma comunidade científica, e somente eles, compartilham". De acordo com Kuhn, um paradigma é mais do que apenas uma teoria simples: é toda a visão de mundo dentro da qual ela existe. Desnecessário dizer que tal visão pode abranger anomalias incômodas, fatos e descobertas que simplesmente não se encaixam, mas que são deixados de lado momentaneamente por causa do desconforto intelectual que trazem, e também por causa do vácuo explanatório que pode, como consequência, se instalar. Todavia, à medida que tais anomalias — inevitavelmente aquelas de dados experimentais — começam a se acumular, alguns cientistas podem começar a duvidar de toda a perspectiva, talvez por possuírem uma nova alternativa mais atraente que pode abranger e explicar todas as descobertas outrora desconfortáveis. Segue-se uma "crise" nas respectivas disciplinas, de modo que, eventualmente, como na França em 1789 e na Rússia de pouco mais de um século depois, ocorre uma revolução, uma luta entre a velha ordem e uma nova. Comparar essas lutas ideológicas abrangentes com as disputas acadêmicas pode parecer exagerado, mas na verdade não é tão incomum. Tenha em mente que o que Kuhn estava descrevendo eram maneiras completamente diferentes de ver as coisas, e por sua vez tão radicais que influenciariam a maneira como os cientistas — e, portanto, todos — veriam o mundo nas gerações vindouras (Kuhn, T. S. [1977]. *The essential tension: Selected studies in scientific tradition andchange*. Chicago: University of Chicago Press, p. 294).
18. Beattie-Moss, M. (4 fev. 2008). Gut instincts: A profile of Nobel laureate Barry Marshall. Disponível em: http://news.psu.edu/story/140921/2008/02/04/research/gut-instincts-profile-nobel-laureate-barry-marshall.
19. A dificuldade acerca desta ideia de não podermos nem mesmo falar sobre as perspectivas e implicações da cibercultura para a humanidade até que haja "evidências científicas" conclusivas de que ela é "boa" ou "ruim" é bem articulada pelo Dr. Aric Sigman, da Royal Society of Medicine: "Parece-me uma vergonha terrível que nossa sociedade exija fotos de encolhimento de cérebros para levar a sério a suposição do senso comum de que muitas horas passadas na frente das telas não sejam positivas para a saúde de nossos filhos." (Harris, S. [18 jul. 2011]. Too much Internet use "can damage teenagers' brains". Disponível em: http://www.dailymail.co.uk/sciencetech/article-2015196/Too-internet-use-damage-teenagers-brains.html).
20. A análise estatística é realizada em resultados de pesquisas para determinar se os resultados são passíveis de se aplicar a toda a população na qual os pesquisadores estão interessados, além de apenas a amostra obtida para o estudo. Quando os resultados de um estudo são estatisticamente significativos, isso quer dizer que as descobertas, muitas vezes na forma de uma relação entre variáveis ou uma diferença entre grupos de participantes, provavelmente não se devem ao acaso. As conclusões tiradas dos métodos estatísticos são sensíveis às particularidades do projeto de estudo, incluindo a seleção de variáveis e o tamanho da amostra examinada. Por exemplo, uma grande amostra tem alta força estatística, o que significa que diferenças relativamente pequenas podem ser detectadas como estatisticamente significativas. Os pesquisadores devem usar seu conhecimento das estatísticas e do assunto para determinar quais dessas descobertas são importantes e não espúrias. Não existe uma regra mágica sobre qual tamanho de amostra ou número de participantes é "grande o suficiente", e essa escolha no projeto experimental é um tanto discricionária. As estatísticas não fornecem uma resposta, e os pesquisadores devem fazer uma escolha com base em sua compreensão das variáveis de interesse e os tamanhos de efeito que podem prever. Além disso, a análise estatística não leva em conta um projeto precário de estudo, tal como a forma de recrutamento dos participantes ou como ocorreu no processo de coleta de dados. Isso significa que, se os aspectos do projeto forem tendenciosos, a probabilidade de encontrar um resultado significativo aumentará. Além disso, os próprios pesquisadores

podem manipular a análise estatística e a subsequente interpretação dos resultados, já que a publicação em um periódico pode muitas vezes depender da descoberta de um resultado estatisticamente significativo. Quando cabível, *Transformações Mentais* comentará sobre as constatações significativas de estudos que podem ser tendenciosas de alguma forma. No entanto, está além do escopo deste livro entrar em detalhes muito extensos.

CAPÍTULO 4. UM FENÔMENO MULTIFACETADO

1. Baede, A. P. M. (n.d.). Working Group I: The scientific basis. Intergovernmental Panel on Climate Change. Disponível em: http://www.ipcc.ch/ipccreports/tar/wg1/518.htm.
2. Veja a popularidade de sites como o Klout, que avalia sua importância no mundo cibernético. Curiosamente, ser "legal" agora foi democratizado: riqueza, gênero e idade não mais são relevantes, assim como feitos especiais. Portanto, a característica interessante e inédita de ser legal e famoso em redes sociais é que esse conteúdo não precisa ter nada a ver com sua habilidade particular em qualquer área e, para falar a verdade, nem com o seu "eu verdadeiro". É importante ter em mente que a interação entre o cérebro e o ambiente é um diálogo de duas vias: tão vital para como vemos e utilizamos a tecnologia mais recente é o impacto que um ambiente dominado pelo envolvimento compulsivo com redes sociais terá em moldar nossos relacionamentos e a visão pessoal de nossa própria identidade.
3. Lenhart, A., Madden, M., Smith, A., Purcell, K., Zickuhr, K. e Rainie, L. (2011). *Teens, kindness and cruelty on social network sites*. Disponível em: http://pewinternet.org/Reports/2011/Teens-and-social-media.aspx, p. 28.
4. Konrath, S. H., O'Brien, E. H. e Hsing, C. (2011). Changes in dispositional empathy in American college students over time: A meta-analysis. *Personality and Social Psychology Review* 15, no. 2, 180–198. doi:10:1177/1088868310377395.
5. PR Newswire. (2013). Facebook reports first quarter 2013 result. Disponível em: http://www.prnewswire.com/news-releases/205652631.html.
6. Internet World Stats (2012). Facebook users in the world: Facebook usage and Facebook growth statistics by world geographic regions. Disponível em: http://www.internetworldstats.com/facebook.htm.
7. Twitter. (18 dez. 2012). There are now more than 200M monthly active @twitter users. You are the pulse of the planet. We're grateful for your ongoing support! [postagem no Twitter]. Disponível em: https://twitter.com/twitter/status/281051652235087872.
8. Ofcom. (2013). *Adults' media use and attitudes report*. Disponível em: http://stakeholders.ofcom.org.uk/binaries/research/media-literacy/adult-media-lit-13/2013_Adult_ML_Tracker.pdf.
9. Madden, M., Lenhart, A., Duggan, M., Cortesi, S. e Gasser, U. (2013). *Teens and technology 2013*. Disponível em: http://pewinternet.org/~/media//Files/Reports/2013/PIP_TeensandTechnology2013.pdf.
10. Arbitron Inc. e Edison Research. (2013). *The infinite dial 2013: Navigating digital platforms*. Disponível em: http://www.edisonresearch.com/wp-content/uploads/2013/04/Edison_Research_Arbitron_Infinite_Dial_2013.pdf.
11. Smith, C. (2013). By the numbers: 32 amazing Facebook stats [postagem em blog, atualizado em Junho de 2013]. Disponível em: http://expandedramblings.com/index.php/by-the-numbers-17-amazing-facebook-stats.
12. Arbitron Inc. e Edison Research, 2013.
13. Hampton, K. N., Goulet, L. S., Rainie, L. e Purcell, K. (2011). *Social networking sites and our lives*. Disponível em: http://pewinternet.org/Reports/2011/Technology-and-social-networks.aspx.
14. Hampton et al., 2011.

15. McAfee. (2010). *The secret online lives of teens*. Disponível em: http://us.mcafee.com/en-us/local/docs/lives_of_teens.pdf.
16. Government Office for Science, Londres. (2013). *Foresight future identities: Final project report*. Disponível em: http://www.bis.gov.uk/foresight/our-work/policy-futures/identity.
17. Gentile, D. A. e Anderson, C. A. (2003). Violent videogames: The newest media violence hazard. In D. A. Gentile (Ed.), *Media violence and children: A complete guide for parents and professionals* (Vol. 22). Disponível em: www.psychology.iastate.edu/faculty/caa/abstracts/2000-2004/03GA.pdf.
18. Em 2005, um estudo nacional encomendado pela UK Games Research com indivíduos entre 6 e 65 anos de idade verificou um fator de idade evidente voltado para os jovens: mais de 80% dos menores de 24 anos de idade estavam jogando games (Pratchett, R. [2005]. *Gamers in the UK: Digital play, digital lifestyles*. Disponível em: http://crystaltips.typepad.com/wonderland/files/bbc_uk_games_research_2005.pdf). Em 2008, 97% dos adolescentes norte-americanos estavam jogando videogame (Lenhart, A., Jones, S., and Macgill, A. R. [2008] *Adults and videogames*. Disponível em: http://www.pewinternet.org/Reports/2008/Adults-and-Video-Games/1-Data-Memo.aspx). Na Austrália, alguns anos depois (2011), esse número era aproximado: 94% (Digital Australia. [2011]. *Key findings*. Disponível em: http://www.igea.net/wp-content/uploads/2011/10/DA12KeyFindings.pdf). Embora essas estatísticas venham de países diferentes, as culturas de países de língua inglesa certamente são semelhantes o suficiente para que uma tendência e trajetória comparáveis sejam observadas.
19. Homer, B. D., Hayward, E. O., Frye, J. e Plass, J. L. (2012). Gender and player characteristics in videogame play of preadolescents. *Computers in Human Behavior* 28, no. 5, 1782–1789. doi:10:1016/j.chb.2012:04.018.
20. Rideout, V. J., Foehr, U. G. e Roberts, D. F. (2010). *Generation M2: Media in the lives of 8to 18-year-olds*. Disponível em: http://kaiserfamilyfoundation.wordpress.com/uncategorized/report/generation-m2-media-in-the-lives-of-8-to-18-year-olds.
21. Cummings, H. M. e Vandewater, E. A. (2007). Relation of adolescent videogame play to time spent in other activities. *Archives of Pediatrics & Adolescent Medicine* 161, no. 7, 684. doi:10:1001/archpedi.161:7.684.
22. Cooper, R. (3 fev. 2012). Gamer lies dead in Internet café for 9 hours before anyone notices. Disponível em: http://www.dailymail.co.uk/news/article-2096128/Gamer-lies-dead-Taiwan-internet-cafe-9-HOURS-notices.html.
23. Diablo 3 death: Teen dies after playing game for 40 hours straight. (18 jul 2012). Disponível em: http://www.huffingtonpost.com/2012/07/18/diablo-3-death-chuang-taiwan-_n_1683036.html.
24. Tran, M. (6 mar. 2010). Girl starved to death while parents raised virtual child in online game. Disponível em: http://www.theguardian.com/world/2010/mar/05/korean-girl-starved-online-game.
25. Carter, H. (19 nov. 2010). Man jailed for murder of girlfriend's toddler. Disponível em: http://www.theguardian.com/uk/2010/nov/18/man-jailed-murder-girlfriends-toddler.
26. Videogame fanatic hunts down and stabs rival player who killed character online. (27 maio 2010). Disponível em: http://www.telegraph.co.uk/news/worldnews/europe/france/7771505/Video-game-fanatic-hunts-down-and-stabs-rival-player-who-killed-character-online.html.
27. Anderson, C. A., Shibuya, A., Ihori, N., Swing, E. L., Bushman, B. J., Sakamoto, A.,... e Saleem, M. (2010). Violent videogame effects on aggression, empathy, and prosocial behavior in Eastern and Western countries: A meta-analytic review. *Psychological Bulletin* 136, no. 2, 151. doi:10:1037/a0018251.
28. Kühn, S., Romanowski, A., Schilling, C., Lorenz, R., Mörsen, C., Seiferth, N.,... e Gallinat, J. (2011). The neural basis of gaming. *Translational Psychiatry* 1, no. 11, e53. doi:10:1038/tp.2011:53.

29. Sullivan, D. (11 fev. 2013). Google still world's most popular search engine by far, but share of unique searchers dips slightly. Disponível em: http://searchengineland.com/google-worlds-most-popular-search-engine-148089.
30. Mangen, A., Walgermo, B. R. e Brønnick, K. (2013). Reading linear texts on paper versus computer screen: Effects on reading comprehension. *International Journal of Educational Research* 58, 61–68. doi:10:1016/j.ijer.2012:12.002.

CAPÍTULO 5. COMO O CÉREBRO FUNCIONA

1. O tronco cerebral é a extensão da medula espinhal que forma o núcleo interno do cérebro, em torno da qual as demais estruturas são elaboradas. Esta é, em termos funcionais, a parte mais básica do cérebro, compartilhada até mesmo com répteis. Ela medeia a respiração, os ciclos de sono-vigília e a excitação. Sobre as inúmeras revisões, cf. Siegel,J. (2004). Brain mechanisms that control sleep and waking. *Naturwissenschaften* 91, no. 8, 355–65; Jones, B. E. (2003). Arousal systems. *Frontiers in Bioscience* 8, 438–451.
2. O cerebelo: apelidado de "piloto automático" do cérebro e mediador da coordenação sensório-motora ajustada. Para uma revisão recente, cf. Reeber, S. L., Otis, T. S. e Sillitoe, R. V. (2013). New roles for the cerebellum in health and disease. *Frontiers in Systems Neuroscience* 7, 83.
3. O córtex: ao contrário do tronco cerebral e do cerebelo, esta é uma região cerebral recente — de fato, a mais recente em termos evolutivos. É organizado em circuitos modulares repetitivos, como um cortador de biscoitos. Algumas áreas estão relacionadas a um único sentido, enquanto outras cumprem funções mais "cognitivas", como aprendizado e memória, sendo chamadas pelo termo genérico "córtex de associação". Cf. Shipp, S. (2007). Structure and function of the cerebral cortex. *Current Biology* 17, 443–449.
4. Este impulso é, mais precisamente, um "potencial de ação": há uma mudança brusca na diferença de potencial (voltagem) através da membrana celular causada por íons de sódio carregados positivamente correndo para dentro da célula, tornando-a despolarizada, situação que então desencadeia o efluxo de íons de potássio carregados positivamente, de novo tornando a diferença de potencial mais negativa. Para descrições mais detalhadas, cf. Purves, D., Augustine, G. J., Fitzpatrick, D., Hall, W. C., LaMantia, A. S. e White, L. E. (Eds.) (2012). *Neuroscience* (5th ed.). Sunderland, MA: Sinauer.
5. O "terminal" é o fim do axônio, o longo processo que emana do corpo celular ao longo do qual o potencial de ação é propagado a várias centenas de quilômetros por hora. Uma vez que o impulso invade o terminal, a mudança na voltagem desencadeia o esvaziamento de pequenos pacotes (vesículas) contendo neurotransmissores na fenda sináptica.
6. Purves et al. (2012).
7. Por exemplo, pode ser o caso de que a entrada de um neurônio "A" tenha causado uma pequena despolarização, mas não grande o bastante para trazer a voltagem da célula ao limite para ser capaz de gerar um potencial de ação completo. Agora imagine que, durante esse período de tempo em que a tensão foi elevada, chegou outra entrada, "B", que também, por conta própria, teria causado apenas uma despolarização subliminar: porque A + B poderia somar ao limite dentro desta janela de tempo, um potencial de ação agora poderia ocorrer, o que não teria sido possível se as duas entradas não tivessem chegado em um intervalo de tempo curto.
8. "Modulação": termo usado quando um neurotransmissor ou outro composto bioativo não tem efeito por si só, mas aumenta ou diminui a ação de outra molécula sinalizadora.
9. A maneira mais conhecida e fácil de pensar sobre a organização do cérebro é como uma hierarquia, semelhante a uma cadeia de comando, com o chefe no topo de uma estrutura em formato piramidal. Na verdade, esse conceito se encaixou bem com as descobertas científicas na década de 1960, quando dois fisiologistas, David Hubel e Torsten Weisel, fizeram uma descoberta revolucionária, ganhadora do Prêmio Nobel. Hubel e Weisel es-

tavam trabalhando no sistema visual e monitorando a atividade de células cerebrais individuais nas diferentes regiões do cérebro que processavam entradas da retina e, em seguida, nas profundezas do cérebro. Sua descoberta notável foi que, à medida que iam mais fundo no cérebro, mais longe do processamento inicial da retina, as células pareciam ficar literalmente mais agitadas em função do que as ativava. Inicialmente, enxergar qualquer coisa excitaria um neurônio, porém, para a ativação dos ranques superiores da cadeia de comando pode ser necessário uma linha, e, em seguida, apenas uma linha em uma certa orientação e, em seguida, uma linha em uma certa orientação mas se movendo apenas em uma direção específica (Hubel, D. H. e Weisel, T. N. [1962]. Receptive fields, binocular interaction and functional architec-ture in the cat's visual cortex. *Journal of Physiology* 160, no. 1, 106–154. Disponível em: http://www.ncbi.nlm.nih.gov/pmc/articles/PMC1359523/pdf/jphysiol01247-0121.pdf). A descoberta de que uma única célula cerebral pudesse ter essa assinatura individual foi, com certeza, surpreendente, mas levou a algumas extrapolações estranhas. Perceba como o achado de Hubel e Weisel facilmente levou à noção de que quanto mais se sobe na hierarquia do cérebro, mais agitada a célula se tornaria, acabando por responder apenas a imagens muito sofisticadas, como um rosto, ou mesmo um rosto específico. A terminologia da época tratava de uma "célula-avó" hipotética, que, como o próprio nome sugere, só responderia à visão de sua avó como o estágio final da organização. Embora, muito mais recentemente, Christof Koch e sua equipe de pesquisadores da Caltech tenham registrado células nos cérebros de pacientes neurocirúrgicos conscientes respondendo especificamente, por exemplo, as imagens de Halle Berry (Quiroga, R. Q., Reddy, L., Kreiman, G., Koch, C. e Fried, I. [2005]. Invariant visual representation by single neurons in the human brain. *Nature* 435, no. 7045, 1102–1107. doi:10:1038/nature03687), a ideia de que uma única "célula Berry" ou uma célula avó poderia efetivamente ser "o chefe" foi amplamente desacreditada, mesmo que apenas por uma lógica simples. Se você nunca teve uma avó, uma célula seria desperdiçada, ou se teve uma avó, mas a célula de sua avó morreu, como muitos neurônios fazem diariamente, então você nunca mais reconheceria sua avó! Assim como uma região do cérebro não pode ser um "centro" independente, é ainda menos provável que uma única célula cerebral possa ser um destino final — e certamente não pode ser o chefe final. O que "o chefe" faria posteriormente? Afinal, não haveria mais ninguém para instruir.

10. Kolb, B. (2009). Brain and behavioral plasticity in the developing brain: Neuroscience and public policy. *Paediatrics & Child Health* 14, no. 10, 651–652. Disponível em: http://www.ncbi.nlm.nih.gov/pmc/articles/PMC2807801.

CAPÍTULO 6. COMO O CÉREBRO MUDA

1. Maguire, E. A., Gadian, D. G., Johnsrude, I. S., Good, C. D., Ashburner, J., Frackowiak, R. S. e Frith, C. D. (2000). Navigation-related structural change in the hippocampi of taxi drivers. *Proceedings of the National Academy of Sciences* 97, no. 8, 4398–4403. doi:10:1073/pnas.070039597.
2. O polvo, que foi utilizado em experimentos clássicos de memória na década de 1960, e que mais recentemente recebeu muita atenção quando um deles, "Paul", mostrou poderes aparentemente prescientes ao ser capaz de prever os resultados de várias partidas da Copa do Mundo de 2011. Veja também Young, J. Z. (1983). The distributed tactile memory system of Octopus. *Proceedings of the Royal Society of London. Series B, Biological Sciences*, 135–176.
3. Abrams, T. W. e Kandel, E. R. (1988). Is contiguity detection in classical conditioning a system or a cellular property? Learning in *Aplysia* suggests a possible molecular site. *Trends in Neurosciences* 11, no. 4, 128–135. doi:10:1016/0166-2236(88)90137-3.
4. Doidge, N. (2007). *The brain that changes itself: Stories of personal triumph from the frontiers of brain science*. Nova York: Penguin, p. 315.

5. Rosenzweig, M. R. (1996). Aspects of the search for neural mechanisms of memory. *Annual Review of Psychology* 47, no. 1, 1-32. doi:10:1146/annurev.psych.47:1.1. Rosenzweig, M. R., Modification of Brain Circuits through Experience, in Neural Plasticity and Memory: From Genes to Brain Imaging,F. Bermúdez-Rattoni, (Ed.), 2007, CRC Press: Boca Raton, Florida, USA.
6. White House, Office of the Press Secretary. (17 abr. 1997). Remarks from the Conference. Disponível em: http://clinton4.nara.gov/WH/New/ECDC/Remarks.html.
7. Bavelier, D. e Neville, H. J. (2002). Cross-modal plasticity: Where and how? *Nature Reviews Neuroscience* 3, no. 6, 443-452. doi:10:1038/nrn848.
8. Derbyshire, D. (6 mar, 2011). The boy whose damaged brain "rewired" itself. Disponível em: http://www.telegraph.co.uk/news/uknews/1325183/The-boy-whose-damaged-brain-rewired-itself.html.
9. Lewis, T. L. e Maurer, D. (2005). Multiple sensitive periods in human visual development: Evidence from visually deprived children. *Developmental Psychobiology* 46, no. 3, 163-183. doi:10:1002/dev.20055.
10. Neville, H. J. e Lawson, D. (1987). Attention to central and peripheral visual space in a movement detection task: An event-related potential and behavioral study. II. Congenitally deaf adults. *Brain Research* 405, no. 2, 268-283. doi:10:1016/0006-8993(87)90296-4.
11. Kleim, J. A. (2011). Neural plasticity and neurorehabilitation: Teaching the new brain old tricks. *Journal of Communication Disorders* 44, no. 5, 521-528. doi:10:1016/j.jcomdis.2011:04.006.
12. Schlaug, G., Marchina, S. e Norton, A. (2009). Evidence for plasticity in white-matter tracts of patients with chronic Broca's aphasia undergoing intense intonation-based speech therapy. *Annals of the New York Academy of Sciences* 1169, no. 1, 385-394. doi:10:1111/j.1749-6632:2009:04587.x.
13. Nudo, R. J. (2011). Neural bases of recovery after brain injury. *Journal of Communication Disorders* 44, no. 5, 515-520. doi:10:1016/j.jcomdis.2011:04.004.
14. De onde veio essa ideia bizarra? Uma sugestão é que o grande psicólogo William James estava trabalhando com um programa acelerado de aprendizagem para uma criança prodígio na década de 1890, e, a partir desse caso excepcional, afirmou de forma generalizada que a maioria das pessoas apenas atingiu uma fração de seu verdadeiro potencial. Talvez sim, mas não porque 90% de nossos cérebros não esteja ativo. Esse número estranhamente preciso foi atribuído ao escritor norte-americano Lowell Thomas que, em 1936, tentou resumir a obra de James. Talvez ele tenha baseado a estimativa na porcentagem de funções cerebrais que poderiam ser mapeadas na época em termos de localização do cérebro. Embora Thomas possa não ter participado de nosso conhecimento atual sobre o cérebro, 90/10 é uma proporção que, coincidentemente, ainda subsiste. Por exemplo, as células nervosas principais do cérebro, os neurônios, são superadas em uma razão de dez para um pelas células gliais (o nome vem do grego para "cola"), que cuidam da manutenção cerebral básica e garantem um ambiente cerebral saudável e estimulante. Além disso, a qualquer momento, apenas cerca de 10% dos neurônios são espontaneamente ativos. No entanto, isso não quer dizer que o restante esteja morto ou inativo. Pense em um jogador de futebol em estado de alerta, mas momentaneamente parado em campo; decerto, ele continua participando do jogo.
15. Jenkins, W. M., Merzenich, M. M., Ochs, M. T., Allard, T. e Guic-Robles, E. (1990). Functional reorganization of primary somatosensory cortex in adult owl monkeys after behaviorally controlled tactile stimulation. *Journal of Neurophysiology* 63, no. 1, 82-104. Disponível em: http://jn.physiology.org/content/63/1/82.full.pdf+html.
16. Elbert, T., Pantev, C., Wienbruch, C., Rockstroh, B. e Taub, E. (1995). Increased cortical representation of the fingers of the left hand in string players. *Science* 270, no. 5234, 305-307. doi:10:1126/science.270:5234:305.

17. Gaser, C. e Schlaug, G. (2003). Brain structures differ between musicians and non-musicians. *Journal of Neuroscience* 23, no. 27, 9240-9245. Disponível em: http://www.jneurosci.org/content/23/27/9240.full.pdf+html.
18. Aydin, K., Ucar, A., Oguz, K. K., Okur, O. O., Agayev, A., Unal, Z.,... e Ozturk, C. (2007). Increased gray matter density in the parietal cortex of mathematicians: A voxel-based morphometry study. *American Journal of Neuroradiology* 28, no. 10, 1859-1864. doi:10:3174/ajnr.A0696.
19. Park, I. S., Lee, K. J., Han, J. W., Lee, N. J., Lee, W. T. e Park, K. A. (2009). Experience-dependent plasticity of cerebellar vermis in basketball players. *The Cerebellum* 8, no. 3, 334-339. doi:10:1007/s12311-009-0100-1.
20. Jäncke, L., Koeneke, S., Hoppe, A., Rominger, C. e Hänggi, J. (2009). The architecture of the golfer's brain. *PLOS ONE* 4, no. 3, e4785. doi:10:1371/journal.pone.0004785.
21. Draganski, B., Gaser, C., Busch, V., Schuierer, G., Bogdahn, U. e May, A. (2004). Neuroplasticity: Changes in gray matter induced by training. *Nature* 427, no. 6972, 311-312. doi:10:1038/427311a. Driemeyer, J., Boyke, J., Gaser, C., Büchel, C. e May, A. (2008). Changes in gray matter induced by learning: Revisited. *PLOS ONE* 3, no. 7, e2669. doi:10:1371/journal.pone.0002669.
22. Boyke, J., Driemeyer, J., Gaser, C., Büchel, C. e May, A. (2008). Training induced brain structure changes in the elderly. *Journal of Neuroscience* 28, no. 28, 7031-7035. doi:10:1523/JNEUROSCI.0742-08:2008.
23. Engvig, A., Fjell, A. M., Westlye, L. T., Moberget, T., Sundseth, Ø., Larsen,V. A. e Walhovd, K. B. (2010). Effects of memory training on cortical thickness in the elderly. *Neuroimage* 52, no. 4, 1667-1676. doi:10:1016/j.neuroimage.2010:05.041.
24. Draganski, B., Gaser, C., Kempermann, G., Kuhn, H. G., Winkler, J., Büchel, C. e May, A. (2006). Temporal and spatial dynamics of brain structure changes during extensive learning. *Journal of Neuroscience* 26, no. 23, 6314-6317.doi:10:1523/JNEUROSCI.4628-05:2006.
25. May, A. (2011). Experience-dependent structural plasticity in the adult human brain. *Trends in Cognitive Sciences* 15, no. 10, 475-482. doi:10:1016/j.tics.2011:08.002, p. 4.
26. Mechelli, A., Crinion, J. T., Noppeney, U., O'Doherty, J., Ashburner, J., Frackowiak, R. S. e Price, C. J. (2004). Neurolinguistics: Structural plasticity in the bilingual brain. *Nature* 431, no. 7010, 757. doi:10:1038/431757a. Stein, M., Federspiel, A., Koenig, T., Wirth, M., Strik, W., Wiest, R.,... e Dierks, T. (2012). Structural plasticity in the language system related to increased second language proficiency. *Cortex* 48, no. 4, 458-465. doi:10:1016/j.cortex.2010:10.007.
27. Begley, S. (2008). *The plastic mind*. Londres: Constable & Robinson.
28. Pickren, W. e Rutherford, A. (2010). *A history of modern psychology in context*. Hoboken, NJ: Wiley.
29. Diamond, M. C., Krech, D. e Rosenzweig, M. R. (1964). The effects of an enriched environment on the histology of the rat cerebral cortex. *Journal of Comparative Neurology* 123, no. 1, 111-119. doi:10:1002/cne.901230110.
30. Van Dellen, A., Blakemore, C., Deacon, R., York, D. e Hannan, A. J. (2000). Delaying the onset of Huntington's in mice. *Nature* 404, no. 6779, 721-722. doi:10:1038/35008142.
31. Amaral, O. B., Vargas, R. S., Hansel, G., Izquierdo, I. e Souza, D. O. (2008). Duration of environmental enrichment influences the magnitude and persistence of its behavioral effects on mice. *Physiology & Behavior* 93, no. 1, 388-394. doi:10:1016/j.physbeh.2007:09.009.
32. Johansson, B. B. (1996). Functional outcome in rats transferred to an enriched environment 15 days after focal brain ischemia. *Stroke* 27, no. 2, 324-326. doi:10:1161/01.STR.27:2.324.
33. Young, D., Lawlor, P. A., Leone, P., Dragunow, M. e During, M. J. (1999). Environmental enrichment inhibits spontaneous apoptosis, prevents seizures and is neuroprotective. *Nature Medicine* 5, no. 4, 448-453. doi:10:1038/7449.

34. Mohammed, A. H., Zhu, S. W., Darmopil, S., Hjerling-Leffler, J., Ernfors, P., Winblad, B.,... e Bogdanovic, N. (2002). Environmental enrichment and the brain. *Progress in Brain Research* no. 138, 109–133. doi:10:1016/S00796123(02)38074-9, p. 127.
35. Hebb, D. O. (1949). *The organization of behavior: A neuropsychological theory.* Nova York: Wiley.
36. Mas esta cadeia simples de eventos elétricos e químicos não explica como as sinapses podem se tornar "mais fortes" (mais eficientes e eficazes) quanto mais são usadas: algo a mais deve estar acontecendo para causar tal plasticidade. A grande descoberta de Bliss e Lomo foi constatar que algumas das moléculas-alvo (receptores) na célula receptora podem ser bastante exigentes quanto às condições em que funcionarão bem, e essa confusão pode ser transformada em vantagem e formar a base para a adaptabilidade de células cerebrais. Para o receptor exigente, um simples aperto de mão não é suficiente, mesmo quando interligado com um neurotransmissor X; isso simplesmente não é suficiente para causar uma mudança na voltagem da célula. Ou, para usar outra analogia, a balsa pode estar na doca, mas ainda não foi carregada. Algo a mais deve acontecer a seguir; deve haver uma mudança ulterior enquanto o neurotransmissor X já estiver presente. O aperto de mão será eficaz, não apenas porque duas mãos se entrelaçam, mas porque uma delas agora aperta a outra. Consequentemente, se um segundo neurotransmissor, Y, entrar em cena e também se encaixar na célula, a contingência de X e Y finalmente atenderá às demandas do receptor agitado (um carro aparecerá). Um sinal elétrico será gerado agora, mas com consequências em longo prazo. Quando o receptor agitado começa a funcionar, ele aciona a abertura de pequenos canais na célula para que o cálcio possa fluir. Por sua vez, o cálcio liberará uma substância química que retorna pela sinapse para a célula original e a faz liberar ainda mais neurotransmissores do que o normal. Enquanto isso, dentro da célula-alvo, uma cascata de eventos é iniciada, que por sua vez tornará a célula mais sensível com base na sua eficácia de resposta à quantidade-padrão de estímulos. O mesmo sinal terá um efeito muito mais poderoso. A sinapse agora funciona com mais força, mas as coisas não param por aí. O cálcio que entrou na célula durante esse processo (potenciação de longo prazo) tem ações de prazo ainda mais longo: dentro da célula são produzidos compostos químicos mais especializados, que estabilizam a sinapse ainda mais agindo como adesivos grudentos (moléculas de adesão celular). Enquanto isso, diversas proteínas surgem para aumentar a aparição de contatos neuronais. Tudo isso aconteceu por causa da necessidade inicial do receptor agitado, em que duas coisas tinham que acontecer dentro de um certo período de tempo, e depois por um intervalo maior, para que o cálcio se infiltrasse no neurônio. Dessa forma, quanto mais um comportamento for repetido ou ensaiado como uma resposta repetitiva a uma determinada experiência, maior o efeito, e mais fortes as respectivas sinapses se tornarão ao longo do tempo; essa experiência, portanto, deixará, literalmente, sua marca no cérebro.
37. Scarmeas, N. e Stern, Y. (2003). Cognitive reserve and lifestyle. *Journal of Clinical and Experimental Neuropsychology* 25, no. 5, 625–633. doi:10:1076/jcen.25:5.625:14576.
38. Frasca, D., Tomaszczyk, J., McFadyen, B. J. e Green, R. E. (2013). Traumatic brain injury and post-acute decline: What role does environmental enrichment play? A scoping review. *Frontiers in Human Neuroscience* no. 7, 31. doi:10:3389/fnhum.2013:00031.
39. Scarmeas e Stern, 2003.
40. Frasca et al., 2013.
41. Winocur, G. e Moscovitch, M. (1990). A comparison of cognitive function in community-dwelling and institutionalized old people of normal intelligence. *Canadian Journal of Psychology/Revue Canadienne de Psychologie* 44, no. 4, 435–444. doi:10:1037/h0084270.
42. Olson, A. K., Eadie, B. D., Ernst, C. e Christie, B. R. (2006). Environmental enrichment and voluntary exercise massively increase neurogenesis in the adult hippocampus via dissociable pathways. *Hippocampus* 16, no. 3, 250–260. doi:10:1002/hipo.20157.

43. Nottebohm, F. (2002). Neuronal replacement in adult brain. *Brain Research Bulletin* 57, no. 6, 737-749. doi:10:1016/S0361-9230(02)00750-5.
44. Nyberg, L., Lövdén, M., Riklund, K., Lindenberger, U. e Bäckman, L. (2012). Memory aging and brain maintenance. *Trends in Cognitive Sciences* 16, no. 5, 292-305. doi:10:1016/j.tics.2012:04.005.
45. Mu, Y. e Gage, F. H. (2011). Adult hippocampal neurogenesis and its role in Alzheimer's disease. *Molecular Neurodegeneration* 6, no. 1, 85. doi:10:1186/1750-1326-6-85.
46. Pascual-Leone, A., Nguyet, D., Cohen, L. G., Brasil-Neto, J. P., Cammarota, A. e Hallett, M. (1995). Modulation of muscle responses evoked by transcranial magnetic stimulation during the acquisition of new fine motor skills. *Journal of Neurophysiology* 74, no. 3, 1037-1045. Disponível em: http://psycnet.apa.org/psycinfo/1996-25629-001.
47. Van Praag, H., Kempermann, G. e Gage, F. H. (1999). Running increases cell proliferation and neurogenesis in the adult mouse dentate gyrus. *Nature Neuroscience* 2, no. 3, 266-270. doi:10:1038/6368.
48. Sauro, M. D. e Greenberg, R. P. (2005). Endogenous opiates and the placebo effect: A meta--analytic review. *Journal of Psychosomatic Research* 58, 115-20.
49. Tanti, A. e Belzung, C. (2013). Hippocampal neurogenesis: A biomarker for depression or antidepressant effects? Methodological considerations and perspectives for future research. *Cell and Tissue Research*, 1-17. doi:10:1007/s00441-013-1612-z.
50. Begley, 2008.

CAPÍTULO 7. COMO O CÉREBRO SE TORNA UMA MENTE

1. Penfield, W. e Boldrey, E. (1937). Somatic motor and sensory representation in the cerebral cortex of man as studied by electrical stimulation. *Brain: A Journal of Neurology* 60, no. 4, 389-443. doi:10:1093/brain/60:4.389.
2. Chalmers, D. J. (1995). Facing up to the problem of consciousness. *Journal of Consciousness Studies* 2, no. 3, 200-219. Disponível em: http://cogprints.org/316/1/consciousness.html.
3. Koch, C. e Tononi, G. (2008). Can machines be conscious? *Spectrum, IEEE* 45, no. 6, 55-59. Disponível em: http://ieeexplore.ieee.org/xpls/abs_all.jsp?arnumber=4531463.
4. No entanto, sabemos que os neurônios podem interagir muito bem com os sistemas de silício. O trabalho pioneiro de Peter Fromherz, por exemplo, apresentou um belo "neurochip" em que as conexões são feitas em uma placa de circuito entre os neurônios e os nódulos de silício. Da mesma forma, se as células cerebrais são capazes de funcionar em um dispositivo híbrido dessa maneira, o inverso pode não ser surpreendente: implantes artificiais no cérebro já são possíveis e estão obtendo efeitos surpreendentes. Por exemplo, Miguel Nicolelis, da Universidade Duke, desenvolveu um sistema pelo qual pacientes tetraplégicos podem, por meio de dispositivos implantados em seus cérebros, gerar assinaturas eletrônicas que normalmente precedem vários movimentos. Esses sinais eletrônicos são, então, reconhecidos por um computador que pode operar um membro artificial, de forma que uma pessoa paralisada do pescoço para baixo possa "tencionar" um movimento. No entanto, essas "próteses neuronais" estão longe de ser a conquista do cérebro pelo silício, tal como foi previsto no experimento mental. Embora a interface silício-carbono seja possível, pelo menos para a execução final de um movimento — ou seja, um impulso estimulando células cerebrais —, ela não deve ser confundida com as interações neurônio-neurônio que fundamentam os processos cognitivos nem com a inteligência artificial.
5. Damasio, A. R., Everitt, B. J. e Bishop, D. (1996). The somatic marker hypothesis and the possible functions of the prefrontal cortex. *Philosophical Transactions of the Royal Society of London. Series B: Biological Sciences* 351, no. 1346, 1413-1420. doi:10:1098/rstb.1996:0125.
6. Turing, A. M. (1950). Computing machinery and intelligence. *Mind* 59, no. 236, 433-460. Disponível em: http://cogprints.org/499/1/turing.html.

7. Por exemplo, Rees, G., Kreiman, G. e Koch, C. (2002). Neural correlates of consciousness in humans. *Nature Reviews Neuroscience* 3, no. 4, 261-270. Tononi, G. e Koch, C. (2008). The neural correlates of consciousness. *Annals of the New York Academy of Sciences* 1124, no. 1, 239-261.
8. Koch, C. e Greenfield, S. (2007). How does consciousness happen? *Scientific American* 297, no. 4, 76-83. Disponível em: http://www.sciamdigital.com/index.cfm?fa=ExtServices.GspDownloadIssueView&ARTICLEID_CHAR=E0E902FE-3048-8A5E-1061447DA58B3813.
9. Greenfield, S. A. (2001). *The private life of the brain: Emotions, consciousness, and the secret of the self.* Nova York: Wiley.
10. James, W. (1890). *The principles of psychology*, capítulo 13. Disponível em: http://psychclassics.yorku.ca/James/Principles/prin13.htm.
11. René Descartes (1596-1650), muitas vezes considerado "o pai da filosofia moderna", afirmou que os seres humanos são visivelmente diferentes de outros animais e do resto do mundo natural: nossa mente única pode ser atribuída à linguagem e à razão, características que separam nossa espécie do resto do reino animal. Descartes apontou que os comportamentos demonstrativos de todas as criaturas não humanas podem ser explicados sem ter que se preocupar em atribuir mentes e consciência a eles. Ele concluiu que os animais não humanos podem ser considerados nada mais do que máquinas, com peças montadas de maneiras intrincadas. No entanto, embora os humanos possam ter mente e consciência, esses fenômenos estariam separados do funcionamento mecanicista do corpo: "Para explicar essas funções, então, não é necessário conceber qualquer alma vegetativa ou sensível, ou qualquer outro princípio de movimento ou vida, exceto seu sangue e seus espíritos, que são agitados pelo calor do fogo que arde continuamente em seu coração, e que é da mesma natureza das chamas que ardem em corpos inanimados." Essa noção de um corpo físico mecanicista se estendeu à mecânica do cérebro físico. Para Descartes, o típico dualista, isso significaria que o cérebro físico era distinto da mente e da consciência, que foi deixada em grande parte indefinida e inexplorada. Mais recentemente, no século XX, o advento dos computadores trouxe consigo a oportunidade de descartar a noção de uma consciência paralela irreal e, em vez disso, atribuir tudo a processos mecanicistas. (Descartes, R. [1994]. The treatise on man. In S. Gaukroger (Ed.), *The world and other writings*, pp. 119-169. Disponível em: http://www2.dsu.nodak.edu/users/dmeier/31243550-Descartes-The--World-and-Other-Writings.pdf, p. 169.)
12. A definição de inteligência não é um mero problema semântico, mas se estende a questões morais mais amplas. Por exemplo, Hume discordava de Kant ao afirmar que inteligência não implica necessariamente valores morais, e vice-versa. No entanto, esse dilema depende, mais uma vez, de como definimos a inteligência. Se tomarmos o conceito computacional simples de g, a proficiência em testes de QI, então Hume estaria correto: afinal, por que um processo linear simples deveria ser baseado em algo diferente das regras do jogo? Mas, se tomarmos a visão mais ampla da inteligência, como eu mesma faria, levando em conta a compreensão, então talvez Kant estivesse mais correto na sua visão da inteligência enquanto uma compreensão que implicaria uma consciência do vínculo com valores particulares.
13. Horn, J. L. e Cattell, R. B. (1967). Age differences in fluid and crystallized intelligence. *Acta Psychologica* 26, 107-129. Disponível em: http://www.sciencedirect.com/science/article/pii/000169186790011X.
14. Essa ideia de habilidades mentais verdadeiras e profundas que surgem de conexões neuronais se encaixaria na descoberta, mencionada anteriormente, de que crianças superdotadas exibem, de fato, uma conectividade neuronal maior.
15. Greenfield, S. A. (2011). *You and me: The neuroscience of identity.* Londres: Notting Hill.
16. Blake, W. (c. 1803). "Auguries of Innocence." Disponível em: http://www.bartleby.com/41/356.html.

CAPÍTULO 8. FORA DE SI

1. Em meados do século XX, um médico norte-americano, Paul MacLean, desenvolveu uma teoria para explicar o inexplicável comportamento coletivo das multidões nos comícios de Nuremberg durante a era nazista. O raciocínio de MacLean era que, anatomicamente, o cérebro poderia ser compartimentado em três estágios evolutivos: o cérebro *reptiliano*, que consiste no núcleo interno, a parte básica do cérebro; em camadas seria o cérebro *mamífero*, incluindo áreas como a amígdala e o hipocampo; e, finalmente, constituindo o nível mais sofisticado de todos, seria o córtex, a camada externa do cérebro, que é o monopólio das espécies *neomamíferas*. MacLean argumentou que essas três camadas representavam graus crescentes de sofisticação nos processos mentais. O cérebro reptiliano sustentaria impulsos muito primitivos, sendo canalizados para o contexto apropriado em virtude do cérebro dos mamíferos, enquanto o cérebro dos neomamíferos imporia refinamentos adicionais, até mesmo regras, sobre como alguém poderia se comportar. Essa hierarquia de três níveis corresponde perfeitamente à noção de Freud do Id atávico, do ego mediador e do superego moralista. De acordo com MacLean, as emoções são suprimidas pela lógica e pela razão na maior parte do tempo, mas dentro do sistema límbico intermediário, que ele via como centros de emoções normalmente controlados por um córtex lógico, as regiões também podem desempenhar um papel fundamental nesta que é a mais sensível das atividades, a saber, a memória. Por outro lado, os distúrbios do córtex, especialmente o pré-frontal, podem estar ligados a transtornos emocionais, como aqueles observados em vícios, na obesidade e na esquizofrenia. Infelizmente, no entanto, essa compartimentação simples não subsiste aos aspectos práticos anatômicos e fisiológicos do que agora sabemos que o cérebro e, de fato, a mente, são capazes. No entanto, essa teoria é útil a um nível mais metafórico. De acordo com MacLean, a violência aparentemente cega das multidões de Nuremberg poderia, portanto, ser explicada pela quebra na hierarquia anatômica do "cérebro triuno" (MacLean, P. D. [1985]. Evolutionary psychiatry and the triune brain. *Psychological Medicine* 15, no. 2, 219-221. doi:10:1017/S0033291700023485).
2. Greenfield, S. A. (2008). *I.D.: The quest for meaning in the 21st century.* Londres: Hodder & Stoughton.
3. Olds, J., e Milner, P. (1954). Positive reinforcement produced by electrical stimulation of septal area and other regions of rat brain. *Journal of Comparative and Physiological Psychology* 47, no. 6, 419-427. Disponível em: http://www.wadsworth.com/psychology_d/templates/student_resources/0155060678_rathus/ps/ps02.html.
4. O'Driscoll, K. e Leach, J. P. (1998). "No longer Gage": An iron bar through the head: Early observations of personality change after injury to the prefrontal cortex. *BMJ* 317, no. 7174, 1673-1674. Disponível em: http://www.ncbi.nlm.nih.gov/pmc/articles/PMC1114479/#ffn_sectitle.
5. O'Driscoll e Leach, 1998, p. 1673.
6. Tsujimoto, S. (2008). The prefrontal cortex: functional neural development during early childhood. *The Neuroscientist* 14, no. 4, 345-358. doi:10:1177/107385840831600.
7. Sturman, D. A. e Moghaddam, B. (2011). The neurobiology of adolescence: changes in brain architecture, functional dynamics, and behavioral tendencies. *Neuroscience & Biobehavioral Reviews* 35, no. 8, 1704-1712. doi: 10:1016/j.neubiorev.2011:04.003.
8. Steinberg, L. (2008). A social neuroscience perspective on adolescent risktaking. *Developmental Review* 28, no. 1, 78-106. doi: 10:1016/j.dr.2007:08.002.
9. Casey, B. J., Getz, S. e Galvan, A. (2008). The adolescent brain. *Developmental Review* 28, no. 1, 62-77. doi: 10:1016/j.dr.2007:08.003.
10. Casey, Getz e Galvan, 2008.
11. Callicott, J. H., Bertolino, A., Mattay, V. S., Langheim, F. J., Duyn, J., Coppola, R.,... e Weinberger, D. R. (2000). Physiological dysfunction of the dorsolateral prefrontal cortex in schizophrenia revisited. *Cerebral Cortex* 10, no. 11, 1078-1092. doi:10:1093/cercor/10:11.1078.

12. Volkow, N. D., Wang, G. J., Telang, F., Fowler, J. S., Goldstein, R. Z., Alia-Klein, N.,... e Pradhan, K. (2008). Inverse association between BMI and prefrontal metabolic activity in healthy adults. *Obesity* 17, no. 1, 60–65. doi:10:1038/oby.2008:469.
13. Pignatti, R., Bertella, L., Albani, G., Mauro, A., Molinari, E. e Semenza, C. (2006). Decision-making in obesity: A study using the Gambling Task. *Eating and Weight Disorders: EWD* 11, no. 3, 126. Disponível em: http://www.ncbi.nlm.nih.gov/pubmed/17075239.
14. Dang-Vu, T. T., Schabus, M., Desseilles, M., Sterpenich, V., Bonjean, M. e Maquet, P. (2010). Functional neuroimaging insights into the physiology of human sleep. *Sleep* 33, no. 12, 1589-1603. Disponível em: http://www.ncbi.nlm.nih.gov/pmc/articles/PMC2982729/#ffn_sectitle.
15. Greenfield, S. (2011). *You and me: The Neuroscience of identity*. Londres: Notting Hill.

CAPÍTULO 9. O *QUÊ* DAS REDES SOCIAIS

1. O'Connell, R. (12 maio 2011). The pros and cons of deleting your Facebook [postagem em blog]. Disponível em: http://thoughtcatalog.com/2011/the-pros-and-cons-to-deleting-your-facebook.
2. Hampton, K. N., Goulet, L. S., Rainie, L. e Purcell, K. (2011). *Social networking sites and our lives*. Disponível em: http://pewinternet.org/Reports/2011/Technology-and-social-networks.aspx.
3. Badoo. (25 abr. 2012). Generation lonely? 39 percent of Americans spend more time socializing online than face-to-face. Disponível em: http://corp.badoo.com/he/entry/press/54.
4. In: McCullagh, D. (12 mar. 2010). Why no one cares about privacy anymore. Disponível em: http://www.cnet.com/uk/news/why-no-one-cares-about-privacy-anymore.
5. Protalinski, E. (1 maio 2013) Facebook passes 1.11 billion monthly active users, 751 million mobile users, and 665 million daily users. Disponível em: http://thenextweb.com/facebook/2013/05/01/facebook-passes-1-11-billion-monthly-active-users-751-million-mobile-users-and-665-million-daily-users.
6. Anderson, B., Fagan, P., Woodnutt, T. e Chamorro-Prezumic, T. (2012). Facebook psychology: Popular questions answered by research. *Psychology of Popular Media Culture* 1, no. 1, 23-37. doi:10:1037/a0026452.
7. Manago, A. M., Taylor, T. e Greenfield, P. M. (2012). Me and my 400 friends: The anatomy of college students' Facebook networks, their communication patterns, and well-being. *Developmental Psychology* 48, no. 2, 369–380. doi: 10:1037/a0026338.
8. Grieve, R., Indian, M., Witteveen, K., Tolan, G. A. e Marrington, J. (2013). Face-to-face or Facebook: Can social connectedness be derived online? *Computers in Human Behavior* 29, no. 3, 604–609. doi:10:1016/j.chb.2012:11.017.
9. In: Cohen, J. (1 fev. 2012). Facebook officially files SEC documents for $5B offer [postagem em blog]. Disponível em: http://allfacebook.com/facebook-files-ipo_b76165.
10. Teilhard de Chardin, P. (1964). *The future of man*. Londres: Collins.
11. Rutledge, T., et al. (2008). Social networks and incident stroke among women with suspected myocardial ischemia. *Psychosomatic Medicine* 70, no. 3, 282–287. doi:10:1097/PSY.0b013e3181656e09.
12. Cole, S. W., Hawkley, L. C., Arevalo, J. M. G. e Cacioppo, J. T. (2011). Transcript origin analysis identifies antigen-presenting cells as primary targets of socially regulated gene expression in leukocytes. *PNAS* 108, no. 7, 3080–3085. doi:10:1073/pnas.1014218108.
13. Norman, G. J., Cacioppo, J. T., Morris, J. S., Malarkey, W. B., Berntson, G. G. e DeVries, A. C. (2011). Oxytocin increases autonomic cardiac control: Moderation by loneliness. *Biological Psychology* 86, no. 3, 174–180.

14. Klinenberg, E. (30 mar. 2012). I want to be alone: The rise of solo living. Disponível em: http://www.theguardian.com/lifeandstyle/2012/mar/30/the-rise-of-solo-living.
15. Sigman, A. (2009). Well connected? The biological implications of "social networking". *Biologist* 56, no. 1, 14-20. Disponível em: http://www.aricsigman.com/IMAGES/Sigman_lo.pdf.
16. Penenberg, A. L. (1 jul. 2010). Social networking affects brains like falling in love [postagem em blog]. Disponível em: http://www.fastcompany.com/1659062/social-networking-affects-brains-falling-loved.
17. Wilson, R. E., Gosling, S. D. e Graham, L. T. (2012). A review of Facebook research in the social sciences. *Perspectives on Psychological Science* 7, no. 3, 203-220. doi:10:1177/1745691612442904.
18. Burke, M., Marlow, C. e Lento, T. (2010). Social network activity and social well-being. *Proceedings of the SIGCHI Conference on Human Factors in Computing System,* 1909-1912. doi:10:1145/1753326:1753613.
19. Clayton, R. B., Osborne, R. E., Miller, B. K. e Oberle, C. D. (2013). Loneliness, anxiousness, and substance use as predictors of Facebook use. *Computers in Human Behavior* 29, no. 3, 687-693. doi:10:1016/j.chb.2012:12.002.
20. Skues, J. L., Williams, B. e Wise, L. (2012). The effects of personality traits, self-esteem, loneliness, and narcissism on Facebook use amongst university students. *Computers in Human Behavior* 28, no. 6, 2414-2419. doi:10:1016/j.chb.2012:07.012.
21. Watson, R. (2010). *Future files: A brief history of the next 50 years.* Londres: Nicholas Brealey.
22. Anderson et al., 2012.
23. Oldmeadow, J. A., Quinn, S. e Kowert, R. (2013). Attachment style, social skills, and Facebook use amongst adults. *Computers in Human Behavior* 29, no. 3, 1142-1149. doi:10:1016/j.chb.2012:10.006.
24. Bowlby, J. (1969). *Attachment and loss,* Vol. 1: *Loss.* Nova York: Basic Books, p. 194.
25. Oldmeadow, Quinn e Kowert, 2013.
26. Skues, Williams e Wise, 2012.
27. Tamir, D. I. e Mitchell, J. P. (2012). Disclosing information about the self is intrinsically rewarding. *PNAS* 109, no. 21, 8038-8043. doi:10:1073/pnas.1202129109.
28. Arbitron e Edison Research. (abr. 2013). *The infinite dial 2013: Navigating digital platforms.* Disponível em: http://www.edisonresearch.com/wp-content/uploads/2013/04/Edison_Research_Arbitron_Infinite_Dial_2013.pdf.
29. Jiang, L. C., Bazarova, N. N. e Hancock, J. T. (2011). The disclosureintimacy link in computer-mediated communication: An attributional extension of the hyperpersonal model. *Human Communication Research* 37, no. 1, 58-77. doi:10:1111/j.1468-2958:2010:01393.x; boyd, d. m. e Ellison, N. B. (2007). Social networking sites: Definition, history, and scholarship. *Journal of Computer-Mediated Communication* 13, no. 1, 210-230. doi: 10:1111/j.1083-6101:2007:00393.x.
30. Trepte, S. e Reinecke, L. (2013). The reciprocal effects of social network site use and the disposition for self-disclosure: A longitudinal study. *Computers in Human Behavior* 29, no. 3, 1102-1112. doi:10:1016/j.chb.2012:10.002.
31. Tamir e Mitchell, 2012.
32. Mauri, M., Cipresso, P., Balgera, A., Villamira, M. e Riva, G. (2011). Why is Facebook so successful? Psychophysiological measures describe a core flow state while using Facebook. *Cyberpsychology, Behavior, and Social Networking* 14, no. 12, 723-731. doi:10:1089/cyber.2010:0377, p. 1.
33. Weinschenk, S. (7 nov. 2009). 100 things you should know about people. #8 Dopamine makes you addicted to seeking information [postagem em blog]. Disponível em: http://www.blog.theteamw.com/2009/11/07/100-things-you-should-know-about-people--8-dopamine-makes-us-addicted-to-seeking-information.

34. O'Doherty, J., Deichmann, R., Critchley, H. e Dolan, R. J. (2002). Neural responses during anticipation of a primary taste reward. *Neuron* 33, no. 5, 815–826. doi:10:1016/S0896-6273(02)00603-7.
35. O "vício" em Facebook existe, de fato? O psicólogo norte-americano Michael Fenichel afirmou que, tal como o jogo de azar ou o álcool, o Facebook pode ter sua própria versão do vício. Ele descreve uma situação bastante familiar, em que o uso do Facebook pode superar atividades diárias como acordar, se vestir, usar o telefone ou verificar o e-mail. Consequentemente, Fenichel cunhou um novo termo para descrever tal estado: transtorno de dependência do Facebook, ou TDF. Ele define o TDF como uma condição na qual gasta-se horas no Facebook, e o equilíbrio saudável da vida do indivíduo é afetado. Fenichel afirma que aproximadamente 350 milhões de pessoas sofrem da doença, que pode ser detectada por meio de um simples conjunto de seis critérios. Pessoas que são vítimas do transtorno devem apresentar pelo menos dois ou três desses critérios durante um período de seis a oito meses. Para os familiares e amigos que pensam estar lidando com um viciado, deve-se prestar atenção ao seguinte sinal, aparentemente: várias janelas do Facebook abertas. Curiosamente, três ou mais janelas confirmam que eles estão realmente sofrendo dessa condição. Não há, entretanto, evidências empíricas de que o transtorno de dependência do Facebook realmente exista (Fenichel, M. [n.d.]. Facebook addiction disorder [FAD]. Disponível em: http://www.fenichel.com/facebook).
36. Johnson, D. E., Guthrie, D., Smyke, A. T., Koga, S. F., Fox, N. A., Zeanah, C. H. e Nelson, C. A. (2010). Growth and associations between auxology, caregiving environment, and cognition in socially deprived Romanian children randomized to foster vs. ongoing institutional care. *Archives of Paediatrics & Adolescent Medicine* 164, no. 6, 507–516. doi:10:1001/archpediatrics.2010:56.
37. Oldmeadow, Quinn e Kowert, 2013.
38. Dumon, M. (18 out. 2011). Meet George Clooney's new girl: Stacy Keibler. Disponível em: http://www.examiner.com/article/meet-george-clooney-s-new-girl-stacy-keibler.
39. Harkaway, N. (2012). *The blind giant: Being human in a digital world*. Londres: Vintage.
40. McCullagh, 2010.
41. McAfee. (2010). *The secret online lives of teens*. Disponível em: http://us.mcafee.com/en-us/local/docs/lives_of_teens.pdf.
42. Arbitron e Edison Research. (abr. 2013). *The infinite dial 2013: Navigating digital platforms*. Disponível em: http://www.edisonresearch.com/wp-content/uploads/2013/04/Edison_Research_Arbitron_Infinite_Dial_2013.pdf.

CAPÍTULO 10. REDE SOCIAL E IDENTIDADE

1. Government Office for Science. (2013). *Future identities: Changing identities in the UK: The next 10 years*. Disponível em: https://www.gov.uk/government/uploads/system/uploads/attachment_data/file/273966/13-523-future-identities-changing-identities-report.pdf.
2. Amichai-Hamburger, Y., Wainapel, G. e Fox, S. (2002). "On the Internet no one knows I'm an introvert": Extroversion, neuroticism, and Internet interaction. *CyberPsychology & Behavior* 5, no. 2, 125–128. Disponível em: http://www.ncbi.nlm.nih.gov/pubmed/12025878.
3. Suler, J. (2004). The online disinhibition effect. *CyberPsychology & Behavior* 7, no. 3, 321–326. doi:10:1089/1094931041291295. Christopherson, K. M. (2007). The positive and negative implications of anonymity in Internet social interactions: "On the Internet, nobody knows you're a dog". *Computers in Human Behavior* 23, no. 6, 3038–3056. doi:10:1016/j.chb.2006:09.001.

4. Zhao, S., Grasmuck, S. e Martin, J. (2008). Identity construction on Facebook: Digital empowerment in anchored relationships. *Computers in Human Behavior* 24, 1816-1836. doi:10:1016/j.chb.2008:02.012.
5. boyd, d. m. e Ellison, N. B. (2007). Social networking sites: Definition, history, and scholarship. *Journal of Computer-Mediated Communication* 13, no. 1, 210-230. doi:10:1111/j.1083-6101:2007:00393.x.
6. boyd, d. m. e Ellison, N. B., 2007, p. 211.
7. What names are allowed on Facebook? (n.d.). Disponível em: https://www.facebook.com/help/112146705538576?q=name&sid=09QL15Kz6090K35pZ.
8. Rogers, C. (1951). *Client-centered therapy*. Boston: Houghton-Mifflin.
9. Bargh, J. A., McKenna, K. Y. A. e Fitzsimons, G. M. (2002). Can you see the real me? Activation and expression of the "true self" on the Internet. *Journal of Social Issues* 58, no. 1, 33-48. doi:10:1111/1540-4560:00247.
10. McKenna, K. Y. A., Green, A. S. e Gleason, M. E. J. (2002). Relationship formation on the Internet: What's the big attraction? *Journal of Social Issues* 58, no. 1, 9-31. doi:10:1111/1540-4560:00246.
11. McKenna, Green e Gleason, 2002.
12. Tosun, L. P. (2012). Motives for Facebook use and expressing "true self" on the Internet. *Computers in Human Behavior* 28, 1510-1517. doi:10:1016/j.chb.2012:03.018.
13. Tosun, L. P. e Lajunen, T. (2009). Why do young adults develop a passion for Internet activities? The associations among personality, revealing "true self" on the Internet, and passion for the Internet. *CyberPsychology & Behavior* 12, no. 4, 401-406. doi:10:1089/cpb.2009:0006.
14. Zhao, Grasmuck e Martin, 2008.
15. Siibak, A. (2009). Constructing the self through the photo selection: Visual impression management on social networking websites. *Cyberpsychology: Journal of Psychosocial Research on Cyberspace* 3, no. 1, article 1. Disponível em: http://cyberpsychology.eu/view.php?cisloclanku=2009061501&article=1.
16. Goffman, E. (1959). *The presentation of self in everyday life*. Nova York: Overlook.
17. boyd, d. m. entrevistada por Rosen, L. D. (2012). *iDisorder: Understanding our obsession with technology and overcoming its hold on us*. Harmondsworth, UK: Palgrave Macmillan, p. 34.
18. Zhao, Grasmuck e Martin, 2008.
19. Embora a maioria das pesquisas sobre redes sociais tenha se concentrado especificamente nas identidades dentro do Facebook, propôs-se, visto que diferentes plataformas conferem diferentes formas de redes sociais aos usuários, que diferentes identidades podem ser gerenciadas em diferentes redes sociais. Por exemplo, o LinkedIn pode ser usado para desenvolver o self profissional almejado, enquanto o Facebook seria a plataforma para exibir o self social desejado (van Dijck, J. [2013]. "You have one identity": Performing the self on Facebook and LinkedIn. *Media, Culture & Society* 35, no. 2, 199-215. doi:10:1177/0163443712468605).
20. Zhao, Grasmuck e Martin, 2008.
21. Back, M. D., Stopfer, J. M., Vazire, S., Gaddis, S., Schmukle, S. C., Egloff, B. e Gosling, S. D. (2010). Facebook profiles reflect actual personality, notelf-idealization. *Psychological Science* 21, no. 3, 372-374. doi: 10:1177/0956797609360756.
22. Rosen, 2012.
23. Buffardi, L. E. e Campbell, W. K. (2008). Narcissism and social networking Web sites. *Personality and Social Psychology Bulletin* 34, 1303-1314. doi: 10:1177/0146167208320061. Mehdizadeh, S. (2010). Self-Presentation 2.0: Narcissism and self-esteem on Facebook. *Cyberpsychology, Behavior, and Social Networking* 13, no. 4, 357-364. doi:10:1089/cyber.2009:0257. Ryan, T. e Xenos, S. (2011). Who uses Facebook? An investigation into the relationship between the Big Five, shyness, nar-

cissism, loneliness, and Facebook usage. *Computers in Human Behavior* 27, 1658-1664. doi:10:1016/j.chb.2011:02.004. Twenge, J. M., Konrath, S., Foster, J. D., Campbell, W. K. e Bushman, B. J. (2008). Egos inflating over time: A cross-temporal meta-analysis of the narcissistic personality inventory. *Journal of Personality* 76, no. 4, 875-902. doi:10:1111/j.1467-6494:2008:00507.x.
24. Twenge et al., 2008.
25. Em um estudo com usuários do Twitter realizado por Mor Naaman e sua equipe da Rutgers, os assuntos caíram em duas categorias: "euformantes" e "informantes". Como o nome sugere, os euformantes postavam atualizações intermináveis sobre seus próprios pensamentos e sentimentos, enquanto os informantes faziam jus ao apelido compartilhando informações e interagindo mais com os seguidores. Dos participantes, 80% dos indivíduos foram classificados como euformantes, o que se encaixa bem no perfil da nossa era narcisista atual (Naaman, M., Boase, J. e Lai, C. H. [2010]. Is it really about me? Message content in social awareness streams. *Proceedings of the 2010 ACM Conference on Computer Supported Cooperative Work*, 189-192. doi:10:1145/1718918:1718953).
26. Buffardi e Campbell, 2008. Mehdizadeh, 2010. Ryan e Xenos, 2011. Naaman, Boase e Lai, 2010. McKinney, B. C., Kelly, L. e Duran, R. L. (2012). Narcissism or openness? College students' use of Facebook and Twitter. *Communication Research Reports* 29, no. 2, 108-118. doi:10:1080/08824096: 2012:666919. Bergman, M., Fearrington, M. E., Davenport, S. W. e Bergman, J. Z. (2011). Millennials, narcissism, and social networking: What narcissists do on social networking sites and why. *Personality and Individual Differences* 50, 706-711. doi:10:1016/j.paid.2010:12.022. Carpenter, C. J. (2012). Narcissism on Facebook: Self-promotional and anti-social behavior. *Personality and Individual Differences* 52, no. 4, 482-486. doi:10:1016/j.paid.2011:11.011. Panek, E. T., Nardis, Y. e Konrath, S. (2013). Defining social networking sites and measuring their use: How narcissists differ in their use of Facebook and Twitter. *Computers in Human Behavior* 29, no. 5, 2004-2012. doi:10:1016/j.chb.2013:04.012.
27. Raskin, R. e Terry, H. (1988). A principal-components analysis of the Narcissistic Personality Inventory and further evidence of its construct validity. *Journal of Personality and Social Psychology* 54, no. 5, 890-902. doi:10:1037/00 22-3514:54.5:890.
28. Panek, Nardis e Konrath, 2013.
29. Uma possível vantagem de ver e modificar regularmente sua identidade nas redes sociais pode ser o aumento da autoestima. No entanto, pesquisas anteriores mostraram que induzir a autoconsciência por meio de um espelho pode induzir também a um humor negativo, particularmente em mulheres (Fejfar, M. C. e Hoyle, R. H. [2000]. Effect of private self-awareness on negative affect and self-referent attribution: A quantitative review. *Personality and Social Psychology Review* 4, no. 2, 132-142. doi:10:1207/S15327957PSPR0402_02). Para alguns, então, ver o perfil de uma rede social pode ser o equivalente a um espelho online e pode ter efeitos negativos sobre a autoestima. Mas o Facebook não é um espelho de verdade, exibindo uma imagem não editada de nós mesmos; é um espelho modificado e controlado, que reflete de volta a melhor versão autoeditada de nós mesmos e que tem, portanto, o potencial de ser uma distorção bem maquiada. Posteriormente, a pesquisa descobriu que ver o próprio perfil no Facebook resulta em níveis mais altos de autoestima em comparação com aqueles que se olhavam no espelho, e quem editou seus perfis durante um período curto de teste exibiu níveis mais altos de autoestima (Tazghini, S. e Siedlecki, K. L. [2013]. A mixed method approach to examining Facebook use and its relationship to self-esteem. *Computers in Human Behavior* 29, no. 3, 827-832. doi:10:1016/j.chb.2012:11.010). Sem nenhuma surpresa, parece que a capacidade de criar e apresentar a versão ideal de si mesmo tem efeitos positivos sobre a autoestima. Embora formas mais antigas de mídia, como as revistas de moda sofisticadas e programas de TV, aumentem os problemas relacionados à imagem corporal, especialmente em mulheres, pesquisas mostraram que, em meados de 2010, o indicador mais forte desses problemas relacionados à mídia foi o uso de redes sociais (Tiggemann, M. e Miller, J. [2010]. The Internet and ado-

lescent girls' weight satisfaction and drive for thinness. *Sex Roles* 63, 79–90. doi:10:1007/ s11199-010-9789-z). As meninas que passaram mais tempo no Facebook e no MySpace apresentaram pontuações mais altas de "impulso para a magreza", uma subescala de uma ferramenta de diagnóstico de transtorno alimentar. O uso do Facebook também foi relacionado a meninas menos satisfeitas com seu peso atual e terem um ideal de magreza internalizado em maior grau. Essas associações foram mais fortes para redes sociais do que para os culpados tradicionais de transtornos da imagem corporal em mulheres, como revistas e TV. A maior parte das pesquisas tem sido ambígua quanto à possibilidade de as redes sociais realmente promoverem tipos saudáveis de autoestima. Em 2010, Soraya Mehdizadeh, uma estudante de psicologia da Universidade York, no Canadá, examinou os hábitos online e as personalidades dos usuários do Facebook na universidade, com idades entre 18 e 25 anos. Mehdizadeh explorou como o narcisismo e a autoestima estão relacionados aos diversos conteúdos autopromocionais de um perfil do Facebook, e constatou que os indivíduos com alto índice de narcisismo e baixa autoestima passam mais tempo no site e preenchem suas páginas com mais conteúdos autopromocionais. Portanto, preencher uma página do Facebook com versões positivadas de si mesmo não parece fazer muito pela autoestima de um indivíduo. Talvez pelo fato de que, para ter segurança, todos nós precisamos de feedbacks do mundo real — aquele tapinha nas costas literal e metafórico que vem através do tom de voz, do contato visual, da linguagem corporal e do contato físico. Um fator crucial pode ser o tipo de atividade online envolvida. Um estudo examinou a relação entre autoestima e uso do Facebook em uma amostra de cerca de duzentos estudantes universitários (Manago, Taylor e Greenfield, [2012]. Me and my 400 friends: The anatomy of college students' Facebook networks, their communication patterns, and well-being. *Developmental Psychology* 48, no. 2, 369–380. doi:10:1037/a0026338). Os resultados indicaram que o nível de autoestima estava relacionado ao envolvimento em diferentes comportamentos online. Por exemplo, a baixa autoestima foi associada a sentimentos de conexão com o Facebook (ou seja, com a própria rede), se desmarcando frequentemente de fotos e aceitando pedidos de amizade de conhecidos ou estranhos. Em contrapartida, os indivíduos com autoestima mais elevada estavam mais propensos a relatar que um aspecto positivo do Facebook era a capacidade de compartilhar imagens, pensamentos e ideias, e que as postagens de outras pessoas poderiam se tornar irritantes ou incômodas. A conclusão foi que indivíduos com baixa autoestima utilizam o Facebook para agregar mais amigos e gerenciar seus perfis. Então, reitere-se, talvez grandes públicos aumentem a autoestima; se assim for, aqueles que utilizam o Facebook para acumular grandes redes de contato estão em risco potencial de desenvolver estimativas prejudiciais de seu próprio valor (Gonzales, A. L. e Hancock, J. T. [2011]. Mirror, mirror on my Facebook wall: Effects of exposure to Facebook on self-esteem. *Cyberpsychology, Behavior, and Social Networking* 14, nos. 1–2, 79–83. doi: 10:1089/cyber.2009:0411). Enquanto isso, os participantes que também costumavam visualizar as páginas de perfil de outras pessoas não têm uma autoestima tão alta quanto aqueles que se concentram apenas em seus próprios perfis (Gonzales e Hancock, 2011). De forma correspondente, outro estudo descobriu que quem se concentra em sua própria página do Facebook tem níveis mais elevados de autoestima do que o grupo de controle (Gentile, B., Twenge, J. M., Freeman, E. C. e Campbell, W. K. [2012]. The effect of social networking websites on positive self-views: An experimental investigation. *Computers in Human Behavior* 28, no. 5, 1929–1933. doi:10:1016/j.chb.2012:05.012). Novamente, o uso individualista e mais focado em si nas redes sociais tem um vínculo mais forte com uma avaliação elevada de si mesmo, o que talvez seja de se esperar. No entanto, esses estudos podem estar simplesmente destacando as correlações entre pessoas que gostam mais do Facebook e uma autoestima elevada. As redes sociais, então, simplesmente reforçam a opinião elevada de indivíduos que já têm uma autoestima robusta, ou será que podem aumentar efetivamente os níveis de autoestima daqueles que não têm tanta confiança em si mesmos? Um fator determinante e essencial de quaisquer eventuais efeitos positivos do uso

de redes sociais é o tipo de feedback que os usuários recebem de seu público no Facebook (Valkenburg, P. M., Peter, J. e Schouten, M. A. [2006]. Friend networking sites and their relationship to adolescents' well-being and social self-esteem. *CyberPsychology & Behavior* 9, no. 5, 584-590. doi:10:1089/cpb.2006:9.584).
30. Valkenburg, Peter e Schouten, 2006.
31. Valkenburg, Peter e Schouten, 2006.
32. Facebook cull: Top reasons to unfriend someone. (3 jul. 2013). Disponível em: http://www.huffingtonpost.co.uk/2013/07/03/facebook-reasons-to-unfriend-someone_n_3541249.html.
33. Forest, A. L. e Wood, J. V. (2012). When social networking is not working: Individuals with low self-esteem recognize but do not reap the benefits of self-disclosure on Facebook. *Psychological Science* 23, no. 3, 295-302. doi:10:1177/0956797611429709.
34. Manago, A. M., Taylor, T. e Greenfield, P. M. (2012). Me and my 400 friends: The anatomy of college students' Facebook networks, their communication patterns, and well-being. *Developmental Psychology* 48, no. 2, 369-380. doi:10:1037/a0026338.
35. Manago, Taylor e Greenfield, 2012.
36. Qiu, L., Lin, H., Leung, A. K. e Tov, W. (2012). Putting their best foot forward: Emotional disclosure on Facebook. *Cyberpsychology, Behavior, and Social Networking* 15, no. 10, 569-572. doi:10:1089/cyber.2012:0200.
37. Sigman, A. (2009). Well connected? The biological implications of "social networking". *Biologist* 56, no. 1, 14-20. Disponível em: http://www.aricsigman.com/IMAGES/Sigman_lo.pdf.
38. KidScape. (2011). *Young people's cyber life survey*. Disponível em: http://www.kidscape.org.uk/resources/surveys.
39. Kanai, R., Bahrami, B., Roylance, R. e Rees, G. (2011). Online social network size is reflected in human brain structure. *Proceedings of the Royal Society Biological Sciences* 279, no. 1732, 1327-1334. doi:10:1098/rspb.2011:1959.
40. Turkle, S. (2012). *Alone together: Why we expect more from technology and less from each other.* Nova York: Basic Books.
41. James, O. (2008). *Affluenza*. Londres: Vermilion.
42. Krasnova, H., Wenninger, H., Widjaja, T. e Buxmann, P. (2013). Envy on Facebook: A hidden threat to users' life satisfaction? In *11th International Conference on Wirtschaftsinformatik*. Leipzig, Alemanha.
43. Marshall, T. C. (2012). Facebook surveillance of former romantic partners: Associations with post-breakup recovery and personal growth. *Cyberpsychology, Behavior, and Social Networking* 15, no. 10, 521-526. doi:10:1089/cyber.2012:0125.
44. Tong, S. T., Van Der Heide, B., Langwell, L. e Walther, J. B. (2008). Too much of a good thing? The relationship between number of friends and interpersonal impressions on Facebook. *Journal of Computer-Mediated Communication* 13, 531-549. doi:10:1111/j.1083-6101:2008:00409.x.
45. As pontuações Klout são complementadas com três medidas nominalmente mais específicas, que Klout chama de "alcance real", "amplificação" e "impacto na rede". O alcance real é baseado na quantidade de influência, que por sua vez é determinada pelo número de seguidores e amigos que ouvem e reagem ativamente às mensagens online; a pontuação de amplificação está relacionada à probabilidade de que as mensagens de alguém gerem ações (retuítes, @mensagens, curtidas e comentários); a pontuação de impacto na rede reflete a influência do público engajado de uma pessoa.
46. Llenas, B. (3 nov. 2011). Klout CEO Fernandez responds to critics, gives insider tips and thinks ahead. Disponível em: http://latino.foxnews.com/latino/community/2011/11/03/klout-ceo-fernandez-responds-to-critics-gives-tips-and-talks-future.

47. Bates, D. (17 jun. 2011). "Leaving Facebook? You can try... but 'evil genius' social network won't make it easy". Disponível em: http://www.dailymail.co.uk/sciencetech/article-2004610/Leaving-Facebook-You-try—evil-genius-social-network-wont-make-easy.html.
48. Stieger, S., Burger, C., Bohn, M. e Voracek, M. (no prelo). Who commits virtual identity suicide? Differences in privacy concerns, Internet addiction, and personality between Facebook users and quitters. *Cyberpsychology, Behavior, and Social Networking*. doi:10:1089/cyber.2012:0323.

CAPÍTULO 11. REDES SOCIAIS E RELACIONAMENTOS

1. Platão. (1925). *Plato in Twelve Volumes*. (H. N. Fowler, Trans.). Cambridge, MA: Harvard University Press; Londres: William Heinemann Ltd. Disponível em: http://www.perseus.tufts.edu/hopper/text?doc=Perseus%3Atext%3A1999:01.0174%3Atext%3DPhaedrus%3Apage%3D275.
2. In: http://stakeholders.ofcom.org.uk/market-data-research/market-data/communications-market-reports/cmr12/market-context.
3. Ofcom. (18 jul. 2012). *The communications market report 2012*. Disponível em: http://media.ofcom.org.uk/files/2012/07/CMR_analyst_briefing_180712.pdf.
4. Ofcom, 2012.
5. Seltzer, L. J., Prososki, A. R., Ziegler, T. E. e Pollak, S. D. (2012). Instant messages vs. speech: Hormones and why we still need to hear each other. *Evolution and Human Behavior* 33, 42–45. doi:10:1016/j.evolhumbehav.2011:05.004.
6. Lord, L. (14 jan. 2013). Generation Y, dating and technology: Digital natives struggle to connect offline. Disponível em: http://www.huffingtonpost.ca/2013/01/14/generation-y--online-dating-technology-relationships_n_2457722.html.
7. Turkle, S. (2012). *Alone together: Why we expect more from technology and less from each other*. Nova York: Basic Books, p. 1.
8. Howard-Jones, P. (2011). *The impact of digital technologies on human wellbeing: Evidence from the sciences of mind and brain*. Disponível em: http://www.nominettrust.org.uk/sites/default/files/NT%20SoA%20-%20The%20impact%20of%20digital%20technologies%20on%20human%20wellbeing.pdf, p. 17.
9. Burke, M., Kraut, R. e Marlow, C. (2011). Social capital on Facebook: Differentiating uses and users. *Proceedings of the SIGCHI Conference on Human Factors in Computing Systems*, 573–580. doi:10:1145/1978942:1979023.
10. Bessière, K., Kiesler, S., Kraut, R. e Boneva, B. S. (2008). Effects of Internet use and social resources on changes in depression. *Information, Communication, and Society* 11, no. 1, 47–70. doi:10:1080/13691180701858851.
11. Valkenburg, P. M. e Peter, J. (2007). Preadolescents' and adolescents' online communication and their closeness to friends. *Developmental Psychology* 43, no. 2, 267–277. doi:10:1037/0012-1649:43.2:267.
12. Grieve, R., Indian, M., Witteveen, K., Tolan, G. A. e Marrington, J. (2013). Face-to-face or Facebook: Can social connectedness be derived online? *Computers in Human Behavior* 29, no. 3, 604–609. doi:10:1016/j.chb.2012:11.017.
13. Pollet, T. V., Roberts, S. G. B. e Dunbar, R. I. M. (2011). Use of social network sites and instant messaging does not lead to increased offline social network size, or to emotionally closer relationships with offline network members. *Cyberpsychology, Behavior, and Social Networking* 14, no. 4, 253–258. doi:10:1089/cyber.2010:0161.
14. No entanto, assim como os humanos, os chimpanzés possuem "neurônios-espelho" funcionando em seus cérebros, células que, assim como aquelas relacionadas à alimentação, podem ser ativadas simplesmente observando outro chimpanzé comer. Parece que o chimpanzé observador "teve empatia" com o outro, mais sortudo, que se deleitava com uma uva

de verdade. Portanto, a capacidade de empatia é um componente básico do kit de ferramentas do cérebro dos primatas. Di Pellegrino, G., Fadiga, L., Fogassi, L., Gallese, V. e Rizzolatti, G. (1992). Understanding motor events: A neurophysiological study. *Experimental Brain Research* 91, 176-180. Disponível em: http://www.fulminiesaette.it/_uploads/foto/legame/DiPellegrinoEBR92.pdf.

15. Sagi, A. e Hoffman, M. L. (1976). Empathic distress in the newborn. *Developmental Psychology* 12, no. 2, 175-176. doi:10:1037/0012-1649:12.2:175.
16. Knafo, A., Zahn-Waxler, C., Van Hulle, C., Robinson, J. L. e Rhee, S. H. (2008). The developmental origins of a disposition toward empathy: Genetic and environmental contributions. *Emotion* 8, no. 6, 737-752. doi:10:1037/a001417.
17. Ioannidou, F. e Konstantikaki, V. (2008). Empathy and emotional intelligence: What is it really about? *International Journal of Caring Science* 1, no. 3, 118-123. Disponível em: http://www.caringsciences.org/volume001/issue3/Vol1_Issue3_03_Ioannidou_Abstract.pdf, p. 118.
18. Konrath, S. H., O'Brien, E. H. e Hsing, C. (2011). Changes in dispositional empathy in American college students over time: A meta-analysis. *Personality and Social Psychology Review* 15, no. 2, 180-198. doi:10:1177/1088868310377395.
19. McPherson, M., Smith-Lovin, L. e Brashears, M. E. (2006). Social isolation in America: Changes in core discussion networks over two decades. *American Sociological Review* 71, no. 3, 353-375. doi:10:1177/000312240607100301.
20. Rosen, L. D. (2012). *iDisorder: Understanding our obsession with technology and overcoming its hold on us*. Nova York: Palgrave Macmillan.
21. Engelberg, E. e Sjöberg, L. (2004). Internet use, social skills, and adjustment. *CyberPsychology & Behavior* 7, no. 1, 41-47. doi:10:1089/10949310 4322820101.
22. He, J. B., Liu, C. J., Guo, Y. Y. e Zhao, L. (2011). Deficits in early stage face perception in excessive Internet users. *Cyberpsychology, Behavior, and Social Networking* 14, no. 5, 303-308. doi:10:1089/cyber.2009:0333.
23. McDowell, M. J. (2004). Autism, early narcissistic injury and selforganization: A role for the image of the mother's eyes? *Journal of Analytical Psychology* 49, no. 4, 495-520. doi:10:1111/j.0021-8774:2004:00481.x.
24. Waldman, M., Nicholson, S. e Adilov, N. (2006). *Does television cause autism?* Working Paper No. 12632. Cambridge, MA: National Bureau of Economic Research. Waldman, M., Nicholson, S. e Adilov, N. (2012). *Positive and negative mental health consequences of early childhood television watching*. Working Paper No. 17786. Cambridge, MA: National Bureau of Economic Research.
25. Hertz-Picciotto, I. e Delwiche, L. (2009). The rise in autism and the role of age at diagnosis. *Epidemiology* 20, no. 1, 84-90. doi:10:1097/EDE.0b013e 3181902d15.
26. Amodio, D. M. e Frith, C. D. (2006). Meeting of minds: The medial frontal cortex and social cognition. *Nature Reviews Neuroscience* 7, 268-277. doi:10:1038/nrn1884.
27. Finkenauer, C., Pollman, M. M. H., Begeer, S. e Kerkhof, P. (2012). Examining the link between autistic traits and compulsive Internet use in a nonclinical sample. *Journal of Autism and Developmental Disorders* 42, 2252-2256. doi:10:1007/s10803-012-1465-4.
28. About ECHOES. (n.d.). Disponível em: http://echoes2.org/?q=node/2.
29. Clayton, R. B., Nagurney, A. e Smith, J. R. (2013). Cheating, breakup, and divorce: Is Facebook use to blame? *Cyberpsychology, Behavior, and Social Networking* 16, no. 10, 717-720. doi:10:1089/cyber.2012:0424.
30. Anderson, B., Fagan, P., Woodnutt, T. e Chamorro-Prezumic, T. (2012). Facebook psychology: Popular questions answered by research. *Psychology of Popular Media Culture* 1, no. 1, 23-37. doi:10:1037/a0026452.

31. Marshall, T. C. (2012). Facebook surveillance of former romantic partners: Associations with post-breakup recovery and personal growth. *Cyberpsychology, Behavior, and Social Networking* 15, no. 10, 521-526. doi:10:1089/cyber.2012:0125.
32. Marshall, 2012, p. 521.
33. Tokunaga, R. S. (2011). Social networking site or social surveillance site? Understanding the use of interpersonal electronic surveillance in romantic relationships. *Computers in Human Behavior* 27, no. 2, 705-713. doi:10:1016/j.chb.2010:08.014.
34. Stern, L. A. e Taylor, K. (2007). Social networking on Facebook. *Journal of the Communication, Speech & Theatre Association of North Dakota* 20, 9-20. Disponível em: http://www.cstand.org/userfiles/file/journal/2007.pdf#page=9.
35. Muise, A., Christofides, E. e Desmarais, S. (2009). More information than you ever wanted: Does Facebook bring out the green-eyed monster of jealousy? *CyberPsychology & Behavior* 12, no. 4, 441-444. doi:10:1089/cpb.2008:0263. Muscanell, N. L., Guadagno, R. E., Rice, L. e Murphy S. (2013). Don't it make my brown eyes green? An analysis of Facebook use and romantic jealousy. *Cyberpsychology, Behavior and Social Networking* 16, no. 4, 237-242. doi:10:1089/cyber.2012:0411.
36. Facebook fuelling divorce, research claims. (21 dez. 2009). Disponível em: http://www.telegraph.co.uk/technology/facebook/6857918/Facebook-fuelling-divorce-research-claims.html.
37. Facebook fomenta divórcios, segundo pesquisa (2009).

CAPÍTULO 12. REDES SOCIAIS E SOCIEDADE

1. Maag, C. (nov. 2012). A hoax turned fatal draws anger but no charges. Disponível em: http://www.nytimes.com/2007/11/28/us/28hoax.html?_r=0.
2. LeBlanc, J. C. (out. 2012). Cyberbullying and suicide: A retrospective analysis of 22 cases. *AAP Experience National Conference & Exhibition Council on School Health*. Disponível em: https://aap.confex.com/aap/2012/web program/Paper18782.html.
3. Tokunaga, R. S. (2010). Following you home from school: A critical review and synthesis of research on cyberbullying victimization. *Computers in Human Behavior* 26, no. 3, 277-287. doi:10:1016/j.chb.2009:11.014.
4. Lenhart, L., Madden, M., Smith, A., Purcell, K., Zickuhr, K. e Rainie, L. (2011). *Teens, kindness and cruelty on social network sites*. Disponível em: http://pewinternet.org/Reports/2011/Teens-and-social-media.aspx, pp. 26-27.
5. de Balzac, H. (2010). *Father Goriot*. (tradução de E. Marriage). Project Gutenberg ebook. Disponível em: http://www.gutenberg.org/files/1237/1237-h/1237-h.htm. (Original work published 1835.)
6. Volk, A. A., Camilleri, J. A., Dane, A. V. e Marini, Z. A. (2012). Is adolescent bullying an evolutionary adaptation? *Aggressive Behavior* 38, no. 3, 222-238. doi:10:1002/ab.21418.
7. Olweus, D. (2012). Cyberbullying: An overrated phenomenon? *European Journal of Developmental Psychology* 9, no. 5, 520-538. doi:10:1080/17405629:2012:682358, p. 529.
8. Bonanno, R. A. e Hymel, S. (2013). Cyber bullying and internalizing difficulties: Above and beyond the impact of traditional forms of bullying. *Journal of Youth and Adolescence* 42, no. 5, 685-697. doi:10:1007/s10964-013-9937-1.
9. Pornari, C. D. e Wood, J. (2010). Peer and cyber aggression in secondary school students: The role of moral disengagement, hostile attribution bias, and outcome expectancies. *Aggressive Behavior* 36, no. 2, 81-94. doi:10:1002/ab.20336.
10. Bandura, A. (1986). *Social foundation of thought and action: A social cognitive theory*. Englewood Cliffs, NJ: Prentice Hall.
11. Pornari e Wood, 2010.

12. Perren, S. e Gutzwiller-Helfenfinger, E. (2012). Cyberbullying and traditional bullying in adolescence: Differential roles of moral disengagement, moral emotions, and moral values. *European Journal of Developmental Psychology* 9, no. 2, 195–209. doi:10:1080/17405629:2011:643168.
13. Robson, C. e Witenberg, R. T. (2013). The influence of moral disengagement, morally based self-esteem, age, and gender on traditional and cyber bullying. *Journal of School Violence* 12, 211–231. doi:10:1080/15388220:2012: 762921.
14. Hardaker, C. (2010). Trolling in asynchronous computer-mediated communication: From user discussions to academic definitions. *Journal of Politeness Research: Language, Behavior, Culture* 6, no. 2, 215–242. doi:10:1515/jplr.2010:011.
15. Carey, T. (24 set. 2011). "Help me, mummy. It's hot here in hell": A special investigation into the distress of grieving families caused by the sick Internet craze "trolling". Disponível em: http://www.dailymail.co.uk/news/article-2041193/Internet-trolling-Investigation-distress-grieving-families-caused-trolls.html.
16. In: Paton, G. (out. 2010). Facebook "encourages children to spread gossip and insults". Disponível em: http://www.telegraph.co.uk/education/educationnews/8067093/Facebook-encourages-children-to-spread-gossip-and-insults.html.
17. Jackson, L. A. e Wang, J. L. (2013). Cultural differences in social networking site use: A comparative study of China and the United States. *Computers in Human Behavior* 29, no. 3, 910–921. doi:10:1016/j.chb.2012:11.024.
18. Anderson, B., Fagan, P., Woodnutt, T. e Chamorro-Prezumic, T. (2012). Facebook psychology: Popular questions answered by research. *Psychology of Popular Media Culture* 1, no. 1, 23–37. doi:10:1037/a0026452.
19. Huang, C. (6 jun. 2011). Facebook and Twitter key to Arab Spring uprisings: Report. Disponível em: http://www.thenational.ae/news/uae-news/facebook-and-twitter-key-to-arab-spring-uprisings-report.
20. Waldorf, L. (2012). White noise: Hearing the disaster. *Journal of Human Rights Practice* 4, no. 3, 469–474. doi:10:1093/jhuman/hus025.
21. Flores, A. e James, C. (2013). Morality and ethics behind the screen: Young people's perspectives on digital life. *New Media & Society* 15, 834–852. doi:10:1177/1461444812462842.
22. Donne, J. (1839). Devotions upon emergent occasions. In H. Alfred (Ed.), The works of John Donne, pp. 574–575. Disponível em: http://www.luminarium.org/sevenlit/donne/meditation17.php.

CAPÍTULO 13. O *QUÊ* DOS JOGOS ELETRÔNICOS

1. Entertainment Software Association. (2013). *Essential facts about the computer and videogame industry*. Disponível em: http://www.theesa.com/facts/pdfs/esa_ef_2013.pdf.
2. Entertainment Software Association, 2013.
3. Lazzaro, N. (2004). *Why we play games: Four keys to more emotion without story*. Disponível em: http://www.xeodesign.com/xeodesign_whyweplaygames.pdf.
4. D'Angelo, W. (23 abr. 2012). Top 10 in sales—first person shooters [postagem em blog]. Disponível em: http://www.vgchartz.com/article/250080/top-10-in-sales-first-person-shooters.
5. Demetrovics, Z., Urbán, R., Nagygyörgy, K., Farkas, J., Zilahy, D., Mervó, B.,... e Harmath, E. (2011). Why do you play? The development of the motives for online gaming questionnaire (MOGQ). *Behavior Research Methods* 43, no. 3, 814–825. doi:10:3758/s13428–011–0091-y. Yee, N. (2006). Motivations for play in online games. *CyberPsychology & Behavior* 9, no. 6, 772–775. doi:10:1089/cpb.2006:9.772.
6. Kuss, D. J. e Griffiths, M. D. (2012). Internet gaming addiction: A systematic review of empirical research. *International Journal of Mental Health and Addiction* 10, no. 2, 278–296. doi:10:1007/s11469-011-9138-5.

7. Hopson, J. (27 abr. 2001). Behavioral game design. Disponível em: http://www.gamasutra.com/view/feature/3085/behavioral_game_design.php.
8. Yee, N. (2002). Facets: 5 motivation factors for why people play MMORPGs. Disponível em: http://www.nickyee.com/facets/home.html.
9. A razão pela qual os estudos de vício em internet foram incluídos é porque os ciberpsicólogos não sabem ao certo se o vício em games é a mesma coisa que vício em internet. Dez anos atrás, quando muitos desses estudos estavam sendo realizados, houve uma confusão entre ambos, já que os pesquisadores presumiram que vício em internet era a mesma coisa que vício em jogos eletrônicos, ou que este era uma manifestação daquele. Assim, os pesquisadores analisaram o vício em internet em amostras de jogadores compulsivos. Não seríamos capazes de obter uma imagem completa da literatura atual sem incluir, também, o vício em internet.
10. Kuss e Griffiths, 2012. Hur, M. H. (2012). Current trends of Internet addiction disorder research: A review of 2000-2008 Korean academic journal articles. *Asia Pacific Journal of Social Work and Development* 22, no. 3, 187-201. doi:10:1080/02185385:2012:69 1718.
11. Em 1998, anteriormente, portanto, à proliferação dos jogos online, a Dra. Kimberly Young alterou os critérios preexistentes usados para diagnosticar o jogo patológico a fim de sugerir que o uso patológico da internet compartilhava características semelhantes: preocupação, tolerância, abstinência, falha de controle, uso mais prolongado do que o pretendido, comprometimento funcional, mentir e usar o jogo como escape (Young, K. S. [1998]. Internet addiction: The emergence of a new clinical disorder. *CyberPsychology & Behavior* 1, no. 3, 237-244. doi:10:1089/cpb.1998: 1.237). Como diretora do Center for Internet Addiction Recovery, Young considera que "os viciados em internet sofrem de problemas emocionais, como depressão e transtornos relacionados à ansiedade, e muitas vezes usam o mundo de fantasia da internet para escapar psicologicamente de sentimentos desagradáveis ou situações estressantes" (Young, K. [15 mar. 2012]. FAQs. Disponível em: http://netaddiction.com/faqs). As consequências incluem perda regular de sono, mudanças na dieta, dificuldades de relacionamento, danos à vida social do mundo real, perda de renda ou emprego, piora no desempenho acadêmico, irritabilidade ou ansiedade quando não se está usando a internet e incapacidade de cortar ou interromper o uso da internet. Como se não bastasse, essa compulsão foi associada a níveis mais altos de hostilidade, estresse, solidão, depressão e aumento de pensamentos suicidas (Ko, C. H., Yen, J. Y., Yen, C. F., Chen, C. S. e Chen, C. C. [2012]. The association between Internet addiction and psychiatric disorder: A review of the literature. *European Psychiatry* 27, no. 1, 1-8. doi:10:1016/j.eurpsy.2010:04.011). Outro adepto dessa corrente é David Greenfield (que não é meu parente), diretor do Center for Internet Behavior em Connecticut e autor de *Virtual Addiction* ["Vício Virtual", em tradução livre] (Greenfield, D. N. [1999]. *Virtual Addiction: Help for Netheads, Cyberfreaks, and Those Who Love Them*. Oakland, CA: New Harbinger). Greenfield acredita que alguns serviços disponíveis na internet oferecem um coquetel inédito e atraente de conteúdos estimulantes, facilidade de acesso, conveniência, baixo custo, estimulação visual, autonomia e anonimato, todos contribuindo para uma experiência altamente psicoativa. Definindo "psicoativo" como algo que altera o humor e que potencialmente impacta o comportamento, Greenfield afirma que sexo online, games, jogos de azar e compras podem produzir um efeito de alteração do humor, sugerindo, assim, que uma ampla variedade de atividades na internet podem ser agrupadas como "viciantes".
12. Signs of gaming addiction in adults. (n.d.). Disponível em: http://www.video-game-addiction.org/internet-addictions-adults.html.
13. Starcevic, V. (2013). Is Internet addiction a useful concept? *Australian and New Zealand Journal of Psychiatry* 47, no. 1, 16-19. doi:10:1177/0004867412461693.

14. Nos Estados Unidos, uma revisão do uso excessivo da internet por jovens demonstrou uma prevalência variando de 0% a 26,3% (Moreno, M. A., Jelenchick, L., Cox, E., Young, H. e Christakis, D. A. [2011]. Problematic Internet use among U.S. youth: A systematic review. *Archives of Pediatrics & Adolescent Medicine* 165, no. 9, 797-805. doi:10:1001/archpediatrics.2011:58). Enquanto isso, em Hong Kong, Daniel Shek, professor de psicologia da Universidade Politécnica e especialista em "educação saudável", observou uma prevalência estimada de dependência de internet de 20% em adolescentes chineses (Shek, D. T., Tang, V. M. e Lo, C. Y. [2008]. Internet addiction in Chinese adolescents in Hong Kong: Assessment, profiles, and psychosocial correlates. *Scientific World Journal* 8, 776-787. doi:10:1100/tsw.2008:104). Por outro lado, em um estudo europeu, Konstantinos Siomos, um psiquiatra de crianças e adolescentes e presidente da Sociedade Helênica para o Estudo do Transtorno de Dependência da Internet, entrevistou mais de 2 mil adolescentes gregos, novamente amostrados usando um questionário de diagnóstico de dependência da internet. Siomos descobriu que a prevalência do vício em internet era de 8,2% (Siomos, K. E., Dafouli,E. D., Braimiotis, D. A., Mouzas, O. D. e Angelopoulos, N. V. [2008]. Internet addiction among Greek adolescent students. *CyberPsychology & Behavior* 11, no. 6, 653-657. doi:10:1089/cpb.2008:0088). Uma revisão dos estudos publicados até o final de 2009 verificou, a partir de diferentes estudos conduzidos principalmente no Extremo Oriente, taxas de prevalência de dependência de internet altamente variadas (Ko et al., 2012).
15. Gentile, D. (2009). Pathological video-game use among youth ages 8 to 18: A national study. *Psychological Science* 20, no. 5, 594-602. doi:10:1111/j.1467-9280:2009: 02340.x.
16. Kuss e Griffiths, 2012.
17. Gentile, D. A., Choo, H., Liau, A., Sim, T., Li, D., Fung, D. e Khoo, A. (2011). Pathological videogame use among youths: A two-year longitudinal study. *Pediatrics* 127, no. 2, 319-329. doi:10:1542/peds.2010-1353.
18. Weinstein, A. e Lejoyeux, M. (2010). Internet addiction or excessive Internet use. *American Journal of Drug and Alcohol Abuse* 36, no. 5, 277-283. doi:10:3109/00952990:2010:491880.
19. Weinstein, A. M. (2010). Computer and videogame addiction: A comparison between game users and non-game users. *American Journal of Drug and Alcohol Abuse* 36, no. 5, 268-276. doi:10:3109/00952990:2010:491879.
20. O estriado ventral é a parte inferior e o estriado dorsal a parte superior de uma grande área, o estriado, que ocupa uma parte central do cérebro em todos os mamíferos. Em animais superiores, o estriado é subdividido na parte superior, chamada de putâmen, e na parte inferior, o núcleo caudado. Dentro do estriado ventral/núcleo caudado, outra área, o núcleo accumbens, que é uma região rica em dopamina, intimamente ligada à dependência de drogas. O corpo estriado também está direta e reciprocamente conectado à substância nigra, o principal local de degeneração na doença de Parkinson, um distúrbio do movimento. Não existe uma "função" única para o corpo estriado, que tem conexões anatômicas difusas e complexas e que tem sido relacionado a uma variedade de processos que vão da recompensa ao movimento.
21. Kühn, S., Romanowski, A., Schilling, C., Lorenz, R., Mörsen, C., Seiferth, N.,... e Gallinat, J. (2011). The neural basis of gaming. *Translational Psychiatry* 1, no. 11, e53. doi:10:1038/tp.2011:53.
22. Linnet, J., Peterson, E., Doudet, D. J., Gjedde, A. e Moller, A. (2010). Dopamine release in ventral striatum of pathological gamblers losing money. *Acta Psychiatrica Scandinavica* 112, no. 4, 326-333. doi:10:1111/j.1600–0447:2010:01591.x.
23. Kühn et al., 2011.
24. Erickson, K. I., Boot, W. R., Basak, C., Neider, M. B., Prakash, R. S., Voss,M. W.,... e Kramer, A. F. (2010). Striatal volume predicts level of videogame skill acquisition. *Cerebral Cortex* 20, no. 11, 2522-2530. doi:10:1093/cercor/bhp293.

25. Drevets, W. C., Price, J. C., Kupfer, D. J., Kinahan, P. E., Lopresti, B., Holt, D. e Mathis, C. (1999). PET measures of amphetamine-induced dopamine release in ventral versus dorsal striatum. *Neuropsychopharmacology* 21, no. 6, 694-709. doi:10:1016/S0893-133X(99)00079-2.
26. Robbins, T. W. e Everitt, B. J. (1992). Functions of dopamine in the dorsal and ventral striatum. *Seminars in Neuroscience* 4, no. 2, 119-127. Disponível em: http://www.sciencedirect.com/science/article/pii/104457659290010Y. MacDonald, P. A., MacDonald, A. A., Seergobin, K. N., Tamjeedi, R., Ganjavi, H., Provost, J. S. e Monchi, O. (2011). The effect of dopamine therapy on ventral and dorsal striatum-mediated cognition in Parkinson's disease: Support from functional MRI. *Brain* 134, no. 5, 1447-1463. doi:10:1093/brain/awr075.
27. Koepp, M. J., Gunn, R. N., Lawrence, A. D., Cunningham, V. J., Dagher, A., Jones, T.,... e Grasby, P. M. (1998). Evidence for striatal dopamine release during a videogame. *Nature* 393, no. 6682, 266-267. doi:10:1038/30498.
28. Metcalf, O. e Pammer, K. (2014). Sub-types of gaming addiction: Physiological arousal deficits in addicted gamers differ based on preferred genre. *European Addiction Research* 20, no. 1, 23-32. doi:10:1159/000349907.
29. Han, D. H., Lee, Y. S., Yang, K. C., Kim, E. Y., Lyoo, I. K. e Renshaw, P. F. (2007). Dopamine genes and reward dependence in adolescents with excessive Internet videogame play. *Journal of Addiction Medicine* 1, no. 3, 133-138. doi:10:1097/ADM.0b013e31811f465f.
30. Lush, T. (29 ago. 2011). At war with *World of Warcraft:* An addict tells his story. Disponível em: http://www.theguardian.com/technology/2011/aug/29/world-of-warcraft-video-game-addict.
31. Personal communication, 8 mar. 2013.
32. King, D. L., Delfabbro, P. H. e Griffiths, M. D. (2011). The role of structural characteristics in problematic videogame play: An empirical study. *International Journal of Mental Health and Addiction* 9, no. 3, 320-333. doi:10:1007/s11469-010-9289-y.
33. Lazzaro, 2004.
34. Trepte, S. e Reinecke, L. (2010). Avatar creation and videogame enjoyment: Effects of life-satisfaction, game competitiveness, and identification with the avatar. *Journal of Media Psychology: Theories, Methods, and Applications* 22, no. 4, 171-184. doi:10:1027/1864-1105/a000022.
35. Bavelier, D., Green, C. S. e Dye, M. W. (2010). Children, wired: For better and for worse. *Neuron* 67, no. 5, 692-701. doi:10:1016/j.neuron.2010:08.035,p. 698.
36. Nunneley, S. (30 abr. 2013). Guardian analysis of top 50 games sold in 2012 found "more than half contain violent content labels" [postagem em blog]. Disponível em: http://www.vg247.com/2013/04/30/guardian-analysis-of-top-50-games-sold-in-2012-found-more-than-half-contain-violent-content-labels.

CAPÍTULO 14. JOGOS ELETRÔNICOS E ATENÇÃO

1. Dowd, M. (6 dez. 2011). Silence is golden. Disponível em: http://www.nytimes.com/2011/12/07/opinion/dowd-silence-is-golden.html?_r=0.
2. Christakis, D. A., Zimmerman, F. J., DiGiuseppe, D. L. e McCarty, C. A. (2004). Early television exposure and subsequent attentional problems in children. *Pediatrics* 113, 708-713. Disponível em: http://pediatrics.aappublications.org/content/113/4/708.short.
3. Alguns especialistas acham que os jogos são, de fato, mais prejudiciais do que a TV. Em sua recente revisão, o psicólogo Paul Howard-Jones aponta para a diferença entre as duas mídias em função do grau de envolvimento pessoal e interatividade. Ele conclui: "Em termos de conteúdo... parece que as atividades de lazer na internet que são mais populares entre as crianças, como jogos, possivelmente não ensinem as capacidades atencionais exigidas para 'prestar atenção' na sala de aula e em outros contextos. Considerando a interatividade adicional e os níveis de envolvimento psicológico e cognitivo que podem oferecer, pode-se argumen-

tar que algumas atividades na internet (como games) podem representar uma ameaça maior a algumas habilidades de atenção que não sejam a televisão." (Howard-Jones, P. [2011]. *The impact of digital technologies on human wellbeing: Evidence from the sciences of mind and brain*. Disponível em: http://www.nominettrust.org.uk/sites/default/files/NT%20SoA%20-%20 The%20impact%20of%20digital%20technologies%20on%20human%20wellbeing. pdf).

4. Swing, E. L., Gentile, D. A., Anderson, C. A. e Walsh, D. A. (2010). Television and videogame exposure and the development of attention problems. *Pediatrics* 126, no. 2, 214-221. doi:10:1542/peds.2009-1508.
5. Swing et al., 2010.
6. Gentile, D. A., Swing, E. L., Lim, C. G. e Khoo, A. (2012). Videogame playing, attention problems, and impulsiveness: Evidence of bidirectional causality. *Psychology of Popular Media Culture* 1, no. 1, 62. doi:10:1037/a0026969.
7. McKinley, R. A., McIntire, L. K. e Funke, M. A. (2011). Operator selection for unmanned aerial systems: Comparing videogame players and pilots. *Aviation, Space and Environmental Medicine* 82, no. 6, 635-642. doi:10:3357/ASEM.2958:2011.
8. Appelbaum, L. G., Cain, M. S., Darling, E. F. e Mitroff, S. R. (2013). Action videogame playing is associated with improved visual sensitivity, but not alterations in visual sensory memory. *Attention, Perception, & Psychophysics* 75, no. 6, 1161-1167. doi: 10:3758/s13414-013-0472-7.
9. In: Gamers really do see more. (11 jun. 2013). *Duke Today*. Disponível em: http://today.duke.edu/2013/06/vidvision.
10. Boot, W. R., Blakely, D. P. e Simons, D. J. (2011). Do action videogames improve perception and cognition? *Frontiers in Psychology* 2, 1-6. doi:10:3389/fpsyg.2011:00226.
11. Bavelier, D., Green, C. S., Pouget, A. e Schrater, P. (2012). Brain plasticity through the life span: Learning to learn and action videogames. *Annual Review of Neuroscience* 35, 391-416. doi:10:1146/annurev-neuro-060909-152832. Castel, A. D., Pratt, J. e Drummond, E. (2005). The effects of action videogame experience on the time course of inhibition of return and the efficiency of visual search. *Acta Psychologica* 119, no. 2, 217-230. doi:10:1016/j.actpsy.2005:02.004. Donohue, S. E., Woldorff, M. G. e Mitroff, S. R. (2010). Videogame players show more precise multisensory temporal processing abilities. *Attention, Perception & Psychophysics* 72, no. 4, 1120-1129. doi:10:3758/APP.72:4.1120. Dye, M. W. G., Green, C. S. e Bavelier, D. (2009). Increasing speed of processing with action videogames. *Current Directions in Psychological Science* 18, no. 6, 321-326. doi:10:1111/j.1467-8721:2009:01660.x. Feng, J., Spence, I. e Pratt, J. (2007). Playing an action videogame reduces gender differences in spatial cognition. *Psychological Science* 18, no. 10, 850-855. doi:10:1111/j.1467-9280:2007:01990.x. Green, C. S. e Bavelier, D. (2003). Action videogame modifies visual selective attention. *Nature* 423, no. 6939, 534-537. Disponível em: http://www.nature.com/nature/journal/v423/n6939/abs/nature01647.html. Green, C. S. e Bavelier, D. (2007). Action-video-game experience alters the spatial resolution of vision. *Psychological Science* 18, no. 1, 88-94. doi:10:1111/j.1467-9280:2007:01853.x. Green, C. S. e Bavelier, D. (2012). Learning, attentional control, and action videogames. *Current Biology* 22, no. 6, R197-R206. doi:10:1016/j.cub.2012:02.012. Green, C. S., Pouget, A. e Bavelier, D. (2010). Improved probabilistic inference as a general learning mechanism with action videogames. *Current Biology* 20, 1573-1579. doi:10:1016/j.cub.2010:07.040. Hubert-Wallander, B., Green, C. S. e Bavelier, D. (2011). Stretching the limits of visual attention: The case of action videogames. *Wiley Interdisciplinary Reviews: Cognitive Science* 2, no. 2, 222-230. doi:10:1002/wcs.116. Subrahmanyam, K. e Greenfield, P. M. (1994). Effect of videogame practice on spatial skills in girls and boys. *Journal of Applied Developmental Psychology* 15, no. 1, 13-32. doi:10:1016/0193-3973(94)90004-3.

12. Green e Bavelier (2003), p. 536. Os indivíduos tinham entre 18 e 23 anos e foram divididos em dois grupos distintos. Aqueles que jogavam já estavam acostumados a jogar jogos de ação, como Grand Theft Auto, por pelo menos uma hora por dia, quatro dias por semana e durante os seis meses anteriores. O segundo grupo, dos não jogadores, jogou muito pouco ou nada nos seis meses precedentes.
13. V. n. 11.
14. Rosser, J. C. J., Lynch, P. J., Cuddihy, L., Gentile, D. A., Klonsky, J., Merrell, R. e Curet, M. (2007). The impact of videogames on training surgeons in the 21st century. *Archives of Surgery* 142, no. 2, 181-186. Disponível em: http://cat.inist.fr/?aModele=afficheN&cpsidt=18510967.
15. What is Big Brain Academy? (n.d.). Disponível em: http://www.bigbrain academy.com/ds/what/index.html.
16. Boot, Blakely e Simons, 2011.
17. Han, D. H., Renshaw, P. F., Sim, M. E., Kim, J. I., Arenella, L. S. e Lyoo, I. K. (2008). The effect of Internet videogame play on clinical and extrapyramidal symptoms in patients with schizophrenia. *Schizophrenia Research* 103, nos. 1-3, 338-340. doi:10:1016/j.schres.2008:01.026.
18. Bavelier, D., Green, C. S., Han, D. H., Renshaw, P. F., Merzenich, M. M. e Gentile, D. A. (2011). Brains on videogames. *Nature Reviews Neuroscience* 12, no. 12, 763-768. doi:10:1038/nrn3135.
19. Walshe, D. G., Lewis, E. J., Kim, S. I., O'Sullivan, K. e Wiederhold, B. K. (2003). Exploring the use of computer games and virtual reality in exposure therapy for fear of driving following a motor vehicle accident. *CyberPsychology & Behavior* 6, no. 3, 329-334. doi:10:1089/109493103322011641.
20. Fernández-Aranda, F., Jiménez-Murcia, S., Santamaría, J. J., Gunnard, K., Soto, A., Kalapanidas, E.,... e Penelo, E. (2012). Videogames as a complementary therapy tool in mental disorders: PlayMancer, a European multicentre study. *Journal of Mental Health* 21, no. 4, 364-374. doi:10:3109/096382 37:2012:664302.
21. Gambotto-Burke, A. (13 ago. 2011). Hi-tech stimuli help to dull the pain. Disponível em: http://www.theaustralian.com.au/news/health-science/hi-tech-stimuli-help-to-dull-the-pain/story-e6frg8y6-1226113730661.
22. Coyne, S. M., Padilla-Walker, L. M., Stockdale, L. e Day, R. D. (2011). Game on... girls: Associations between co-playing videogames and adolescent behavioral and family outcomes. *Journal of Adolescent Health* 49, no. 2, 160-165. doi:10:1016/j.jadohealth.2010:11.249.
23. Bessière, K., Seay, A. F. e Kiesler, S. (2007). The ideal elf: Identity exploration in *World of Warcraft*. *CyberPsychology & Behavior* 10, no. 4, 530-535. doi:10:1089/cpb.2007:9994.
24. Xanthopoulou, D. e Papagiannidis, S. (2012). Play online, work better? Examining the spillover of active learning and transformational leadership. *Technological Forecasting and Social Change* 79, no. 7, 1328-1339. doi:10:1016/j.techfore.2012:03.006.
25. Bailey, K., West, R. e Anderson, C. A. (2010). A negative association between videogame experience and proactive cognitive control. *Psychophysiology* 47, no. 1, 34-42. doi:10:1111/j.1469-8986:2009:00925.x.
26. Braver, T. S., Gray, J. R. e Burgess, G. C. (2007). Explaining the many varieties of working memory variation: Dual mechanisms of cognitive control. In: A. Conway, C. Jarrold, M. J. Kane, A. Miyake e J. N. Towse (Eds.). *Variation in working memory*, pp. 76-106. Oxford: Oxford University Press.
27. Bailey, West e Anderson, 2010.
28. Ventura, M., Shute, V. e Zhao, W. (2013). The relationship between videogame use and a performance-based measure of persistence. *Computers & Education* 60, no. 1, 52-58. doi:10:1016/j.compedu.2012:07.003.
29. TDAH e TDA são termos genéricos, frequentemente usados para descrever indivíduos que têm transtorno de déficit de atenção e hiperatividade ou, como o nome abreviado sugere, problemas de atenção, ausentes os comportamentos hiperativos e impulsivos. Os termos

TDAH e TDA são utilizados alternadamente com alguma regularidade, tanto para aqueles que possuem sintomas de hiperatividade e impulsividade quanto para quem não os apresenta. Para os nossos propósitos, podemos considerar os dois juntos sob a mesma terminologia abrangente relativa a problemas de atenção.
30. Howard-Jones, P. (2011). *The impact of digital technologies on human wellbeing: Evidence from the sciences of mind and brain.* Disponível em: http://www.nominet trust.org.uk/sites/default/files/NT%20SoA%20-%20The%20impact%20of%20 digital%20technologies%20on%20human%20wellbeing.pdf, p. 52.
31. Parkes, A., Sweeting, H., Wight, D. e Henderson, M. (2013). Do television and electronic games predict children's psychosocial adjustment? Longitudinal research using the UK Millennium Cohort Study. *Archives of Disease in Childhood* 98, no. 5, 341-348. doi:10:1136/archdischild-2011-301508.
32. Os pesquisadores usam termos como "excessivo", "obsessivo", "compulsivo", "patológico", "prejudicial" e "viciante" ao se referir ao uso da internet que resulta em prejuízos para o usuário e incapacidade de controlar essa utilização, já que o "vício em internet" não é um transtorno formalmente reconhecido. Esses termos são empregados para se referir ao mesmo comportamento — uma incapacidade de reduzir ou controlar seu uso, apesar das consequências negativas serem relevantes.
33. Collins, E., Freeman, J. e Chamarro-Premuzic, T. (2012). Personality traits associated with problematic and non-problematic massively multiplayer online role playing game use. *Personality and Individual Differences* 52, no. 2, 133-138. doi:10:1016/j.paid.2011:09.015.
34. Ha, J. H., Yoo, H. J., Cho, I. H., Chin, B., Shin, D. e Kim, J. H. (2006). Psychiatric comorbidity assessed in Korean children and adolescents who screen positive for Internet addiction. *Journal of Clinical Psychiatry* 67, no. 5, 821-826. doi:10:4088/JCP.v67n0517.
35. Yen, J. Y., Ko, C. H., Yen, C. F., Wu, H. Y. e Yang, M. J. (2007). The comorbid psychiatric symptoms of Internet addiction: Attention deficit and hyperactivity disorder (ADHD), depression, social phobia, and hostility. *Journal of Adolescent Health* 41, 93-98. doi:10:1016/j.jadohealth.2007:02.002.
36. Swing et al., 2010.
37. Chan, P. A. e Rabinowitz, T. (2006). A cross-sectional analysis of videogames and attention deficit hyperactivity disorder symptoms in adolescents. *Annals of General Psychiatry* 5, no. 16, 5-16. doi:10:1186/1744-859X-5-16, p. 4.
38. Bioulac, S., Arfi, L. e Bouvard, M. P. (2008). Attention deficit/hyperactivity disorder and videogames: A comparative study of hyperactive and control children. *European Psychiatry* 23, no. 2, 134-141. doi:10:1016/j.eurpsy.2007: 11.002.
39. Doward, J. e Craig, E. (6 maio 2012). Ritalin use for ADHD children soars fourfold. Disponível em: http://www.theguardian.com/society/2012/may/06/ritalin-adhd-shocks-child-psychologists.
40. Zuvekas, S. H. e Vitiello, B. (2012). Stimulant medication use in children: A 12-year perspective. *American Journal of Psychiatry* 169, no. 2, 160-166. doi:10:1176/appi.ajp.2011:11030387.
41. Hollingworth, S. A., Nissen, L. M., Stathis, S. S., Siskind, D. J., Varghese, J. M. e Scott, J. G. (2011). Australian national trends in stimulant dispensing: 2002-2009. *Australian and New Zealand Journal of Psychiatry* 45, no. 4, 332-336. doi:10:3109/00048674:2010:543413.
42. No entanto, cabe ressaltar uma ideia: sejam quais forem as descobertas que possam surgir de um grupo de assuntos, devemos sempre estar cientes dos possíveis fatores culturais, relevantíssimos. Por exemplo, um cientista coreano, Seok Young Moon, muito ciente do problema, concluiu: "Ao investigar se as perspectivas dos professores e pais sobre o TDAH são influenciadas pela cultura, descobri que a influência cultural desempenha um papel importante: na Coreia, de acordo com os princípios confucionistas, pais e professores tendem a se concentrar mais no desempenho acadêmico das crianças e considerar seus comportamentos distrativos como um reflexo negativo sobre si mesmos e sua autoridade. Professores e pais coreanos tentam assumir responsabilidade pes-

soal pelos comportamentos distrativos das crianças e têm atitudes negativas em relação à medicação porque ela não ajuda a aumentar o progresso acadêmico. Pais e professores norte-americanos, por sua vez influenciados pelo enfoque da cultura ocidental na independência, tendem a não assumir responsabilidade pessoal pelos comportamentos das crianças, mas a se concentrar mais nos problemas e no tratamento. Esses pais e professores pouco se importaram com o envolvimento de terceiros para lidar com crianças com TDAH e seus comportamentos. Os pais norte-americanos se mostraram mais receptivos com o tratamento médico, já que a medicação ajuda a reduzir os comportamentos distrativos das crianças." (Moon, S. Y. [n.d.]. Cultural perspectives on attention deficit hyperactivity disorder: A comparison between Korea and the United States. *Journal of International Business and Cultural Studies*, 1–11. Disponível em: http://ww.aabri.com/manuscripts/11898.pdf).
43. Turner, D. C., Robbins, T. W., Clark, L., Aron, A. R., Dowson, J. e Sahakian,B. J. (2003). Cognitive enhancing effects of modafinil in healthy volunteers.*Psychopharmacology* 165, no. 3, 260–269. doi:10:1007/s00213-002-1250-8.
44. Han, D. H., Lee, Y. S., Na, C., Ahn, J. Y., Chung, U. S., Daniels, M. A.,... e Renshaw, P. F. (2009). The effect of methylphenidate on Internet videogame play in children with attention-deficit/hyperactivity disorder. *Comprehensive Psychiatry* 50, no. 3, 251–256. doi:10:1016/j.comppsych.2008:08.011, p. 251.
45. Howard-Jones, 2011.

CAPÍTULO 15. JOGOS ELETRÔNICOS, VIOLÊNCIA E INCONSEQUÊNCIA

1. Cinquenta e seis crianças de dez a treze anos nomearam outras crianças que exibiram certas formas de comportamento agressivo físico e verbal naquele dia, e também avaliaram as intenções desses comportamentos agressivos, caso ocorressem. Polman, H., De Castro, B. O. e van Aken, M. A. (2008). Experimental study of the differential effects of playing versus watching violent videogames on children's aggressive behavior. *Aggressive Behavior* 34, no. 3, 256–264. doi:10:1002/ab.20245.
2. Griffiths, M. (1999). Violent videogames and aggression: A review of the literature. *Aggression and Violent Behavior* 4, no. 2, 203–212. doi:10:1016/S1359-1789(97)00055-4. Dill, K. E. e Dill, J. C. (1999). Videogame violence: A review of the empirical literature. *Aggression and Violent Behavior* 3, no. 4, 407–428. doi:10:1016/S1359-1789(97)00001-3. Anderson, C. A. e Dill,K. E. (2000). Videogames and aggressive thoughts, feelings, and behavior in the laboratory and in life. *Journal of Personality and Social Psychology* 78, no. 4, 772–790. doi:10:1037/0022-3514:78.4:772.
3. Konijn, E. A., Nije Bijvank, M. e Bushman, B. J. (2007). I wish I were a warrior: The role of wishful identification in the effects of violent videogames on aggression in adolescent boys.*Developmental Psychology* 43, no. 4, 1038–1044. doi:10:1037/0012-1649:43.4:1038.
4. Weaver, A. J. e Lewis, N. (2012). Mirrored morality: An exploration of moral choice in videogames. *Cyberpsychology, Behavior, and Social Networking* 15, no. 11, 610–614. doi:10:1089/cyber.2012:0235.
5. Weaver e Lewis, 2012.
6. Anderson, C. A. (2003). Violent videogames: Myths, facts, and unanswered questions. Disponível em: http://www.apa.org/science/about/psa/2003/10/anderson.aspx.
7. Bavelier, D., Green, C. S., Han, D. H., Renshaw, P. F., Merzenich, M. M. e Gentile, D. A. (2011). Brains on videogames. *Nature Reviews Neuroscience* 12, no. 12, 763–768. doi:10:1038/nrn3135, p.765.
8. Esses efeitos também foram mais marcantes para os homens do que para as mulheres. Dados os níveis muito mais elevados de testosterona no corpo masculino, uma tendência à agressividade pode ser percebida com muito mais facilidade (Hasan, Y., Bègue, L. e Bushman, B. J. [2012]. Viewing the world through "blood-red tinted

glasses": The hostile expectation bias mediates the link between violent videogame exposure and aggression. *Journal of Experimental Social Psychology* 48, no. 4, 953–956. doi:10: 1016/j.jesp.2011:12.019).
9. Ferguson, C. J. (2009). Violent videogames: Dogma, fear, and pseudoscience. *Skeptical Inquirer* 33, 38–43. Disponível em: http://www.tamiu.edu/~cferguson/skeptinq.pdf.
10. Olson, C. K. (2010). Children's motivations for videogame play in the context of normal development. *Review of General Psychology* 14, no. 2, 180–187. doi:10:1037/a0018984.
11. Anderson, C. A., Sakamoto, A., Gentile, D. A., Ihori, N., Shibuya, A., Yukawa, S.,... e Kobayashi, K. (2008). Longitudinal effects of violent videogames on aggression in Japan and the United States. *Pediatrics* 122, no. 5, e1067–e1072. doi:10:1542/peds.2008-1425.
12. Möller, I. e Krahé, B. (2009). Exposure to violent videogames and aggression in German adolescents: A longitudinal analysis. *Aggressive Behavior* 35, no. 1, 75–89. doi:10:1002/ab.20290.
13. Wallenius, M. e Punamäki, R. L. (2008). Digital game violence and direct aggression in adolescence: A longitudinal study of the roles of sex, age, and parent-child communication. *Journal of Applied Developmental Psychology* 29, no. 4, 286–294. doi:10:1016/j.appdev.2008:04.010.
14. Anderson, C. A., Shibuya, A., Ihori, N., Swing, E. L., Bushman, B. J., Sakamoto, A.,... e Saleem, M. (2010). Violent videogame effects on aggression, empathy, and prosocial behavior in eastern and western countries: A meta-analytic review. *Psychological Bulletin* 136, no. 2, 151. doi:10:1037/a0018251.
15. Ferguson, C. J. e Kilburn, J. (2010). Much ado about nothing: The misestimation and overinterpretation of violent videogame effects in Eastern and Western nations: Comment on Anderson et al. (2010). *Psychological Bulletin* 136, no. 2, 174–178. doi:10:1037/a0018566.
16. Bushman, B. J., Rothstein, H. R. e Anderson, C. A. (2010). Much ado about something: Violent videogame effects and a school of red herring: Reply to Ferguson and Kilburn (2010). *Psychological Bulletin,* 136, no. 2, 182–187. doi:10:1037/a0018718.
17. Ferguson, 2009. Gunter, W. D. e Daly, K. (2012). Causal or spurious: Using propensity score matching to detangle the relationship between violent videogames and violent behavior. *Computers in Human Behavior* 28, no. 4, 1348–1355. doi:10:1016/j.chb.2012:02.020.
18. Carnagey, N. L., Anderson, C. A. e Bushman, B. J. (2007). The effect of videogame violence on physiological desensitization to real-life violence. *Journal of Experimental Social Psychology* 43, no. 3, 489–496. doi:10:1016/j.jesp.2006:05.003.
19. Carnagey, Andersone Bushman, 2007.
20. Bushman, B. J. e Anderson, C. A. (2009). Comfortably numb desensitizing effects of violent media on helping others. *Psychological Science* 20, no. 3, 273–277. doi:10:1111/j.1467-9280:2009:02287.x.
21. Mathiak, K. e Weber, R. (2006). Toward brain correlates of natural behavior: fMRI during violent videogames. *Human Brain Mapping* 27, no. 12, 948–956. doi:10:1002/hbm.20234.
22. Weber, R., Ritterfeld, U. e Mathiak, K. (2006). Does playing violent videogames induce aggression? Empirical evidence of a functional magnetic resonance imaging study. *Media Psychology* 8, no. 1, 39–60. doi:10:1207/S1532785XMEP0801_4.
23. Llinás, R. R. e Paré, D. (1991). Of dreaming and wakefulness. *Neuroscience* 44, no. 3, 521–535. doi.org/10:1016/0306-4522(91)90075-Y.
24. Nunneley, S. (30 abr. 2013). Guardian analysis of top 50 games sold in 2012 found "more than half contain violent content labels" [postagem em blog]. Disponível em: http://www.vg247.com/2013/04/30/guardian-analysis-of-top-50-games-sold-in-2012-found-more-than-half-contain-violent-content-labels.
25. Davis, C., Levitan, R. D., Muglia, P., Bewell, C. e Kennedy, J. L. (2004). Decision-making deficits and overeating: A risk model for obesity. *Obesity Research* 12, no. 6, 929–935.

doi:10:1038/oby.2004:113. Pignatti, R., Bertella, L., Albani, G., Mauro, A., Molinari, E. e Semenza, C. (2006). Decisionmaking in obesity: A study using the Gambling Task. *Eating and Weight Disorders: EWD* 11, no. 3, 126-132. Disponível em: http://www.ncbi.nlm.nih.gov/pubmed/17075239.
26. Oltmanns, T. F. (1978). Selective attention in schizophrenic and manic psychoses: The effect of distraction on information processing. *Journal of Abnormal Psychology* 87, no. 2, 212-225. Disponível em: http://www.ncbi.nlm.nih.gov/pubmed/649860. Parsons, B., Gandhi, S., Aurbach, E. L., Williams, N., Williams, M., Wassef, A. e Eagleman, D. M. (2012). Lengthened temporal integration in schizophrenia. *Neuropsychologia* 51, no. 2, 372-376. doi:10:1016/j.neuropsychologia.2012:11.008.
27. Kasanin, J. S. (Ed.) (1944). *Language and thought in schizophrenia*. Berkeley, CA: University of California Press. No caso dos esquizofrênicos, em que há um desequilíbrio de produtos químicos moduladores e fontes, como a dopamina, pode ser que a liberação excessiva desses poderosos agentes venha a suprimir a conectividade, particularmente no córtex pré-frontal (Ferron, A., Thierry, A. M., Le Douarin, C. e Glowinski, J. [1984] Inhibitory influence of the mesocortical dopaminergic system on spontaneous activity or excitatory response induced from the thalamic mediodorsal nucleus in the rat medial prefrontal cortex. *Brain Research* 302, 257-265. doi:10:1016/0006-8993(84)90238-5. Gao, W. J., Wang, Y. e Goldman-Rakic, P. S. [2003]. Dopamine modulation of perisomatic and peridendritic inhibition in prefrontal cortex. *Journal of Neuroscience* 23, no. 5, 1622-1630. Disponível em: http://neurobio.drexel.edu/GaoWeb/papers/J.%20Neurosci.%202003.pdf), reduzindo a robustez dos processos cognitivos e, assim, aumentando desproporcionalmente o impacto dos sentidos de entrada (Greenfield, S.A. [2001]. *The private life of the brain: Emotions, consciousness, and the secret of the self.* Nova York: Wiley).
28. Tsujimoto, S. (2008). The prefrontal cortex: Functional neural development during early childhood. *The Neuroscientist* 14, 345-358. doi:10:1177/1073858408316002.
29. Shimamura, A. P. (1995). Memory and the prefrontal cortex. *Annals of the New York Academy of Sciences* 769, no. 1, 151-160. doi:10:1111/j.1749-6632:1995.tb38136.x.
30. Ferron et al., 1984.
31. Lazzaro, N. (2004). *Why we play games: Four keys to more emotion without story.* Disponível em: http://www.xeodesign.com/xeodesign_whyweplaygames.pdf.
32. Fischer, P., Greitemeyer, T., Morton, T., Kastenmüller, A., Postmes, T., Frey, D.,... e Odenwälder, J. (2009). The racing-game effect: Why do video racing games increase risk-taking inclinations? *Personality and Social Psychology Bulletin* 35, no. 10, 1395-1409. doi:10:1177/0146167209339628.
33. Hull, J. G., Draghici, A. M. e Sargent, J. D. (2012). A longitudinal study of risk-glorifying videogames and reckless driving. *Psychology of Popular Media Culture* 1, no. 4, 244. doi:10:1037/a0029510.
34. Koepp, M. J., Gunn, R. N., Lawrence, A. D., Cunningham, V. J., Dagher, A., Jones, T.,... e Grasby, P. M. (1998). Evidence for striatal dopamine release during a videogame. *Nature* 393, no. 6682, 266-267. doi:10:1038/30498.
35. Kelly, C. R., Grinband, J., Hirsch, J. (2007). Repeated exposure to media violence is associated with diminished response in an inhibitory frontolimbic network. *PLOS ONE* 2, no. 12, e1268. doi:10:1371/journal.pone.0001268.
36. Yuan, K., Qin, W., Wang, G., Zeng, F., Zhao, L., Yang, X.,... e Tian, J. (2011). Microstructure abnormalities in adolescents with Internet addiction disorder. *PLOS ONE* 6, no. 6, e20708. doi:10:1371/journal.pone.0001268.
37. Um estudo subsequente, olhando especificamente para o vício em jogos, revelou anormalidades na espessura cortical. Mais especificamente, o aumento da espessura cortical foi encontrado em uma variedade de regiões, algo que se correlacionou com a duração desse vício (Yuan, K., Cheng, P., Dong, T., Bi, Y., Xing, L., Yu, D.,... e Tian, J. [2013]. Cortical thick-

ness abnormalities in late adolescence with online gaming addiction. *PLOS ONE* 8, no. 1, e53055. doi:10:1371/journal.pone.0053055).
38. Kim, Y. R., Son, J. W., Lee, S. I., Shin, C. J., Kim, S. K., Ju, G.,... e Ha, T. H. (2012). Abnormal brain activation of adolescent Internet addict in a ballthrowing animation task: Possible neural correlates of disembodiment revealed by fMRI. *Progress in Neuro-Psychopharmacology and Biological Psychiatry* 39, no. 1, 88-95. doi:10:1016/j.pnpbp.2012:05.013.

CAPÍTULO 16. O *QUÊ* DA NAVEGAÇÃO

1. Polly, J. (22 mar. 2008). Surfing the Internet. Disponível em: http://www.netmom.com/about-net-mom/26-surfing-the-internet.html.
2. No entanto, uma breve ressalva: esta situação utópica deve ser contraposta à noção de que a internet é tão útil quanto a informação que ela dissemina. Por exemplo, Steve Bratt, ex--CEO da World Wide Web Foundation, deu uma explicação perspicaz para a lacuna de 3,3 bilhões de pessoas entre usuários de telefones celulares e de internet. O problema é que, para uma pessoa em um país em desenvolvimento, a internet de meados de 2010 era muito menos útil para a vida cotidiana do que parecia: "Talvez eles possam ver os resultados dos playoffs, mas se quiserem encontrar um médico local, se querem entender qual safra plantar ou quanto dinheiro podem conseguir por meio dela, se quiserem ser capazes de ensinar aos filhos uma língua diferente do inglês, francês ou chinês, não encontrarão nada disso." (Kessler, S. [4 fev. 2011]. Why the Web is useless in developing countries—and how to fix it [postagem em blog]. Disponível em: http://mashable.com/2011/02/04/web-developing-world).
3. Bohannon, J. (dez. 2011). *Without Google and Wikipedia I am stupid*. Speech given at Online Educa Berlin, Berlin, Alemanha.
4. Sparrow, B., Liu, J. e Wegner, D. M. (2011). Google effects on memory: Cognitive consequences of having information at our fingertips. *Science* 333, no. 6043, 776-778. doi:10:1126/science.1207745.
5. Squire, L. R. e Zola, S. M. (1996). Structure and function of declarative and nondeclarative memory systems. *Proceedings of the National Academy of Sciences* 93, no. 24, 13515-13522. Disponível em: http://www.ncbi.nlm.nih.gov/pmc/articles/PMC33639.
6. Sparrow, Liu e Wegner, 2011, p. 776.
7. Small, G. W., Moody, T. D., Siddarth, P. e Bookheimer, S. Y. (2009). Your brain on Google: Patterns of cerebral activation during Internet searching. *American Journal of Geriatric Psychiatry* 17, 116-126. doi:10:1097/JGP.0b013e 3181953a02.
8. Eliot, T. S. (1942). *Little Gidding*. Disponível em: http://www.columbia.edu/itc/history/winter/w3206/edit/tseliotlittlegidding.html.
9. Thurber, J. (18 fev. 1939). Fables for our time—III. *The New Yorker*. Disponível em: http://www.newyorker.com/archive/1939/02/18/1939_02_18_019_TNY_CARDS_000176433, p.19.
10. Desjarlais, M. (2013). Internet exploration behaviors and recovery from unsuccessful actions differ between learners with high and low levels of attention. *Computers in Human Behavior* 29, no. 3, 694-705. doi:10:1016/j.chb.2012:12.006.
11. Nicholas, D., Rowlands, I., Clark, D. e Williams, P. (2011). Google Generation II: Web behavior experiments with the BBC. *Aslib Proceedings* 63, no. 1, 28-45. doi:10:1108/00012531111103768, p. 44.
12. Em 2011, 86% da população britânica na internet entrou em um site de vídeo pelo menos uma vez (Experian Hitwise. [2011]. *Online video: Bringing social media to life*. Disponível em: http://www.experian.co.uk/marketing-services/products/hitwise.html). Nos Estados Unidos, em agosto de 2012, 188 milhões de pessoas assistiram a um vídeo online, com uma média de 22 horas de exibição de vídeo por pessoa naquele mês (comScore. [19 set.

2012]. Online video content reaches all-time high of 188 million viewers [postagem em blog]. Disponível em: https://www.comscore.com/esl/Insights/Press_Releases/2012/9/comScore_Releases_August_2012_US_Online_Video_Rankings). A maior parte do conteúdo online visualizado se dá por meio do YouTube, que domina os números de acessos a sites de vídeo. Nos últimos anos, ele e outros sites de compartilhamento de arquivos de vídeo pela internet passaram da obscuridade para uma posição central no panorama da mídia. As emissoras temem que a disponibilidade de seus clipes de maneira tão livre e flexível diminua a audiência televisiva, mas clipes não autorizados também funcionam como publicidade gratuita para seus programas, e, como o YouTube cresceu tão rapidamente, as principais emissoras responderam disponibilizando seus conteúdos em seus próprios sites.

13. Waldfogel, J. (2009). Lost on the Web: Does Web distribution stimulate ordepress television viewing? *Information Economics and Policy* 21, no. 2, 158-168. doi:10:1016/j.infoecopol.2008:11.002.
14. Watson, R. (28 jan. 2011). Out and about [postagem em blog]. Disponível em: http://toptrends.nowandnext.com/2011/01/28/out-and-about.

CAPÍTULO 17. A TELA É A MENSAGEM

1. McLuhan, M. (1994). *Understanding media: The extensions of man*. Cambridge, MA: MIT Press, p. 9.
2. Sellen, A. J. e Harper, R. H. (2001). *The myth of the paperless office*. Cambridge, MA: MIT Press.
3. O estudo investigou se há alguma diferença na compreensão de adolescentes de quinze e dezesseis anos entre a leitura na tela do computador e por meio impresso, e descobriu que os alunos que leem por meios impressos pontuam significativamente mais nos testes de compreensão de leitura do que aqueles que leem na tela. Uma questão crucial envolvia saber com que rapidez se poderia obter uma visão geral do que estava diante dos olhos: os leitores do texto impresso tinham acesso imediato ao texto em sua totalidade. Tal acesso, além disso, é construído com indicativos visuais e táteis: o leitor pode ver e sentir a extensão espacial e as dimensões físicas do texto, já que o substrato material do papel oferece sinais físicos, táteis e espacialmente fixos da extensão do texto que estão prestes a ler. Por outro lado, quem lê na tela está restrito a ver e sentir apenas uma página do texto por vez. Consequentemente, sua visão geral da organização, estrutura e fluxo do material lido pode ser prejudicada. (Mangen, A., Walgermo, B. R. e Brønnick, K. [2013]. Reading linear texts on paper versus computer screen: Effects on reading comprehension. *International Journal of Educational Research* 58, 61–68. doi:10:1016/j.ijer.2012:12.002).
4. Outro estudo com alunos da quinta série descobriu que eles eram mais eficientes na leitura de um texto tradicional do que na tela do computador. Os pesquisadores afirmaram que "as dificuldades na leitura de computadores podem se dar devido à disrupção dos mapas mentais do texto, o que pode causar uma compreensão pior e, em última análise, uma memória mais pobre do material apresentado". (Kerr, M. A. e Symons, S. E. [2006]. Computerized presentation of text: Effects on children's reading of informational material. *Reading and Writing* 19, no. 1, 1–19. doi:10:1007/s11145-003-8128-y).
5. Cataldo, M. G. e Oakhill, J. (2000). Why are poor comprehenders inefficient searchers? An investigation into the effects of text representation and spatial memory on the ability to locate information in text. *Journal of Educational Psychology* 92, no. 4, 791–799. doi:10:1037/0022-0663:92.4.791.

A permanência das palavras impressas no papel ajuda o leitor, fornecendo pistas espaciais inequívocas e fixas para a memória e rememoração do texto. Para responder apropriadamente às questões de múltipla escolha, pediu-se aos participantes do estudo de Mangen que localizassem, acessassem e recuperassem informações essenciais, fosse no papel ou na tela. A compreensão tornou-se mais difícil quando as informações necessárias para completar tal tarefa, como responder a perguntas em uma avaliação de compreensão de leitura, não estavam imediatamente visíveis — por exemplo, quando o leitor teve que integrar informações que ocorriam em partes de um texto que estavam distantes espacialmente. Tal integração requer que o leitor tenha construído uma representação mental sólida da estrutura do texto. Mesmo com distâncias relativamente curtas, não é irracional supor que o fato de o leitor não poder tocar o texto digital da maneira como toca as páginas de um livro com os dedos pode ter desafiado a reconstrução mental do leitor do layout físico do texto. Esse distanciamento físico, por sua vez, pode ter impedido a visão geral do leitor, bem como sua capacidade de acessar, localizar e recuperar as informações textuais necessárias.

6. Por exemplo, as tecnologias de e-books baseadas em tinta eletrônica, como os leitores Kindle e Kobo, apenas refletem a luz e, portanto, são mais fáceis de ler no que diz respeito à ergonomia visual, enquanto as telas de computador LCD causam fadiga visual porque emitem luz. Vários estudos demonstraram que certos recursos da tela LCD, como a taxa de atualização, os níveis de contraste e a luz flutuante, interferem no processamento cognitivo e, portanto, prejudicam potencialmente a memória de longo prazo, bem como causam síndrome da visão computacional, uma condição temporária resultante da focalização dos olhos em uma tela de computador por períodos prolongados e ininterruptos de tempo. Os sintomas da síndrome incluem dores de cabeça, visão turva, dor no pescoço, vermelhidão nos olhos, estafa, fadiga ocular, olhos secos, olhos irritados, visão dupla, poliopia e dificuldade de reorientar os olhos (Blehm, C., Vishnu, S., Khattak, A., Mitra, S. e Yee, R. M. [2005]. Computer vision syndrome: A review. *Survey of Ophthalmology* 50, no. 3, 253–262. doi:10:1016/j.survophthal.2005:02.008).
7. Jeong, H. (2012). A comparison of the influence of electronic books and paper books on reading comprehension, eye fatigue, and perception. *Electronic Library* 30, no. 3, 390–408. doi:10:1108/02640471211241663.
8. Carr, N. (2011). *The shallows: What the Internet is doing to our brains*. Nova York: Norton, p. 118.
9. Rideout, V. J., Foehr, U. G. e Roberts, D. F. (2010). *Generation M2: Media in the lives of 8to 18-year-olds*. Disponível em: http://kaiserfamilyfoundation.wordpress.com/uncategorized/report/generation-m2-media-in-the-lives-of-8-to-18-year-olds.
10. Kessler, S. (2011). 38 percent of college students can't go 10 minutes without tech [postagem em blog]. Disponível em: http://mashable.com/2011/05/31/college-tech-device-stats.
11. Ophir, E., Nass, C. e Wagner, A. D. (2009). Cognitive control in media multitaskers. *Proceedings of the National Academy of Sciences* 106, no. 37, 15583–15587. doi:10:1073/pnas.0903620106.
12. Gorlick, A. (24 ago. 2009). Media multitaskers pay mental price, Stanford study shows. Disponível em: http://news.stanford.edu/news/2009/august24/multitask-research-study-082409.html.
13. Daniel, D. B. e Woody, W. D. (2013). E-textbooks at what cost? Performance and use of electronic v. print texts. *Computers & Education* 62, 18–23. doi:10:1016/j.compedu.2012:10.016.
14. Kraushaar, J. M. e Novak, D. C. (2010). Examining the effects of student multitasking with laptops during the lecture. *Journal of Information Systems Education* 21, 241–251. Disponível em: http://jise.org/Contents/Contents-21-2.htm.
15. Sana, F., Weston, T. e Cepeda, N. J. (2013). Laptop multitasking hinders classroom learning for both users and nearby peers. *Computers & Education* 62, 24–31. doi:10:1016/j.compedu.2012:10.003.
16. Rosen, L. D., Carrier, L. M. e Cheever, N. A. (2013). Facebook and texting made me do it: Media-induced task-switching while studying. *Computers in Human Behavior* 29, no. 3, 948–958. doi:10:1016/j.chb.2012:12.001.

17. Junco, R. e Cotten, S. R. (2011). Perceived academic effects of instant messaging use. *Computers & Education* 56, no. 2, 370-378. doi:10:1016/j.compedu.2010:08.020.
18. Rosen, Carrier e Cheever, 2013. Kirschner, P. A. e Karpinski, A. C. (2010). Facebook and academic performance. *Computers in Human Behavior* 26, no. 6, 1237-1245. doi:10:1016/j.chb.2010:03.024.
19. Kirschner e Karpinski, 2010.
20. Bowman, L. L., Levine, L. E., Waite, B. M. e Gendron, M. (2010). Can students really multitask? An experimental study of instant messaging while reading. *Computers & Education* 54, no. 4, 927-931. doi:10:1016/j.compedu.2009:09.024.
21. Um tipo semelhante de estudo recrutou participantes que completaram uma tarefa de compreensão de leitura ininterruptamente ou enquanto mantinham uma conversa por mensagem instantânea. Quem estava fazendo multitarefas demorou significativamente mais para concluir a tarefa, indicando que o uso simultâneo de mensagens instantâneas prejudicava a eficiência. No entanto, embora não tenha havido diferenças entre os grupos nas pontuações de compreensão de leitura, quanto mais tempo os participantes relataram gastar em mensagens instantâneas, mais baixas foram suas pontuações de compreensão de leitura. Além disso, quanto mais tempo os participantes relataram gastar em mensagens instantâneas, menor o GPA autorrelatado (Fox, A. B., Rosen, J. e Crawford, M. [2009]. Distractions, distractions: does instant messaging affect college students' performance on a concurrent reading comprehension task? *CyberPsychology& Behavior* 12, no. 1, 51-53. doi:10:1089/cpb.2008:0107).
22. DeStefano, D. e LeFevre, J. A. (2007). Cognitive load in hypertext reading: A review. *Computers in Human Behavior* 23, 1616-1641. doi:10:1016/j.chb.2005:08.012.
23. Ackerman, R. e Goldsmith, M. (2011). Metacognitive regulation of text learning: On screen versus on paper learning. *Journal of Experimental Psychology: Applied* 17, no. 1, 18-32. doi:10:1037/a0022086, p. 29.
24. Liu, Z. (2005). Reading behavior in the digital environment: Changes in reading behavior over the past ten years. *Journal of Documentation* 61, no. 6, 700-712. doi:10:1016/j.chb.2005:08.012.
25. Kretzschmar, F., Pleimling, D., Hosemann, J., Füssel, S., Bornkessel-Schlesewsky, I. e Schlesewsky, M. (2013). Subjective impressions do not mirror online reading effort: concurrent EEG-eyetracking evidence from the reading of books and digital media. *PLOS ONE* 8, no. 2, e56178. doi:10:1371/journal.pone.0056178.
26. Daniel, D. B. e Woody, W. D. (2013). E-textbooks at what cost? Performance and use of electronic v. print texts. *Computers & Education* 62, 18-23. doi:10:1016/j.compedu.2012:10.016.
27. Morse, D., Tardival, G. M. e Spicer, J. (1996). *A comparison of the effectiveness of a dichotomous key and a multi-access key to woodlice*. Technical Report 14-96. Disponível em: kar.kent.ac.uk/21343/1/WoodliceMorse.pdf.
28. Farrell, N. (7 jan. 2013). Ebook craze is slowing [postagem em blog]. Disponível em: http://news.techeye.net/internet/ebook-craze-is-slowing.
29. Indvik, L. (18 jun. 2012). Ebook sales surpass hardcover for the first time in U.S. [postagem em blog]. Disponível em: http://mashable.com/2012/06/17/ebook-hardcover-sales.
30. Flood, A. (22 fev. 2013). Decline in independent bookshops continues with 73 closures in 2012. Disponível em: http://www.theguardian.com/books/2013/feb/22/independent-bookshops-73-closures-2012.
31. Smith, G. E., Housen, P., Yaffe, K., Ruff, R., Kennison, R. F., Mahncke, H. W. e Zelinski, E. M. (2009). A cognitive training program based on principles of brain plasticity: Results from the improvement in memory with plasticitybased adaptive cognitive training study. *Journal of the American Geriatrics Society* 57, 594-603. doi:10:1111/j.1532-5415:2008:02167.x. Thorell, L. B., Lindqvist, S., Nutley, S. B., Bohlin, G. e Klingberg, T. (2009). Training and transfer effects of executive functions in preschool children. *Developmental Science* 12, 106-113. doi:10:1111/j.1467-7687:2008:00745.x.

32. Owen, A. M., Hampshire, A., Grahn, J. A., Stenton, R., Dajani, S., Burns, A. S.,... e Ballard, C. G. (2010). Putting brain training to the test. *Nature* 465, no. 7299, 775-778. doi:10:1038/nature09042.
33. Lee, K. M., Jeong, E. J., Park, N. e Ryu, S. (2011). Effects of interactivity in educational games: A mediating role of social presence on learning outcomes. *International Journal of Human-Computer Interaction* 27, no. 7, 620-633. doi:10:1080/10447318:2011:555302.
34. Tanenhaus, J. (n.d.). Computers and special needs: Enhancing self esteem and language. Disponível em: www.kidneeds.com/diagnostic_categories/articles/computers.pdf.
35. Kagohara, D. M., van der Meer, L., Ramdoss, D., O'Reilly, M. F., Lancioni, G. E., Davis, T. N.,... e Sigafoos, J. (2013). Using iPods and iPads in teaching programs for individuals with developmental disabilities: A systematic review. *Research in Developmental Disabilities* 34, no. 1, 147-156. doi:10:1016/j.ridd.2012:07.027.
36. Li, Q. e Ma, X. (2010). A meta-analysis of the effects of computer technology on school students' mathematics learning. *Educational Psychology Review* 22, 215-243. doi:10:1007/s10648-010-9125-8.
37. Cheung, A. C. K. e Slavin, R. E. (2012). How features of educational technology applications affect student reading outcomes: A meta-analysis. *Educational Research Review* 7, no. 3, 198-215. doi:10:1016/j.edurev.2012:05.002.
38. Gosper, M., Green, D., McNeil, M., Phillips, R., Preston, G. e Woo, K. (2008). *The impact of Web-based lecture technologies on current and future practices in learning and teaching.* Disponível em: http://mq.edu.au/ltc/altc/wblt/docs/report/ce6-22_final2.pdf.
39. Massingham, P. e Herrington, T. (2006). Does attendance matter? An examination of student attitudes, participation, performance, and attendance. *Journal of University Teaching and Learning Practice* 3, no. 2, 82-103. Disponível em: http://ro.uow.edu.au/jutlp/vol3/iss2/3.
40. Brown, B. W. e Liedholm, C. E. (2002). Can Web courses replace the classroom in principles of microeconomics? *American Economic Review Papers and Proceedings* 92, no. 2, 444-448. Disponível em: http://www.jstor.org/stable/3083447.
41. Figlio, D. N., Rush, M. e Yin, L. (2010). *Is it live or is it Internet? Experimental estimates of the effects of online instruction on student learning.* NBER Working Paper No. w16089. Disponível em: http://www.nber.org/papers/w16089.pdf.
42. Korat, O. e Shamir, A. Electronic books versus adult readers: Effects on children's emergent literacy as a function of social class. *Journal of Computer Assisted Learning* 23, no. 3, 248-259. doi:10:1111/j.1365-2729:2006:00213.x.
43. Li e Ma, 2010.
44. Lai, E. (16 out. 2012). Chart: Top 100 iPad rollouts by enterprises & schools [postagem em blog]. Disponível em: http://www.forbes.com/sites/sap/2012/08/31/top-50-ipad-rollouts-by-enterprises-schools.
45. Ramachandran, V. (20 jun. 2013). Apple scores $30m iPad deal with L.A. schools [postagem em blog]. Disponível em: http://mashable.com/2013/06/19/la-ipad-tablets-in-schools.
46. Hu, W. (4 jan. 2011). Math that moves: Schools embrace the iPad. Disponível em: http://www.nytimes.com/2011/01/05/education/05tablets.html?pagewanted=all&_r=0.
47. Harris, S. (29 maio 2012). The iPad generation: Pupils as young as four taught lessons with a touchscreen. Disponível em: http://www.dailymail.co.uk/news/article-2151403/The-iPad-generation-Pupils-young-taught-lessons-touchscreen.html.
48. Paton, G. (12 nov. 2012). Teachers' obsession with technology sees gadgets worth millions sit in cupboards. Disponível em: http://www.telegraph.co.uk/news/9681828/Teachers-obsession-with-technology-sees-gadgets-worth-millions-sit-in-cupboards.html.

49. Furió, D., González-Gancedo, S., Juan, M., Seguí, I. e Rando, N. (2013). Evaluation of learning outcomes using an educational iPhone game vs. traditional game. *Computers & Education* 64, 1–23. doi:10:1016/j.compedu.2012:12.001.
50. Sung, E. e Mayer, R. E. (2013). Online multimedia learning with mobile devices and desktop computers: An experimental test of Clark's methods-notmedia hypothesis. *Computers in Human Behavior* 29, no. 3, 639–647. doi:10:1016/j.chb.2012:10.022.
51. Richtel, M. (22 out. 2011). A Silicon Valley school that doesn't compute. Disponível em: http://www.nytimes.com/2011/10/23/technology/at-waldorf-school-in-silicon-valley-technology-can-wait.html?pagewanted=all.
52. Richtel, 2011.
53. Clark, C. e Hawkins, L. (2010). Young people's reading: The importance of the home environment and family support. Disponível em: http://www.literacytrust.org.uk/assets/0000/4954/Young_People_s_Reading_2010.pdf.
54. Topping, K. (2013). What kids are reading: The book-reading habits of students in British schools 2013. Disponível em: http://www.readforpleasure.co.uk/documents/2013wkar_fullreport_lowres.pdf.

CAPÍTULO 18. PENSANDO DIFERENTE

1. Um recurso básico da interação baseada em telas, por exemplo, é a árvore de diretórios. Essa restrição inédita de opções tornou-se uma parte tão normal de nossas vidas que não a questionamos mais, mesmo quando não estamos sentados diretamente em frente a uma tela. Todo mundo sabe o quão frustrante é ligar para uma empresa e nossa demanda ser atendida, não por um ser humano real, mas por um sistema de atendimento automatizado que inevitavelmente nos dá um menu fixo de opções, acessadas ao digitarmos alguns números. Essas árvores de diretórios podem se tornar o padrão do dia a dia conforme tentamos reunir informações, oferecendo-nos menus com um número fixo de possibilidades, nos quais, para chegar a uma opção que não é apresentada de imediato, temos que ir para cima e para baixo passando por várias ramificações de categorias e subcategorias. Considerando que o cérebro humano fica bom apenas naquilo que treina, talvez todo esse ir e vir deixe uma marca significativa em nossos processos cerebrais que antes eram flexíveis e, mais especificamente, em como abordamos os problemas. Uma tal estratégia rígida e sistemática pode, por um lado, conferir certo rigor e lógica à nossa capacidade de debater, mas, por outro, revelar-se altamente restritiva.
2. Existem muitos tipos diferentes de testes de QI, usando uma ampla variedade de métodos. Alguns são visuais, outros verbais; alguns usam problemas de raciocínio abstrato, outros se concentram em aritmética, imagens espaciais, leitura, vocabulário, memória ou conhecimento geral. Os testes de QI abrangentes e modernos não dão mais uma única pontuação. Embora ainda montem uma classificação geral, também dão valores para diferentes habilidades, identificando pontos fortes e fracos específicos da capacidade intelectual de um indivíduo.
3. Kurzweil, R. (2005). *The singularity is near: When humans transcend biology.* Nova York: Penguin.
4. Benyamin, B., Pourcain, B., Davis, O. S., Davies, G., Hansell, N. K., Brion, M. J.,... e Visscher, P. M. (2013). Childhood intelligence is heritable, highly polygenic and associated with FNBP1L. *Molecular Psychiatry* 19, no. 2, 253–258. doi:10:1038/mp.2012:184.
5. Este número se encaixa bem ao cálculo de Roger Gosden em seu livro, *Designing Babies* ["Planejamento de Bebês", em tradução livre], no qual ele dá uma estimativa de 0,3 para herdabilidade de QI, para a qual uma pontuação de 0 indica uma característica atribuível inteiramente a fatores ambientais e 1 uma característica atribuível apenas aos genes. No entanto, a questão crucial é que mesmo o componente herdado do QI é resultado de muitos genes diferentes. Se um gene importante para o QI fosse repentinamente descoberto,

representaria, no máximo, 5% dele e, portanto, aumentaria uma pontuação de QI de 100 para apenas 105 (Gosden, R. G. [1999]. *Designing babies: The brave new world of reproductive technology*. Nova York: Freeman).
6. Flynn, J. R. (2006). The Flynn effect: Rethinking intelligence and what affects it. In *Introduction to the Psychology of Individual Differences*.
7. Johnson, S. (2006). *Everything bad is good for you: How today's popular culture is actually making us smarter*. Nova York: Penguin.
8. Pernille Olesen e seus colegas do Instituto Karolinska, na Suécia, investigaram as mudanças na atividade cerebral induzidas pelo treinamento da memória operacional. Foram realizados experimentos, nos quais indivíduos humanos adultos saudáveis praticavam tarefas de memória operacional por cinco semanas. A atividade cerebral foi medida com ressonância magnética funcional (RMF) antes, durante e após o treinamento. No caso da medição após o treinamento, a atividade cerebral relacionada à memória operacional aumentou efetivamente em partes essenciais da camada externa do cérebro, o córtex. (Olesen, P. J., Westerberg, H. e Klingberg, T. [2003]. Increased prefrontal and parietal activity after training of working memory. *Nature Neuroscience* 7, no. 1, 75–79. doi:10:1038/nn1165).
9. Johnson, 2006, p. 39.
10. Paton, G. (16 out. 2010). Facebook "encourages children to spread gossip and insults". Disponível em: http://www.telegraph.co.uk/education/educationnews/8067093/Facebook-encourages-children-to-spread-gossip-and-insults.html.
11. Dickens, C. (2007). *Hard Times*. Nova York: Pocket Books, p. 1.
12. Essa noção de compreensão real em oposição ao processamento de informações se encaixa bem com a distinção entre inteligência "cristalizada" e inteligência "fluida", termos desenvolvidos pela primeira vez por Raymond Cattell (cf. Capítulo 7). (Cattell, R. B. [Ed.] [1987]. *Intelligence: Its structure, growth and action*. Amsterdam: Elsevier).
13. Flynn, 2006.
14. Flynn, J. R. (1987). Massive IQ gains in 14 nations: What IQ tests really measure. *Psychological Bulletin* 101, 171–191. Disponível em: http://www.iapsych.com/iqmr/fe/LinkedDocuments/flynn1987.pdf. Flynn, J. R. (1994). IQ gains over time. In: R. J. Sternberg (Ed.), *Encyclopedia of human intelligence*, pp. 617–623. Nova York: Macmillan. Geake, J. G. (2008). The neurobiology of giftedness. Disponível em: http://hkage.org.hk/b5/events/080714%20APCG/01-%20Keynotes%20%26%20Invited%20Addresses/1:6%20 Geake_The%20 Neurobiology%20of%20Giftedness.pdf.
15. Flynn, 1994.
16. Flynn, 1994.
17. Song, M., Zhou, Y., Li, J., Liu, Y., Tian, L., Yu, C. e Jiang, T. (2008). Brain spontaneous functional connectivity and intelligence. *Neuroimage* 41, no. 3, 1168–1176. doi:10:1016/j.neuroimage.2008:02.036.
18. Janowsky, J. S., Shimamura, A. P. e Squire, L. R. (1989). Source memory impairment in patients with frontal lobe lesions. *Neuropsychologia* 27, no. 8, 1043–1056. doi:10:1016/0028-3932(89)90184-X.
19. Gabriel, S. e Young, A. F. (2011). Becoming a vampire without being bitten: The narrative collective-assimilation hypothesis. *Psychological Science* 22, no. 8, 990–994. doi:10:1177/0956797611415541, p. 993.
20. In: Flood, A. (7 set. 2011). Reading fiction "improves empathy" study finds. *Guardian*. Disponível em: http://www.theguardian.com/books/2011/sep/07/reading-fiction-empathy-study.
21. Macintyre, B. (5 nov. 2009). The Internet is killing storytelling. Disponível em: http://www.thetimes.co.uk/tto/opinion/columnists/benmacintyre/article2044914.ece.
22. Schonfeld, E. (7 mar. 2009). Eric Schmidt tells Charlie Rose Google is "unlikely" to buy Twitter and wants to turn phones into TVs [postagem em blog]. Disponível

em: http://techcrunch.com/2009/03/07/eric-schmidt-tells-charlie-rose-google-is-unlikely-to-buy-twitter-and-wants-to-turn-phones-into-tvs.
23. Sass, L. (2001). Schizophrenia, modernism, and the "creative imagination": On creativity and psychopathology. *Creativity Research* 13, no. 1, 55-74. doi:10:1207/S15326934CRJ1301_7.
24. A hipótese de seleção clonal de Burnet explica como o sistema imunológico combate a infecção selecionando certos tipos de linfócitos B e T para a destruição de antígenos específicos que invadem o corpo.
25. Van Rheenen, E. (2 jan. 2014). 12 predictions Isaac Asimov made about 2014 in 1964. Disponível em: http://mentalfloss.com/article/54343/12-predictions-isaac-asimov-made-about-2014-1964.

CAPÍTULO 19. AS TRANSFORMAÇÕES MENTAIS PARA ALÉM DA TELA

1. Office for National Statistics. (2012). *What are the chances of surviving to age 100?* Disponível em: http://www.ons.gov.uk/ons/dcp171776_260525.pdf.
2. Embora possa não haver genes únicos para traços mentais complexos, existem genes e perfis genéticos específicos para certas doenças, como a fibrose cística e o transtorno neurológico degenerativo, a doença de Huntington. Como observado no Capítulo 5, os genes não funcionam isoladamente, mas precisam do contexto do cérebro, do corpo e do ambiente para se manifestar, mas o fato de que um gene defeituoso à vezes leva diretamente, ou na maioria das vezes indiretamente, a algum resultado respectivamente defeituoso persiste. Portanto, embora os genes em geral não sejam os únicos culpados, a detecção de um gene defeituoso pode ter benefícios significativos para a saúde. As tecnologias de base genética, portanto, oferecem uma promessa sólida de medicamentos sob medida, ajustados ao perfil genético particular de um indivíduo, de modo que os efeitos colaterais possam ser minimizados (farmacogenômica). Melhor ainda, os fatores de risco específicos de um indivíduo para certas doenças podem ser previstos pela triagem do genoma da pessoa para medidas preventivas (estilo de vida, dieta ou tratamento), que podem, então, começar o mais rápido possível. (What is pharmacogenomics? [12 ago. 2013]. Disponível em: http://ghr.nlm.nih.gov/handbook/genomicresearch/pharmacogenomics).
3. *Medicina regenerativa* é uma terapia que oferece outra alternativa empolgante e realista, além de fornecer uma ferramenta muito valiosa para obter uma melhor compreensão das próprias doenças. Seu fundamento lógico é completamente diferente dos tratamentos convencionais. A ideia não é tratar os sintomas, mas aproveitar os mecanismos biológicos que convertem as células-tronco básicas para todos os fins em células especializadas. Essas células-tronco são injetadas na região do corpo onde os tipos especializados de células são deficientes. As células-tronco, derivadas do orbe microscópico de cerca de duzentas células que constituem o embrião em estágio inicial, são extraordinárias porque têm a capacidade de produzir todos os tipos de células do corpo, sejam do coração, sejam dos ossos, sejam do cérebro. Essa estratégia regenerativa não tenta compensar os efeitos aberrantes de uma doença como resultado da morte celular, mas desde o início produz substitutos, gerando novas células e dando suporte às células enfermas com os compostos químicos naturais produzidos pelas novas células. Desse modo, a terapia com células-tronco nos deixa muito mais perto de uma cura real para toda uma gama de doenças, como o distúrbio degenerativo do movimento e a doença de Parkinson, mas não para a doença de Alzheimer, onde as regiões danificadas são muito disseminadas. (Pera, R. A. R. e Gleeson, J. G. [2008]. Stem cells and regeneration [special review issue]. *Human Molecular Genetics*, *17*(R1), R1-R2. doi:10:1093/hmg/ddn186).
4. Knapp, M. e Prince, M. (2007). *Dementia UK*. Disponível em: http://www.alzheimers.org.uk/site/scripts/download.php?fileID=1.

5. Prince, M., Bryce, R., Albanese, E., Wimo, A., Ribeiro, W. e Ferri, C. P. (2013). The global prevalence of dementia: A systematic review and metaanalysis. *Alzheimer's & Dementia* 9, no. 1, 63-75. Disponível em: http://www.sciencedirect.com/science/article/pii/S1552526012025319.
6. Hurd, M. D., Martorell, P., Delavande, A., Mullen, K. J. e Langa, K. M. (2013). Monetary costs of dementia in the United States. *New England Journal of Medicine* 368, no. 14, 1326-1334. doi:10:1056/NEJMsa1204629.
7. Atkins, S. (2013). *First steps in living with dementia*. Oxford: Lion Hudson.
8. Atualmente, o diagnóstico da doença de Alzheimer é baseado provisoriamente nos sintomas e, em última instância, na verificação histológica pós-morte. No momento em que o paciente apresenta deficiências cognitivas características, a atrofia extensa das regiões afetadas do cérebro já está ocorrendo há cerca de dez ou até vinte anos. Indiscutivelmente, não houve a criação de nenhum medicamento muito diferente para combater especificamente a doença de Alzheimer ou transtornos neurodegenerativos de forma mais geral, desde 1996, quando a aprovação da Food and Drug Administration (FDA) dos Estados Unidos foi concedida para o donepezil, sob o nome comercial Aricept. A razão é que ainda não existe um mecanismo básico aceito ou comprovado que possa, como consequência, ser orientado farmacologicamente. Uma ideia bem estabelecida é que o problema chave é o déficit de um determinado mensageiro químico, o neurotransmissor acetilcolina, em decorrência da morte de neurônios específicos onde ele opera. (Bartus, R. T., Dean, R. L., Pontecorvo, M. J. e Flicker, C. [1985]. The cholinergic hypothesis: A historical overview, current perspective, and future directions. *Annals of the New York Academy of Sciences* 444, no. 1, 332-358. doi:10:1111/j.1749-6632:1985.tb37600.x. Terry, A. V., and Buccafusco, J. J. [2003]. The cholinergic hypothesis of age and Alzheimer's disease–related cognitive deficits: Recent challenges and their implications for novel drug development. *Journal of Pharmacology and Experimental Therapeutics* 306, no. 3, 821-827). Portanto, a opção de tratamento atual é o Aricept (ou um equivalente, como a galantamina, que é vendida sob o nome Reminyl), medicamento que aumenta temporariamente os níveis do neurotransmissor acetilcolina, protegendo-o da degradação enzimática normal. No entanto, essa teoria não explica uma discrepância bem conhecida: nem todas as áreas do cérebro afetadas pelo Alzheimer utilizam acetilcolina nem todas as áreas do cérebro que a utilizam são afetadas pela doença. Não é de surpreender, portanto, que o Aricept não impeça a morte contínua das células, uma vez que lida apenas com um sintoma bioquímico.

A outra tese que tenta explicar o processo de neurodegeneração é a *hipótese amiloide*, para a qual a morte neuronal é atribuída à interrupção da estrutura celular por depósitos tóxicos de uma substância chamada amiloide (cujo nome deriva da palavra "amido"), característica do cérebro do paciente Alzheimer pós-morte (Hardy, J. e Allsop, D. [1991]. Amyloid deposition as the central event in the etiology of Alzheimer's disease. *Trends in Pharmacological Sciences* 12, 383-388. doi:10:1016/0165-6147(91)90609-V. Hardy, J. A. e Higgins, G. A. [1992]. Alzheimer's disease: The amyloid cascade hypothesis. *Science* 256, no. 5054, 184-185. doi:10:1126/science.1566067. Pákáski, M. e Kálmán, J. [2008]. Interactions between the amyloid and cholinergic mechanisms in Alzheimer's disease. *Neurochemistry International* 53, no. 5, 103-111. doi:10:1016/j.neuint.2008:06.005). No entanto, a hipótese amiloide não explica o fato de que apenas certas células são vulneráveis em doenças neurodegenerativas, na ausência de depósitos de amiloide em alguns modelos animais fidedignos de demência ou, de fato, na ocorrência pós-morte de amiloide no cérebro saudável, sem Alzheimer. Novamente, não é de se admirar que, apesar da popularidade da formação de amiloide como alvo farmacêutico desde a década de 1990, nenhum tratamento baseado nessa teoria tenha se mostrado eficaz clinicamente.

9. É claro que muitos neurocientistas, incluindo o meu grupo, têm suas próprias ideias sobre o que pode ser esse processo neurodegenerativo importantíssimo e fundamental. Para uma revisão técnica do nosso grupo de pesquisa a respeito da demência, cf. Greenfield, S. (2013). Discovering and targeting the basic mechanism of neurodegeneration: The role of peptides from the C-terminus of acetylcholinesterase. *Chemico-biological Interactions* 203, no. 3, 543–546. doi:10:1016/j.cbi.2013:03.015.
10. Baker, R. (1999). *Sex in the future: Ancient urges meet future technology*. Londres: Macmillan.
11. Rosegrant, S. (n.d.). The new retirement: No retirement? [postagem em blog]. Disponível em: http://home.isr.umich.edu/sampler/the-new-retirement.
12. Forecasts from *The Futurist* magazine. (n.d.). Disponível em: http://www.wfs.org/Forecasts_From_The_Futurist_Magazine.
13. Glass. (n.d.). Disponível em: http://www.google.com/glass/start.
14. Acredita-se que o termo "realidade aumentada" tenha sido cunhado pelo professor Tom Caudell, a serviço da Boeing, e utilizado pela primeira vez em 1990. Desde então, uma variedade de aplicativos de sofisticação crescente foi desenvolvida, culminando no Google Glass (Sung, D. [1 mar. 2011]. The history of augmented reality [postagem em blog]. Disponível em: http://www.pocket-lint.com/news/108888-the-history-of-augmented-reality).
15. Graham, M., Zook, M. e Boulton, A. (2012). Augmented reality in urban places: Contested content and the duplicity of code. *Transactions of the Institute of British Geographers* 38, no. 3, 464–479. doi:10:1111/j.1475-5661:2012:00539.x.
16. ABI Research. (21 fev. 2013). Wearable computing devices, like Apple's iWatch, will exceed 485 million annual shipments by 2018. Disponível em: https://www.abiresearch.com/press/wearable-computing-devices-like-apples-iwatch-will.
17. Lookout. (2012). *Mobile mindset study*. Disponível em: https://www.lookout.com/resources/reports/mobile-mindset.
18. Securenvoy. (16 fev. 2012). 66 percent of the population suffer from nomophobia: The fear of being without their phone [postagem em blog]. Disponível em: http://www.securenvoy.com/blog/2012/02/16/66-of-the-population-suffer-from-nomophobia-the-fear-of-being-without-their-phone.
19. Keen, A. (26 fev. 2013). Why life through Google Glass should be for our eyes only [postagem em blog]. Disponível em: http://edition.cnn.com/2013/02/25/tech/innovation/google-glass-privacy-andrew-keen.
20. Haworth, A. (20 out. 2013). Why have young people in Japan stopped having sex? Disponível em: http://www.theguardian.com/world/2013/oct/20/young-people-japan-stopped-having-sex. Low birthrate could slash South Korea's youth population in half by 2060: Report. (8 jan. 2013). Disponível em: http://www.japantimes.co.jp/news/2013/01/08/asia-pacific/low-birthrate-could-slash-south-koreas-youth-population-in-half-by-2060-report.
21. Haworth, 2013.
22. Haworth, 2013.
23. Trends in obesity prevalence. (n.d.). Disponível em: http://www.noo.org.uk/NOO_about_obesity/trends.

CAPÍTULO 20. CRIANDO CONEXÕES

1. Wang, Y. (25 mar. 2013). More people have cell phones than toilets, U.N. study shows. Disponível em: http://newsfeed.time.com/2013/03/25/more-people-have-cell-phones-than-toilets-u-n-study-shows/#ixzz2cEZUrSIF.
2. Frequently asked questions. (10 abr. 2007). Disponível em: http://www-03.ibm.com/ibm/history/documents/pdf/faq.pdf.

3. Haldane, J. B. S. (1923). *Daedalus: Or, science and the future*. Londres: Kegan Paul. Disponível em: http://vserver1.cscs.lsa.umich.edu/~crshalizi/Daedalus.html.
4. Haldane, 1923.
5. In: Apt46. (18 maio 2011). Socrates was against writing [postagem em blog]. Disponível em: http://apt46.net/2011/05/18/socrates-was-against-writing.
6. Muir, E. (1952). The horses. Disponível em: http://www.poemhunter.com/best-poems/edwin-muir/the-horses.
7. Bettelheim, B. (1959). Joey: A "mechanical boy". Disponível em: http://www.weber.edu/wsuimages/psychology/FacultySites/Horvat/Joey.PDF.
8. Oxford dictionaries word of the year. (19 nov. 2013). Disponível em: http://blog.oxforddictionaries.com/press-releases/oxford-dictionaries-word-of-the-year-2013.
9. James, O. (2008). *Affluenza*. Londres: Vermilion.
10. Russell, B. (1924). Icarus or the future of science. Disponível em: http://www.marxists.org/reference/subject/philosophy/works/en/russell2.htm.
11. Criado-Perez, C. (7 ago. 2013). Diary: Internet trolls, Twitter rape threats and putting Jane Austen on our banknotes. Disponível em: http://www.newstatesman.com/2013/08/internet-trolls-twitter-rape-threats-and-putting-jane-austen-our-banknotes.
12. Zimmer, B. (26 abr. 2012). What is YOLO? Only teenagers know for sure. Disponível em: http://www.bostonglobe.com/ideas/2012/08/25/what-yolo-only-teenagers-know-for-sure/Idso04FecrYzLa4KOOYpXO/story.html.
13. Eu chamei as três tendências básicas para a autoexpressão anteriormente de *alguém* (a busca por status), na qual você é um indivíduo, mas não é realizado; *qualquer um* (a atratividade da identidade coletiva, conforme exemplificado anteriormente em vários movimentos políticos, como o fascismo e o comunismo); e *ninguém* (a necessidade de abnegar o sentido do self e de viver no/para o momento). Cf. Greenfield, S. (2008). *I.D.: The quest for meaning in the 21st century*. Londres: Hodder & Stoughton.
14. Exemplos de tal software podem incluir:

    As mentes de outras pessoas. O objetivo aqui seria combater problemas de empatia. A experiência começaria com uma sequência visual convencional de eventos de movimento rápido, orientada pelo usuário. A velocidade das imagens seria reduzida gradativamente, com períodos mais longos introduzidos para a fala e depois para a conversa. Observe que seria valioso para esse software utilizar vozes com inflexões diferentes, recriando a experiência da prosódia. As perguntas seriam inseridas de forma intermitente, questionando os vários resultados que poderiam ser gerados a partir do que as diferentes pessoas na cena em andamento poderiam fazer, e progredindo de acordo com o que eles sugerem. O desempenho anterior definiria o nível de habilidade para empatia. O que significa tudo isso? Com o tempo, isso se tornaria a estrutura conceitual de um indivíduo. O usuário insere ideias aleatórias — brainstorming, ou, de fato, como se estivesse blogando fatos interessantes aprendidos e até títulos de livros já lidos. Uma estrutura individual seria desenvolvida para alimentar outras respostas/atividades; por exemplo, o pensamento "o governo está nos traindo" pode ser cruzado com outros exemplos dentro da estrutura pessoal existente e, em seguida, com um banco de dados mais amplo e objetivo. As avaliações exibiriam o progresso com base na compreensão de ideias abstratas, mas por uma perspectiva individual.

    Consequências. A ideia para este caso seria reforçar a mensagem de que, afinal, as ações têm consequências. Consistiria em um conjunto de jogos em que a mudança permanente resulta da ação: por exemplo, se alguém é morto a tiros, permanece morto depois disso. Para cada ação, como ser filmado, o programa cortaria para uma filmagem da vida real que incluiria um breve relato de alguém sobre a sensação real de ser baleado ou ficar de luto, por exemplo.

Imaginação. A ideia aqui seria lidar com as restrições impostas por qualquer coisa, desde o PowerPoint a processadores de texto e mensagens de secretária eletrônica da empresa, tudo sugerindo que a vida tem apenas um número fixo de opções. Portanto, sem menus! O ponto de partida seria uma palavra/ideia/ação do próprio usuário que se vincula livremente a qualquer outra coisa e seria solicitada por entradas anteriores em toda a gama de outros programas. Os ícones/imagens da entrada seriam lentamente substituídos por palavras/voz. Com o tempo, as entradas constroem uma estrutura conceitual cada vez mais complexa e em evolução.

Minha história de vida. O objetivo é recuperar o senso de privacidade. Seria uma atividade como entrar no Facebook, só que para o usuário, apenas, e também bloqueada em tempo real. Uma vez que este "diário" seria impossível de compartilhar com qualquer outra pessoa, ele desenvolveria um senso de privacidade e identidade duradouros, com uma narrativa clara a ser assimilada pelo usuário, uma que não requer feedbacks ou comentários de outras pessoas. Poderia ser mais bem apreciado como um aplicativo de smartphone, no qual o usuário pode fazer confidências onde e quando quiser.

Quem sou eu? Seria uma tentativa de reforçar um senso de identidade. Neste caso, haveria feedbacks para o usuário com base nas suas entradas ao longo do tempo. À medida que o desempenho em toda a gama de atividades se acumulasse, uma análise das respostas construiria os tipos de traços de personalidade que surgem e/ou se alteram.

LEITURAS COMPLEMENTARES

Atkins, S. (2013). *First steps to living with dementia.* Oxford: Lion.
Baker, R. (1999). *Sex in the future: Ancient urges meet future technology.* Londres: Macmillan.
Begley, S. (2008). *The plastic mind.* Londres: Constable & Robinson.
Bowlby, J. (1969). *Attachment and loss,* Vol. 1: *Loss.* Nova York: Basic Books.
Carr, N. (2011). *The shallows: What the Internet is doing to our brains.* Nova York: Norton.
Flynn, J. R. (2006). The Flynn Effect: Rethinking intelligence and what affects it. In *Introduction to the Psychology of Individual Differences.*
Frost, J. L. (2010). *A history of children's play and play environments: Toward a contemporary child-saving movement.* Nova York: Routledge
Gentile, D. A. (Ed.) (2003). *Media violence and children: A complete guide for parents and professionals.* Westport, CT: Praeger.
Gosden, R. G. (1999). *Designing babies: The brave new world of reproductive technology.* Nova York: Freeman.
Greenfield, S. (2011). *You and me: The neuroscience of identity.* Londres: Notting Hill.
Greenfield, S. A. (2001). *The private life of the brain: Emotions, consciousness, and the secret of the self.* Nova York: Wiley.
Greenfield, S. A. (2007). *I.D.: The quest for meaning in the 21st Century.* Londres: Hodder.
Harkaway, N. (2012). *The blind giant: Being human in a digital world.* Londres: Vintage.
Johnson, S. (2006). *Everything bad is good for you: How today's popular culture is actually making us smarter.* Nova York: Penguin.
Keen, A. (2007). *The cult of the amateur.* Londres: Nicholas Brealey.
Kurzweil, R. (2005). *The singularity is near: When humans transcend biology.* Nova York: Penguin.
McLuhan, M. (1994). *Understanding media: The extensions of man.* Cambridge, MA: MIT Press.
Palmer, S. (2007). *Toxic childhood: How the modern world is damaging our children and what we can do about it.* Londres: Orion.
Pickren, W. e Rutherford, A. (2010). *A history of modern psychology in context.* Hoboken, NJ: Wiley.

Purves, D., Augustine, G. J., Fitzpatrick, D., Hall, W. C., LaMantia, A. S. e White, L. E. (Eds.) (2012). *Neuroscience* (5th ed.). Sunderland, MA: Sinauer.

Rosen, L. D. (2012). *iDisorder: Understanding our obsession with technology and overcoming its hold on us.* Nova York: Macmillan

Sellen, A. J. e Harper, R. H. (2003). *The myth of the paperless office.* Cambridge, MA: MIT Press.

Turkle, S. (2011). *Alone together: Why we expect more from technology and less from each other.* Nova York: Basic Books.

Watson, R. (2010). *Future files: A brief history of the next 50 years.* Londres: Nicholas Brealey.

ÍNDICE

SÍMBOLOS
4chan, 282

A
abandono de brincadeiras ao ar livre, 22
adaptação, 17
adolescência, 96
afastamento da família, 19
affordance, 228
agressividade
   de baixo nível, 199
   jogos, 196-212
alarmismo, 37
alcance global
   cultura homogeneizada, 11
ambiente enriquecido, 69-72
Andrew Keen, 7
apego ansioso, 109
aprendizado, 49
   de uma nova tarefa, 68
aprendizagem
   plasticidade, 65
aprovação, 115
atenção
   capacidade, 31
   proativa, 187
   seletiva ou focada, 187
   sustentada, 187
ativismo de internet, 159
atualização neuronal, 76
autoestima
   baixa, 126
autoestimulação, 95, 113
autoexibição, 128
autoexpressão, 5, 122
   4chan, 5
automóvel, 17
auto-obsessão, 125
autorrevelação, 110

B
Bill Clinton, 10
biomedicina
   avanços, 4

Biz Stone, 30
blogosfera, 33
bom senso, 5
bullying, 155-160
   ciberbullying, 155
   responsabilidade, 156
   tradicional, 155

C

capacidade de atenção, 6
cérebro, 52-59
   adaptação, 14
   alteração, 58
   atletas, 67
   do bebê, 85
   jovem, influências externas, 63
   músicos, 66
   operação, 78
   pensamentos, alteração, 74
   períodos críticos de desenvolvimento, 64
ciberagressores, 156
cibercultura, 4
   complexidade, 286
cibersimulação, 108
cibersocialização, 105
cisão cultural, 7
comparação, 133
comportamento irracional de multidão, 93
compras online, 21
compreensão, 88, 100-102, 252
comunicação internacional, 12
comunicação por telas, 42
comunidade

internet, 282
conectividade, 286
confiabilidade da natureza humana, 5
confinamento solitário voluntário, 19
conhecimento, 17, 101, 258
conjuntos neuronais, 83
consciência, 79
   momentânea, 92
contrato social, 153
controle
   proativo, 186
   reativo, 186
controvérsia, 27-38
córtex cingulado anterior rostral, 204
córtex pré-frontal, 95-97, 209
crença
   irracional, 90
   racional, 90
criança
   e tecnologia, 28-29
   relação com os pais, 28-29
   riscos potenciais, 29
criatividade, 258
crimes passionais, 94
cultura de aversão ao risco, 28

D

dano cerebral, 65
   recrutamento, 65
   restauração, 65
   retreinamento, 65
demência, 93, 264
depressão, 75
   dessensibilização, 78

desinformação, 33
disseminação de informações, 33
diversão
    difícil, 162
    fácil, 162
    grupal, 162
    séria, 162
dopamina, 95

E

e-books, 241
educação escolar, 31
Efeito Flynn, 248
efeito placebo, 74, 75
eletricidade, 18
empatia, 141
    e culpa, 198
    insuficiência, 146
    redução, 41
encefalinas, 75
enlouquecimento, 93
enriquecimento ambiental, 69
Eric Schmidt, 30
escrita, 278
esquizofrenia, 98, 208
estado de espírito, 74
estados conscientes, 82
evidências científicas, 36
    divergências, 36
    interpretações, 35
exercício, falta, 22
experiências de vida, 43
expressões faciais, 139

F

Facebook, 7, 42, 104-118
    conteúdos, 42
    religação, 106
    usuários, 41
feedback positivo, 115
fluxo de raciocínio, 13
frenologia, 57

G

gamers, 46
globalização induzida digitalmente, 11
Google, 30, 48

H

happy slappings, 157
haters, 40
história da civilização
    três estágios, 10
homogeneização global, 11

I

identidade, 91
    alternativa, 8
    anonimato, 120-122
    conectada, 123
    familiar, 91
    online, 120-136
identidades futuras, 44
Imigrante Digital, 6-8
imprevisibilidade, 114
impulsividade, 282
incêndio digital, 4
indivíduos
    seguro, ansioso e evitativo, 109

inovação, 17
integração, 11
inteligência
   cristalizada, 88
   fluida, 88
inteligência artificial, 79-81
   complexidade, 80
inteligência emocional, 142
inteligência "fluida", 252
interação, 10
interação online, 41
interações sociais, 137
internet, 214-226
   substituto social, 121
intimidade
   online e real, 140
introspecção subjetiva, 5
iPad, educação, 243
isolamento, 10

L

leitura, 255-257
   digital e no papel, 50
   ficção, 256
linguagem corporal, 111
linguagem verbal e escrita, 14

M

macroestrutura cerebral
   sociedade, 56
mal de Alzheimer, 264
Marc Prensky, 6
Mark Zuckerberg, 104
mecanismos de busca, 258
mecanismos neuronais físicos, 51

memória, 13
   declarativa, 215
   não declarativa, 215
   semântica, 216
memória operacional, 249
mensagens instantâneas, 232
mentalidade de rebanho, 282
mente, 91
metacognição, 233
Michael Merzenich, 31
microgerenciamento de informações, 123
millennials, 31
MMORPGs, jogos, 163
modafinil, 191
moderação, 9
mudança climática, 14
mudanças de paradigma, 35
multitarefa, 231, 232
MySpace, 7

N

narcisismo, 125, 126
   e conexão, características, 125
narrativas, 256
Nativo Digital, 6-8, 29
Neil Selwyn, 7
neurociência
   desafio, 51
neurodegeneração, 265
neurogênese, 73
neurônios
   mudanças, 56-59
nomofobia, 269
noosfera, 11, 106

O

obesidade, 22, 273
ocitocina, 97
Oleh Hornykiewicz, 13

P

pânico moral, 37
Paul Howard-Jones, 28
pensamento crítico, 250
percepção facial, 144
perda da mente, 264
personagens violentos, identificação, 197-212
Pierre Teilhard de Chardin, 11
plasticidade, , 50
plasticidade do cérebro, 34
pontuação Klout, 133
popularidade, 133
prensa móvel, 17
previsão, 276
privacidade, 43, 117, 270
processamento fluido, 88
Projeto ECHOES, 146
psicoterapia e medicação, 75

Q

QI, 248

R

raciocínio analógico, 253
raio de atividade
 crianças, 22
raiva, 201
Raymond Cattell, 88
realidade aumentada, 268
receptor passivo, 25

redes neuronais
 complexidade, 78
 tamanho, 80
redes sociais, 21, 41, 104-118
 amizades, 121
 estruturas cerebrais, 130
 início, 119
 ocitocina, 108
 solidão, 108
regulamentação, 10
 cultura digital, 9 10
relacionamentos online, 148
Relatório de Riscos Globais, Fórum Econômico Mundial, 33
remapeamento cortical, 63
respostas instantâneas, 12
restrições tradicionais de tempo e espaço, 21
Richard Watson, 19
risco de constrangimento, 137
riscos globais, 33
Ritalina, 190

S

sabedoria, 101
salas de aula um para um, 242
sedentarismo, 22
self
 "de palco", 123
 desejado, ideal, 124
 real, 124
 verdadeiro, 124
selfie, 281
senso de identidade autoconsciente, 89
senso de identidade interior, 43
sistema nervoso central, adaptação, 63

smartphones, 162
sobrepeso, 273
socialização na internet, 120
solidão, 140
subestimulação, 25
suicídio da identidade virtual, 135
superdotação, 253
suporte emocional, 139

T
tabagismo, 5
Tanya Byron, 24, 27
taxistas londrinhos
    cérebro, 62
TDAH
    medicalização, 191
tecnologias digitais, 4
    estilo de vida, 20
    regulamentação, 30
    sensatez, 30
tecnologias médicas, 263
tédio, 260
telas, 19
televisão, 18
    sentimento de comunidade, 19
tendências da sociedade, 46
teoria do apego, 109
terapia cognitivo-comportamental, 75
teste de Turing, 81
transtorno de déficit de natureza, 23
transtorno de dependência da internet, 166
transtorno do espectro autista, 144
trollagem, 157
Twitter, 30
    usuários, 41

U
usar ou perder, princípio, 62

V
velocidade em dispositivos digitais
    aumento, 8
vício em games
    diferenças na estimulação, 171
    fatores de risco, 172
    insegurança, 176
    traços, 166
    vulnerabilidade, 172
videogames, 44-46, 162-178
    atenção, 180-194
    benefícios, 183-194
    consequências, 46
    desativação da amígdala, 204
    distúrbios cerebrais, 184
    dopamina, 168
    estereótipos de gênero, 185
    pontos positivos, 45
    suicídio, 45
    TDAH, 188-194
    violência, 195-212
vulnerabilidade, 154

W
Wikipédia, 7

Y
YouTube, 7, 222

Projetos corporativos e edições personalizadas dentro da sua estratégia de negócio. Já pensou nisso?

Coordenação de Eventos
Viviane Paiva
viviane@altabooks.com.br

Assistente Comercial
Fillipe Amorim
vendas.corporativas@altabooks.com.br

A Alta Books tem criado experiências incríveis no meio corporativo. Com a crescente implementação da educação corporativa nas empresas, o livro entra como uma importante fonte de conhecimento. Com atendimento personalizado, conseguimos identificar as principais necessidades, e criar uma seleção de livros que podem ser utilizados de diversas maneiras, como por exemplo, para fortalecer relacionamento com suas equipes/ seus clientes. Você já utilizou o livro para alguma ação estratégica na sua empresa?

Entre em contato com nosso time para entender melhor as possibilidades de personalização e incentivo ao desenvolvimento pessoal e profissional.

PUBLIQUE SEU LIVRO

Publique seu livro com a Alta Books. Para mais informações envie um e-mail para: autoria@altabooks.com.br

/altabooks   /alta-books   /altabooks   /altabooks

CONHEÇA OUTROS LIVROS DA **ALTA BOOKS**

Todas as imagens são meramente ilustrativas.

- Inventar & Vagar — Jeff Bezos
- A Prática — Seth Godin
- Negócio Fechado — Jeb Blount
- Integridade Intencional — Robert Chesnut
- Ideias que Colam — Chip Heath e Dan Heath
- Fora da Caixa — Marc Levinson
- Transformação Digital — Thomas M. Siebel
- Atravessando o Abismo — Geoffrey A. Moore

ALTA LIFE Editora · ALTA NOVEL · ALTA CULT Editora · ALTA BOOKS Editora · alta club

Este livro foi impresso nas oficinas gráficas da Editora Vozes Ltda.,
Rua Frei Luís, 100 – Petrópolis, RJ.